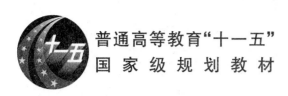 

Verilog 数字系统设计教程
（第 4 版）

夏宇闻　韩　彬　编著

北京航空航天大学出版社

内 容 简 介

本书讲述了利用硬件描述语言(Verilog HDL)设计复杂数字系统的方法。这种方法源自20世纪90年代的美国,在美国取得成效后迅速在其他先进工业国得到推广和普及。利用硬件描述语言建模、通过仿真和综合技术设计出极其复杂的数字系统是这种技术的最大优势。

本书从算法和计算的基本概念出发,讲述如何用硬线逻辑电路实现复杂数字逻辑系统的方法。全书共五部分。第一部分 Verilog 数字设计基础与第二部分 Verilog 数字系统设计和验证共18章;第三部分共12个上机练习实验范例;第四部分是 Verilog 硬件描述语言参考手册,可供读者学习、查询之用;第五部分为 System Verilog 与 UVM 验证篇。本书第3版后,在语法篇中增加了 IEEE Verilogl364-2005 标准简介,以反映 Verilog 语法的最新变化。

本书的讲授方式以每2学时讲授一章为宜,每次课后需要花10 h来复习思考。完成10章学习后,就可以开始做上机练习,从简单到复杂,由典型到一般,循序渐进地学习 Verilog HDL 基础知识。按照书上的步骤,可以使大学电子类及计算机工程类本科及研究生,以及相关领域的设计工程人员在半年内掌握 Verilog HDL 设计技术。

本书可作为电子工程类、自动控制类、计算机类的大学本科高年级及研究生教学用书,亦可供其他工程人员自学与参考。

图书在版编目(CIP)数据

Verilog 数字系统设计教程 / 夏宇闻,韩彬编著. -- 4 版. -- 北京:北京航空航天大学出版社,2017.7
ISBN 978-7-5124-2469-2

Ⅰ.①V… Ⅱ.①夏… Ⅲ.①硬件描述语言—程序设计—教材 Ⅳ.①TP312

中国版本图书馆 CIP 数据核字(2017)第 153540 号

版权所有,侵权必究。

Verilog 数字系统设计教程
(第 4 版)
夏宇闻 韩 彬 编著
责任编辑 金友泉

*

北京航空航天大学出版社出版发行
北京市海淀区学院路 37 号(邮编 100191) http://www.buaapress.com.cn
发行部电话:(010)82317024 传真:(010)82328026
读者信箱: goodtextbook@126.com 邮购电话:(010)82316936
北京时代华都印刷有限公司印装 各地书店经销

*

开本:787×1092 1/16 印张:32.5 字数:832 千字
2017 年 8 月第 4 版 2018 年 7 月第 3 次印刷 印数:15 001~25 000 册
ISBN 978-7-5124-2469-2 定价:58.00 元

若本书有倒页、脱页、缺页等印装质量问题,请与本社发行部联系调换。联系电话:(010)82317024

前　　言

　　数字信号处理(DSP)系统的研究人员一直在努力寻找各种经优化的算法来解决相关的信号处理问题。当他们产生了比较理想的算法思路后，就在计算机上用 C 语言或其他语言程序来验证该算法，并不断修改以期完善，然后与别的算法做性能比较。在现代通信和计算机系统中，对于 DSP 算法评价最重要的指标是看它能否满足工程上的需要。而许多工程上的需要都有实时响应的要求，也就是所设计的数字信号处理(DSP)系统必须在限定的时间内，如在几个毫秒(ms)甚至几个微秒(μs)内，对所输入的大量数据完成相当复杂的运算，并输出处理结果。这时如果仅仅使用通用的微处理器，即使是专用于信号处理的微处理器，往往也无法满足实时响应的要求。因此，不得不设计专用的高速硬线逻辑来完成这样的运算。设计这样有苛刻实时要求的、复杂的高速硬线运算逻辑是一件很有挑战性的工作，即使有了好的算法而没有好的设计工具和方法也很难完成。

　　半个世纪来，我国在复杂数字电路设计技术领域与国外的差距越来越大。作为一名在大学讲授专用数字电路与系统设计课程的老师深深感到责任的重大。笔者认为，我国在这一技术领域的落后与大学的课程设置和教学条件有关。因为我们没有及时把国外最先进的设计方法和技术介绍给学生，也没有给他们创造实践的机会。

　　1995 年我受学校和系领导的委托，筹建世行贷款的电路设计自动化(EDA)实验室。通过 20 多年来的摸索、实践，逐步掌握了利用 Verilog HDL 设计复杂数字电路的仿真和综合技术。在此期间我们为航天部等有关单位设计了卫星信道加密用的复杂数字电路，提供给他们经前后仿真验证的 Verilog HDL 源代码，得到了很高的评价。在其后的几年中又为该单位设计了卫星下行信道 RS(255,223)编码/解码电路和卫星上行信道 BCH(64,56)编码/解码电路，这几个项目已先后通过有关单位的验收。1999 年到 2000 年期间，我们又成功地设计了用于小波(Wavelet)图像压缩/解压缩的小波卷积器和改进的零修剪树算法(SPIHT 算法)的 RTL 级 Verilog HDL 模型。不但成功地对该模型进行了仿真和综合，而且制成的可重新配置硬线逻辑(采用 ALTERA FLEX10K 系列 CPLD/10/30/50 各一片)的 PCI 线路板，能完成约 2 000 条 C 语句程序才能完成的图像/解压缩算法。运算结果与软件完成的效果完全一致，而且速度比用微型计算机快得多。2003 年由作者协助指导的 JPEG2000 算法硬线逻辑设计，在清华同行的努力下完成了 FPGA 验证后并成功地投片，该芯片目前已应用于实时监控系统，可见这种新设计方法的潜力。近年来作者带领的研究生分别为日本某公司、香港科技大学电子系、革新科技公司和神州龙芯集成电路设计公司完成多项设计，其中包括 SATA 接口、AMBA 总线接口、LED 控制器和 USB 控制器等在内的多项 IP 设计，取得了良好的社会效益和声誉。2006 年秋起，正式受聘于神州龙芯等集成电路设计公司担任技术顾问，目前在至芯科技公司担任 FPGA 设计培训顾问。

　　本书是在 1998 年北京航空航天大学出版社出版的《复杂数字电路与系统的 Verilog HDL 设计技术》、2003 年《Verilog 数字系统设计教程》和 2008 年《Verilog 数字系统设计教程(第 2 版)》基础上修订的，是一本既有理论又有实践的设计大全。由于教学、科研、技术资料翻译和实验室的各项工作很忙，只能利用零碎时间，一点一滴地把积累的教学经验和新收集到的材料补充输入到计算机中，抽空加以整理。我们使用 Verilog 设计复杂数字逻辑电路虽然已经有 20 余年的时间，但仍在不断地学习提高之中，书中难免存在疏忽、错误之处，敬请细心的读者不吝指教。笔者之所以在原版基础上把这本书再版，是想把原教材中一些不足的地方作一些必要的补充和修改，在大学生和研究生中加快 Verilog 设计技术的推广，尽快培养一批掌握先进设计技术的跨世纪的人才。期望本书能在这一过程中起到抛砖引玉的作用。

回想起来，这本书实质上是我们实验室全体老师和同学们多年的劳动成果，其中在 EDA 实验室工作过的历届研究生张琰、山岗、王静璇、田玉文、冯文楠、杨柳、傅红军、龚剑、王书龙、胡瑛、杨雷、邢伟、管丽、刘曦、王进磊、王煜华、苏宇、张云帆、杨鑫、徐伟俊、邢小地、霍强、宋成伟、邢志成、李鹏、李琪、陈岩、赵宗民等都帮我做了许多工作，如部分素材的翻译、整理、录入和一些 Verilog HDL 模块的设计修改和验证。而我做的工作只是收集全书的素材、翻译、理解素材中一些较难的概念，结合教学经验编写一些章节和范例，以及全书文稿的最后组织、整理和补充，使其达到出版的要求。趁此机会让我衷心地感谢在编写本书过程中所有给过我帮助和鼓励的老师和同学们。本书是在第 2 版第 20 次印刷之后，受北航出版社之托进行的，虽然被称为第 3 版，然而本人在至芯科技的 FPGA 培训工作繁忙，没有时间对本书做大幅度的修改，望各位读者谅解。

教学中使用的多媒体课件已交付给出版社，有需要者可发送电子邮件至 goodtextbook@126.com 向北航出版社索取，可以免费提供给有关教师指导教学和备课演示之用。

笔者的电子邮箱是 xyw46@263.net，有问题可与作者商讨，谢谢！

夏宇闻

2017 年 7 月

目 录

绪 论 ··· 1

第一部分 Verilog 数字设计基础

第 1 章 Verilog 的基本知识 ··· 10

  1.1 硬件描述语言 HDL ··· 10
  1.2 Verilog HDL 的历史 ·· 11
    1.2.1 什么是 Verilog HDL ·· 11
    1.2.2 Verilog HDL 的产生及发展 ·· 11
  1.3 Verilog HDL 和 VHDL 的比较 ·· 12
  1.4 Verilog 的应用情况和适用的设计 ·· 13
  1.5 采用 Verilog HDL 设计复杂数字电路的优点 ······································ 13
    1.5.1 传统设计方法——电路原理图输入法 ·· 13
    1.5.2 Verilog HDL 设计法与传统的电路原理图输入法的比较 ············· 14
    1.5.3 Verilog 的标准化与软核的重用 ·· 14
    1.5.4 软核、固核和硬核的概念及其重用 ·· 14
  1.6 采用硬件描述语言（Verilog HDL）的设计流程简介 ·························· 15
    1.6.1 自顶向下（Top_Down）设计的基本概念 ··································· 15
    1.6.2 层次管理的基本概念 ·· 16
    1.6.3 具体模块的设计编译和仿真的过程 ·· 16
    1.6.4 具体工艺器件的优化、映像和布局布线 ····································· 16
  小 结 ··· 17
  思考题 ··· 18

第 2 章 Verilog 语法的基本概念 ·· 19

  概 述 ··· 19
  2.1 Verilog 模块的基本概念 ·· 20
  2.2 Verilog 用于模块的测试 ·· 23
  小 结 ··· 24
  思考题 ··· 25

第3章 模块的结构、数据类型、变量和基本运算符号 …… 26

概　述 …… 26
3.1　模块的结构 …… 26
　3.1.1　模块的端口定义 …… 26
　3.1.2　模块内容 …… 27
　3.1.3　理解要点 …… 28
　3.1.4　要点总结 …… 28
3.2　数据类型及其常量和变量 …… 29
　3.2.1　常　量 …… 29
　3.2.2　变　量 …… 32
3.3　运算符及表达式 …… 35
　3.3.1　基本的算术运算符 …… 35
　3.3.2　位运算符 …… 36
小　结 …… 37
思考题 …… 38

第4章 运算符、赋值语句和结构说明语句 …… 39

概　述 …… 39
4.1　逻辑运算符 …… 39
4.2　关系运算符 …… 40
4.3　等式运算符 …… 40
4.4　移位运算符 …… 41
4.5　位拼接运算符 …… 41
4.6　缩减运算符 …… 42
4.7　优先级别 …… 42
4.8　关键词 …… 43
4.9　赋值语句和块语句 …… 43
　4.9.1　赋值语句 …… 43
　4.9.2　块语句 …… 45
小　结 …… 48
思考题 …… 49

第5章 条件语句、循环语句、块语句与生成语句 …… 50

概　述 …… 50
5.1　条件语句(if_else 语句) …… 50
5.2　case 语句 …… 53
5.3　条件语句的语法 …… 57
5.4　多路分支语句 …… 58

5.5 循环语句 60
　5.5.1　forever 语句 60
　5.5.2　repeat 语句 60
　5.5.3　while 语句 61
　5.5.4　for 语句 61
5.6 顺序块和并行块 63
　5.6.1　块语句的类型 63
　5.6.2　块语句的特点 65
5.7 生成块 67
　5.7.1　循环生成语句 68
　5.7.2　条件生成语句 70
　5.7.3　case 生成语句 71
5.8 举　例 72
　5.8.1　四选一多路选择器 72
　5.8.2　四位计数器 73
小　结 74
思考题 75

第 6 章　结构语句、系统任务、函数语句和显示系统任务 78

概　述 78
6.1 结构说明语句 78
　6.1.1　initial 语句 78
　6.1.2　always 语句 79
6.2 task 和 function 说明语句 82
　6.2.1　task 和 function 说明语句的不同点 82
　6.2.2　task 说明语句 83
　6.2.3　function 说明语句 84
　6.2.4　函数的使用举例 86
　6.2.5　自动(递归)函数 88
　6.2.6　常量函数 89
　6.2.7　带符号函数 90
6.3 关于使用任务和函数的小结 90
6.4 常用的系统任务 91
　6.4.1　$display 和 $write 任务 91
　6.4.2　文件输出 94
　6.4.3　显示层次 96
　6.4.4　选通显示 96
　6.4.5　值变转储文件 97
6.5 其他系统函数和任务 98

小　结 …… 98
思考题 …… 99

第7章　调试用系统任务和常用编译预处理语句 …… 100

概　述 …… 100
7.1　系统任务 $monitor …… 100
7.2　时间度量系统函数 $time …… 101
7.3　系统任务 $finish …… 102
7.4　系统任务 $stop …… 102
7.5　系统任务 $readmemb 和 $readmemh …… 103
7.6　系统任务 $random …… 105
7.7　编译预处理 …… 106
　　7.7.1　宏定义 `define …… 106
　　7.7.2　"文件包含"处理 `include …… 108
　　7.7.3　时间尺度 `timescale …… 111
　　7.7.4　条件编译命令 `ifdef、`else、`endif …… 113
　　7.7.5　条件执行 …… 114
小　结 …… 115
思考题 …… 116

第8章　语法概念总复习练习 …… 117

概　述 …… 117
小　结 …… 128

第二部分　Verilog 数字系统设计和验证

第9章　Verilog HDL 模型的不同抽象级别 …… 130

概　述 …… 130
9.1　门级结构描述 …… 130
　　9.1.1　与非门、或门和反向器及其说明语法 …… 130
　　9.1.2　用门级结构描述 D 触发器 …… 131
　　9.1.3　由已经设计成的模块构成更高一层的模块 …… 132
9.2　Verilog HDL 的行为描述建模 …… 133
　　9.2.1　仅用于产生仿真测试信号的 Verilog HDL 行为描述建模 …… 134
　　9.2.2　Verilog HDL 建模在 Top-Down 设计中的作用和行为建模的可综合性问题 …… 136
9.3　用户定义的原语 …… 137
小　结 …… 138

思 考 题 ··· 139

第 10 章　如何编写和验证简单的纯组合逻辑模块 ································· 140

概　　述 ··· 140
10.1　加法器 ·· 140
10.2　乘法器 ·· 142
10.3　比较器 ·· 145
10.4　多路器 ·· 146
10.5　总线和总线操作 ·· 148
10.6　流水线 ·· 149
小　　结 ··· 154
思 考 题 ··· 155

第 11 章　复杂数字系统的构成 ··· 156

概　　述 ··· 156
11.1　运算部件和数据流动的控制逻辑 ·· 156
　　11.1.1　数字逻辑电路的种类 ·· 156
　　11.1.2　数字逻辑电路的构成 ·· 156
11.2　数据在寄存器中的暂时保存 ·· 158
11.3　数据流动的控制 ·· 160
11.4　在 Verilog HDL 设计中启用同步时序逻辑 ······································ 162
11.5　数据接口的同步方法 ·· 164
小　　结 ··· 165
思 考 题 ··· 165

第 12 章　同步状态机的原理、结构和设计 ································· 166

概　　述 ··· 166
12.1　状态机的结构 ··· 166
12.2　Mealy 状态机和 Moore 状态机的不同点 ·· 167
12.3　如何用 Verilog 来描述可综合的状态机 ·· 168
　　12.3.1　用可综合 Verilog 模块设计状态机的典型办法 ························· 168
　　12.3.2　用可综合的 Verilog 模块设计、用独热码表示状态的状态机 ······· 170
　　12.3.3　用可综合的 Verilog 模块设计、由输出指定的码表示状态的状态机 ······· 171
　　12.3.4　用可综合的 Verilog 模块设计复杂的多输出状态机时常用的方法 ······· 173
小　　结 ··· 175
思 考 题 ··· 176

第 13 章　设计可综合的状态机的指导原则 ································· 177

概　　述 ··· 177
13.1　用 Verilog HDL 语言设计可综合的状态机的指导原则 ······················ 177

13.2 典型的状态机实例 …… 178
13.3 综合的一般原则 …… 180
13.4 语言指导原则 …… 180
13.5 可综合风格的 Verilog HDL 模块实例 …… 181
 13.5.1 组合逻辑电路设计实例 …… 181
 13.5.2 时序逻辑电路设计实例 …… 187
13.6 状态机的置位与复位 …… 189
 13.6.1 状态机的异步置位与复位 …… 189
 13.6.2 状态机的同步置位与复位 …… 191
小 结 …… 192
思 考 题 …… 193

第 14 章 深入理解阻塞和非阻塞赋值的不同 194

概 述 …… 194
14.1 阻塞和非阻塞赋值的异同 …… 194
 14.1.1 阻塞赋值 …… 195
 14.1.2 非阻塞赋值 …… 196
14.2 Verilog 模块编程要点 …… 196
14.3 Verilog 的层次化事件队列 …… 197
14.4 自触发 always 块 …… 198
14.5 移位寄存器模型 …… 199
14.6 阻塞赋值及一些简单的例子 …… 203
14.7 时序反馈移位寄存器建模 …… 203
14.8 组合逻辑建模时应使用阻塞赋值 …… 205
14.9 时序和组合的混合逻辑——使用非阻塞赋值 …… 207
14.10 其他阻塞和非阻塞混合使用的原则 …… 208
14.11 对同一变量进行多次赋值 …… 209
14.12 常见的对于非阻塞赋值的误解 …… 210
小 结 …… 212
思 考 题 …… 212

第 15 章 较复杂时序逻辑电路设计实践 213

概 述 …… 213
小 结 …… 224
思 考 题 …… 224

第 16 章 复杂时序逻辑电路设计实践 226

概 述 …… 226
16.1 二线制 I^2C CMOS 串行 EEPROM 的简单介绍 …… 226
16.2 I^2C 总线特征介绍 …… 226

16.3　二线制 I^2C CMOS 串行 EEPROM 的读写操作 ……………………………………… 227
16.4　EEPROM 的 Verilog HDL 程序 ……………………………………………………… 228
总　结 ………………………………………………………………………………………… 251
思考题 ………………………………………………………………………………………… 251

第 17 章　简化的 RISC_CPU 设计 …………………………………………………… 252

概　述 ………………………………………………………………………………………… 252
17.1　课题的来由和设计环境介绍 ……………………………………………………… 252
17.2　什么是 CPU ………………………………………………………………………… 253
17.3　RISC_CPU 结构 …………………………………………………………………… 253
　　17.3.1　时钟发生器 …………………………………………………………………… 255
　　17.3.2　指令寄存器 …………………………………………………………………… 257
　　17.3.3　累加器 ………………………………………………………………………… 258
　　17.3.4　算术运算器 …………………………………………………………………… 259
　　17.3.5　数据控制器 …………………………………………………………………… 260
　　17.3.6　地址多路器 …………………………………………………………………… 261
　　17.3.7　程序计数器 …………………………………………………………………… 261
　　17.3.8　状态控制器 …………………………………………………………………… 262
　　17.3.9　外围模块 ……………………………………………………………………… 268
17.4　RISC_CPU 操作和时序 …………………………………………………………… 269
　　17.4.1　系统的复位和启动操作 ……………………………………………………… 269
　　17.4.2　总线读操作 …………………………………………………………………… 270
　　17.4.3　总线写操作 …………………………………………………………………… 271
17.5　RISC_CPU 寻址方式和指令系统 ………………………………………………… 271
17.6　RISC_CPU 模块的调试 …………………………………………………………… 272
　　17.6.1　RISC_CPU 模块的前仿真 …………………………………………………… 272
　　17.6.2　RISC_CPU 模块的综合 ……………………………………………………… 286
　　17.6.3　RISC_CPU 模块的优化和布局布线 ………………………………………… 292
小　结 ………………………………………………………………………………………… 302
思考题 ………………………………………………………………………………………… 303

第 18 章　虚拟器件/接口、IP 和基于平台的设计方法及其在大型数字系统设计中的作用

………………………………………………………………………………………………… 304
概　述 ………………………………………………………………………………………… 304
18.1　软核和硬核、宏单元、虚拟器件、设计和验证 IP 以及基于平台的设计方法 …… 304
18.2　设计和验证 IP 供应商 ……………………………………………………………… 306
18.3　虚拟模块的设计 …………………………………………………………………… 307
18.4　虚拟接口模块的实例 ……………………………………………………………… 311
小　结 ………………………………………………………………………………………… 312
思考题 ………………………………………………………………………………………… 312

第三部分　Verilog 数字设计示范与实验练习

概　述 313
练习一　简单的组合逻辑设计 314
练习二　简单分频时序逻辑电路的设计 316
练习三　利用条件语句实现计数分频时序电路 318
练习四　阻塞赋值与非阻塞赋值的区别 320
练习五　用 always 块实现较复杂的组合逻辑电路 322
练习六　在 Verilog HDL 中使用函数 324
练习七　在 Verilog HDL 中使用任务(task) 326
练习八　利用有限状态机进行时序逻辑的设计 329
练习九　利用状态机实现比较复杂的接口设计 332
练习十　通过模块实例调用实现大型系统的设计 337
练习十一　简单卷积器的设计 343
　　附录一　A/D 转换器的 Verilog HDL 模型机所需要的技术参数 357
　　附录二　2K＊8 位 异步 CMOS 静态 RAM HM－65162 模型 361
练习十二　利用 SRAM 设计一个 FIFO 366

第四部分　Verilog 简明语法

语法篇 1　关于 Verilog HDL 的说明 376

一、关于 IEEE 1364 标准 376
二、Verilog 简介 377
三、语法总结 377
四、编写 Verilog HDL 源代码的标准 379
五、设计流程 381

语法篇 2　Verilog 硬件描述语言参考手册 382

一、Verilog HDL 语句与常用标志符(按字母顺序排列) 382
二、系统任务和函数(System task and function) 448
三、常用系统任务和函数的详细使用说明 452
四、Command Line Options 命令行的可选项 463
五、IEEE Verilog 1364－2001 标准简介 464

第五部分 SystemVerilog 与 UVM 验证篇

一、浅谈 SystemVerilog 的历史与发展 ·· 479
   1.1　IEEE 社团介绍 ··· 479
   1.2　Accellera 社团介绍 ··· 481
   1.3　Verilog 到 SystemVerilog 的发展 ·· 483
      1.3.1　Verilog HDL 语言历史追溯 ·· 484
      1.3.2　SystemVerilog 语言历史追溯 ·· 485
   1.4　SystemVerilog 语言介绍及标准分析 ··· 487
      1.4.1　SystemVerilog 标准的发展 ·· 487
      1.4.2　SystemVerilog–2012 标准介绍 ··· 488
   1.5　验证语言发展分析 ··· 489

二、UVM 验证方法学探讨 ··· 491
   2.1　UVM 顺势而生 ··· 491
   2.2　UVM 方法学介绍 ··· 492
      2.2.1　UVM 的发展 ·· 492
      2.2.2　UVM 测试架构简介 ·· 493
   2.3　浅谈验证方法学 ··· 494

三、如何加速验证的效率 ·· 496
   3.1　验证测试方法探讨 ··· 496
   3.2　验证周期加速策略探讨 ··· 497
      3.2.1　验证周期缓慢原因分析 ·· 497
      3.2.2　验证加速策略介绍 ·· 498

参考文献 ··· 501

出版者的话 ·· 503

绪　　论

我们知道构成数字逻辑系统的基本单元是与门、或门和非门，这都是由三极管、二极管和电阻等器件构成，并能执行相应的开关逻辑操作；与门、或门和非门又可以构成各种触发器，实现状态记忆。在数字电路基础课程中，在了解这些逻辑门和触发器的构成和原理后，把它们作为抽象的理想器件来考虑，学习如何用布尔代数和卡诺图简化方法来设计一些简单的组合逻辑电路和时序电路。这些基础知识从理论上了解一个复杂的数字系统，例如 CPU 等都可以由这些基本单元组成。但真正如何来设计一个极其复杂的数字系统，如何验证设计的逻辑系统功能是否正确，本教程就是讲解如何利用 Verilog 硬件描述语言来设计和验证这样一个复杂数字系统的方法。下面就复杂数字系统的概念、用途和几个有关的基本问题做一些说明。

1. 为什么要设计专用的复杂数字系统

现代计算机与通信系统的电子设备中广泛使用了数字信号处理专用集成电路，它们主要用于数字信号传输中必需的滤波、变换、加密、解密、编码、解码、纠检错、压缩和解压缩等操作。这些操作从本质上说都是数学运算，但是又完全可以用计算机或微处理器来完成。这就是为什么常用 C、Pascal 或汇编语言来编写程序，以研究算法的合理性和有效性的道理。

在数字信号处理的领域内有相当大的一部分工作是可以事后处理的，即利用通用的计算机系统来处理这类问题。如在石油地质调查中，通过钻探和一系列的爆破，记录各种地层的回波数据，然后去除噪声等无用信息，并用计算机对这些数据进行处理，最后得到地层的构造，从而找到埋藏的石油。因为地层不会在几年内有明显的变化，因此花数十天乃至更长的时间把地层的构造分析清楚也能满足要求。这种类型的数字信号处理是非实时的，在通用的计算机上通过编写、修改和运行程序，分析程序运行的结果就能满足需要。

还有一类数字信号处理必须在规定的时间内完成，例如在军用无线通信系统和机载雷达系统中常需要对检测到的微弱信号进行增强、加密、编码、压缩，而在接收端必须及时地解压缩、解码和解密并重现清晰的信号。很难想像用一个通用的计算机系统来完成这项工作。因此，不得不自行设计非常轻便而小巧的高速专用硬件系统来完成该任务。

有的数字信号处理对时间的要求非常苛刻，以至于用高速的通用微处理器芯片也无法在规定的时间内完成必要的运算。因此，必须为这样的运算设计一个专用的高速硬线逻辑电路，在高速 FPGA 器件上实现或制成高速专用集成电路。这是因为通用微处理器芯片是为一般目的而设计的，运算的步骤必须通过程序编译后生成的机器码指令加载到存储器中，然后在微处理器芯片控制下，按时钟的节拍，逐条取出指令、分析指令和执行指令，直至程序的结束。微处理器芯片中的内部总线和运算部件也是为通用目的而设计，即使是专为信号处理而设计的通用微处理器，因为它的通用性，也不可能为某一个特殊的算法来设计一系列的专用的运算电路，而且其内部总线的宽度也不能随意改变，只有通过改变程序，才能实现这个特殊的算法，因而其运算速度也受到限制。

本教程的目的是想通过对数字信号处理、计算、算法和数据结构、编程语言和程序、体系结构和硬线逻辑等基本概念的介绍，了解算法与硬线逻辑之间的关系，从而引入利用 Verilog HDL 硬件描述语言设计复杂的数字逻辑系统的概念和方法。现向读者展示一种 20 世纪 90 年代才真正开始在美国等先进的工业化国家逐步推广的数字逻辑系统的设计方法，借助于这种方法，在电路设计自动化仿真和综合工具的帮助下，只要对并行计算微体系结构有一定程度的了解，对有关算法有深入的研究，就完全有能力设计并制造出具有自己知识产权的 DSP（数字信号处理）类和任何复杂的数字逻辑集成电路芯片，为我国的电子工业和国防现代化做出应有的贡献。

2. 数字信号处理

大规模集成电路设计制造技术和数字信号处理技术，30 多年来各自得到了迅速的发展。这两个表面上看来没有什么关系的技术领域实质上是紧密相关的。因为数字信号处理系统往往要进行一些复杂的数学运算和数据处理，并且又有实时响应的需求，它们通常是由高速专用数字逻辑系统或专用数字信号处理器所构成，通常包括高速数据通道接口和高速算法电路，其电路是相当复杂的。因此，只有在高速大规模集成电路设计制造技术进步的基础上，才有可能实现真正有意义的实时数字信号处理系统。对实时数字信号处理系统的要求不断提高，也推动了高速大规模集成电路设计制造技术的进步。现代专用集成电路的设计是借助于电子电路设计自动化（EDA）工具完成的。学习和掌握硬件描述语言（HDL）是使用电子电路设计自动化（EDA）工具的基础。

3. 计　算

说到数字信号处理，自然会想到数学计算。现代计算机和通信系统中广泛采用了数字信号处理的技术和方法。其基本思路是先把信号用一系列的数字来表示，把连续的模拟信号，通过采样和从模拟量到数字量的转换，把信号转换成一系列的数字信号，然后对这些数字信号进行各种快速的数学运算。其目的是多种多样的：有的是为了加密；有的是通过编码来减少误码率以提高信道的通信质量；有的是为了去掉噪声等无关的信息；有的是为了数据的压缩以减少占用的频道等。有时也把某些种类的数字信号处理运算称为变换，如离散傅里叶变换（DFT）、离散余弦变换（DCT）和小波变换（Wavelet T）等。

这里所说的计算是从英语 computing 翻译过来的，它的含义要比单纯的数学计算广泛得多。"computing 这门学问研究怎样系统地有步骤地描述和转换信息，实质上是一门覆盖了多个知识和技术范畴的学问，其中包括了计算的理论、分析、设计、效率和应用。它提出的最基本的问题是什么样的工作能自动完成，什么样的不能"[1]。

本书中凡提到"计算"这个词语，指的就是上面一段中 computing 所包含的意思。由传统的观点出发，可以从三个不同的方面来研究计算，即从教学、科学和工程的不同角度。由比较现代的观点出发，可以从四个主要的方面来研究计算，即从算法和数据结构、编程语言、体系结构、软件和硬件设计方法来研究。本绪论的目的是想让读者对设计复杂数字系统有一个全面的了解，从而加深对掌握 Verilog HDL 设计方法必要性的认识。一个复杂的数字系统设计往往是一个从算法到由硬线连接的门级逻辑结构，再映射到硅片的逐步实现的过程。因此，可以将从算法和数据结构、编程语言和程序、微体系结构和硬线逻辑以及设计方法学等方面的基本概念出发来研究和探讨用于数字信号处理等领域的复杂硬线逻辑电路的设计技术和方法，特

---

[1] 摘自 Denning et al，"Computing as a Discipline，" Communication of ACM，January，1989。

别是强调利用 Verilog 硬件描述语言的 TopDown 设计方法进行介绍。

4. 算法和数据结构

为了准确地表示特定问题的信息并顺利地解决有关的计算问题,需要采用一些特殊方法并建立相应的模型。所谓算法就是解决特定问题的有序步骤;所谓数据结构就是解决特定问题的相应模型。

5. 编程语言和程序

程序员利用一种由专家设计的既可以被人理解,也可以被计算机解释的语言来表示算法问题的求解过程。这种语言就是编程语言,由它所表达的算法问题的求解过程就是程序。而 C、Pascal、Fortran、Basic 语言或汇编语言是几种常用的编程语言。如果只研究算法,只在通用的计算机上运行程序或利用通用的 CPU 来设计专用的微处理器嵌入系统,掌握上述语言就足够了。如果还需要设计和制造能进行快速计算的硬线逻辑专用电路,就必须学习数字电路的基本知识和硬件描述语言。因为现代复杂数字逻辑系统的设计都是借助于 EDA 工具完成的,无论电路系统的仿真和综合都需要掌握硬件描述语言。在本书中将比较详细地介绍 Verilog 硬件描述语言。

6. 系统的微体系结构和硬线连接的门级逻辑

计算电路究竟是如何构成的?为什么它能有效和正确地执行每一步程序?它能不能用另外一种结构方案来构成?运算速度还能不能再提高?所谓计算微体系结构就是回答以上问题,并从硬线逻辑和软件两个角度一起来探讨某种结构的计算机的性能潜力。比如,Von Neumann(冯·诺依曼)于 1945 年设计的 EDVAC 电子计算机,它的结构是一种最早的顺序机,该机执行标量数据的计算机系统结构。顺序机是从位串行操作到字并行操作,从定点运算到浮点运算逐步改进过来的。由于 Von Neumann 系统结构的程序是顺序执行的,所以速度很慢。随着硬件技术的进步,不断有新的计算机体系结构产生,其计算性能也在不断提高。计算机体系结构是一门讨论和研究通用计算机的中央处理器如何提高运算速度性能的学问。对计算机中央处理器微体系结构的了解是设计高性能的专用的硬线逻辑系统的基础,因此本书将通过一个简化的 RISC_CPU 的设计实例对系统结构的基本概念加以初步的介绍。但由于本书的重点是利用 Verilog HDL 进行复杂数字电路的设计技术和方法,大量的篇幅将介绍利用 HDL 进行设计的步骤、语法要点、可综合的风格要点、同步有限状态机和由浅入深的设计实例。至于有关处理器微体系结构的深入了解和高速标量计算逻辑的微结构等专门知识和设计诀窍,将在以后推出的各种书籍和资料中介绍。

7. 设计方法学

复杂数字系统的设计是一个把思想(即算法)转化为实际数字逻辑电路的过程。人们知道,同一个算法可以用不同结构的数字逻辑电路来实现,这从运算的结果来说可能是完全一致的,但其运算速度和性能价格比可以有很大的差别。可用许多种不同的方案来实现实时完成算法运算的复杂数字系统电路。下面列出了常用的四种方案:

第一种,以专用微处理机芯片为中心来完成算法所需的电路系统;

第二种,用高密度的 FPGA(从几万门到几百万门);

第三种,设计专用的大规模集成电路(ASIC);

第四种,利用现成的微处理机的 IP 核并结合专门设计的高速 ASIC 运算电路。

究竟采用什么方案要根据具体项目的技术指标、经费、时间进度和批量综合考虑而定。

在上述第二、第三、第四种设计方案中,电路结构的考虑和决策至关重要。有的电路结构速度快,但所需的逻辑单元多,成本高;而有的电路结构速度慢,但所需的逻辑单元少,成本低。复杂数字逻辑系统设计的过程往往需要通过多次仿真,从不同的结构方案中找到一种符合工程技术要求的性能价格比最好的结构。一个优秀的有经验的设计师,能通过硬件描述语言的顶层仿真较快地确定合理的系统电路结构,减少由于总体结构设计不合理而造成的返工,从而大大加快系统的设计过程。

8. 专用硬线逻辑与微处理器的比较

在信号处理专用计算电路的设计中,以专用微处理器芯片为中心来构成完成算法所需的电路系统是一种较好的办法。可以利用现成的微处理器开发系统,在算法已用 C 语言验证的基础上,在开发系统工具的帮助下,把 C 语言程序转换为专用微处理器的汇编,然后再编译为机器代码,最后加载到样机系统的存储区,即可以在开发系统工具的环境中开始相关算法的运算仿真或运算。采用这种方法,设计周期短、可以利用的资源多;但速度、能耗、体积等性能受该微处理器芯片和外围电路的限制。

用高密度的 FPGA(从几万门到几百万门)来构成完成算法所需的电路系统也是一种较好的办法。必须购置有关的 FPGA 开发环境、布局布线和编程工具。有些 FPGA 厂商提供的开发环境不够理想,其仿真工具和综合工具性能不够完善,还需要利用性能较好的硬件描述语言仿真器、综合工具,才能有效地进行复杂的 DSP 硬线逻辑系统的设计。由于 FPGA 是一种通用的器件,它的基本结构决定了只对某一种特殊的应用,其性能不如专用的 ASIC 电路。

采用自行设计的专用 ASIC 系统芯片(system on chip),即利用现成的微处理器 IP 核或根据某一特殊应用设计的微处理机核(也可以没有通用的微处理机核),并结合专门设计的高速 ASIC 运算电路,能设计出性能价格比最高的理想数字信号处理系统。这种方法结合了微处理器和专用的大规模集成电路的优点。由于微处理器 IP 核的挑选结合了算法和应用的特点,又加上专用的 ASIC 在需要高速部分的增强,能"量体裁衣",因而各方面性能优越。但由于设计和制造周期长、投片成本高,往往只有经费充足、批量大的项目或重要的项目才采用这一途径。当然性能优良的硬件描述语言仿真器、综合工具是不可缺少的;另外,对所采用的半导体厂家基本器件库和 IP 库的深入了解也是必须的。

以上所述算法的专用硬线逻辑的实现都需要对算法和数据接口协议有深入的了解,还须掌握硬件描述语言和相关的 EDA 仿真、综合和布局布线工具。

9. C 语言、Matlab 与硬件描述语言在算法运算电路设计的关系和作用

数字电路设计工程师一般都学习过编程语言、数字逻辑基础、各种 EDA 软件工具的使用。就编程语言而言,国内外大多数学校都以 C 语言为标准,目前很少有学校使用 Pascal 和 Fortran;而 Matlab 则是一个常用的数学计算软件包,有许多现成的数学函数可以利用,大大节省了复杂函数的编程时间;Matlab 也提供手段可以与 C 程序模块方便地接口。因此用 Matlab 来做数学计算系统的行为仿真常常比直接用 C 语言方便,能很快生成有用的数据文件和表格,直接用于算法正确性的验证。

基础算法的描述和验证常用 C 语言来做。例如要设计 Reed Solomen 编码/解码器,必须先深入了解 Reed Solomen 编码/解码的算法,再编写 C 语言的程序来验证算法的正确性。运行描述编码器的 C 语言程序,把在数据文件中的多组待编码的数据转换为相应的编码后将数据并存入文件;再编写一个加干扰用的 C 语言程序,用于模拟信道。它能产生随机误码位(并

把误码位个数控制在纠错能力范围内)将其加入编码后的数据文件中。运行该加扰程序,产生带误码位的编码后的数据文件;然后再编写一个解码器的 C 语言程序,运行该程序把带误码位的编码文件解码为另一个数据文件。只要比较原始数据文件和生成的文件便可知道编码和解码的程序是否正确(能否自动纠正纠错能力范围内的错码位)。用这种方法就可以来验证算法的正确性。但这样的数据处理其运行速度只与程序的大小和计算机的运行速度有关,也不能独立于计算机而存在。如果要设计一个专门的电路来进行这种对速度有要求的实时数据处理,除了以上介绍的 C 程序外,还须编写硬件描述语言(如 Verilog HDL 或 VHDL)程序,进行仿真以便从电路结构上保证算法能在规定的时间内完成,并能通过与前端和后端的设备接口正确无误地交换(输入/输出)数据。

用硬件描述语言(HDL)的程序设计硬件的好处在于易于理解、易于维护、调试电路速度快,有许多易于掌握的仿真、综合和布局布线工具,还可以用 C 语言配合 HDL 来做逻辑设计的布线前和布线后仿真,验证功能是否正确。

在算法硬件电路的研制过程中,计算电路的结构和芯片的工艺对运行速度有很大的影响。所以在电路结构完全确定之前,必须经过多次仿真,即:

1) C 语言的功能仿真;
2) C 语言的并行结构仿真;
3) Verilog HDL 的行为仿真;
4) Verilog HDL RTL 级仿真;
5) 综合后门级结构仿真;
6) 布局布线后仿真;
7) 电路实现验证。

下面介绍用 C 语言配合 Verilog HDL 设计算法的硬件电路块时考虑的三个主要问题:
● 为什么选择 C 语言与 Verilog HDL 配合使用;
● C 语言与 Verilog HDL 的使用有何限制;
● 如何利用 C 语言来加速硬件的设计和故障检测。

(1) 为什么选择 C 语言与 Verilog HDL 配合使用? 首先,C 语言很灵活,查错功能强,还可以通过 PLI(编程语言接口)编写自己的系统任务,并直接与硬件仿真器(如 Verilog—XL)结合使用。C 语言是目前世界上应用最为广泛的一种编程语言,因而 C 程序的设计环境比 Verilog HDL 更完整。此外,C 语言有可靠的编译环境,语法完备,缺陷较少,可应用于许多领域。比较起来,Verilog 语言只是针对硬件描述的,在别处使用(如用于算法表达等)并不方便。而且 Verilog 的仿真、综合、查错工具等大部分软件都是商业软件,与 C 语言相比缺乏长期大量的使用,可靠性较差,亦有很多缺陷。所以,只有在 C 语言的配合使用下,Verilog 才能更好地发挥作用。

面对上述问题,最好的方法是 C 语言与 Verilog HDL 语言相辅相成,互相配合使用。这就是既要利用 C 语言的完整性,又要结合 Verilog 对硬件描述的精确性,来更快更好地设计出符合性能要求的硬件电路系统。利用 C 语言完善的查错和编译环境,设计者可以先设计出一个功能正确的设计单元,以此作为设计比较的标准。然后,把 C 程序一段一段地改写成用并型结构(类似于 Verilog)描述的 C 程序,此时还是在 C 的环境里,使用的依然是 C 语言。如果运行结果正确,就将 C 语言关键字用 Verilog 相应的关键字替换,进入 Verilog 的环境。将测试输入同时加到 C 与 Verilog 两个单元,将其输出做比较。这样很容易发现问题的所在,然后更正,再做测试,直至正确无误。剩下的工作就交给后面的设计工程师。

(2) C 语言与 Verilog 语言互相转换中存在的问题是,混合语言设计流程往往会在两种语言的转换中遇到许多难题。例如,怎样把 C 程序转换成类似 Verilog 结构的 C 程序,来增加并行度,以保证用硬件实现时运行速度达到设计要求;又如怎样不使用 C 语言中较抽象的语法,例如迭代、指针、不确定次数的循环等,也能用来表示算法。因为转换的目的是要用可综合的 Verilog 语句来代替 C 程序中的语句,而可用于综合的 Verilog 语法是相当有限的,往往找不到相应的关键字来替换。

C 程序是一行接一行依次执行的,属于顺序结构;而 Verilog 描述的硬件是可以在同一时间同时运行的,属于并行结构,这两者之间有很大的冲突。而 Verilog 的仿真软件也是顺序执行的,在时间关系上同实际的硬件是有差异的,可能会出现一些无法发现的问题。

Verilog 可用的输出输入函数很少,C 语言的花样则很多,转换过程中会遇到一些困难。C 语言的函数调用与 Verilog 中模块的调用也有区别。C 程序调用函数是没有延时特性的,一个函数是唯一确定的,对同一个函数的不同调用是一样的。而 Verilog 中对模块的不同调用是不同的,即使调用的是同一个模块,必须用不同的名字来指定。Verilog 的语法规则很死,限制很多,能用的判断语句有限。仿真速度较慢,查错功能差,错误信息不完整。仿真软件通常也很昂贵,而且不一定可靠。C 语言没有时间关系,转换后的 Verilog 程序必须做到没有任何外加的人工延时信号,也就是必须表达为有限状态机,即 RTL 级的 Verilog;否则将无法使用综合工具把 Verilog 源代码转化为门级逻辑。

(3) 如何利用 C 语言来加快硬件的设计和查错:表 0.1 中列出了常用的 C 语言与 Verilog 语言相对应的关键字与控制结构。

表 0.1　C 语言与 Verilog 语言的比较

C 语言	Verilog 语言
sub-function	module, function, task
if-then-else	if-then-else
case	case
{,}	begin, end
for	for
while	while
break	disable
define	define
int	int
printf	monitor, display, strobe

表 0.2 中,列出了 C 语言与 Verilog 语言相对应的运算符和功能。

从上面的讨论可以总结如下:

① C 语言与 Verilog 硬件描述语言可以配合使用,辅助设计硬件。

② C 语言与 Verilog 硬件描述语言类似,只要稍加限制,C 语言的程序很容易转成

Verilog 的行为程序。

表 0.2 C 语言与 Verilog 语言相对应的运算符

C 语言	Verilog 语言	功 能
*	*	乘
/	/	除
+	+	加
-	-	减
%	%	取模
!	!	反逻辑
&&	&&	逻辑与
||	||	逻辑或
>	>	大于
<	<	小于
>=	>=	大于等于
<=	<=	小于等于
==	==	等于
!=	!=	不等于
~	~	位反相
&	&	按位逻辑与
|	|	按位逻辑或
^	^	按位逻辑异或
~^	~^	按位逻辑同或
>>	>>	右移
<<	<<	左移
?:	?:	同等于 if-else 叙述

美国和中国台湾地区逻辑电路设计和制造厂家大都以 Verilog HDL 为主，中国大陆地区目前学习使用 Verilog HDL 已经超过 VHDL。到底选用 Verilog 或是 VHDL 来配合 C 一起用，就留给各位同学自行去决定。但从学习的角度来看，Verilog HDL 比较简单，也与 C 语言较接近，容易掌握；而从使用的角度看，支持 Verilog 硬件描述语言的半导体厂家也较支持 VHDL 的多，从发展趋势看 Verilog 也比 VHDL 有更宽广的前途。

小　　结

绪论全面介绍了信号处理与硬线逻辑设计的关系，以及有关的基本概念，引入了 Verilog 硬件描述语言，向读者展示一种 20 世纪 90 年代才真正开始在美国等先进的工业化国家逐步推广的数字逻辑系统的设计方法。在下面的各章里将分步骤地详细介绍这种设计方法。

思考题

1. 什么是信号处理电路?它通常由哪两大部分组成?
2. 为什么要设计专用的信号处理电路?
3. 什么是实时处理系统?
4. 为什么要用硬件描述语言来设计复杂的算法逻辑电路?
5. 能不能完全用C语言来代替硬件描述语言进行算法逻辑电路的设计?
6. 为什么在算法逻辑电路的设计中需要用C语言和硬件描述语言配合使用来提高设计效率?

第一部分 Verilog 数字设计基础

数字通信和自动化控制等领域的高速发展和世界范围内的高技术竞争对数字系统提出了越来越高的要求,特别是需要设计具有实时信号处理能力的专用集成电路,要求把包括多个 CPU 内核在内的整个电子系统综合到一个芯片(SOC)上。设计并验证这样复杂的电路及系统已不再是简单的个人劳动,而需要综合许多专家的经验和知识才能够完成。近 20 年来电路制造工艺技术进步非常迅速,目前国际上 60 nm 的制造工艺,已达到工业化生产的规模,而电路设计能力远远落后于制造技术的进步。在数字逻辑设计领域,迫切需要一种共同的工业标准来统一对数字逻辑电路及系统的描述,这样就能把系统设计工作分解为逻辑设计(前端)、电路实现(后端)和验证三个互相独立而又相关的部分。由于逻辑设计的相对独立性就可以把专家们设计的各种常用数字逻辑电路和组件(如 FFT 算法、DCT 算法部件、DDRAM 读写控制器等)建成宏单元(megcell)或软(固/硬)核,也称作 Soft(firm/hard)Core,即 IP(知识产权内核的英文缩写)库供设计者引用,设计者可以直接利用它们的行为模型设计并验证其他电路,以减少重复劳动,提高工作效率。电路的实现则可借助于综合工具和 IP 的重复利用,以及布局布线工具(与具体工艺技术有关)自动地完成。

Verilog HDL 和 VHDL 这两种工业标准的产生顺应了历史的潮流,因而得到了迅速的发展。美国、日本等国由于高级设计工程师人力资源成本远高于中国,所以,近年来把许多设计工作转移到中国大陆,以降低设计成本。**作为新世纪的中国大学生和年轻的电子工程师应该尽早掌握这种新的设计方法,使我国在复杂数字电路及系统的设计竞争中逐步缩小与美国等先进的工业发达国家的差距。**

第1章 Verilog 的基本知识

1.1 硬件描述语言 HDL

硬件描述语言（HDL，hardware description language）是一种用形式化方法来描述数字电路和系统的语言。数字电路系统的设计者利用这种语言可以从上层到下层（从抽象到具体）逐层描述自己的设计思想，用一系列分层次的模块来表示极其复杂的数字系统。然后利用电子设计自动化（以下简称为 EDA）工具逐层进行仿真验证，再把其中需要变为具体物理电路的模块组合经由自动综合工具转换到门级电路网表。接下去再用专用集成电路（ASIC）或现场可编程门阵列（FPGA）自动布局布线工具把网表转换为具体电路布线结构的实现。在制成物理器件之前，还可以用 Verilog 的门级模型（原语元件或 UDP）来代替具体基本元件。因其逻辑功能和延时特性与真实的物理元件完全一致，所以在仿真工具的支持下能验证复杂数字系统物理结构的正确性，使投片的成功率达到 100%。目前，这种称为高层次设计（high‐level‐design）的方法已被广泛采用。据统计，目前在美国硅谷约有 90%以上的 ASIC 和 FPGA 已采用 Verilog 硬件描述语言方法进行设计。

硬件描述语言的发展至今已有近 30 年的历史，并成功地应用于设计的各个阶段：建模、仿真、验证和综合等。到 20 世纪 80 年代，已出现了上百种硬件描述语言，并对设计自动化曾起到了极大的促进和推动作用。但是，这些语言一般各自面向特定的设计领域与层次，而且众多的语言使用户无所适从。因此急需一种面向设计的多领域、多层次、并得到普遍认同的标准硬件描述语言。进入 20 世纪 80 年代后期，硬件描述语言向着标准化的方向发展。最终，VHDL 和 Verilog HDL 语言适应了这种趋势的要求，先后成为 IEEE 标准。把硬件描述语言用于自动综合还只有 10 多年的历史。最近 10 多年来，用综合工具把可综合风格的 HDL 模块自动转换为具体电路发展非常迅速，大大地提高了复杂数字系统的设计生产率。在美国和日本等先进电子工业国，Verilog 语言已成为设计数字系统的基础。

本书第一部分将通过具体例子，由浅入深地帮助同学们学习以下内容：
(1) Verilog 的基本语法；
(2) 简单的可综合 Verilog 模块与逻辑电路的对应关系；
(3) 简单的 Verilog 测试模块和它的意义。

书中第二部分将通过较复杂的设计实例，帮助同学们掌握以下内容：
(1) 如何编写复杂的多层次的可综合风格的 Verilog HDL 模块；
(2) 如何用可综合的 Verilog 模块构成一个可靠的复杂 IP 软核和固核模块；
(3) 如何借助于 Verilog 语言，并利用已有的虚拟行为模块对所设计的系统模块（由可综合的自主和商业 IP 模块组成）进行全面可靠的测试和验证（包括软/硬件协同测试的基本概念）。

1.2 Verilog HDL 的历史

1.2.1 什么是 Verilog HDL

Verilog HDL 是硬件描述语言的一种，用于数字电子系统设计。该语言允许设计者进行各种级别的逻辑设计，进行数字逻辑系统的仿真验证、时序分析、逻辑综合。它是目前应用最广泛的一种硬件描述语言。据有关文献报道，目前在美国使用 Verilog HDL 进行设计的工程师大约有 10 多万人，全美国有 200 多所大学教授用 Verilog 硬件描述语言的设计方法。在我国台湾地区几乎所有著名大学的电子和计算机工程系都讲授 Verilog 有关的课程。

1.2.2 Verilog HDL 的产生及发展

Verilog HDL 是在 1983 年由 GDA(GateWay Design Automation)公司的 Phil Moorby 首创的。Phil Moorby 后来成为 Verilog-XL 的主要设计者和 Cadence 公司(Cadence Design System)的第一个合伙人。在 1984 至 1985 年，Moorby 设计出了第一个名为 Verilog-XL 的仿真器；1986 年，他对 Verilog HDL 的发展又做出了另一个巨大贡献，即提出了用于快速门级仿真的 XL 算法。

随着 Verilog-XL 算法的成功，Verilog HDL 语言得到迅速发展。1989 年，Cadence 公司收购了 GDA 公司，Verilog HDL 语言成为 Cadence 公司的私有财产。1990 年，Cadence 公司决定公开 Verilog HDL 语言，于是成立了 OVI(Open Verilog International)组织来负责促进 Verilog HDL 语言的发展。基于 Verilog HDL 的优越性，IEEE 于 1995 年制定了 Verilog HDL 的 IEEE 标准，即 Verilog HDL1364-1995；2001 年发布了 Verilog HDL1364-2001 标准；2005 年 SystemVerilog IEEE 1800-2005 标准的公布，更使得 Verilog 语言在综合、仿真验证和模块的重用等性能方面都有大幅度的提高。

图 1.1 展示了 Verilog 的发展历史和未来。

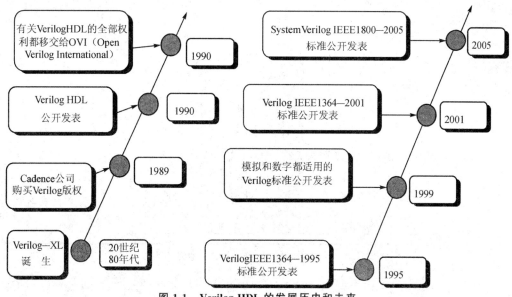

图 1.1　Verilog HDL 的发展历史和未来

1.3 Verilog HDL 和 VHDL 的比较

Verilog HDL 和 VHDL 都是用于逻辑设计的硬件描述语言,并且都已成为 IEEE 标准。VHDL 是在 1987 年成为 IEEE 标准,Verilog HDL 则在 1995 年才正式成为 IEEE 标准。之所以 VHDL 比 Verilog HDL 早成为 IEEE 标准,这是因为 VHDL 是由美国军方组织开发的,而 Verilog HDL 则是从一个普通的民间公司的私有财产转化而来,基于 Verilog HDL 的优越性,才成为 IEEE 标准,因而有更强的生命力。

VHDL 其英文全名为 VHSIC Hardware Description Language,而 VHSIC 则是 Very High Speed Integerated Circuit 的缩写词,意为甚高速集成电路,故 VHDL 其准确的中文译名为甚高速集成电路的硬件描述语言。

Verilog HDL 和 VHDL 作为描述硬件电路设计的语言,其共同的特点在于:能形式化地抽象表示电路的行为和结构;支持逻辑设计中层次与范围的描述;可借用高级语言的精巧结构来简化电路行为的描述;具有电路仿真与验证机制以保证设计的正确性;支持电路描述由高层到低层的综合转换;硬件描述与实现工艺无关(有关工艺参数可通过语言提供的属性包括进去);便于文档管理;易于理解和设计重用。

但是 Verilog HDL 和 VHDL 又各有其自己的特点。由于 Verilog HDL 早在 1983 年就已推出,至今已有 30 年的应用历史,因而 Verilog HDL 拥有更广泛的设计群体,成熟的资源也远比 VHDL 丰富。与 VHDL 相比 Verilog HDL 的最大优点是:它是一种非常容易掌握的硬件描述语言,只要有 C 语言的编程基础,通过 20 学时的学习,再加上一段实际操作,一般同学可在 2~3 个月内掌握这种设计方法的基本技术。而掌握 VHDL 设计技术就比较困难。这是因为 VHDL 不很直观,需要有 Ada 编程基础,一般认为至少需要半年以上的专业培训,才能掌握 VHDL 的基本设计技术。2005 年,SystemVerilog IEEE1800-2005 标准公布以后,集成电路设计界普遍认为 Verilog HDL 将在 10 年内全面取代 VHDL 成为 ASIC 设计行业包揽设计、测试和验证功能的的唯一语言。图 1.2 所示为 Verilog HDL 和 VHDL 建模能力的比较图,供读者参考。

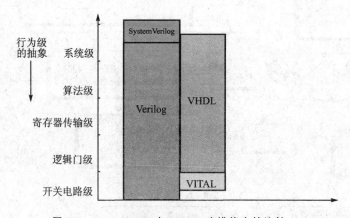

图 1.2 Verilog HDL 与 VHDL 建模能力的比较

2001 年公布的 VerilogIEEE1364-2001 标准和 2005 年公布的 SystemVerilog

IEEE1800-2005标准,不但使Verilog的可综合性能和系统仿真性能方面有大幅度的提高,而且在IP的重用方面(包括设计和验证模块的重用)也有重大的突破。因此,Verilog HDL不但作为学习HDL设计方法的入门和基础是比较合适的,而且对于ASIC设计专业人员而言,也是必须掌握的基本技术。学习掌握Verilog HDL建模、仿真、综合、重用和验证技术不仅可以使同学们对数字电路设计技术有更进一步的了解,而且可以为以后学习高级的行为综合、物理综合、IP设计和复杂系统设计和验证打下坚实的基础。

1.4　Verilog的应用情况和适用的设计

近20多年以来,EDA界一直对在数字逻辑设计中究竟采用哪一种硬件描述语言争论不休。近20多年来,美国、日本和我国台湾地区电子设计界的情况已经清楚地表明,在高层次数字系统设计领域,Verilog已经取得压倒性的优势;在中国大陆,近10多年来,Verilog应用的比率已有显著的增加。据笔者了解,国内大多数集成电路设计公司都采用Verilog HDL。Verilog是专门为复杂数字系统的设计仿真而开发的,本身就非常适合复杂数字逻辑电路和系统的仿真和综合。由于Verilog在其门级描述的底层,也就是在晶体管开关的描述方面比VHDL有更强的功能,所以,即使是VHDL的设计环境,在底层实质上也是由Verilog HDL描述的器件库所支持的。1998年通过的Verilog HDL新标准,把Verilog HDL-A并入Verilog HDL新标准,使其不仅支持数字逻辑电路的描述还支持模拟电路的描述,因此在混合信号的电路系统的设计中,它也有很广泛的应用。在深亚微米ASIC和高密度FPGA已成为电子设计主流的今天,Verilog的发展前景是非常远大的。2001年3月,Verilog IEEE1364-2001标准的公布,以及2005年10月SystemVerilog IEEE 1800-2005标准的公布,使得Verilog语言在综合、仿真验证和IP模块重用等性能方面都有大幅度的提高,更加拓宽了Verilog的发展前景。作者本人的意见是:**学习硬件描述语言的设计方法,则应首选Verilog HDL。**

Verilog适合系统级(system)、算法级(alogrithem)、寄存器传输级(RTL)、逻辑级(logic)、门级(gate)、电路开关级(switch)设计,而SystemVerilog是Verilog语言的扩展和延伸,更适用于可重用的可综合IP和可重用的验证用IP设计,以及特大型(千万门级以上)基于IP的系统级设计和验证。

1.5　采用Verilog HDL设计复杂数字电路的优点

1.5.1　传统设计方法——电路原理图输入法

几十年前,当时所做的复杂数字逻辑电路及系统的设计规模比较小也比较简单,其中所用到的FPGA或ASIC设计工作往往只能采用厂家提供的专用电路图输入工具来进行。为了满足设计性能指标,工程师往往需要花好几天或更长的时间进行艰苦的手工布线。工程师还得非常熟悉所选器件的内部结构和外部引线特点,才能达到设计要求。这种低水平的设计方法大大延长了设计周期。

近年来,FPGA 和 ASIC 的设计在规模和复杂度方面不断取得进展,而对逻辑电路及系统的设计时间要求却越来越短。这些因素促使设计人员采用高水准的设计工具,如:硬件描述语言(Verilog HDL 或 VHDL)来进行设计。

1.5.2　Verilog HDL 设计法与传统的电路原理图输入法的比较

如 1.5.1 所述,采用电路原理图输入法进行设计,具有设计的周期长,需要专门的设计工具,需手工布线等缺陷。而采用 Verilog 输入法时,由于 Verilog HDL 的标准化,可以很容易地把完成的设计移植到不同厂家的不同芯片中去,并在不同规模的应用时可以较容易地做修改。这不仅是因为用 Verilog HDL 所完成的设计,其信号位数是很容易改变的,来适应不同规模的应用;在仿真验证时,仿真测试矢量还可以用同一种描述语言来完成,而且还因为采用 Verilog HDL 综合器生成的数字逻辑是一种标准的电子设计互换格式(EDIF)文件,独立于所采用的实现工艺。有关工艺参数的描述可以通过 Verilog HDL 提供的属性包括进去,然后利用不同厂家的布局布线工具,在不同工艺的芯片上实现。

采用 Verilog 输入法最大的优点是其与工艺无关性。这使得工程师在功能设计、逻辑验证阶段,可以不必过多考虑门级及工艺实现的具体细节,只需要利用系统设计时对芯片的要求,施加不同的约束条件,即可设计出实际电路。实际上这是利用了计算机的巨大能力在 EDA 工具的帮助下,把逻辑验证与具体工艺库匹配、布线及时延计算分成不同的阶段来实现从而减轻了人们的烦琐劳动。

1.5.3　Verilog 的标准化与软核的重用

Verilog 是在 1983 年由 GATEWAY 公司首先开发成功的,经过诸多改进,于 1995 年 11 月正式被批准为 Verilog IEEE1364－1995 标准,2001 年 3 月在原标准的基础上经过改进和补充又推出 Verilog IEEE1364－2001 新标准。2005 年 10 月又推出了 Verilog 语言的扩展,即 SystemVerilog (IEEE 1800－2005 标准)语言,这使得 Verilog 语言在综合、仿真验证和 IP 模块重用等性能方面都有大幅度的提高,更加拓宽了 Verilog 的发展前景。

Verilog HDL 的标准化大大加快了 Verilog HDL 的推广和发展。由于 Verilog HDL 设计方法与工艺无关性,因而大大提高了 Verilog 模型的可重用性。把功能经过验证的、可综合的、实现后电路结构总门数在 5 000 门以上的 Verilog HDL 模型称为"软核"(Soft Core)。而把由软核构成的器件称为虚拟器件,在新电路的研制过程中,软核和虚拟器件可以很容易地借助 EDA 综合工具与其他外部逻辑结合为一体。这样,软核和虚拟器件的重用性就可大大缩短设计周期,加快了复杂电路的设计。目前国际上有一个称为虚拟接口联盟的组织(Virtual Socket Interface Alliance)来协调这方面的工作。

1.5.4　软核、固核和硬核的概念及其重用

在 1.1.3 节中已经介绍了软核的概念,下面再介绍一下固核(firm core)和硬核(hard core)的概念。把在某一种现场可编程门阵列(FPGA)器件上实现的、经检验证明是正确的、总门数在 5 000 门以上电路结构编码文件称为"固核"。把在某一种专用集成电路工艺的(ASIC)器件上实现的、经检验证明是正确的、总门数在 5000 门以上的电路结构版图掩膜称为"硬核"。

显而易见,在具体实现手段和工艺技术尚未确定的逻辑设计阶段,软核具有最大的灵活性,很容易借助 EDA 综合工具与其他外部逻辑结合为一体。当然,由于实现技术的不确定性,有可能要作一些改动以适应相应的工艺。相比之下固核和硬核与其他外部逻辑电路结合为一体的灵活性要差得多,特别是电路实现工艺技术改变时更是如此。而近年来电路实现工艺技术的发展是相当迅速的,为了逻辑电路设计成果的积累,和更快更好地设计更大规模的电路,发展软核的设计和推广软核的重用技术是非常有必要的。新一代的数字逻辑电路设计师必须掌握这方面的知识和技术。Verilog 语言以及它的扩展 SystemVerilog 是设计可重用的 IP,即软核、固核、硬核和验证用虚拟核所必须的语言。

1.6 采用硬件描述语言(Verilog HDL)的设计流程简介

1.6.1 自顶向下(Top_Down)设计的基本概念

现代集成电路制造工艺技术的改进,使得在一个芯片上集成数十万乃至数千万个器件成为可能。但很难设想仅由一个设计师独立设计如此大规模的电路而不出现错误。利用层次化、结构化的设计方法,一个完整的硬件设计任务首先由总设计师(Architect)划分为若干个可操作的模块,编制出相应的模型(行为的或结构的),通过仿真加以验证后,再把这些模块分配给下一层的设计师。这就允许多个设计者同时设计一个硬件系统中的不同模块,其中每个设计者负责自己所承担的部分;而由上一层设计师对其下层设计者完成的设计用行为级上层模块对其所做的设计进行验证。为了提高设计质量,如果其中有一部分模块可由商业渠道得到,用户可以购买它们的知识产权的使用权(IP 核的重用),以节省时间和开发经费,图 1.3 为自顶向下(Top-Down)的示意图,以设计树的形式绘出。

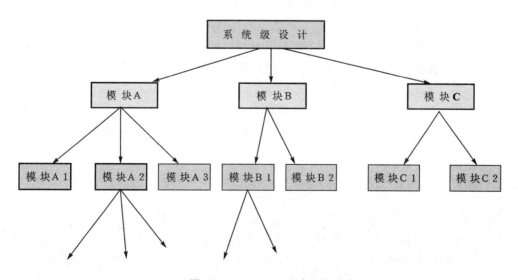

图 1.3　Top_Down 设计思想

自顶向下的设计(即 Top_Down 设计)是从系统级开始,把系统划分为基本单元,然后再把每个基本单元划分为下一层次的基本单元,一直这样做下去,直到可以直接用 EDA 元件库中的基本元件来实现为止。

对于设计开发整机电子产品的单位和个人来说,新产品的开发总是从系统设计入手,先进行方案的总体论证、功能描述、任务和指标的分配。随着系统变得复杂和庞大,特别需要在样机问世之前,对产品的全貌有一定的预见性。目前,EDA 技术的发展使得设计师有可能实现真正的自顶向下的设计。

1.6.2 层次管理的基本概念

复杂数字逻辑电路和系统的层次化、结构化设计隐含着对系统硬件设计方案的逐次分解。在设计过程中的任意层次,至少得有一种形式来描述硬件。硬件的描述特别是行为描述通常称为行为建模。在集成电路设计的每一层次,硬件可以分为一些模块,该层次的硬件结构由这些模块的互联描述,该层次的硬件的行为由这些模块的行为描述。这些模块称为该层次的基本单元。而该层次的基本单元又由下一层次的基本单元互联而成。如此下去,完整的硬件设计就可以由图 1.3 所示的设计树描述。在这个设计树上,节点对应着该层次上基本单元的行为描述,树枝对应着基本单元的结构分解。在不同的层次都可以进行仿真以对设计思想进行验证。EDA 工具提供了有效的手段来管理错综复杂的层次,即可以很方便地查找某一层次某模块的源代码或电路图以改正仿真时发现的错误。

1.6.3 具体模块的设计编译和仿真的过程

在不同的层次做具体模块的设计时所用的方法也有所不同,在高层次上往往编写一些行为级的模块可以通过仿真加以验证。其主要目的是系统性能的总体考虑和各模块的指标分配,并非具体电路的实现,因而综合及其以后的步骤往往不需要进行。而当设计的层次比较接近底层时,行为描述往往需要用电路逻辑来实现。这时的模块不仅需要通过仿真加以验证,还需进行综合、优化、布线和后仿真。总之具体电路是从底向上逐步实现的。EDA 工具往往不仅支持 HDL 描述也支持电路图输入,有效地利用这两种方法是提高设计效率的办法之一。图 1.4 所示的流程图简要地说明了模块的编译和测试过程。

从图中可以看出,模块设计流程主要由两大主要功能部分组成:
(1) 设计开发　即从编写设计文件→综合到布局布线→电路生成这样一系列步骤。
(2) 设计验证　也就是进行各种仿真的一系列步骤,如果在仿真过程中发现问题就返回设计输入进行修改。

1.6.4 具体工艺器件的优化、映像和布局布线

由于各种 ASIC 和 FPGA 器件的工艺各不相同,因而当用不同厂家的不同器件来实现已验证的逻辑网表(EDIF 文件)时,就需要不同的基本单元库与布线延迟模型与之对应,才能进行优化、映像和布局布线,以及布局布线后准确的仿真验证。基本单元库与布线延迟模型由熟悉本厂工艺的工程师提供,再由 EDA 厂商的工程师编入相应的处理程序,而逻辑电路设计师只需用一文件说明所用的工艺器件和约束条件,EDA 工具就会自动地根据这一文件选择相应

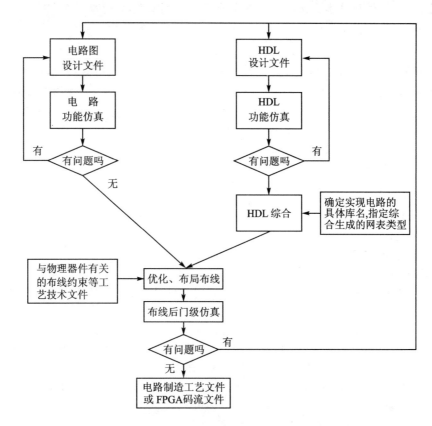

图 1.4　HDL 设计流程图

的库和模型进行准确的处理,从而大大提高设计效率。

小　结

采用 Verilog HDL 设计方法比采用电路图输入的方法更有优越性,这就是为什么美国等国家在进入 20 世纪 90 年代以后纷纷采用 HDL 设计方法的原因。在两种符合 IEEE 标准的硬件描述语言中,Verilog HDL 与 VHDL 相比更加基础、更易学习,掌握 HDL 设计方法应从学习 Verilog HDL 设计方法开始。Verilog HDL 适用于复杂数字逻辑电路和系统的总体仿真、子系统仿真和具体电路综合等各个设计阶段。

由于 Top_Down 的设计方法是首先从系统设计入手,从顶层进行功能划分和结构设计。系统的总体仿真是顶层进行功能划分的重要环节,这时的设计是与工艺无关的。由于设计的主要仿真和调试过程是在高层次完成的,所以能够早期发现结构设计上的错误,避免设计工作的浪费,同时也减少了逻辑仿真的工作量。自顶向下的设计方法方便了从系统级划分和管理整个项目,使得几十万门甚至几千万门规模的复杂数字电路的设计成为可能,并可减少设计人员,避免不必要的重复设计,提高了设计的一次成功率。

从底向上的设计在某种意义上讲可以看作上述 Top_Down 设计的逆过程。虽然设计也是从系统级开始,即从设计树的树根开始对设计进行逐次划分,但划分时首先考虑的是单元是否存在，即设计划分过程必须从已经存在的基本单元出发，设计树最末枝上的单元要么是已经制造出的单元，要么是其他项目已开发好的单元或者是可外购得到的单元。

自顶向下的设计过程中在每一层次划分时都要对某些目标作优化，Top_Down 的设计过程是理想的设计过程，它的缺点是得到的最小单元不标准，制造成本可能很高。从底向上的设计过程全采用标准基本单元，通常比较经济，但有时可能不能满足一些特定的指标要求。复杂数字逻辑电路和系统的设计过程通常是这两种设计方法的结合，设计时需要考虑多个目标的综合平衡。

思 考 题

1. 什么是硬件描述语言？它的主要作用是什么？
2. 目前世界上符合 IEEE 标准的硬件描述语言有哪两种？它们各有什么特点？
3. 什么情况下需要采用硬件描述语言的设计方法？
4. 采用硬件描述语言设计方法的优点是什么？有什么缺点？
5. 简单叙述一下利用 EDA 工具并采用硬件描述语言（HDL）的设计方法和流程。
6. 硬件描述语言可以用哪两种方式参与复杂数字电路的设计？
7. 用硬件描述语言设计的数字系统需要经过哪些步骤才能与具体的电路相对应？
8. 为什么说用硬件描述语言设计的数字逻辑系统具有最大的灵活性并可以映射到任何工艺的电路上？
9. 软核是什么？虚拟器件是什么？它们的作用是什么？
10. 集成电路行业中 IP 的含义是什么？固核是什么？硬核是什么？与软核相比它们各有什么特点？各适用于什么场合？
11. 简述 Top_Down 设计方法和硬件描述语言的关系。
12. SystemVerilog 与 Verilog 有什么关系？适用于何种设计？

第 2 章　Verilog 语法的基本概念

概　述

　　Verilog HDL 是一种用于数字系统设计的语言。用 Verilog HDL 描述的电路设计就是该电路的 Verilog HDL 模型,也称为模块。Verilog HDL 既是一种行为描述的语言也是一种结构描述的语言。这就是说,无论描述电路功能行为的模块或描述元器件或较大部件互联的模块都可以用 Verilog 语言来建立电路模型。如果按照一定的规则和风格编写,功能行为模块可以通过工具自动地转换为门级互联的结构模块。Verilog 模型可以是实际电路的不同级别的抽象。这些抽象的级别和它们所对应的模型类型共有以下 5 种,现分别给以简述。

　　(1) 系统级(system-level):用语言提供的高级结构能够实现待设计模块的外部性能的模型。

　　(2) 算法级(algorithm-level):用语言提供的高级结构能够实现算法运行的模型。

　　(3) RTL 级(register transfer level):描述数据在寄存器之间的流动和如何处理、控制这些数据流动的模型。

　　以上三种都属于行为描述,只有 RTL 级才有与逻辑电路有明确的对应关系。

　　(4) 门级(gate-level):描述逻辑门以及逻辑门之间连接的模型。

　　与逻辑电路有确定的连接关系,以上 4 种数字系统设计工程师必须掌握。

　　(5) 开关级(switch-level):描述器件中三极管和储存节点以及它们之间连接的模型。

　　这与具体的物理电路有对应关系,工艺库元件和宏部件设计人员必须掌握,将在高级教程中介绍。

　　一个复杂电路系统的完整 Verilog HDL 模型是由若干个 Verilog HDL 模块构成的,每一个模块又可以由若干个子模块构成。其中有些模块需要综合成具体电路,而有些模块只是与用户所设计的模块有交互联系的现存电路或激励信号源。利用 Verilog HDL 语言结构所提供的这种功能就可以构造一个模块间的清晰层次结构,以此来描述极其复杂的大型设计,并对所作设计的逻辑电路进行严格的验证。

　　Verilog HDL 行为描述语言作为一种结构化和过程性的语言,其语法结构非常适合于算法级和 RTL 级的模型设计。这种行为描述语言具有以下功能:

- 可描述顺序执行或并行执行的程序结构;
- 用延迟表达式或事件表达式来明确地控制过程的启动时间;
- 通过命名的事件来触发其他过程里的激活行为或停止行为;
- 提供了条件如 if-else,case 等循环程序结构;
- 提供了可带参数且非零延续时间的任务(task)程序结构;
- 提供了可定义新的操作符的函数结构(function);
- 提供了用于建立表达式的算术运算符、逻辑运算符、位运算符;
- Verilog HDL 语言作为一种结构化的语言非常适用于门级和开关级的模型设计。因其结构化的特点又使它具有以下功能：

提供了一套完整的表示组合逻辑的基本元件的原语(primitive)；

提供了双向通路(总线)和电阻器件的原语；

可建立 MOS 器件的电荷分享和电荷衰减动态模型。

Verilog HDL 的构造性语句可以精确地建立信号的模型。这是因为在 Verilog HDL 中，提供了延迟和输出强度的原语来建立精确程度很高的信号模型。信号值可以有不同的强度，可以通过设定宽范围的模糊值来降低不确定条件的影响。

Verilog HDL 作为一种高级的硬件描述编程语言，与 C 语言的风格有许多类似之处。其中有许多语句，如 if 语句、case 语句和 C 语言中的对应语句十分相似。如果读者已经掌握 C 语言编程的基础，那么学习 Verilog HDL 并不困难，只要对 Verilog HDL 某些语句的特殊方面着重加以理解，并加强上机练习就能很好地掌握它，就能利用它的强大功能来设计复杂的数字逻辑电路系统。下面将对 Verilog HDL 中的基本语法通过实例逐一加以初步的介绍。

2.1 Verilog 模块的基本概念

下面先介绍几个简单的 Verilog HDL 程序，从中了解 Verilog 模块的特性。

【例2.1】 图 2.1 所示的二选一多路选择器的 Verilog HDL 程序如下：

```
module muxtwo (out, a, b, sl);
    input a,b,sl;
    output out;
    reg out;
        always @ (sl or a or b)
            if (! sl)   out = a;
            else out = b;
endmodule
```

从[例2.1]中很容易理解模块 muxtwo 的作用。它是一个如图 2.1 所示的二选一多路器，输出 out 与输入 a 一致，还是与输入 b 一致，由 sl 的电平决定。当控制信号 sl 为非(低电平 0)时，输出 out 与输入 a 相同，否则与 b 相同。always @(sl or a or b) 表示只要 sl 或 a 或 b，其中若有一个变化时就执行下面的语句。人们并不关心它的电路结构，关心的是如何从逻辑功能上来描述它。Verilog 的语法支持这种逻辑行为的描述。

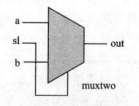

图 2.1 二选一多路器(一)

为了实现这个电路的逻辑功能，也能用布尔表达式来描述，Verilog 语言中，可以用"～"、"&"、"|"操作符分别表示：求反、相与和相或运算操作。所以[例2.1]的 muxtwo 模块实现的逻辑功能也能用[例2.2]形式的 Verilog 代码来表示。

【例2.2】 图 2.2 所示的带有与非门的二选一多路选择器的 Verilog HDL 程序如下：

```
module muxtwo (out, a, b, sl);
    input a,b,sl;           //输入信号名
    output out;             //输出信号名
```

```
        wire nsl,sela,selb;        //定义内部连接线
            assign nsl=~sl;         //求反
            assign sela=a&nsl;      //按位与运算
            assign selb=b&sl;
            assign out=sela|selb;   //按位或运算
        endmodule
```

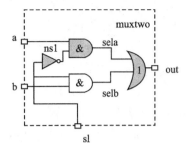

图 2.2 带有与非门的二选一多路器

上面例子中实现的逻辑功能是非常容易理解的,它从本质上看就是一个逻辑表达式,表达的是一个二选一多路选择器,如[例 2.3]所示。

【例 2.3】 图 2.3 所示多路选择器的 Verilog HDL 程序如下:

```
        module muxtwo (out,a,b,sl);
        input a,b,sl;
        output out;
            not       u1(nsl,sl);
            and  #1   u2(sela,a,nsl);
            and  #1   u3(selb,b,sl);
            or   #1   u4(out,sela,selb);
        endmodule
```

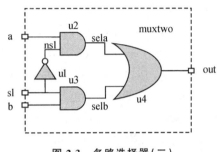

图 2.3 多路选择器(二)

从[例 2.3]中很容易理解模块 muxtwo 的作用。它也是一个二选一多路器,输出 out 与输入 a 一致,还是与输入 b 一致,由 sl 的电平决定。当控制信号 sl 为非(!)(低电平 0),输出 out 与输入 a 相同,否则与 b 相同。模块的描述用基本的与门、或门和非门的互联来描述。在程序模块中出现的 and、or 和 not 都是 Verilog 语言的保留字,由 Verilog 语言的原语(primitive)规定了它们的接口顺序和用法,分别表示与门、或门和非门,其中元件的输出口都规定在第一个端口,♯1 和 ♯2 分别表示门输入到输出的延迟为 1 和 2 个单位时间;模块程序中的 u1、u2、u3、u4 与逻辑图中的逻辑元件对应,表示逻辑元件的实例名称。模块表示的是电路结构,跟程序右面的电路逻辑图表示完全一致的。Verilog 的语法也支持这种基于逻辑单元互联结构的描述。

如果在编写 Verilog 模块时,不但符合语法,还符合一些基本规则,就可以通过计算机上运行的工具把[例 2.1]通过[例 2.2]的中间形式自动转换为[例 2.3]这样的模块,这个过程称为综合(synthesis)。我们知道[例 2.3]模块很容易与某种工艺的基本元件逐一对应起来,再通过布局布线工具自动地转变为某种具体工艺的电路布线结构。在第一部分里除了讲解基本语法外,主要讲解符合何种风格的 Verilog 模块是可以综合的;何种风格的模块是不可以综合的;不可综合的 Verilog 模块有些什么作用等。

下面再看几个简单的模块,目的是初步了解 Verilog 语法最重要的几个基本概念:并行性、层次结构性、可综合性,并了解测试平台(testbench)。

【例 2.4】 通过连续赋值语句描述一个 3 位加法器的 Verilog HDL 程序如下:

```
        module adder ( cout,sum,a,b,cin );
            input [2:0] a,b;
            input    cin;
```

```
        output    cout;
        output [2:0] sum;
        assign {cout,sum} = a + b + cin;
    endmodule
```

这个例子通过连续赋值语句描述了一个名为 adder 的 3 位加法器。它可以根据两个 3 比特数 a、b 和进位(cin)计算出和(sum)及向上进位(cout)。从例子中可以看出整个 Verilog HDL 程序是位于 module 和 endmodule 声明语句之间的。

【**例 2.5**】 通过连续赋值语句描述一个比较器的 Verilog HDL 程序如下：

```
    module compare ( equal,a,b );
        output equal;              //声明输出信号 equal
        input [1:0] a,b;           //声明输入信号 a,b
        assign    equal=(a==b)? 1:0;
        /* 如果 a、b 两个输入信号相等,输出为 1;否则为 0 */
    endmodule
```

此程序通过连续赋值语句描述了一个名为 compare 的比较器。对 2 比特数 a、b 进行比较,如 a 与 b 相等,则输出 equal 为高电平,否则为低电平。在这个程序中,/* …… */和//……表示注释部分。注释只是为了方便程序员理解程序,对编译是不起作用的。

【**例 2.6**】 图 2.4 所示的三态门选择器,其 verilog HDL 程序如下：

```
    module trist2(out,in,enable);
        output   out;
        input   in, enable;
          bufif1   mybuf(out,in,enable);
    endmodule
```

该程序描述了一个名为 trist2 的三态驱动器。程序通过调用一个在 Verilog 语言提供的原语(primitive)库中现存的三态驱动器元件 bufif1 来实现其逻辑功能。在 trist2 模块中所用到的三态驱动器元件 bufif1 的具体名字叫做 mybuf,这种引用现成元件或模块的方法叫做实例化或实例引用,这表示电路构造的一种常用的语法现象。

【**例 2.7**】 采用二个模块的三态门选择器,其 Verilog HDL 程序如下：

图 2.4 三态门选择器

```
    module trist1(sout,sin,ena);
    output   sout;
    input    sin, ena;
        mytri  tri_inst(.out(sout),.in(sin),.enable(ena));
        //引用由 mytri 模块定义的实例元件 tri_inst
    endmodule
```

```
module mytri(out,in,enable);
output   out;
input   in, enable;
    assign   out = enable? in : 'bz;
endmodule
```

该程序通过另一种方法描述了一个三态门。在这个例子中存在着两个模块：模块 trist1 引用由模块 mytri 定义的实例部件 tri_inst，模块 trist1 是上层模块；模块 mytri 则被称为子模块。在实例部件 tri_inst 中，带"."表示被引用模块的端口，名称必须与被引用模块 mytri 的端口定义一致，小括号中表示在本模块中与之连接的线路。

上面这些例子都是可以综合的，通过综合工具可以自动转换为由与门、或门和非门组成的加法器、比较器和三态门等组合逻辑。在数字电路基础中已经学习过怎样用组合逻辑来实现1位或2位整数的加法和比较，而带超前进位链的多位整数加法器和多位比较器的逻辑图相当复杂，很难即时辨明。但这些也是已经成熟的电路结构，对于计算机支持的 EDA 工具来说，这只是一个映射的过程，系统设计人员就不必过于关心其逻辑构成的细节，而把主要精力集中在系统结构的考虑上，从而大大提高了设计效率。

2.2　Verilog 用于模块的测试

Verilog 还可以用来描述变化的测试信号。描述测试信号的变化和测试过程的模块也称为测试平台（testbench 或 testfixture），它可以对上面介绍的电路模块（无论是行为的或结构的）进行动态的全面测试。通过观测被测试模块的输出信号是否符合要求，可以调试和验证逻辑系统的设计和结构正确与否，并发现问题及时修改。图 2.5 为 Verilog 时用于模块测试的原理图。

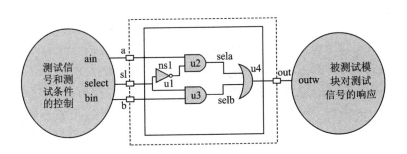

图 2.5　Verilog 用于模块测试

下面来看一个 Verilog 的测试模块，它可以对[例 2.1]到[例 2.3]的多路器模块进行逐步深入的全面测试。

【例 2.8】　对[例 2.1]~[例 2.3]多路器模块进行 Verilog HDL 程序如下：

```
`include"muxtwo.v"
    module t;
    reg   ain, bin, select;
    reg   clock;
```

```
        wire    outw;
    initial                          //把寄存器变量初始化为一的确定值
    begin
        ain = 0;
        bin = 0;
        select = 0;
        clock = 0;
    end

    always #50 clock = ~clock;  //产生一个不断重复的周期为 100 个的时钟信号 clock

    always @(posedge clock)
        begin                          // {$random}为系统任务,会产生一个随机数
            #1ain = {$random}%2;  //产生随机的位信号流 ain 和 bin,%2 为模 2 运算
            #3bin = {$random}%2;  //分别延迟 1 和 3 个时间单位后产生随机的位信号流 ain 和 bin
        end
    always #10000    select = ! select;   //产生周期为 10 000 个单位时间的选通信号变化
//……
    muxtwo m (.out (outw), .a(ain), .b(bin), .sl(select));
    /* 实例引用多路器,并加入测试信号流,以观察模块的输出 out。其中,muxtwo 是已经
    定义的(行为的或结构的)模块,m 表示在本测试模块中有一个名为 m 的 muxtwo 的模
    块,其四个端口分别为:
                      .out( ), .a( ), .b( ), .sl( ),
    "."表示端口;后面紧跟端口名,其名称必须与 muxtwo 模块定义的端口名一致;小括号内
    的信号名为与该端口连接的信号线名,可以用别的名,但必须在本模块中定义,说明其类
    型。*/
endmodule
```

其中 muxtwo 可以是行为模块,也可以是布尔逻辑表达式或门级结构模块。模块 t 可以对 muxtwo 模块进行逐步深入的完整测试。这种测试可以在功能(即行为)级上进行,也可以在逻辑网表(逻辑布尔表达式)和门级结构级上进行。它们分别称为前(RTL)仿真、逻辑网表仿真和门级仿真。如果门级结构模块与具体的工艺技术对应起来,并加上布局布线引入的延迟模型,此时进行的仿真称为布线后仿真,这种仿真与实际电路情况非常接近。可以通过运行仿真器,并观察输入/输出波形图来分析设计的电路模块的运行是否正确。

小　结

通过上面众多例子可以看到:

(1) Verilog HDL 程序是由模块构成的。每个模块的内容都是位于 module 和 endmodule 两个语句之间。每个模块实现特定的功能。

(2) 模块是可以进行层次嵌套的。正因为如此,才可以将大型的数字电路设计分割成不同的小模块来实现特定的功能。

(3) 如果每个模块都是可以综合的,则通过综合工具可以把它们的功能描述全都转换为最基本的逻辑单元描述,最后可以用一个上层模块通过实例引用把这些模块连接起来,把它们整合成一个很大的逻辑系统。

(4) Verilog 模块可以分为两种类型:一种是为了让模块最终能生成电路的结构,另一种只是为了测试所设计电路的逻辑功能是否正确。

(5) 每个模块要进行端口定义,并说明输入、输出口,然后对模块的功能进行描述。

(6) Verilog HDL 程序的书写格式自由,一行可以写几个语句,一个语句也可以分写多行。

(7) 除了 endmodule 语句外,每个语句和数据定义的最后必须有分号。

(8) 可以用 /* …… */ 和 //…… 对 Verilog HDL 程序的任何部分作注释。一个好的、有使用价值的源程序都应当加上必要的注释,以增强程序的可读性和可维护性。

思 考 题

1. Verilog 语言有什么作用?
2. 构成模块的关键词是什么?
3. 为什么说可以用 Verilog 构成非常复杂的电路结构?
4. 为什么可以用比较抽象的描述来设计具体的电路结构?
5. 任意抽象的符合语法的 Verilog 模块是否都可以通过综合工具转变为电路结构?
6. 什么叫综合?
7. 综合是由什么工具来完成的?
8. 通过综合产生的是什么?产生的结果有什么用处?
9. 仿真是什么?为什么要进行仿真?
10. 仿真可以在几个层面上进行?每个层面的仿真有什么意义?
11. 模块的端口是如何描述的?
12. 在引用实例模块的时候,如何在主模块中连接信号线?
13. 如何产生连续的周期性测试时钟?
14. 如果不用 initial 块,能否产生测试时钟?
15. 从本讲的简单例子,是否能明白 always 块与 initial 块有什么不同?
16. 为什么说 Verilog 可以用来设计数字逻辑电路和系统?

第3章 模块的结构、数据类型、变量和基本运算符号

概 述

在本章中将详细地学习 Verilog 语法中关于模块的结构、数据类型、变量和基本运算符号等语法要素。这些内容看起来简单,有许多语法现象和 C 语言也很类似,但有许多地方则是完全不同的。在学习中要注意不同点,并有意识地把新概念与硬件结构和测试联系起来,再通过理解物理意义,牢牢地记住。

3.1 模块的结构

Verilog 的基本设计单元是"模块"(block)。一个模块是由两部分组成的,一部分描述接口,另一部分描述逻辑功能,即定义输入是如何影响输出的。图 3.1 是模块结构组成图。下面举例说明。

图中的程序模块(见图 3.1(a))旁边有一个电路图的符号(见图 3.1(b))。在许多方面,程序模块和电路图符号是一致的,这是因为电路图符号的引脚也就是程序模块的接口。而程序模块描述了电路图符号所能实现的逻辑功能。上面的 Verilog 设计中,模块中的第二、第三行说明接口的信号流向,第四、第五行说明了模块的逻辑功能。以上就是设计一个简单的 Verilog 程序模块所需的全部内容。

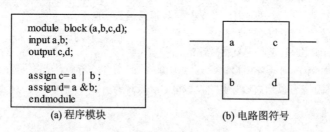

图 3.1 模块结构的组成

从这一例子可以看出,Verilog 结构位于在 module 和 endmodule 声明语句之间,每个 Verilog 程序包括 4 个主要部分:端口定义、I/O 说明、内部信号声明和功能定义。

3.1.1 模块的端口定义

模块的端口声明了模块的输入输出口。其格式如下:
module 模块名(口1,口2,口3,口4,………);
模块的端口表示的是模块的输入和输出口名,也就是说,它与别的模块联系端口的标识。

在模块被引用时,在引用的模块中,有些信号要输入到被引用的模块中,有的信号需要从被引用的模块中取出来。在引用模块时其端口可以用以下两种方法连接:

(1) 在引用时,严格按照模块定义的端口顺序来连接,不用标明原模块定义时规定的端口名,例如:

模块名(连接端口1信号名,连接端口2信号名,连接端口3信号名,……);

(2) 在引用时用"."符号,标明原模块是定义时规定的端口名,例如:

模块名(.端口1名(连接信号1名),端口2名(连接信号2名),……);

这样表示的好处在于可以用端口名与被引用模块的端口相对应,而不必严格按端口顺序对应,提高了程序的可读性和可移植性。

例如:

……
MyDesignMK M1(.sin(SerialIn),.pout(ParallelOut),……);
……

其中,.sin 和.pout 都是 M1 的端口名,而 M1 则是与 MyDesignMK 完全一样的模块。MyDesignMK 已经在另一个模块中定义过,它有两个端口,即 sin 和 pout。与 sin 口连接的信号名为 SerialIn,与 pout 端口连接的是信号名为 ParallelOut。

3.1.2 模块内容

模块的内容包括 I/O 说明、内部信号声明和功能定义。

1. I/O 说明的格式

输入口: input [信号位宽-1:0] 端口名1;

                   input [信号位宽-1:0] 端口名2;

                             ⋮

                   input [信号位宽-1:0] 端口名 i;   //(共有 i 个输入口)

输出口: output [信号位宽-1:0] 端口名1;

                   output [信号位宽-1:0] 端口名2;

                             ⋮

                   output [信号位宽-1:0] 端口名 j;   //(共有 j 个输出口)

输入/输出口: inout [信号位宽-1:0] 端口名1;

                   inout [信号位宽-1:0] 端口名2;

                             ⋮

                   inout [信号位宽-1:0] 端口名 k;   //(共有 k 个双向总线端口)

I/O 说明也可以写在端口声明语句里。其格式如下:

     module   module_name(input port1,input port2,…
               output port1,output port2…);

2. 内部信号说明

在模块内用到的和与端口有关的 wire 和 reg 类型变量的声明。

如:reg [width-1 : 0] R 变量1, R 变量2…;
wire [width-1 : 0] W 变量1, W 变量2…;

⋮

3. 功能定义

模块中最重要的部分是逻辑功能定义部分。有以下 3 种方法可在模块中产生逻辑。

（1）用"assign"声明语句　如：assign　a = b & c；

这种方法的句法很简单，只须写一个"assign"，后面再加一个方程式即可。例中的方程式描述了一个有两个输入的与门。

（2）用实例元件　如：and #2 u1(q, a, b)；

采用实例元件的方法像在电路图输入方式下调入库元件一样，键入元件的名字和相连的引脚即可。这表示在设计中用到一个跟与门(and)一样的名为 u1 的与门，其输入端为 a、b，输出为 q。输出延迟为 2 个单位时间。要求每个实例元件的名字必须是唯一的，以避免与其他调用与门(and)的实例混淆。

（3）用"always"块　如：always @(posedge clk or posedge clr)；

```
    begin
        if(clr) q <= 0;
            else if(en) q <= d;
    end
```

采用"assign"语句是描述组合逻辑最常用的方法之一。而"always"块既可用于描述组合逻辑，也可描述时序逻辑。用"always"块的例子生成了一个带有异步清除端的 D 触发器。"always"块可用很多种描述手段来表达逻辑，例如上例就用了 if…else 语句来表达逻辑关系。如按一定的风格来编写"always"块，可以通过综合工具把源代码自动综合成用门级结构表示的组合或时序逻辑电路。

3.1.3　理解要点

如果用 Verilog 模块实现一定的功能，首先应该清楚哪些是同时发生的，哪些是顺序发生的。上面 3.1.2 节中的（1）～（3）的 3 个例子分别采用了"assign"语句、实例元件和"always"块。这 3 个例子描述的逻辑功能是同时执行的。也就是说，如果把这 3 项写到一个 Verilog 模块文件中去，它们的顺序不会影响实现的功能。这 3 项是同时执行的，也就是并发的。

然而，在"always"模块内，逻辑是按照指定的顺序执行的。"always"块中的语句称为"顺序语句"，因为它们是顺序执行的。所以，"always"块也称为"过程块"。请注意，两个或更多的"always"模块都是同时执行的，而模块内部的语句是顺序执行的。看一下"always"内的语句，就会明白它是如何实现功能的。if…else…if 必须顺序执行，否则其功能就没有任何意义。如果 else 语句在 if 语句之前执行，其功能就会不符合要求。为了能实现上述描述的功能，"always"模块内部的语句将按照书写的顺序执行。

3.1.4　要点总结

Verilog 的初学者一定要深入理解并记住：

（1）在 Verilog 模块中所有过程块（如：initial 块、always 块）、连续赋值语句、实例引用都是并行的；

（2）它们表示的是一种通过变量名互相连接的关系；

(3) 在同一模块中这三者出现的先后秩序没有关系;

(4) 只有连续赋值语句 assign 和实例引用语句可以独立于过程块而存在于模块的功能定义部分。

以上 4 点与 C 语言有很大的不同。许多与 C 语言类似的语句只能出现在过程块中,而不能随意出现在模块功能定义的范围内。

3.2 数据类型及其常量和变量

Verilog HDL 中总共有 19 种数据类型。数据类型是用来表示数字电路硬件中的数据储存和传送元素的。在本节中先介绍 4 个最基本的数据类型,它们是:

reg 型、wire 型、integer 型和 parameter 型

其他数据类型在后面的章节里逐步介绍,也可以查阅第四部分中 Verilog 硬件描述语言参考手册的有关内容,以利逐步掌握。其他的类型是:

large 型、medium 型、scalared 型、time 型、small 型、tri 型、trio 型、tri1 型、triand 型、trior 型、trireg 型、vectored 型、wand 型和 wor 型。

这 14 种数据类型除 time 型外都与基本逻辑单元建库有关,与系统设计没有很大的关系。在一般电路设计自动化的环境下,仿真用的基本部件库是由半导体厂家和 EDA 工具厂家共同提供的。系统设计工程师不必过多地关心门级和开关级的 Verilog HDL 语法现象。

Verilog HDL 语言中也有常量和变量之分,它们分别属于以上这些类型。下面就最常用的几种进行介绍。

3.2.1 常 量

在程序运行过程中,其值不能被改变的量称为常量。下面首先对在 Verilog HDL 语言中使用的数字及其表示方式进行介绍。

1. 数 字

(1) 整数 在 Verilog HDL 中,整型常量即整常数有以下 4 种进制表示形式:

1) 二进制整数(b 或 B);

2) 十进制整数(d 或 D);

3) 十六进制整数(h 或 H);

4) 八进制整数(o 或 O)。

数字表达方式有以下 3 种:

1) <位宽><进制><数字>,这是一种全面的描述方式。

2) 在<进制><数字>这种描述方式中,数字的位宽采用默认位宽(这由具体的机器系统决定,但至少 32 位)。

3) 在<数字>这种描述方式中,采用默认进制(十进制)。

在表达式中,位宽指明了数字的精确位数。例如:一个 4 位二进制数的数字的位宽为 4,一个 4 位十六进制数数字的位宽为 16(因为每单个十六进制数就要用 4 位二进制数来表示)。见下例:

8'b10101100   //位宽为 8 的数的二进制表示,'b 表示二进制

8'ha2   //位宽为 8 的数的十六进制表示,'h 表示十六进制

（2）x 和 z 值   在数字电路中,x 代表不定值,z 代表高阻值。一个 x 可以用来定义十六进制数的 4 位二进制数的状态,八进制数的 3 位,二进制数的 1 位。z 的表示方式同 x 类似。z 还有一种表达方式是可以写作"?"。在使用 case 表达式时建议使用这种写法,以提高程序的可读性。见下例:

4'b10x0   //位宽为 4 的二进制数从低位数起第 2 位为不定值
4'b101z   //位宽为 4 的二进制数从低位数起第 1 位为高阻值
12'dz   //位宽为 12 的十进制数,其值为高阻值(第 1 种表达方式)
12'd?   //位宽为 12 的十进制数,其值为高阻值(第 2 种表达方式)
8'h4x   //位宽为 8 的十六进制数,其低 4 位值为不定值

（3）负数   一个数字可以被定义为负数,只须在位宽表达式前加一个减号,减号必须写在数字定义表达式的最前面。

注意:减号不可以放在位宽和进制之间,也不可以放在进制和具体的数之间。见下例:

−8'd5   //这个表达式代表 5 的补数(用八位二进制数表示)
8'd−5   //非法格式

（4）下画线（underscore_)   下画线可以用来分隔开数的表达以提高程序可读性。它不可以用在位宽和进制处,只能用在具体的数字之间。见下例:

16'b1010_1011_1111_1010   //合法格式
8'b_0011_1010   //非法格式

当常量不说明位数时,默认值是 32 位,每个字母用 8 位的 ASCII 值表示。例:

10=32'd10=32'b1010
1=32'd1=32'b1
−1=−32'd1=32'hFFFFFFFF
'BX=32'BX=32'BXXXXXXX⋯X
"AB"=16'B01000001_01000010   //字符串 AB,为十六进制数 16'h4142

2. 参数（parameter）型

在 Verilog HDL 中用 parameter 定义常量,即用 parameter 来定义一个标识符代表一个常量,称为符号常量,即标识符形式的常量,采用标识符代表一个常量可提高程序的可读性和可维护性。parameter 型数据是一种常数型的数据,其说明格式如下:

parameter   参数名 1=表达式,参数名 2=表达式,……,参数名 n=表达式;

parameter 是参数型数据的确认符。确认符后跟着一个用逗号分隔开的赋值语句表。在每一个赋值语句的右边必须是一个常数表达式。也就是说,该表达式只能包含数字或先前已定义过的参数。见下列:

parameter   msb=7;   //定义参数 msb 为常量 7
parameter   e=25, f=29;   //定义两个常数参数
parameter   r=5.7;   //声明 r 为一个实型参数
parameter   byte_size=8, byte_msb=byte_size−1; //用常数表达式赋值

```
    parameter    average_delay = (r+f)/2;              //用常数表达式赋值
```

参数型常数经常用于定义延迟时间和变量宽度。在模块或实例引用时,可通过参数传递改变在被引用模块或实例中已定义的参数。下面将通过两个例子进一步说明在层次调用的电路中改变参数常用的一些用法。

【**例 3.1**】 模块 Decode 定义时用了两个参数类型变量:Width 和 Polarity,且都为 1。在 Top 模块中引用 Decode 实例时,可通过参数的传递来改变定义时已规定的参数值。即通过 #(4,0),实例 D1 实际引用的是参数 Width 和 Polarity 分别为 4 与 0 时的 Decode 模块;通过 #(5),实例 D2 实际引用的是参数 Width 为 5,而 Polarity 仍为 1 时的 Decode 模块。这种利用参数编写模块的方法使得已编写的底层模块具有更大的灵活性。参数常用在表示门级模型的延迟,因此可通过参数传递表示不同的延迟。

```
module Decode(A,F);
    parameter  Width=1, Polarity=1;
    ⋮
endmodule
module  Top;
    wire[3:0] A4;
    wire[4:0] A5;
    wire[15:0] F16;
    wire[31:0] F32;
    Decode    #(4,0)   D1(A4,F16);
    Decode    #(5)     D2(A5,F32);
endmodule
```

【**例 3.2**】 下面是一个由多层次模块构成的电路(见图 3.2)。在一个模块中改变另一个模块的参数时,需要使用 defparam 命令。在做布线后仿真时,就是利用这种方法把布线延迟通过布线工具生成的延迟参数文件反标注(Back-annotate)到门级 Verilog 网表上。

在模块 Annotate 中定义的参数值 2 和 3 可以通过模块 Test 中,经实例 T 对模块 Top 的引用,而在模块 Top 中,实例 B1 和 B2 对模块 Block 的引用,分别将参数值 2 和 3 传递到模块 Block 中用参数定义的地方(即原来在模块 Block 中定义的 P=0,在实例 B1 和 B2 中分别被 P=2 和 P=3 替代)。

```
`include  "Top.v"
`include  "Block.v"
`include  "Annotate.v"
module Test;
    wire W;
    Top T();
emdmodule
```

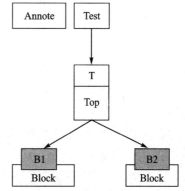

图 3.2 多层次模块构成的电路

```
module Top;
   wire W;
   Block B1();
   Block B2();
endmodule

module Block;
   Parameter P=0;
endmodule

module Annotate;
   defparam
      Test.T.B1.P=2,
      Test.T.B2.P=3;
endmodule
```

3.2.2 变 量

变量是一种在程序运行过程中其值可以改变的量,在 Verilog HDL 中变量的数据类型有很多种,这里只对常用的几种进行介绍。

网络数据类型表示结构实体(例如门)之间的物理连接。网络类型的变量不能储存值,而且它必须受到驱动器(例如门或连续赋值语句,assign)的驱动。如果没有驱动器连接到网络类型的变量上,则该变量就是高阻的,即其值为 z。常用的网络数据类型包括 wire 型和 tri 型。这两种变量都是用于连接器件单元的,它们具有相同的语法格式和功能。之所以提供这两种名字来表达相同的概念,其目的是为了与模型中所使用的变量的实际情况相一致。wire 型变量通常是用来表示单个门驱动或连续赋值语句驱动的网络型数据,tri 型变量则用来表示多驱动器驱动的网络型数据。如果 wire 型或 tri 型变量没有定义逻辑强度(logic strength),在多驱动源的情况下,逻辑值会发生冲突,从而产生不确定值。表 3.1 为 wire 型和 tri 型变量的真值表。

注意:表中假设两个驱动源的强度是一致的。关于逻辑强度建模可参阅第四部分中 Verilog 硬件描述语言参考手册。

表 3.1 wire/tri 变量的真值

wire/tri	0	1	x	z
0	0	x	x	0
1	x	1	x	1
x	x	x	x	x
z	0	1	x	z

1. wire 型

wire 型数据常用来表示用以 assign 关键字指定的组合逻辑信号。Verilog 程序模块中输入、输出信号类型默认时自动定义为 wire 型。wire 型信号可以用做任何方程式的输入,也可以用做"assign"语句或实例元件的输出。

wire 型信号的格式同 reg 型信号的格式很类似。其格式如下:

wire [n-1:0] 数据名 1,数据名 2,…数据名 i; //共有 i 条总线,每条总线内有 n 条线路,

或 wire [n:1] 数据名 1,数据名 2,…数据名 i。

wire 是 wire 型数据的确认符;[n-1:0]和[n:1]代表该数据的位宽,即该数据有几位;最后跟着的是数据的名字。如果一次定义多个数据,数据名之间用逗号隔开。声明语句的最后要用分号表示语句结束。看下面的几个例子:

```
wire   a;           //定义了一个 1 位的 wire 型数据
wire [7:0] b;       //定义了一个 8 位的 wire 型数据
wire [4:1] c, d;    //定义了二个 4 位的 wire 型数据
```

2. reg 型

寄存器是数据储存单元的抽象,寄存器数据类型的关键字是 reg。通过赋值语句可以改变寄存器储存的值,其作用与改变触发器储存的值相当。Verilog HDL 语言提供了功能强大的结构语句,使设计者能有效地控制是否执行这些赋值语句。这些控制结构用来描述硬件触发条件,例如时钟的上升沿和多路器的选通信号。在介绍行为模块这一节中,还要详细地介绍这些控制结构。reg 类型数据的默认初始值为不定值 x。

reg 型数据常用来表示"always"模块内的指定信号,常代表触发器。通常,在设计中要由"always"模块通过使用行为描述语句来表达逻辑关系。在"always"模块内被赋值的每一个信号都必须定义成 reg 型。

reg 型数据的格式如下:

     reg [n-1:0] 数据名 1,数据名 2,…,数据名 i;

或   reg [n:1] 数据名 1,数据名 2,…,数据名 i;

reg 是 reg 型数据的确认标识符;[n-1:0]和[n:1]代表该数据的位宽,即该数据有几位(bit);最后跟着的是数据的名字。如果一次定义多个数据,数据名之间用逗号隔开。声明语句的最后要用分号表示语句结束。看下面的几个例子:

```
reg   rega;         //定义了一个 1 位的名为 rega 的 reg 型数据
reg [3:0]  regb;    //定义了一个 4 位的名为 regb 的 reg 型数据
reg [4:1]  regc, regd;  //定义了二个 4 位的名为 regc 和 regd 的 reg 型数据
```

对于 reg 型数据,其赋值语句的作用就如同改变一组触发器的存储单元的值。在 Verilog 中有许多构造(construct)用来控制何时或是否执行这些赋值语句。这些控制构造可用来描述硬件触发器的各种具体情况,如触发条件时用时钟的上升沿,或用来描述判断逻辑的细节,如各种多路选择器。

reg 型数据的默认初始值是不定值。reg 型数据可以赋正值,也可以赋负值。但当一个 reg 型数据是一个表达式中的操作数时,它的值被当作是无符号值,即正值。例如,当一个 4 位的寄存器用做表达式中的操作数时,如果开始寄存器被赋以值-1,则在表达式中进行运算时,其值被认为是+15。

注意：reg 型只表示被定义的信号将用在"always"模块内，理解这一点很重要。并不是说 reg 型信号一定是寄存器或触发器的输出，虽然 reg 型信号常常是寄存器或触发器的输出，但并不一定总是这样。在本书中还会对这一点做更详细的解释。

3. memory 型

Verilog HDL 通过对 reg 型变量建立数组来对存储器建模，可以描述 RAM 型存储器、ROM 存储器和 reg 文件。数组中的每一个单元通过一个数组索引进行寻址。在 Verilog 语言中没有多维数组存在。memory 型数据是通过扩展 reg 型数据的地址范围来生成的。其格式如下：

      reg [n-1:0] 存储器名[m-1:0];

或   reg [n-1:0] 存储器名[m:1];

在这里，reg[n-1:0]定义了存储器中每一个存储单元的大小，即该存储单元是一个 n 位的寄存器；存储器名后的[m-1:0]或[m:1]则定义了该存储器中有多少个这样的寄存器；最后用分号结束定义语句。下面举例说明：

      reg [7:0] mema[255:0];

这个例子定义了一个名为 mema 的存储器，该存储器有 256 个 8 位的存储器。该存储器的地址范围是 0 到 255。

注意：对存储器进行地址索引的表达式必须是常数表达式。

另外，在同一个数据类型声明语句里，可以同时定义存储器型数据和 reg 型数据。见下例：

```
parameter    wordsize=16,             //定义两个参数
             memsize=256;
reg [wordsize-1:0]   mem[memsize-1:0],writereg,readreg;
```

尽管 memory 型数据和 reg 型数据的定义格式很相似，但要注意其不同之处。如一个由 n 个 1 位寄存器构成的存储器组是不同于一个 n 位的寄存器的。见下例：

```
reg [n-1:0] rega;         //一个 n 位的寄存器
reg mema [n-1:0];         //一个由 n 个 1 位寄存器构成的存储器组
```

一个 n 位的寄存器可以在一条赋值语句里进行赋值，而一个完整的存储器则不行。见下例：

```
rega =0;                  //合法赋值语句
mema =0;                  //非法赋值语句
```

如果想对 memory 中的存储单元进行读写操作，必须指定该单元在存储器中的地址。下面的写法是正确的：

```
mema[3]=0;                //给 memory 中的第 3 个存储单元赋值为 0
```

进行寻址的地址索引可以是表达式，这样就可以对存储器中的不同单元进行操作。表达式的值可以取决于电路中其他的寄存器的值。例如可以用一个加法计数器来做 RAM 的地址索引。本小节里只对以上几种常用的数据类型和常数进行了介绍，其余的在以后讲解

的示例中用到之处再逐一介绍。有兴趣者还可以参阅第四部分中 Verilog 硬件描述语言参考手册。

3.3 运算符及表达式

Verilog HDL 语言的运算符范围很广,其运算符按其功能可分为以下几类:
(1) 算术运算符(+,-,×,/,%);
(2) 赋值运算符(=,<=);
(3) 关系运算符(>,<,>=,<=);
(4) 逻辑运算符(&&,||,!);
(5) 条件运算符(?:);
(6) 位运算符(~,|,^,&,^~);
(7) 移位运算符(<<,>>);
(8) 拼接运算符({ });
(9) 其他。

在 Verilog HDL 语言中运算符所带的操作数是不同的,按其所带操作数的个数运算符可分为 3 种:
(1) 单目运算符(unary operator):可以带一个操作数,操作数放在运算符的右边。
(2) 双目运算符(binary operator):可以带两个操作数,操作数放在运算符的两边。
(3) 三目运算符(ternary operator):可以带三个操作数,这三个操作数用三目运算符分隔开。见下例:

```
clock = ~clock;            // ~是一个单目取反运算符,clock 是操作数
c = a | b;                 //是一个双目按位或运算符,a 和 b 是操作数
r = s ? t : u;             // ?:是一个三目条件运算符,s,t,u 是操作数
```

下面对常用的几种运算符进行介绍。

3.3.1 基本的算术运算符

在 Verilog HDL 语言中,算术运算符又称为二进制运算符,共有下面几种:
(1) +(加法运算符,或正值运算符,如 rega+regb,+3);
(2) -(减法运算符,或负值运算符,如 rega-3,-3);
(3) ×(乘法运算符,如 rega * 3);
(4) /(除法运算符,如 5/3);
(5) %(模运算符,或称为求余运算符,要求%两侧均为整型数据。如 7%3 的值为 1)。

在进行整数除法运算时,结果值要略去小数部分,只取整数部分;而进行取模运算时,结果值的符号位采用模运算式里第一个操作数的符号位。见下例:

模运算表达式	结　果	说　明
10%3	1	余数为1
11%3	2	余数为2
12%3	0	余数为0,即无余数
−10%3	−1	结果取第一个操作数的符号位,所以余数为−1
11%−3	2	结果取第一个操作数的符号位,所以余数为2

注意:在进行算术运算操作时,如果某一个操作数有不确定的值 x,则整个结果也为不定值 x。

3.3.2 位运算符

Verilog HDL 作为一种硬件描述语言,是针对硬件电路而言的。在硬件电路中信号有 4 种状态值,即 1,0,x,z。在电路中信号进行与、或、非时,反映在 Verilog HDL 中则是相应的操作数的位运算。Verilog HDL 提供了以下 5 种位运算符:

(1) ~   //取反
(2) &   //按位与
(3) | //按位或
(4) ^   //按位异或
(5) ^~   //按位同或(异或非)

说　明:

(1) 位运算符中除了~是单目运算符以外,其他均为双目运算符,即要求运算符两侧各有一个操作数。

(2) 位运算符中的双目运算符要求对两个操作数的相应位进行运算操作。

下面对各运算符分别进行介绍。

(1) "取反"运算符~:~是一个单目运算符,用来对一个操作数进行按位取反运算。其运算规则如表 3.2(a)所列。

举例说明:

rega=′b1010;   //rega 的初值为 ′b1010
rega=~rega;   //rega 的值进行取反运算后变为 ′b0101

(2) "按位与"运算符 &:"按位与"运算就是将两个操作数的相应位进行与运算。其运算规则如表 3.2(b)所列。

(3) "按位或"运算符 |:"按位或"运算就是将两个操作数的相应位进行或运算。其运算规则如表 3.2(c)所列。

(4) "按位异或"运算符^(也称为 XOR 运算符):"按位异或"运算就是将两个操作数的相应位进行异或运算。其运算规则如表 3.2(d)所列。

(5) "按位同或"运算符^~:按位同或运算就是将两个操作数的相应位先进行异或运算再进行非运算。其运算规则如表 3.2(e)所列。

表 3.2(a)　取反运算符的运算规则

~	结　果
1	0
0	1
x	x

表 3.2(b)　"按位与"运算规则

&	0	1	x
0	0	0	0
1	0	1	x
x	0	x	x

表 3.2(c)　"按位或"运算规则

|	0	1	x
0	0	1	x
1	1	1	1
x	x	1	x

表 3.2(d)　"按位异或"运算规则

^	0	1	x
0	0	1	x
1	1	0	x
x	x	x	x

表 3.2(e)　"按位同或"运算规则

^~	0	1	x
0	1	0	x
1	0	1	x
x	x	x	x

（6）不同长度的数据进行位运算：两个长度不同的数据进行位运算时，系统会自动地将两者按右端对齐，位数少的操作数会在相应的高位用 0 填满，以使两个操作数按位进行操作。

小　结

本章学习了基本语法的第一部分，回想一下，需要记住的基本概念是些什么？Verilog 的初学者一定要深入理解并记住：

（1）在 Verilog 模块中所有过程块（如：initial 块、always 块）、连续赋值语句、实例引用都是并行的。

（2）它们表示的是一种通过变量名互相连接的关系。

（3）在同一模块中各个过程块、各条连续赋值语句和各条实例引用语句这三者出现的先后秩序没有关系。

（4）只有连续赋值语句（即用关键词 assign 引出的语句）和实例引用语句（即用已定义的模块名引出的语句），可以独立于过程块而存在于模块的功能定义部分。

（5）被实例引用的模块，其端口可以通过不同名的连线或寄存器类型变量连接到别的模块相应的输出、输入信号端。

（6）在"always"模块内被赋值的每一个信号都必须定义成 reg 型。

以上 6 点与 C 语言有很大的不同。许多与 C 语言类似的语句只能出现在过程块中，而不能随意出现在模块功能定义的范围内。

思 考 题

1. 模块由几个部分组成？
2. 端口分为几种？
3. 为什么端口要说明信号的位宽？
4. 能否说模块相当于电路图中的功能模块，端口相当于功能模块的引脚？
5. 模块中的功能描述可以由哪几类语句或语句块组成？它们出现的顺序会不会影响功能的描述？
6. 这几类描述中哪一种直接与电路结构有关？
7. 最基本的 Verilog 变量有几种类型？
8. reg 型和 wire 型变量的差别是什么？
9. 由连续赋值语句(assign)赋值的变量能否是 reg 类型的？
10. 在 always 模块中被赋值的变量能否是 wire 类型的？如果不能是 wire 类型，那么必须是什么类型的？它们表示的一定是实际的寄存器吗？
11. 参数类型的变量有什么用处？
12. Verilog 语法规定的参数传递和重新定义功能有什么直接的应用价值？
13. 逻辑比较运算符小于等于"<="和非阻塞赋值大于等于"<="的表示是完全一样的，为什么 Verilog 在语句解释和编译时不会搞错？
14. 是否可以说实例引用的描述实际上就是严格意义上的电路结构描述？

第4章 运算符、赋值语句和结构说明语句

概 述

在本章中我们将学习 Verilog 语法中关于各种运算符、赋值语句、结构说明语句等基本语法要素。这些内容看起来简单,有许多语法现象和 C 语言也很类似,但有许多地方则是完全不同的,例如拼接运算符、缩减运算符、阻塞和非阻塞赋值运算符和结构说明语句中的并行块等。在学习中要注意这些不同点,有意识地把新概念与硬件结构与测试联系起来,通过理解物理意义,牢牢地掌握。

4.1 逻辑运算符

在 Verilog HDL 语言中存在 3 种逻辑运算符:
(1) && 逻辑与;
(2) ‖ 逻辑或;
(3) ! 逻辑非。

"&&"和"‖"是双目运算符,它要求有两个操作数,如(a>b)&&(b>c),(a<b)‖(b<c)。"!"是单目运算符,只要求一个操作数,如!(a>b)。表 4.1 为逻辑运算的真值表,它表示当 a 和 b 的值为不同的组合时,各种逻辑运算所得到的值。

表 4.1 逻辑运算的真值

a	b	! a	! b	a&&b	a‖b
真	真	假	假	真	真
真	假	假	真	假	真
假	真	真	假	假	真
假	假	真	真	假	假

逻辑运算符中"&&"和"‖"的优先级别低于关系运算符,"!"高于算术运算符。见下例:
(a>b)&&(x>y),可写成:a>b && x>y;
(a==b)‖(x==y),可写成:a==b ‖ x==y;
(! a)‖(a>b),可写成:! a ‖ a>b。
为了提高程序的可读性,明确表达各运算符之间的优先关系,建议使用括号。

4.2 关系运算符

关系运算符共有以下 4 种：
(1) a<b,读作 a 小于 b；
(2) a> b,读作 a 大于 b；
(3) a <= b,读作 a 小于或等于 b；
(4) a >= b,读作 a 大于或等于 b。

在进行关系运算时,如果声明的关系是假的(flase),则返回值是 0；如果声明的关系是真的(true),则返回值是 1；如果某个操作数的值不定,则关系是模糊的,返回值是不定值。

所有的关系运算符有着相同的优先级别。关系运算符的优先级别低于算术运算符的优先级别。见下例：

```
a < size-1        //这种表达方式等同于下面这种表达方式
a < (size-1)
size -( 1 < a )   //这种表达方式不等同于下面这种表达方式
size-1 < a
```

从上面的例子可以看出这两种不同运算符的优先级别。当表达式 size-(1<a)进行运算时,关系表达式先被运算,然后返回结果值 0 或 1 被 size 减去；而当表达式 size-1<a 进行运算时,size 先被减去 1,然后再同 a 相比。

4.3 等式运算符

在 Verilog HDL 语言中存在 4 种等式运算符：
(1) ==（等于）；
(2) ! =（不等于）；
(3) ===（等于）；
(4) ! ==（不等于）。

注意：求反号、双等号、三个等号之间不能有空格。

这 4 个运算符都是双目运算符,它要求有两个操作数。"=="和"! ="又称为逻辑等式运算符,其结果由两个操作数的值决定。由于操作数中某些位可能是不定值 x 和高阻值 z,结果可能为不定值 x。而"==="和"! =="运算符则不同,它在对操作数进行比较时对某些位的不定值 x 和高阻值 z 也进行比较,两个操作数必须完全一致,其结果才是 1,否则为 0。"==="和"! =="运算符常用于 case 表达式的判别,所以又称为"case 等式运算符"。这 4 个等式运算符的优先级别是相同的。表 4.2 列出"==与==="的真值表,帮助理解两者间的区别。

下面举一个例子说明"=="和"==="的区别：

```
if(A==1'bx)   $ display("Aisx");    （当 A 等于 x 时,这个语句不执行）
```

if(A===1'bx) $display("Aisx"); （当 A 等于 x 时，这个语句执行）

表 4.2　等式运算符的真值

===	0	1	x	z	==	0	1	x	z
0	1	0	0	0	0	1	0	x	x
1	0	1	0	0	1	0	1	x	x
x	0	0	1	0	x	x	x	x	x
z	0	0	0	1	z	x	x	x	x

4.4　移位运算符

在 Verilog HDL 中有两种移位运算符："<<"（左移位运算符）和">>"（右移位运算符）。其使用方法如下：

　　　　　　　　　a>>n 或 a<<n

a 代表要进行移位的操作数，n 代表要移几位。这两种移位运算都用 0 来填补移出的空位。下面举例说明：

```
module shift;
  reg [3:0] start, result;
    initial;
    begin;
        start = 1;      //start 在初始时刻设为值 0001
        result = (start<<2);
        //移位后,start 的值 0100,然后赋给 result
    end
endmodule
```

从这一例子可以看出，start 在移过两位以后，用 0 来填补空出的位。

进行移位运算时应注意移位前后变量的位数，下面将给出一例：

4'b1001<<1 = 5'b10010;　　4'b1001<<2 = 6'b100100;
1<<6 = 32'b1000000;　　4'b1001>>1 = 4'b0100;
4'b1001>>4 = 4'b0000;

4.5　位拼接运算符

在 Verilog HDL 语言中有一个特殊的运算符:位拼接运算符（Concatation）{ }。用这个运算符可以把两个或多个信号的某些位拼接起来进行运算操作。其使用方法如下：

　　　　　　{信号 1 的某几位,信号 2 的某几位,…,…,信号 n 的某几位}

即把某些信号的某些位详细地列出来，中间用逗号分开，最后用大括号括起来表示一个整体信号。见下例：

{a,b[3:0],w,3'b101}

也可以写成为

{a,b[3],b[2],b[1],b[0],w,1'b1,1'b0,1'b1}

在位拼接表达式中不允许存在没有指明位数的信号。这是因为在计算拼接信号位宽的大小时必须知道其中每个信号的位宽。

位拼接可以用重复法来简化表达式。见下例：

{4{w}}   //这等同于{w,w,w,w}

位拼接还可以用嵌套的方式来表达。见下例：

{b,{3{a,b}}}   //这等同于{b,a,b,a,b,a,b}

用于表示重复的表达式，如上例中的 4 和 3，必须是常数表达式。

4.6 缩减运算符

缩减运算符(reduction operator)是单目运算符，也有与、或、非运算。其与、或、非运算规则类似于位运算符的与、或、非运算规则，但其运算过程不同。位运算是对操作数的相应位进行与、或、非运算，操作数是几位数，其运算结果也是几位数。而缩减运算则不同，缩减运算是对单个操作数进行或、与、非递推运算，最后的运算结果是 1 位的二进制数。缩减运算的具体运算过程是这样的：第一步先将操作数的第 1 位与第 2 位进行或、与、非运算；第二步将运算结果与第 3 位进行或、与、非运算，依次类推，直至最后 1 位。例如：

reg [3:0] B;
reg C;
    C = &B;

相当于：

C =（(B[0]&B[1]) & B[2]）& B[3];

由于缩减运算的与、或、非运算规则类似于位运算符与、或非运算规则，这里不再详细讲述，可参阅位运算符的运算规则介绍。

4.7 优先级别

下面对各种运算符的优先级别关系作一总结，如表 4.3 所列。

表 4.3 各运算符的运算级别

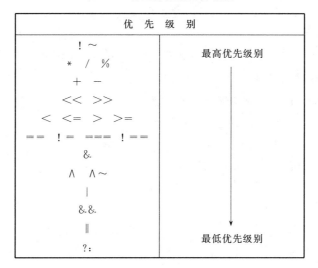

4.8 关 键 词

在 Verilog HDL 中,所有的关键词是事先定义好的确认符,用来组织语言结构。关键词是用小写字母定义的,因此在编写源程序时要注意关键词的书写,以避免出错。下面是 Verilog HDL 中使用的关键词(请参阅第四部分的 Verilog 硬件描述语言参考手册):

always,and,assign,begin,buf,bufif0,bufif1,case,casex,casez,cmos,deassign,default,defparam,disable,edge,else,end,endcase,endmodule,endfunction,endprimitive,endspecify,endtable,endtask,event,for,force,forever,fork,function,highz0,highz1,if,initial,inout,input,integer,join,large,macromodule,medium,module,nand,negedge,nmos,nor,not,notif0,notif1,or,output,parameter,pmos,posedge,primitive,pull0,pull1,pullup,pulldown,rcmos,reg,releses,repeat,mmos,rpmos,rtran,rtranif0,rtranif1,scalared,small,specify,specparam,strength,strong0,strong1,supply0,supply1,table,task,time,tran,tranif0,tranif1,tri,tri0,tri1,triand,trior,trireg,vectored,wait,wand,weak0,weak1,while,wire,wor,xnor,xor

注意:在编写 Verilog HDL 程序时,变量的定义不要与这些关键词冲突。

4.9 赋值语句和块语句

4.9.1 赋值语句

在 Verilog HDL 语言中,信号有两种赋值方式:

1. 非阻塞(Non_Blocking)赋值方式(如 b<= a;)

(1) 在语句块中,上面语句所赋的变量值不能立即就为下面的语句所用;

(2) 块结束后才能完成这次赋值操作,而所赋的变量值是上一次赋值得到的;
(3) 在编写可综合的时序逻辑模块时,这是最常用的赋值方法。

注意:非阻塞赋值符"<="与小于等于符"<="看起来是一样的,但意义完全不同,小于等于符是关系运算符,用于比较大小,而非阻塞赋值符用于赋值操作。

2. 阻塞(blocking)赋值方式(如 b = a;)

(1) 赋值语句执行完后,块才结束;
(2) b 的值在赋值语句执行完后立刻就改变的;
(3) 在时序逻辑中使用时,可能会产生意想不到的结果。

非阻塞赋值方式和阻塞赋值方式的区别常给设计人员带来问题。问题主要是对"always"块内的 reg 型信号的赋值方式不易把握。到目前为止,前面所举的例子中的"always"模块内的 reg 型信号都是采用下面的这种赋值方式:

$$b <= a;$$

这种方式的赋值并不是马上执行的,也就是说,"always"块内的下一条语句执行后,b 并不等于 a,而是保持原来的值,"always"块结束后,才进行赋值。而阻塞赋值方式,如下所示:

$$b = a;$$

这种赋值方式是马上执行的,也就是说执行下一条语句时,b 已等于 a。尽管这种方式看起来很直观,但是可能引起麻烦。下面举例说明。

【例 4.1】 用非阻塞赋值法确定 reg 型信号 b 和 c。

```
always @( posedge clk )
    begin
        b<=a;
        c<=b;
    end
```

[例 4.1]的"always"块中用了非阻塞赋值方式,定义了两个 reg 型信号 b 和 c。clk 信号的上升沿到来时,b 就等于 a,c 就等于 b,这里用到了两个触发器。

注意:赋值是在"always"块结束后执行的,c 应为原来 b 的值。这个"always"块实际描述的电路功能如图 4.1 所示。

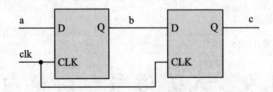

图 4.1 非阻塞值方式的"always"电路图

【例 4.2】 用阻塞赋值法确定 reg 型信号 b 和 c。

```
always @(posedge clk)
    begin
        b=a;
```

```
        c=b;
    end
```

[例 4.2]中的"always"块用了阻塞赋值方式。clk 信号的上升沿到来时,将发生如下的变化:b 马上取 a 的值,c 马上取 b 的值(即等于 a),生成的电路如图 4.2 所示,图中只用了一个触发器来寄存 a 的值,又输出给 b 和 c。这大概不是设计者的初衷,如果采用[例 4.1]所示的非阻塞赋值方式就可以避免这种错误。图 4.2 为阻塞值方式的"always"块图。

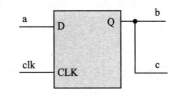

图 4.2　阻塞值方式的"always"电路图

关于赋值语句更详细的说明可参阅第二部分第 14 章中"深入理解阻塞和非阻塞赋值的异同"一节。

4.9.2　块语句

块语句通常用来将两条或多条语句组合在一起,使其在格式上看更像一条语句。块语句有两种:一种是 begin_end 语句,通常用来标识顺序执行的语句,用它来标识的块称为顺序块;另一种是 fork_join 语句,通常用来标识并行执行的语句,用它来标识的块称为并行块。下面进行详细的介绍。

1. 顺序块

顺序块有以下特点:

(1) 块内的语句是按顺序执行的,即只有上面一条语句执行完后下面的语句才能执行。

(2) 每条语句的延迟时间是相对于前一条语句的仿真时间而言的。

(3) 直到最后一条语句执行完,程序流程控制才跳出该语句块。

顺序块的格式如下:

```
    begin
        语句 1;
        语句 2;
          ⋮
        语句 n;
    end
```

或

```
    begin:块名
        块内声明语句
        语句 1;
        语句 2;
          ⋮
        语句 n;
    end
```

其中:

(1) 块名即该块的名字,一个标识名,其作用后面再详细介绍。

(2) 块内声明语句可以是参数声明语句、reg 型变量声明语句、integer 型变量声明语句和 real 型变量声明语句。下面举例说明。

【例 4.3】

```
begin
    areg = breg;
    creg = areg;    //creg 的值为 breg 的值
end
```

从该例可以看出,第 1 条赋值语句先执行,areg 的值更新为 breg 的值,然后程序流程控制转到第 2 条赋值语句,creg 的值更新为 areg 的值。因为这两条赋值语句之间没有任何延迟时间,creg 的值实为 breg 的值。当然可以在顺序块里延迟控制时间来分开两个赋值语句的执行时间,见例 4.4。

【例 4.4】

```
begin
    areg = breg;
    #10 creg = areg;
    //在两条赋值语句之间延迟 10 个时间单位
end
```

【例 4.5】

```
parameter  d=50;           //声明 d 是一个参数
reg [7:0]  r;              //声明 r 是一个 8 位的寄存器变量
begin                      //由一系列延迟产生的波形
    #d  r = 'h35;
    #d  r = 'hE2;
    #d  r = 'h00;
    #d  r = 'hF7;
    #d  -> end_wave;       //-> 表示触发事件 end_wave 使其翻转
end
```

这个例子中用顺序块和延迟控制组合可以产生一个时序波形。

2. 并行块

并行块有以下 4 个特点:

(1) 块内语句是同时执行的,即程序流程控制一进入到该并行块,块内语句则开始同时并行地执行。

(2) 块内每条语句的延迟时间是相对于程序流程控制进入到块内的仿真时间的。

(3) 延迟时间是用来给赋值语句提供执行时序的。

(4) 当按时间时序排序在最后的语句执行完后或一个 disable 语句执行时,程序流程控制跳出该程序块。

并行块的格式如下：
```
fork
    语句 1；
    语句 2；
       ⋮
    语句 n；
join
```
或
```
fork：块名
    块内声明语句
    语句 1；
    语句 2；
       ⋮
    语句 n；
join
```
其中：

(1) 块名即标识该块的一个名字，相当于一个标识符。

(2) 块内说明语句可以是参数说明语句、reg 型变量声明语句、integer 型变量声明语句、real 型变量声明语句、time 型变量声明语句和事件(event)说明语句。下面举例说明。

【例 4.6】
```
fork
    #50    r = 'h35；
    #100   r = 'hE2；
    #150   r = 'h00；
    #200   r = 'hF7；
    #250   ->  end_wave；        //触发事件 end_wave
join
```

在这个例子中用并行块替代[例 4.3]～[例 4.5]的顺序块来产生波形，用这两种方法生成的波形是一样的。

3. 块 名

在 Verilg HDL 语言中，可以给每个块取一个名字，只需将名字加在关键词 begin 或 fork 后面即可。这样做的原因有以下几点：

(1) 可以在块内定义局部变量，即只在块内使用的变量。

(2) 可以允许块被其他语句调用，如 disable 语句。

(3) 在 Verilog 语言里，所有的变量都是静态的，即所有的变量都只有一个唯一的存储地址，因此进入或跳出块并不影响存储在变量内的值。

基于以上原因，块名就提供了一个在任何仿真时刻确认变量值的方法。

4. 起始时间和结束时间

在并行块和顺序块中都有一个起始时间和结束时间的概念。对于顺序块,起始时间就是第一条语句开始被执行的时间,结束时间就是最后一条语句执行完的时间。而对于并行块来说,起始时间对于块内所有的语句是相同的,即程序流程控制进入该块的时间,其结束时间是按时间排序在最后的语句执行结束的时间。

当把一个块嵌入另一个块时,块的起始时间和结束时间是很重要的。至于跟在块后面的语句只有在该块的结束时间到了才开始执行。也就是说,只有该块完全执行完后,后面的语句才可以执行。

在 fork_join 块内,各条语句不必按顺序给出,因此在并行块里,各条语句在前还是在后是无关紧要的,见例 4.7。

【例 4.7】

```
fork
    #250  -> end_wave;
    #200  r = 'hF7;
    #150  r = 'h00;
    #100  r = 'hE2;
    #50   r = 'h35;
join
```

在这个例子中,各条语句并不是按被执行的先后顺序给出的,但同样可以生成前面例子中的波形。

小　　结

在本章中要注意几个问题:

(1) 无论是逻辑运算、逻辑比较还是逻辑等式等逻辑操作一般发生在条件判断语句中,其输出只有 1 或 0,也可以理解为成立(真)或不成立(假)。

(2) 位拼接运算符{ }在 C 语言中没有定义,但在 Verilog 中是一种很有用的语法。可以借助于拼接符用一个信号名来表示由多位信号组成的复杂信号,其中每个功能信号可以有自己独立的名字和位宽。例如控制信号,可以用如下的位拼接来表示:

assign control={ read, write, sel[2:0], halt, load_instr,…};

这样可以大大提高程序的可读性和可维护性。

(3) 缩减运算符(reduction operator)也是 C 语言所没有的,合理地使用缩减运算符可以使程序简洁、明了。

(4) 阻塞和非阻塞赋值也是 C 语言所没有的。我们应当理解这是非常重要的概念,特别是在编写可综合风格的模块中要加以注意。阻塞语句,如果没有写延迟时间看起来是在同一时刻运行,但实际上是有先后的,即在前面的先运行,然后再运行下面的语句,阻塞语句的秩序与逻辑行为有很大的关系。而非阻塞的就不同了,在 begin end 之间的所有非阻塞语句都在同一时刻被赋值,因此逻辑行为与非阻塞语句的次序就没有关系。在硬件实现时这两者有很大的不同。

（5）begin end 块语句与 C 语言中的大括号对（即{}）类似，而 fork join 语句在 C 语言中没有定义，但其语义并不难理解。在测试模块中，描述测试信号常在 initial 和 always 过程块中使用并行块。这种描述方法，由于时间关系只与起点比较，有时这样表达比较容易和清楚。

思 考 题

1. 逻辑运算符与按位逻辑运算符有什么不同，它们各在什么场合使用？
2. 指出两种逻辑等式运算符的不同点，解释书上的真值表。
3. 拼接符的作用是什么？为什么说合理地使用拼接符可以提高程序的可读性和可维护性？拼接符表示的操作其物理意义是什么？
4. 如果都不带时间延迟，阻塞和非阻塞赋值有什么不同？举例说明它们的不同点？
5. 举例说明顺序块和并行块的不同。
6. 如果在顺序块中，前面有一条语句是无限循环，下面的语句能否进行？
7. 如果在并行块中，发生上述情况，会如何呢？

第 5 章 条件语句、循环语句、块语句与生成语句

概 述

在本章中将详细地学习 Verilog 语法中的条件语句、循环语句、块语句和生成语句的写法。其中生成语句是 Verilog1364-2001 版标准新添加的语句。这些语句中有些与 C 语言很类似,所以比较容易理解。但也有些与 C 语言不同,如块语句、生成语句、casex 和 casez 等。在学习中要注意这些不同点,有意识地把新概念与硬件结构与测试联系起来。只有通过大量的练习,深刻理解物理意义,才能牢牢地记住这些语法。

5.1 条件语句(if_else 语句)

if 语句是用来判断所给定的条件是否满足,根据判断的结果(真或假)决定执行给出的两种操作之一。Verilog HDL 语言提供了 3 种形式的 if 语句。

1) if(表达式)语句。例如:

  if (a > b)

    out1 = int1;

2) if(表达式)。

  语句 1

 else

  语句 2

 例如: if(a>b)

    out1 = int1;

   else

    out1 = int2;

3) if(表达式 1)

  语句 1

 else if(表达式 2) 语句 2;

 else if(表达式 3) 语句 3;

      ⋮

 else if(表达式 m) 语句 m;

 else   语句 n;

注意:条件语句必须在过程块语句中使用。所谓过程块语句是指由 initial 和 always 语句

引导的执行语句集合。除这两种块语句引导的 begin end 块中可以编写条件语句外,模块中的其他地方都不能编写。

例如:*always@(some_event)*   //斜字体表示块语句

```
begin
  if(a>b)          out1 = int1;
     else     if (a==b)     out1 = int2;   ←块语句
     else                   out1 = int3;
end
```

6 点说明:

(1) 3 种形式的 if 语句中在 if 后面都有"表达式",一般为逻辑表达式或关系表达式。系统对表达式的值进行判断,若为 0,x,z,按"假"处理;若为 1,按"真"处理,执行指定的语句。

(2) 第 2)、第 3)种形式的 if 语句,在每个 else 前面有一分号,整个语句结束处有一分号。例如:

```
if(a>b)
     out1=int1;
else
     out1=int2;
```
各有一个分号

这是由于分号是 Verilog HDL 语句中不可缺少的部分,这个分号是 if 语句中的内嵌套语句所要求的。如果无此分号,则出现语法错误。但应注意,不要误认为上面是两个独立语句(if 语句和 else 语句),它们都属于同一个 if 语句。else 子句不能作为语句单独使用,它必须是 if 语句的一部分,与 if 配对使用。

(3) 在 if 和 else 后面可以包含一个内嵌的操作语句,也可以有多个操作语句,此时用 begin 和 end 这两个关键词将几个语句包含起来成为一个复合块语句。例如:

```
if(a>b)
     begin
       out1<=int1;
       out2<=int2;
     end
else
     begin
       out1<=int2;
       out2<=int1;
     end
```

注意:在 end 后不需要再加分号。因为 begin_end 内是一个完整的复合语句,无须再附加分号。

(4) 允许一定形式的表达式简写方式。例如:

if(expression)   等同与   if(expression == 1)
if(! expression) 等同与   if(expression != 1)

(5) if 语句的嵌套。在 if 语句中又包含一个或多个 if 语句称为 if 语句的嵌套。一般形式如下：

```
if(expression1)
    if(expression2)        语句 1；（内嵌 if）
        else               语句 2；
else
    if(expression3)        语句 3；（内嵌 if）
    else                   语句 4；
```

应当注意 if 与 else 的配对关系，else 总是与它上面的最近的 if 配对。如果 if 与 else 的数目不一样，为了实现程序设计者的要求，可以用 begin_end 块语句来确定配对关系。例如：

```
if(   )
    begin
    if(   )  语句 1  （内嵌 if）
    end
else
    语句 2
```

这时，begin_end 块语句限定了内嵌 if 语句的范围，因此 else 与第一个 if 配对。

注意：begin_end 块语句在 if_else 语句中的使用，因为有时 begin_end 块语句的不慎使用会改变逻辑行为。例如：

```
if(index>0)
    for(scani=0;scani<index;scani=scani+1)
        if(memory[scani]>0)
            begin
                $display("...");
                memory[scani]=0;
            end
else       /* WRONG */
    $display("error—indexiszero");
```

尽管程序设计者把 else 写在与第一个 if（外层 if）同一列上，希望与第一个 if 对应，但实际上 else 是与第二个 if 对应，因为它们相距最近。正确的写法应当是这样的：

```
if(index>0)
    begin
    for(scani=0;scani<index;scani=scani+1)
        if(memory[scani]>0)
            begin
                $display("...");
                memory[scani]=0;
            end
    end
else       /* WRONG */
```

$display("error－indexiszero");

(6) if_else 的例子。该例子是取自某程序中的一部分。这部分程序用 if_else 语句来检测变量 index，以决定 3 个寄存器 modify_segn 中哪一个的值应当与 index 相加作为 memory 的寻址地址，并且将相加的值存入寄存器 index 以备下次检测使用。程序的前 10 行定义寄存器和参数。

```
//定义寄存器和参数
reg [31:0]   instruction, segment_area[255:0];
reg [7:0]    index;
reg [5:0]    modify_seg1, modify_seg2, modify_seg3;
parameter
        segment1=0,    inc_seg1=1,
        segment2=20,   inc_seg2=2,
        segment3=64,   inc_seg3=4,
        data=128;
//检测寄存器 index 的值
if(index<segment2)
        begin
            instruction = segment_area[index + modify_seg1];
            index = index + inc_seg1;
        end
else   if(index<segment3)
        begin
            instruction = segment_area[index + modify_seg2];
            index = index + inc_seg2;
        end
else   if (index<data)
        begin
            instruction = segment_area[index + modify_seg3];
            index = index + inc_seg3;
        end
else
        instruction = segment_area[index];
```

5.2　case 语句

case 语句是一种多分支选择语句，if 语句只有两个分支可供选择，而实际问题中常常需要用到多分支选择，Verilog 语言提供的 case 语句直接处理多分支选择。case 语句通常用于微处理器的指令译码，它的一般形式如下：

(1) case(表达式)　　＜case 分支项＞　　endcase
(2) casez(表达式)　　＜case 分支项＞　　endcase

(3) casex(表达式)　　＜case 分支项＞　　endcase

case 分支项的一般格式如下：

分支表达式：　　　　　语句；

默认项(default 项)：　　语句；

说　明：

(1) case 括弧内的表达式称为控制表达式，case 分支项中的表达式称为分支表达式。控制表达式通常表示为控制信号的某些位，分支表达式则用这些控制信号的具体状态值来表示，因此分支表达式又可以称为常量表达式。

(2) 当控制表达式的值与分支表达式的值相等时，就执行分支表达式后面的语句。如果所有的分支表达式的值都没有与控制表达式的值相匹配，就执行 default 后面的语句。

(3) default 项可有可无，一个 case 语句里只准有一个 default 项。

下面是一个简单的使用 case 语句的例子。该例子中对寄存器 rega 译码以确定 result 的值。

```
reg [15:0]  rega;
reg [9:0]   result;
case(rega)
    16'd0:   result = 10'b0111111111;
    16'd1:   result = 10'b1011111111;
    16'd2:   result = 10'b1101111111;
    16'd3:   result = 10'b1110111111;
    16'd4:   result = 10'b1111011111;
    16'd5:   result = 10'b1111101111;
    16'd6:   result = 10'b1111110111;
    16'd7:   result = 10'b1111111011;
    16'd8:   result = 10'b1111111101;
    16'd9:   result = 10'b1111111110;
    default: result = 10'bx;
endcase
```

(4) 每一个 case 分项的分支表达式的值必须互不相同，否则就会出现问题，即对表达式的同一个值，将出现多种执行方案，产生矛盾。

(5) 执行完 case 分项后的语句，则跳出该 case 语句结构，终止 case 语句的执行。

(6) 在用 case 语句表达式进行比较的过程中，只有当信号的对应位的值能明确进行比较时，比较才能成功。因此，要注意详细说明 case 分项的分支表达式的值。

(7) case 语句的所有表达式值的位宽必须相等，只有这样，控制表达式和分支表达式才能进行对应位的比较。一个经常犯的错误是用 'bx, 'bz 来替代 n'bx, n'bz，这样写是不对的，因为信号 x, z 的默认宽度是机器的字节宽度，通常是 32 位(此处 n 是 case 控制表达式的位宽)。

下面将给出 case, casez, casex 的真值，如表 5.1 所列。

表 5.1　case, casez 和 casex 的真值

case	0	1	x	z	casez	0	1	x	z	casex	0	1	x	z
0	1	0	0	0	0	1	0	0	1	0	1	0	1	1
1	0	1	0	0	1	0	1	0	1	1	0	1	1	1
x	0	0	1	0	x	0	0	1	1	x	1	1	1	1
z	0	0	0	1	z	1	1	1	1	z	1	1	1	1

case 语句与 if_else_if 语句的区别主要有两点：

(1) 与 case 语句中的控制表达式和多分支表达式这种比较结构相比，if_else_if 结构中的条件表达式更为直观一些。

(2) 对于那些分支表达式中存在不定值 x 和高阻值 z 的位时，case 语句提供了处理这种情况的手段。下面的两个例子介绍了处理分支表达式中某位的值值为 x、z 位的 case 语句。

【例 5.1】　处理分支表达式某位值之一。

```
case（ select[1:2] ）
    2'b00：  result = 0;
    2'b01：  result = flaga;
    2'b0x，
    2'b0z：  result = flaga? 'bx : 0;
    2'b10：  result = flagb;
    2'bx0，
    2'bz0：  result = flagb? 'bx : 0;
    default：result ='bx;
endcase
```

【例 5.2】　处理分支表达式某位值之二。

```
case(sig)
    1'bz：     $ display("signal is floating");
    1'bx：     $ display("signal is unknown");
    default：  $ display("signal is %b", sig);
endcase
```

Verilog HDL 针对电路的特性提供了 case 语句的其他两种形式，即 casez 和 casex，这可用来处理比较过程中的不必考虑的情况（don't care condition）。其中 casez 语句用来处理不考虑高阻值 z 的比较过程，casex 语句则将高阻值 z 和不定值都视为不必关心的情况。所谓不必关心的情况，即在表达式进行比较时，不将该位的状态考虑在内。这样，在 case 语句表达式进行比较时，就可以灵活地设置对信号的某些位进行比较。见下面的两个例子：

【例 5.3】　用 case 语句表达式进行比较之一。

```
reg[7:0] ir;
casez(ir)
    8'b1???????：instruction1(ir);
```

```
            8'b01??????: instruction2(ir);
            8'b00010???: instruction3(ir);
            8'b0000001??: instruction4(ir);
        endcase
```

【例 5.4】 用 case 语句表达式进行比较之二。

```
        reg[7:0] r, mask;
        mask = 8'bx0x0x0x0;
        casex(r^mask)
            8'b001100xx: stat1;
            8'b1100xx00: stat2;
            8'b00xx0011: stat3;
            8'bxx001100: stat4;
        endcase
```

以下使用条件语句不当在设计中生成了原本没想到有的锁存器及其解决办法。

Verilog HDL 设计中容易犯的一个通病是由于对语言理解不全面,使用不准确,从而生成了并不想要的锁存器。图 5.1 给出了一个在"always"块中不正确使用 if 语句,造成这种错误的例子。

```
always @ (al or d)               always @ (al or d)
  begin                            begin
    if (al) q=d;                     if (al) q=d;
  end                                else   q=0;
                                   end
       有锁存器                             无锁存器
```

图 5.1 不正确使用 if 语句造成的错误

检查一下左边的"always"块,if 语句保证了只有当 al=1 时,q 才取 d 的值。这段程序没有写出 al = 0 时的结果,那么当 al=0 时会是会么样呢。

在"always"块内,如果在给定的条件下变量没有赋值,这个变量将保持原值,也就是说会生成一个锁存器。

如果设计人员希望当 al = 0 时,q 的值为 0,则 else 项就必不可少了。请注意看图中右边的"always"块,整个 Verilog 程序模块综合出来后,"always"块对应的部分不会生成锁存器。

Verilog HDL 程序的另一种综合后生成没有预料到的锁存器是在使用 case 语句时缺少 default 项的情况下发生的。

case 语句的功能是:在某个信号(本例中的 sel)取不同的值时,给另一个信号(本例中的 q)赋不同的值。注意看如图 5.2 左边框内的例子,如果 sel = 2'b00,q 取 a 值;而若 sel = 2'b11,q 取 b 的值。这个例子中,代码中并没有清楚地说明:如果 sel 取 00 和 11 以外的值时 q 将被赋予什么值? 在图左边框内的这个用 Verilog HDL 写的例子中,因为没有 default 分支语句,所以默认为 q 保持原值,因此,在综合后的电路中就会自动生成锁存器。

```
always @ (sel [1:0] or a or b)         always @ (sel [1:0] or a or b)
    case (sel [1:0])                       case (sel [1:0])
        2'b00: q<=a;                           2'b00: q<=a;
        2'b11: q<=b;                           2'b11: q<=b;
    endcase                                    default: q<='b0;
                                           endcase

        有锁存器                                    无锁存器
```

图 5.2　缺少 default 项生成锁存器

右边例子的代码中,case 语句有 default 项,明确指明了如果 sel 不取 00 或 11 时,应赋予 q 的值。如图右框内程序所示,q 赋值为 0,因此综合后不会生成锁存器。

以上介绍的方法可以避免 Verilog 代码处综合后的电路中生成锁存器。如果用到 if 语句,最好写上 else 项;如果用 case 语句,最好写上 default 项。遵循上面两条原则,就可以避免发生这种错误,使设计者更加明确设计目标,同时也增强了 Verilog 程序的可读性。

5.3　条件语句的语法

条件语句用于根据某个条件来确定是否执行其后的语句,关键字 if 和 else 用于表示条件语句。Verilog 语言共有 3 种类型的条件语句,条件语句的用法如下所示。

```
//第一类条件语句:没有 else 语句
//其后的语句执行或不执行
    if (< expression >)    true_statement;

//第二类条件语句:有一条 else 语句
// 根据表达式的值,决定执行 true_statement 或者 false_statement
    if (< expression >)    true_statement ;    else false_statement ;

//第三类条件语句:嵌套的 if_else_if 语句
//可供选择的语句有许多条,只有一条被执行
    if (< expression1 >)    true_statement1 ;
    else  if (< expression2 >)    true_statement2 ;
    else  if (< expression3 >)    true_statement3 ;
    else   default_statement ;
```

条件语句的执行过程为:计算条件表达式<expression>,如果结果为真(1 或非零值),则执行 true_statement 语句;如果条件为假(0 或不确定值 x),则执行 false_statement 语句。在条件表达式中可以包含任何操作符。true_statement 和 false_statement 可以是一条语句,也可以是一组语句。如果是一组语句,则通常使用 begin、end 关键字将它们组成一个块语句。具体的使用方法如下:

[**例 5.5**]　条件语句举例。

```
//第一类条件语句
if ( ! lock )  buffer = data ;
if ( enable )   out = in ;


//第二类条件语句
if ( number_queued<MAX_Q_DEPTH )
  begin
    data_queue = data ;
    number_queued = number_queued + 1 ;
  end

  else
    $display ("Queue Full. Try again") ;


//第三类条件语句
//根据不同的算术逻辑单元的控制信号 alu_control 执行不同的算术运算操作
if  ( alu_control == 0 )
    y = x + z ;
 else  if  ( alu_control == 1 )
    y = x−z ;
 else  if  ( alu_control == 2 )
    y = x * z ;
 else
    $display ("Invalid ALU control signal") ;
```

5.4　多路分支语句

5.3 节所讲述的第三类条件语句使用 if_else_if 的形式从多个选项中确定一个结果。如果选项的数目很多,那么使用起来很不方便。而使用 case 语句来描述这种情况是非常简便的。case 语句使用关键字 case、endcase 和 default 来表示。

```
case  (expression)
  alternative1 :  statement1 ;
  alternative2 :  statement2 ;
  alternative3 :  statement3 ;
        ⋮
  default : default_statement
endcase
```

case 语句中的每一条分支语句都可以是一条语句或一组语句。多条语句需要使用关键字 begin_end 组合为一个块语句。在执行时,首先计算条件表达式的值,然后按顺序将它和各个候选项进行比较:如果等于第一个候选项,则执行对应的语句 statement1;如果和全部候选项都不相等,则执行 defalut_statement 语句。

注意：defalut_statement 语句是可选的，而且在一条 case 语句中不允许有多条 defalut_statement。另外，case 语句可以嵌套使用。

下面的 Verilog 代码实现[例 5.5]中的第三类条件语句。

```verilog
//根据不同的 alu_control 信号,执行不同的语句
reg [1:0] alu_control;
 ⋮
 ⋮
case (alu_control)
2'd 0： y = x + z;
2'd 1： y = x - z;
2'd 2： y = x * z;
default： $display ("Invalid ALU control signal");
endcase
```

case 语句的行为类似于多路选择器。为了说明这一点，可使用 case 语句来对 5.8.1 节中的四选一多路选择器建模。由于只是实现方式的改变，因此模块的 I/O 端口保持不变。从该例子中可以看到，八选一或十六选一多路选择器也很容易用 case 语句来实现。

[例 5.6] 使用 case 语句实现四选一多路选择器。

```verilog
module mux4_to_1 (out, i0, i1, i2, i3, s1, s0);

//根据输入/输出图的端口声明
output out;
input i0, i1, i2, i3;
input s1, s0;

//把输出变量声明为寄存器类型
reg out;

//任何输入信号改变,都会引起输出信号的重新计算
//使输出 out 重新计算的所有输入信号必须写入 always @(...)的变量列表中

always @(s1 or s0 or i0 or i1 or i2 or i3)
begin
    case ({s1, s0})
        2'b00： out = i0;
        2'b01： out = i1;
        2'b10： out = i2;
        2'b11： out = i3;
        default： out = 1'bx;
    endcase
end

endmodule
```

5.5 循环语句

在 Verilog HDL 中存在着 4 种类型的循环语句,用来控制执行语句的执行次数。
(1) forever 语句:连续的执行语句。
(2) repeat 语句:连续执行一条语句 n 次。
(3) while 语句:执行一条语句直到某个条件不满足。如果一开始条件即不满足(为假),则语句一次也不能被执行。
(4) for 语句:通过以下 3 个步骤来决定语句的循环执行。
① 先给控制循环次数的变量赋初值。
② 判定控制循环的表达式的值,如为假,则跳出循环语句;如为真,则执行指定的语句后,转到第③步。
③ 执行一条赋值语句来修正控制循环变量次数的变量值,然后返回第②步。
下面对各种循环语句详细的进行介绍。

5.5.1 forever 语句

forever 语句的格式如下:

forever 语句;

或 forever begin 多条语句 end

forever 循环语句常用于产生周期性的波形,用来作为仿真测试信号。它与 always 语句不同之处在于不能独立写在程序中,而必须写在 initial 块中。其具体使用方法将在"事件控制"这一小节里详细地加以说明。

5.5.2 repeat 语句

repeat 语句的格式如下:

repeat(表达式)语句

或 repeat(表达式) begin 多条语句; end

在 repeat 语句中,其表达式通常为常量表达式。下面的例子中使用 repeat 循环语句及加法和移位操作来实现一个乘法器。

```
parameter size=8, longsize=16;
reg [size:1] opa, opb;
reg [longsize:1] result;

    begin: mult
        reg [longsize:1] shift_opa, shift_opb;
        shift_opa = opa;
        shift_opb = opb;
        result = 0;
        repeat(size)
```

```
        begin
           if(shift_opb[1])
                result = result + shift_opa;

           shift_opa = shift_opa <<1;
           shift_opb = shift_opb >>1;
        end
   end
```

5.5.3 while 语句

while 语句的格式如下：

while(表达式)语句；

或用如下格式：

while(表达式) begin 多条语句;end

下面举一个 while 语句的例子，该例子用 while 循环语句对 rega 这个八位二进制数中值为 1 的位进行计数。

```
begin: count1s
    reg [7:0] tempreg;
    count = 0;
    tempreg = rega;
    while (tempreg)
        begin
            if (tempreg[0])  count = count + 1;
            tempreg = tempreg>>1;
        end
end
```

5.5.4 for 语句

for 语句的一般形式为：

for(表达式 1;表达式 2;表达式 3)语句；

它的执行过程如下：

(1) 先求解表达式 1。

(2) 求解表达式 2,若其值为真(非 0),则执行 for 语句中指定的内嵌语句,然后执行下面的第(3)步。若为假(0),则结束循环,转到第(5)步。

(3) 若表达式为真,在执行指定的语句后,求解表达式 3。

(4) 转回上面的第(2)步骤继续执行。

(5) 执行 for 语句下面的语句。

for 语句最简单的应用形式是很易理解的,其形式如下：

for(循环变量赋初值;循环结束条件;循环变量增值)
         执行语句;

for 循环语句实际上相当于采用 while 循环语句建立以下的循环结构：

begin
    循环变量赋初值；
    while(循环结束条件)
        begin
            执行语句；
            循环变量增值；
        end
end

这样对于需要 8 条语句才能完成的一个循环控制，for 循环语句只需两条即可。

下面分别举两个使用 for 循环语句的例子。[例 5.7]用 for 语句来初始化 memory。[例 5.8]则用 for 循环语句来实现前面用 repeat 语句完成的乘法器。

[例 5.7] 用 for 语句初始化 memory。

```
begin: init_mem
  reg[7:0] tempi;
    for(tempi=0;tempi<memsize;tempi=tempi+1)
        memory[tempi]=0;
end
```

[例 5.8] 用 for 循环语句实现 repeat 语句的乘法器。

```
parameter size = 8, longsize = 16;
reg[size:1] opa, opb;
reg[longsize:1] result;

begin: mult
    integer bindex;
    result=0;
    for( bindex=1; bindex<=size; bindex=bindex+1 )
        if(opb[bindex])
            result = result + (opa<<(bindex-1));
end
```

在 for 语句中，循环变量增值表达式可以不必是一般的常规加法或减法表达式。下面是对 rega 这个八位二进制数中值为 1 的位进行计数的另一种方法。见下例：

```
begin: count1s
    reg[7:0] tempreg;
    count = 0;
    for(tempreg=rega; tempreg; tempreg=tempreg>>1)
```

```
        if(tempreg[0])
            count = count+1;
end
```

5.6 顺序块和并行块

块语句的作用是将多条语句合并成一组,使它们像一条语句那样。在前面的例子中,可使用关键字 begin 和 end 将多条语句合并成一组。由于这些语句需要一条接一条的顺序执行,因此常称为顺序块。在本节中,将讨论 Verilog 语言中的块语句:顺序块和并行块;还将讨论 3 种有特点的块语句:命名块、命名块的禁用以及嵌套的块。

5.6.1 块语句的类型

块语句包括两种类型:顺序块和并行块。

1. 顺序块(也称过程块)

关键字 begin - end 用于将多条语句组成顺序块。顺序块具有以下特点:

(1) 顺序块中的语句是一条接一条按顺序执行的,只有前面的语句执行完成之后才能执行后面的语句(除了带有内嵌延迟控制的非阻塞赋值语句)。

(2) 如果语句包括延迟或事件控制,那么延迟总是相对于前面那条语句执行完成的仿真时间的。

在前面的各章节中,已经使用了许多顺序块的例子。在[例 5.9]中进一步给出了两个顺序块语句的例子。顺序块之中语句按顺序执行,[例 5.9]的说明 1 中,在仿真 0 时刻 x、y、z、w 的最终值分别为 0、1、1、2。执行这 4 个赋值语句有顺序,但不需要执行时间。在说明 2 中,这 4 个变量的最终值也是 0、1、1、2,但块语句完成时的仿真时刻为 35,因为除第一句外,以后每执行一条语句都需要等待。

[例 5.9] 顺序块。

```
//说明 1
reg x, y;
reg [1:0] z, w;

initial
begin
    x = 1'b0;
    y = 1'b1;
    z = {x, y};
    w = {y, x};
end

//说明 2:带延迟的顺序块
reg x, y;
reg [1:0] z, w;
```

```
initial
begin
    x = 1'b0;              //在仿真时刻 0 完成
    #5 y = 1'b1;           //在仿真时刻 5 完成
    #10 z = {x, y};        //在仿真时刻 15 完成
    #20 w = {y, x};        //在仿真时刻 35 完成
end
```

2. 并行块

并行块由关键字 fork – join 声明,它的仿真特点是很有趣的。并行块具有以下特性:
(1) 并行块内的语句并发执行;
(2) 语句执行的顺序是由各自语句内延迟或事件控制决定的;
(3) 语句中的延迟或事件控制是相对于块语句开始执行的时刻而言的。

注意:顺序块和并行块之间的根本区别在于:当控制转移到块语句的时刻,并行块中所有的语句同时开始执行,语句之间的先后顺序是无关紧要的。请考虑[例5.9]中带有延迟的顺序块语句,并且将其转换为一个并行块。转换后的 Verilog 代码见[例5.10]。除了所有语句在仿真 0 时刻开始执行以外,仿真结果是完全相同的。这个并行块执行结束的时间第 20 个仿真时间单位,而不再是 35 个。

[例 5.10] 并行块。

```
//举例 1:带延迟的并行块
reg x, y;
reg [1:0] z, w;

initial
 fork
    x = 1'b0;              //在仿真时刻 0 完成
    #5 y = 1'b1;           //在仿真时刻 5 完成
    #10 z = {x, y};        //在仿真时刻 10 完成
    #20 w = {y, x};        //在仿真时刻 20 完成
 join
```

并行块为我们提供了并行执行语句的机制。不过在使用并行块时需要注意,如果两条语句在同一时刻对同一个变量产生影响,那么将会引起隐含的竞争,这种情况是需要避免的。下面给出了[例5.9]中说明 1 的并行块描述。在这段代码中故意引入了竞争。所有的语句在仿真 0 时刻开始执行,但是实际的执行顺序是未知的。在这个例子中,如果 x = 1'b0 和 y = 1'b1 两条语句首先执行,那么变量 z 和 w 的值为 1 和 2;如果这两条最后执行,那么 z 和 w 的值都是 2'bxx。因此执行这个块语句后 z 和 w 的值不确定,依赖于仿真器的具体实现方法。从仿真的角度来讲,并行块中的所有语句是一起执行的,但是实际上运行仿真程序的 CPU 在任一时刻只能执行一条语句,而且不同的仿真器按照不同的顺序执行。因此无法正确的处理竞争是目前所使用的仿真器的一个缺陷,这一缺陷并不是并行块所引起的。例如:

```verilog
//故意引入竞争条件的并行块
reg x, y;
reg [1:0] z, w;

initial
fork
    x = 1'b0;
    y = 1'b1;
    z = {x, y};
    w = {y, x};
join
```

可以将并行块的关键字 fork 看成是将一个执行流分成多个独立的执行流;而关键字 join 则是将多个独立的执行流合并为一个执行流。每个独立的执行流之间是并发执行的。

5.6.2 块语句的特点

下面将讨论块语句所具有的 3 个特点:嵌套块、命名块和命名块的禁用。

1. 嵌套块

块可以嵌套使用,顺序块和并行块能够混合在一起使用,如[例 5.11]所示。

[例 5.11] 嵌套块。

```verilog
//嵌套块
initial
begin
    x = 1'b0;
    fork
        #5 y = 1'b1;
        #10 z = {x, y};
    join
    #20 w = {y, x};
end

endmodule
```

2. 命名块

块可以具有自己的名字,这称为命名块。命名块的特点是:
(1) 命名块中可以声明局部变量;
(2) 命名块是设计层次的一部分,命名块中声明的变量可以通过层次名引用进行访问;
(3) 命名块可以被禁用,例如停止其执行。

[例 5.12] 显示命名块和命名块的层次名引用。

```verilog
//命名块
module top ;
```

```
initial
begin : block1           //名字为 block1 的顺序命名块
    integer  i ;         //整型变量 i 是 block1 命名块的静态本地变量
                         //可以用层次名 top.block1.i 被其他模块访问
...
...
end
initial
fork : block2            //名字为 block2 的并行命名块
    reg  i ;             //寄存器变量 i 是 block2 命名块的静态本地变量
                         //可以用层次名 top.block2.i 被其他模块访问
...
...
join
```

3. 命名块的禁用

Verilog 通过关键字 disable 提供了一种中止命名块执行的方法。disable 可以用来从循环中退出、处理错误条件以及根据控制信号来控制某些代码段是否被执行。对块语句的禁用导致紧接在块后面的那条语句被执行。对于 C 程序员来说，这一点非常类似于使用 break 退出循环。两者的区别在于 break 只能退出当前所在的循环，而使用 disable 则可以禁用设计中任意一个命名块。

让我们来考虑[例 5.13]中的说明，这段代码的功能是在一个标志寄存器中查找第一个不为零的位。[例 5.13]中的 while 循环可以使用 disable 来进行改写，使得在找到不为零的位后马上退出 while 循环。

[例 5.13] 命名块的禁用。

```
//在(矢量)标志寄存器的各个位中从低有效位开始找寻第一个值为 1 的位
//从矢量标志寄存器的低有效位开始查找第一个值为 1 的位
reg [15:0] flag;
integer i;  //用于计数的整数

initial
begin
    flag = 16'b 0010_0000_0000_0000;
    i = 0;
    begin：block1        //while 循环声明中的主模块是命名块 block1
        while(i < 16)
        begin
            if (flag[i])
            begin
                $display("Encountered a TRUE bit at element number %d", i);
                disable block1;  //在标志寄存器中找到了值为真(1)的位，禁用 block1
            end
```

```
        i = i + 1;
      end
   end
end
```

5.7 生成块

生成语句可以动态地生成 Verilog 代码。这一声明语句方便了参数化模块的生成。当对矢量中的多个位进行重复操作时,或者当进行多个模块的实例引用的重复操作时,或者在根据参数的定义来确定程序中是否应该包括某段 Verilog 代码的时候,使用生成语句能够大大简化程序的编写过程。

生成语句能够控制变量的声明、任务或函数的调用,还能对实例引用进行全面的控制。编写代码时必须在模块中说明生成的实例范围,关键字 generate - endgenerate 用来指定该范围。

生成实例可以是以下的一个或多种类型:
(1) 模块;
(2) 用户定义原语;
(3) 门级原语;
(4) 连续赋值语句;
(5) initial 和 always 块。

生成的声明和生成的实例能够在设计中被有条件地调用(实例引用)。在设计中可以多次调用(实例引用)生成的实例和生成的变量声明。生成的实例具有唯一的标识名,因此可以用层次命名规则引用。为了支持结构化的元件与过程块语句的相互连接,Verilog 语言允许在生成范围内声明下列数据类型:
(1) net (线网)、reg (寄存器);
(2) integer (整型数)、real(实型数)、time(时间型)、realtime (实数时间型);
(3) event (事件)。

生成的数据类型具有唯一的标识名,可以被层次引用。此外,究竟是使用按照秩序或者参数名赋值的参数重新定义,还是使用 defparam 声明的参数重新定义,都可以在生成范围中定义。

注意:生成范围中定义的 defparam 语句所能够重新定义的参数必须是在同一个生成范围内,或者是在生成范围的层次化实例当中。

任务和函数的声明也允许出现在生成范围之中,但是不能出现在循环生成当中。生成任务和函数同样具有唯一的标识符名称,可以被层次引用。

不允许出现在生成范围之中的模块项声明包括:
(1) 参数、局部参数;
(2) 输入、输出和输入/输出声明;
(3) 指定块。

生成模块实例的连接方法与常规模块实例相同。

在 Verilog 中有 3 种创建生成语句的方法,它们是:
(1) 循环生成;
(2) 条件生成;
(3) case 生成。

在 5.7.1～5.7.2 节中,将对这 3 种方法进行详细说明。

5.7.1 循环生成语句

循环生成语句允许使用者对下面的模块或模块项进行多次实例引用:
(1) 变量声明;
(2) 模块;
(3) 用户定义原语、门级原语;
(4) 连续赋值语句;
(5) initial 和 always 块。

[例 5.14]说明了如何使用生成语句对两个 N 位的总线用门级原语进行按位异或。其目的在于说明循环生成语句的使用方法,其实这个例子如果使用矢量线网的逻辑表达式比用门级原语实现起来更为简单。

[例 5.14] 对两个 N 位总线变量进行按位异或。

```
//本模块生成两条 N 位总线变量的按位异或
    module bitwise_xor ( out , i0 , i1 ) ;
//参数声明语句,参数可以重新定义
    parameter   N = 32 ;   //默认的总线位宽为 32 位

//端口声明语句
    output   [N-1:0]   out ;
    input    [N-1:0]   i0 , i1 ;

//声明一个临时循环变量
//该变量只用于生成块的循环计算
//Verilog 仿真时该变量在设计中并不存在
    genvar   j ;

//用一个单循环生成按位异或的异或门(xor)
    generate
        for ( j = 0 ;  j < N ;  j = j + 1 )
          begin : xor_loop
            xor g1 ( out [ j ] ,   i0 [ j ] ,   i1 [ j ] ) ;
          end          //在生成块内部结束循环
    endgenerate        //结束生成块


//另外一种编写形式
//异或门可以用 always 块来替代
```

```
//   reg [ N-1 : 0 ]  out ;
// generate
//     for ( j = 0 ; j < N ; j = j + 1 )
//         begin : bit
//             always @ ( i0 [ j ] or i1 [ j ] ) out [ j ] = i0 [ j ] ^ i0 [ j ] ;
//         end
// endgenerate

endmodule
```

从[例 5.14]中可以观察到下面几个有趣的现象：

(1) 在仿真开始之前,仿真器会对生成块中的代码进行确立(展平),将生成块转换为展开的代码,然后对展开的代码进行仿真。因此,生成块的本质是使用循环内的一条语句来代替多条重复的 Verilog 语句,简化用户的编程。

(2) 关键词 genvar 用于声明生成变量,生成变量只能用在生成块之中;在确立后的仿真代码中,生成变量是不存在的。

(3) 一个生成变量的值只能由循环生成语句来改变。

(4) 循环生成语句可以嵌套使用,不过使用同一个生成变量作为索引的循环生成语句不能够相互嵌套。

(5) xor_loop 是赋予循环生成语句的名字,目的在于通过它对循环生成语句之中的变量进行层次化引用。因此,循环生成语句中各个异或门的相对层次名为：xor_loop[0].g1,xor_loop[1].g1,……,xor_loop[31].g1。

循环生成语句的使用是相当灵活的。各种 Verilog 语法结构都可以用在循环生成语句之中。对于读者来说,重要的是能够想像出循环生成语句被展平之后的形式,这对于理解循环生成语句的作用是很有必要的。[例 5.15]给出了使用生成语句描述的脉动加法器,并且在循环生成语句中声明了线网变量。

[例 5.15] 用循环生成语句描述的脉动加法器。

```
//本模块生成一个门级脉动加法器
module ripple_adder ( co , sum , a0 , a1 , ci ) ;
//参数声明语句,参数可以重新定义
parameter   N = 4 ; //默认的总线位宽为 4

//端口声明语句
output [ N-1 : 0 ] sum ;
output   co ;
input [N-1 : 0]   a0 ,   a1 ;
input ci ;

//本地线网声明语句
wire [ N-1 : 0 ]   carry ;
```

```verilog
//指定进位变量的第 0 位等于进位的输入
assign carry[0] = ci;

//声明临时循环变量,该变量只用于生成块的计算
//由于在仿真前,循环生成已经展平,所以用 Verilog 对设计进行仿真时,该变量已经不再存在
genvar i;

//用一个单循环生成按位异或门等逻辑
generate for(i = 0; i < N; i = i + 1) begin: r_loop
    wire t1, t2, t3;
    xor g1(t1, a0[i], a1[i]);
    xor g2(sum[i], t1, carry[i]);
    and g3(t2, a0[i], a1[i]);
    and g4(t3, t1, carry[i]);
    or  g5(carry[i+1], t2, t3);
end   //生成块内部循环的结束
endgenerate   //生成块的结束

//根据上面的循环生成,Verilog 编译器会自动生成以下相对层次实例名

// xor : r_loop[0].g1, r_loop[1].g1, r_loop[2].g1,  r_loop[3].g1,
//       r_loop[0].g2, r_loop[1].g2, r_loop[2].g2,  r_loop[3].g2;
// and : r_loop[0].g3, r_loop[1].g3, r_loop[2].g3,  r_loop[3].g3,
//       r_loop[0].g4, r_loop[1].g4, r_loop[2].g4,  r_loop[3].g4;
// or  : r_loop[0].g5, r_loop[1].g5, r_loop[2].g5,  r_loop[3].g5,

//根据上面生成的实例用下面这些生成的线网连接起来
// Nets : r_loop[0].t1, r_loop[0].t2, r_loop[0].t3,
//        r_loop[1].t1, r_loop[1].t2, r_loop[1].t3,
//        r_loop[2].t1, r_loop[2].t2, r_loop[2].t3,
//        r_loop[3].t1, r_loop[3].t2, r_loop[3].t3;

assign co = carry[N];
endmodule
```

5.7.2 条件生成语句

条件生成语句类似于 if_else_if 的生成构造,该结构可以在设计模块中根据经过仔细推敲并确定表达式,有条件地调用(实例引用)以下这些 Verilog 结构:
(1) 模块;
(2) 用户定义原语、门级原语;
(3) 连续赋值语句;

(4) initial 或 always 块。

[例 5.16]说明如何用条件生成语句实现参数化乘法器。如果参数 a0_width 或 a1_width 小于 8(生成实例的条件),则调用(实例引用)超前进位乘法器;否则调用(实例引用)树形乘法器。

[例 5.16] 使用条件生成语句实现参数化乘法器。

```
//本模块实现一个参数化乘法器
module multiplier ( product , a0 , a1 ) ;
//参数声明,该参数可以重新定义
  parameter   a0_width = 8 ;
  parameter   a1_width = 8 ;


//本地参数声明
//本地参数不能用参数重新定义(defparam)修改
//也不能在实例引用时通过传递参数语句,即 #(参数1,参数2,…)的方法修改
  localparam   product_width = a0_width + a1_width ;

//端口声明语句
  output [ product_width - 1 : 0 ]   product ;
  input [ a0_width - 1 : 0 ]   a0 ;
  input [ a1_width - 1 : 0 ]   a1 ;

//有条件地调用(实例引用)不同类型的乘法器
//根据参数 a0_width 和 a1_width 的值,在调用时引用相对应的乘法器实例
generate
  if ( a0_width < 8 ) || ( a1_width < 8 )
    cal_multiplier   # ( a0_width , a1_width ) m0 ( product , a0 , a1 ) ;
  else
    tree_multiplier   # ( a0_width , a1_width ) m0 ( product , a0 , a1 ) ;
  endgenerate   //生成块的结束

endmodule
```

5.7.3 case 生成语句

case 生成语句可以在设计模块中,根据仔细推敲确定多选一 case 构造,有条件地调用(实例引用)下面这些 Verilog 结构:

(1) 模块;
(2) 用户定义原语、门级原语;
(3) 连续赋值语句;
(4) initial 或 always 块。

[例 5.17]说明如何使用 case 生成语句实现 N 位加法器。

[例 5.17]   case 生成语句举例。

```verilog
//本模块生成 N 位的加法器
module adder ( co , sum , a0 , a1 , ci );
//参数声明,本参数可以重新定义
parameter  N = 4;          //默认的总线位宽为 4

//端口声明
output [ N-1 : 0 ] sum ;
output  co ;
input [ N-1 : 0 ]  a0 , a1 ;
input  ci ;

//根据总线的位宽,调用(实例引用)相应的加法器
//参数 N 在调用(实例引用)时可以重新定义,调用(实例引用)
//不同位宽的加法器是根据不同的 N 来决定的
generate
case ( N )
    //当 N=1 或 2 时分别选用位宽为 1 位或 2 位的加法器
    1 : adder_1bit   adder1 ( co , sum , a0 , a1 , ci );   // 1 位的加法器
    2 : adder_2bit   adder2 ( co , sum , a0 , a1 , ci );   // 2 位的加法器
    //默认的情况下选用位宽为 N 位的超前进位加法器
    default : adder_cla  # ( N )  adder3 ( co , sum , a0 , a1 , ci );
endcase
endgenerate   //生成块的结束

endmodule
```

5.8 举 例

本节中将使用下面两个例子说明前面各节中讨论的各种行为级结构的使用方法,并使用行为级语句对其进行描述并仿真。

5.8.1 四选一多路选择器

下面使用行为级的 case 语句来实现四选一多路选择器。这种风格的行为级描述可以通过综合工具转换为逻辑网表,不会对四选一多路选择器的电路实现和仿真结果造成影响。

[例 5.18] 行为级描述的四选一多路选择器。

```verilog
//四选一多路器,其端口列表完全根据输入/输出图编写
module mux4_to_1 (out, i0, i1, i2, i3, s1, s0);

//根据输入/输出图的端口声明
output out;
input i0, i1, i2, i3;
```

```
input s1, s0;
//输出端口被声明为寄存器类型变量
reg out;

//若输入信号改变,则重新计算输出信号 out
//造成输出信号 out 重新计算的所有输入信号必须写入 always @(...)的电平敏感列表
always @(s1 or s0 or i0 or i1 or i2 or i3)
begin
    case ({s1, s0})
    2'b00: out = i0;
    2'b01: out = i1;
    2'b10: out = i2;
    2'b11: out = i3;
    default: out = 1'bx;
    endcase
end

endmodule
```

5.8.2 四位计数器

下面将用行为级对一个四位脉动进位计数器进行描述。在数据流级或门级,可以根据硬件实现方式将其设计成脉动进位、同步计数等。但是在行为级,可从一个更加抽象的角度来考虑问题的,并不关心具体的硬件实现方法,而只是对它的功能进行说明。计数器的行为级设计如[例 5.19]所示。从这个例子可以看到,行为级描述与逻辑结构描述相比是非常简洁的。如果输入信号的值不包括 x 和 z 的话,则使用行为级的描述代替逻辑结构描述不会对计数器的仿真结果造成影响。

[**例 5.19**] 四位计数器的行为级描述。

```
//四位二进制计数器
module counter(Q, clock, clear);

//输入/输出端口
output [3:0] Q;
input clock, clear;
//输出变量 Q 被定义为寄存器类型
reg [3:0] Q;

always @(posedge clear or negedge clock)
begin
    if(clear)
        Q <= 4'd0;      //为了能生成诸如触发器一类的时序逻辑,建议使用非阻塞赋值
    else
```

        Q <= Q + 1 ;   //Q 是一个四位寄存器,计数超过 15 后会归零,因此模 16 没有必要
end

endmodule

小　　结

  在本章中学习了 Verilog 语法中几种条件语句、循环语句、块语句和生成语句的写法。有些语句和 C 语言很类似,所以比较容易理解。但也有一些语句则完全不同,应该注意到在 Verilog 语言中这些语句表示的不是一个直接的计算过程,而表示的是逻辑电路硬件的行为。因此,语句细微的差别其含义有很大的不同;通过综合生成的、对应的硬件也有很大的变化。必须认真理解这些细节才能够设计出符合要求的逻辑。所以,应格外注意:if else 语句的 else 是不是设计中想要的行为;在 case 语句中也要注意,如果条件都不符合究竟如何处理;在条件语句中是否存在无关的位,这些细节的考虑会使设计出的电路更加简洁,所以准确地理解 casex 和 casez 与 case 有什么不同也是很重要的。另外,for 循环变量的增加也与 C 不同,不能用简化的 ++ 写法。行为级的描述可根据电路实现的算法进行,不必包含硬件实现方面的细节。行为级设计一般用于设计初期,使用它来对各种与设计相关的折衷进行评估。在许多方面,行为建模与 C 语言编程很类似。

  结构化的过程块,即 initial 和 always 块,构成了行为级建模的基础。其他所有的行为级语句只能出现在这两种块之中。initial 块只执行一次,而 always 块不断地反复执行,直到仿真的结束。

  行为级建模中的过程赋值用于对寄存器类型的变量赋值。阻塞赋值必须按照顺序执行,前面语句完成赋值之后才能执行后面的阻塞赋值;而非阻塞赋值将产生赋值调度,同时执行其后面的语句。

  Verilog 中控制时序和语句执行顺序的 3 种方式是基于延迟的时序控制、基于事件的时序控制和电平敏感的时序控制。基于延迟的时序控制包括 3 种形式:常规延迟、0 延迟和内嵌延迟。基于事件的时序控制则包括常规事件、命名事件和 OR(或)事件。Wait 语句用于对电平敏感的时序控制。

  行为级条件语句使用关键词 if_else 来表示。如果条件分支比较多,那么使用 case 语句更加方便。casex 语句和 casez 语句是 case 语句的特殊形式。

  Verilog 中的 4 种循环语句分别用关键字 while、for、repeat 和 forever 表示。

  顺序块和并行块使用两种类型的块语句。顺序块使用关键字 begin - end,而并行块使用关键字 fork-join 来表示。块可以具有名字,并且可以嵌套使用。如果块具有名字,那么可以在设计中的任何地方对其禁用。命名块能够通过层次名进行引用。

  生成语句可以在仿真开始前的详细设计阶段动态地生成 Verilog 代码,这促进了参数化建模。当需要对矢量的多个位进行重复操作、模块实例的重复引用或根据参数的定义确定是否包括某一段代码的时候,使用生成语句是非常方便的。生成语句有 3 种类型是:循环生成语句、条件生成语句和 case 生成语句。

思 考 题

1. 为什么建议在编写 Verilog 模块程序时,如果用到 if 语句,建议大家把配套的 else 情况也考虑在内?
2. 用 if(条件 1)语句;elseif(条件 2)语句;elseif(条件 3)语句;… else 语句和用 case endcase 表示不同条件下的多个分支是完全相同的,还是有什么不同?
3. 如果 case 语句的分支条件没有覆盖所有可能的组合条件,定义了 default 项和没有定义 default 项有什么不同?
4. 仔细阐述 case、casex 和 casez 之间的不同。
5. forever 语句如果运行了,在它下面的语句能否还能运行?它位于 begin-end 块和位于 fork join 块有什么不同?
6. forever 语句和 repeat 语句能否独立于过程块而存在,即能否不在 initial 或 always 块中使用?
7. 用 for 循环为存储器许多单元赋值时是否需要时间?为什么如果不定义时间延迟,它可以不需要时间就把不管多大的储存器赋值完毕?
8. for 循环是否可以表示可以综合的组合逻辑?请举例说明。
9. 在编写测试模块时用什么方法可以使 for 循环按照时钟的节拍运行?请比较图 5.3 所示程序段。

```
always @(posedge clk)
  begin
    for ( i=0; i<=1024; i=i+1)
      mem[i] = i;
  end
这样写能不能按照时钟节拍来对
mem[i]赋值?右边框内的程序呢?
```

```
initial
  begin
    for ( i=0; i<=1024; i=i+1)
      begin
        mem[i] = i;
        @(posedge clk)
      end
  end
```

图 5.3　两种程序段

10. 声明一个名为 oscillate 的寄存器变量并将它初始化为 0,使其每 30 个时间单位进行一次取反操作。不要使用 always 语句(提示:使用 forever 循环)。
11. 设计一个周期为 40 个时间单位的时钟信号,其占空比为 25%。使用 always 和 initial 块进行设计,将其在仿真 0 时刻的值初始化为 0。
12. 给定下面含有阻塞过程赋值语句的 initial 块,每条语句在什么仿真时刻开始执行? a、b、c 和 d 在仿真过程中的中间值和仿真结束时的值是什么?

```
initial
begin
  a = 1'b0 ;
  b = #10 1'b0 ;
  c = #5 1'b0 ;
  d = #20 {a, b, c} ;
end
```

13. 在第 12 题中,如果 initial 块中包括的是非阻塞过程赋值语句,那么各个问题的答案是什么?
14. 下面例子中 d 的最终值是什么?

initial

```
begin
    b = 1'b1 ;  c = 1'b0 ;
    #10  b = 1'b0 ;
end

initial
begin
    d = #25 ( b | c ) ;
end
```

15. 使用带有同步清零端的 D 触发器(清零端高电平有效,在时钟下降沿执行清零操作)设计一个下降沿触发的 D 触发器,只能使用行为语句(提示:D 触发器的输出 q 应当声明为寄存器变量)。使用设计出的 D 触发器输出一个周期为 10 个时间单位的时钟信号。

16. 使用带有异步清零端的 D 触发器设计第 15 题中要求的 D 触发器(在清零端变为高电平后立即执行清零操作,无须等待下一个时钟下降沿),并对这个 D 触发器进行测试。

17. 使用 wait 语句设计一个电平敏感的锁存器,该锁存器的输入信号为 d 和 clock,输出为 q,其功能是当 clock=1 时 q=d。

18. 使用条件语句设计[例 5.17]中的四选一多路选择器,外部端口必须保持不变。

19. 使用 case 语句设计八功能的算术运算单元(ALU),其输入信号 a 和 b 均为 4 位,还有功能选择信号 select 为 3 位,输出信号为 out(5 位)。算术运算单元 ALU 所执行的操作与 Select 信号有关,具体关系如表 5.1 所列(忽略输出结果中的上溢和下溢的位)。

表 5.1 select 信号的功能

select 信号	功　能
3'b 000	out = a
3'b 001	out = a+b
3'b 010	out = a−b
3'b 011	out = a/b
3'b 100	out=a%b(余数)
3'b 101	out = a << 1
3'b 110	out = a >> 1
3'b 111	out = a > b(大小比较)

20. 使用 while 循环设计一个时钟信号发生器。其时钟信号的初值为 0,周期为 10 个时间单位。

21. 使用 for 循环对一个长度为 1 024(地址从 0~1 023)、位宽为 4 的寄存器类型数组 cache_var 进行初始化,把所有单元都设置为 0。

22. 使用 forever 循环设计一个时钟信号,周期为 10,占空比为 40%,初值为 0。

23. 使用 repeat 将语句 a=a+1 延迟 20 个时钟上升沿之后再执行。

24. 下面是一个内嵌顺序块和并行块的块语句。该块的执行结束时间是多少?事件的顺序是怎样的?每条语句的仿真结束时间是多少?

```
initial
begin
```

```
        x = 1'b0 ;
    #5  y = 1'b1 ;
    fork
        #20 a = x ;
        #15 b = y ;
    join
    #40  x = 1'b1 ;
    fork
        #10 p = x ;
        begin
            #10 a = y ;
            #30 b = x ;
        end
        #5 m = y ;
    join
end
```

25. 用 forever 循环语句、命名块(named block)和禁用(disabling of)命名块来设计一个八位计数器。这个计数器从 count = 5 开始计数,到 count = 67 结束计数。每个时钟正跳变沿计数器加一,时钟的周期为 10。计数器的计数只用了一次循环,然后就被禁用了(提示:使用 disable 语句)。

第6章 结构语句、系统任务、函数语句和显示系统任务

概　述

在本章中将学习 Verilog 语法中两种结构语句以及如何定义和使用任务与函数,还有几个常用系统任务的用法。除了函数之外,这些语句在 C 语言中从来都没有定义过。特别需要注意的是,函数虽然在 C 语言中有过定义,但与 Verilog 的函数定义则完全不同。我们一定要注意这些语句所代表的物理意义,有意识地把结构语句、任务、函数与虚拟测试信号的生成或硬件电路结构联系起来,只有通过物理意义的深入理解,才能在设计中准确地应用。

6.1　结构说明语句

Verilog 语言中的任何过程模块都从属于以下 4 种结构的说明语句:
(1) initial 说明语句;
(2) always 说明语句;
(3) task 说明语句;
(4) function 说明语句。

一个程序模块可以有多个 initial 和 always 过程块。每个 initial 和 always 说明语句在仿真的一开始同时立即开始执行。initial 语句只执行一次,而 always 语句则不断地重复活动着,直到仿真过程结束。但 always 语句后紧跟的过程块是否运行,则要看它的触发条件是否满足,如满足则运行过程块一次,再次满足则再运行一次,直至仿真过程结束。

在一个模块中,使用 initial 和 always 语句的次数是不受限制的,它们都是同时开始运行的。

task 和 function 语句可以在程序模块中的一处或多处调用,其具体使用方法以后再详细地加以介绍。在"Verilog 数字设计基础"部分里,只对 initial 和 always 语句深入加以介绍。

6.1.1　initial 语句

initial 语句的格式如下:

```
initial
  begin
    语句1;
    语句2;
    ……
    语句n;
  end
```

举例说明：

[例 6.1]　用 initial 块对存储器变量赋初始值。

```
initial
    begin
        areg = 0;                          //初始化寄存器 areg
        for( index = 0; index < size; index = index + 1 )
            memory[index]=0;    //初始化一个 memory
    end
```

在这个例子中用 initial 语句在仿真开始时对各变量进行初始化,这个初始化过程不需要任何仿真时间,即在 0 ns 时间内,便可以完成存储器的初始化工作。

[例 6.2]　用 initial 语句来生成激励波形。

```
initial
    begin
        inputs = 'b000000;         //初始时刻为 0
        #10 inputs = 'b011001;    (' 是英文输入法中的单引号)
        #10 inputs = 'b011011;
        #10 inputs = 'b011000;
        #10 inputs = 'b001000;
    end
```

从这个例子中,可以看到 initial 语句的另一用途,即用 initial 语句来生成激励波形作为电路的测试仿真信号。

注意：一个模块中可以有多个 initial 块,它们都是并行运行的。initial 块常用于测试文件和虚拟模块的编写,用来产生仿真测试信号和设置信号记录等仿真环境。

6.1.2　always 语句

always 语句在仿真过程中是不断活动着的。但 always 语句后跟着的过程块是否执行,则要看它的触发条件是否满足,如满足则运行过程块一次；如不断满足,则不断地循环执行。其声明格式如下：

always　<时序控制>　<语句>

always 语句由于其不断活动的特性,只有和一定的时序控制结合在一起才有用。如果一个 always 语句没有时序控制,则这个 always 语句将会使仿真器产生死锁,见[例 6.3]。

[例 6.3]　always　areg = ~areg;

这个 always 语句将会生成一个 0 延迟的无限循环跳变过程,这时会发生仿真死锁。

但如果加上时序控制,则这个 always 语句将变为一条非常有用的描述语句,见[例 6.4]。

[例 6.4]　always　#half_period　areg = ~areg;

这个例子生成了一个周期为：period(=2 * half_period)的无限延续的信号波形。常用这种方法来描述时钟信号,并作为激励信号来测试所设计的电路。

[例 6.5]

```
reg [7:0]  counter;
```

```
reg  tick;
always @(posedge areg)
  begin
    tick = ~tick;
    counter = counter + 1;
  end
```

这个例子中,每当 areg 信号的上升沿出现时把 tick 信号反相,并且把 counter 增加 1。这种时间控制是 always 语句最常用的。

always 的时间控制可以是沿触发也可以是电平触发的,可以单个信号也可以多个信号,中间需要用关键字 or 连接,如图 6.1 所示。

```
always @(posedge clock or posedge reset)
  begin
    ⋮
  end

always @( a or b or c )
  begin
    ⋮
  end
```

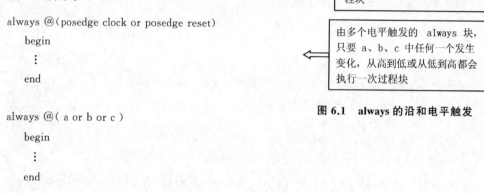

图 6.1 always 的沿和电平触发

沿触发的 always 块常常描述时序行为,如有限状态机。如果符合可综合风格要求,则可通过综合工具自动地将其转换为表示寄存器组和门级组合逻辑的结构,而该结构应具有时序所要求的行为;而电平触发的 always 块常常用来描述组合逻辑的行为。如果符合可综合风格要求,可通过综合工具自动将其转换为表示组合逻辑的门级逻辑结构或带锁存器的组合逻辑结构,而该结构应具有所要求的行为。一个模块中可以有多个 always 块,它们都是并行运行的。如果这些 always 块是可以综合的,则表示的是某种结构;如果不可综合,则表示的电路结构的行为,因此,多个 always 块并没有前后之分。

1. always 块的 OR 事件控制

有时,多个信号或者事件中任意一个发生的变化都能够触发语句或语句块的执行。在 Verilog 语言中,可以使用"或"表达式来表示这种情况。由关键词"or"连接的多个事件名或者信号名组成的列表称为敏感列表。关键词"or"被用来表示这种关系,或者使用","来代替。如[例 6.6]所示。

[例 6.6] OR 事件控制(敏感列表)。

```
//有异步复位的电平敏感锁存器
always @( reset or clock or d )
  //等待复位信号 reset 或时钟信号 clock,或输入信号 d 的改变
  begin
    if ( reset )            //若 reset 信号为高,把 q 置零
      q = 1'b0 ;
```

```
        else   if ( clock )         //若 clock 信号为高,锁存输入信号 d
            q = d ;
    end
```

在 Verilog1364 - 2001 版本的语法中,对于原来的规定作了补充:关键词"or"也可以使用","来代替。[例 6.7]给出了使用逗号的例子。使用","来代替关键词"or"也适用于跳变沿敏感的触发器。

[例 6.7]   使用逗号的敏感列表。

```
//有异步复位的电平敏感锁存器
always @ ( reset , clock , d )
//等待复位信号 reset 或时钟信号 clock,或输入信号 d 的改变

begin
    if ( reset )              //若 reset 信号为高,把 q 置零
        q = 1'b0 ;
    else   if ( clock )       //若 clock 信号为高,锁存输入信号 d
        q = d ;
end

//用 reset 异步下降沿复位,clock 正跳变沿触发的 D 寄存器
always @ ( posedge clk , negedge reset )    //注意:使用逗号来代替关键字 or
if (! reset )
    q <= 0 ;
else
    q <= d ;
```

如果组合逻辑块语句的输入变量很多,那么编写敏感列表会很烦琐并且容易出错。针对这种情况,Verilog 提供另外两个特殊的符号:@ * 和@(*),它们都表示对其后面语句块中所有输入变量的变化是敏感的[2]。[例 6.8]说明了如何用这两个符号表示组合逻辑的敏感列表。

[例 6.8]   @ * 操作符的使用。

```
//用 or 操作符的组合逻辑块
//编写敏感列表很烦琐并且容易漏掉一个输入
always @ ( a or b or c or d or e or f or g or h or p or m )
    begin
        out1 = a? (b+c):(d+e);
        out2 = f? (g+h):(p+m);
    end
//不用上述方法,用符号 @( * ) 来代替,可以把所有输入变量都自动包括进敏感列表
always @ ( * )
```

---

[2] 读者可以阅读 Verilog1364 - 2001 版标准中关于这两个符号的使用细节及其限制。

```
begin
    out1 = a? (b+c) : (d+e);
    out2 = f? (g+h) : (p+m);
end
```

2. 电平敏感时序控制

前面所讨论的事件控制都需要等待信号值的变化或者事件的触发,使用符号@和后面的敏感列表来表示。Verilog 同时也允许使用另外一种形式表示的电平敏感时序控制(即后面的语句和语句块需要等待某个条件为真才能执行)。Verilog 语言用关键字 wait 来表示等待电平敏感的条件为真。

```
always
    wait (count_enable)              #20 count = count + 1;
```

在上面的例子中,仿真器连续监视 count_enable 的值,若其值为 0,则不执行后面的语句,仿真会停顿下来;若其值为 1,则在 20 个时间单位之后执行这条语句。如果 count_enable 始终为 1,那么 count 将每过 20 个时间单位加 1。

6.2 task 和 function 说明语句

task 和 function 说明语句分别用来定义任务和函数,利用任务和函数可以把一个很大的程序模块分解成许多较小的任务和函数便于理解和调试。输入、输出和总线信号的值可以传入、传出任务和函数。任务和函数往往在大的程序模块中和在不同地点多次用到的相同的程序段。学会使用 task 和 function 语句可以简化程序的结构,使程序明白易懂,是编写较大型模块的基本功。

6.2.1 task 和 function 说明语句的不同点

任务和函数是不同的,主要的不同有以下 4 点:
(1) 函数只能与主模块共用同一个仿真时间单位,而任务可以定义自己的仿真时间单位。
(2) 函数不能启动任务,而任务能启动其他任务和函数。
(3) 函数至少要有一个输入变量,而任务可以没有或有多个任何类型的变量。
(4) 函数返回一个值,而任务则不返回值。

函数的目的是通过返回一个值来响应输入信号的值。任务却能支持多种目的,能计算多个结果值,这些结果值只能通过被调用的任务的输出或总线端口送出。Verilog HDL 模块使用函数时是把它当作表达式中的操作符,这个操作的结果值就是这个函数的返回值。下面可用例子来说明:

例如,定义一个任务或函数对一个 16 位的字进行操作让高字节与低字节互换,把它变为另一个字(假定这个任务或函数名为: switch_bytes)。

任务返回的新字是通过输出端口的变量,因此 16 位字的字节互换任务的调用源码是:

```
switch_bytes(old_word,new_word);
```

任务 switch_bytes 把输入 old_word 字的高、低字节互换放入 new_word 端口输出。而函数返回的新字是通过函数本身的返回值。因此 16 位字的字节互换函数的调用源码是：

$$new\_word = switch\_bytes(old\_word);$$

下面分两节分别介绍任务和函数语句的要点。

6.2.2　task 说明语句

如果传给任务的变量值和任务完成后接收结果的变量已定义，就可以用一条语句启动任务，任务完成以后控制就返回启动过程。如任务内部有定时控制，则启动的时间可以与控制返回的时间不同。任务可以启动其他的任务，其他任务又可以启动别的任务，可以启动的任务数是没有限制的。不管有多少任务启动，只有当所有的启动任务完成以后，控制才能返回。

(1) 任务的定义　定义任务的语法如下：

```
task <任务名>;
    <端口及数据类型声明语句>
    <语句 1>
    <语句 2>
       ⋮
    <语句 n>
endtask
```

这些声明语句的语法与模块定义中的对应声明语句的语法是一致的。

(2) 任务的调用及变量的传递　启动任务并传递输入、输出变量的声明语句的语法如下：
任务的调用：

$$<任务名>(端口 1,端口 2,\cdots,端口 n);$$

下面的例子说明怎样定义任务和调用任务：
任务定义：

```
task   my_task;
    input a, b;
    inout   c;
    output d, e;
       ⋮
    <语句>              //执行任务工作的相应语句
       ⋮
    c = foo1;           //赋初始值
    d = foo2;           //对任务的输出变量赋值
    e = foo3;
endtask
```

任务调用：my_task(v,w,x,y,z);

任务调用变量(v,w,x,y,z)和任务定义的 I/O 变量(a,b,c,d,e)之间是一一对应的。当任务启动时，由 v,w 和 x 传入的变量赋给了 a,b 和 c，而当任务完成后的输出又通过 c,d 和 e 赋给了 x,y 和 z。下面通过一个具体的例子来说明怎样在模块的设计中使用任务，使程序容易读懂。

[例6.9] 描述红绿黄交通灯行为的 Verilog 模块,其中使用了任务。

```verilog
module traffic_lights;
    reg   clock, red, amber, green;
    parameter  on =1, off=0, red_tics=350,
               amber_tics=30, green_tics=200;
    //交通灯初始化
    initial    red=off;
    initial    amber=off;
    initial    green=off;
    //交通灯控制时序
    always
       begin
              red=on;                        //开红灯
              light(red,red_tics);           //调用等待任务
              green=on;                      //开绿灯
              light(green,green_tics);       //等待
              amber=on;                      //开黄灯
              light(amber,amber_tics);       //等待
           end
   //定义交通灯开启时间的任务
    task  light;
       output   color;
       input[31:0] tics;
    begin
         repeat(tics)
             @(posedge clock);               //等待 tics 个时钟的上升沿
         color=off;                          //关灯
       end
    endtask
    //产生时钟脉冲的 always 块
    always
       begin
         #100 clock=0;
         #100 clock=1;
       end
endmodule
```

这个例子描述了一个简单的交通灯的时序控制,并且该交通灯有它自己的时钟产生器。在这里,该模块只是一个行为模块,不能综合成电路网表。

6.2.3 function 说明语句

函数的目的是返回一个用于表达式的值。

(1) 定义函数的语法:
```
function <返回值的类型或范围>(函数名);
    <端口说明语句>
    <变量类型说明语句>
    begin
        <语句>
        ……
    end
endfunction
```

在这里,<返回值的类型或范围>这一项是可选项,如默认则返回值为一位寄存器类型数据。下面用例子说明:

```
function [7:0] getbyte;
input [15:0] address;
begin
    <说明语句>              //从地址字中提取低字节的程序
    getbyte = result_expression;   //把结果赋予函数的返回字节
end
endfunction
```

(2) 从函数返回的值:函数的定义蕴含声明了与函数同名的、函数内部的寄存器。如在函数的声明语句中<返回值的类型或范围>为默认,则这个寄存器是一位的;否则是与函数定义中<返回值的类型或范围>一致的寄存器。函数的定义把函数返回值所赋值寄存器的名称初始化为与函数同名的内部变量。下面的例子说明了这个概念:getbyte 被赋予的值就是函数的返回值。

(3) 函数的调用:函数的调用是通过将函数作为表达式中的操作数来实现的。其调用格式如下:

<函数名>(<表达式>,…<表达式>)

其中函数名作为确认符。下面的例子中,两次调用函数 getbyte,把两次调用产生的值进行位拼接运算,以生成一个字。

word = control?{getbyte(msbyte),getbyte(lsbyte)} : 0;

(4) 函数的使用规则:与任务相比较函数的使用有较多的约束,下面给出的是函数的使用规则:

① 函数的定义不能包含有任何的时间控制语句,即任何用 #、@或 wait 来标识的语句。
② 函数不能启动任务。
③ 定义函数时至少要有一个输入参量。
④ 在函数的定义中必须有一条赋值语句给函数中的一个内部变量赋以函数的结果值,该内部变量具有和函数名相同的名字。

(5) 举例说明:[例 6.10]子中定义了一个可进行阶乘运算的名为 factorial 的函数。该函数返回一个 32 位的寄存器类型的值,还可向后调用自身,并且打印出部分结果值。

[例 6.10] 阶乘函数的定义和调用。

```verilog
module  tryfact;
    //函数的定义--------------------------------
        function[31:0]factorial;
            input[3:0]operand;
            reg[3:0]index;
            begin
                factorial = 1;    //0 的阶乘为 1,1 的阶乘也为 1
                for(index=2; index<=operand; index=index+1)
                    factorial = index * factorial;
            end
        endfunction
    //函数的测试--------------------------------
reg[31:0]result;
reg[3:0]n;
initial
begin
    result=1;
    for(n=2;n<=9;n=n+1)
    begin
        $ display("Partial result n= %d result= %d", n, result);
        result = n * factorial(n)/((n*2)+1);
    end
    $ display("Finalresult=%d",result);
end
    endmodule  //模块结束
```

前面已经介绍了足够的语句类型可以编写一些完整的模块。接着将举出许多实际例子介绍函数的使用。这些例子都给出了完整的模块描述,因此可以对它们进行仿真测试和结果检验。通过学习和练习能逐步掌握利用 Verilog HDL 设计数字系统的方法和技术。

6.2.4 函数的使用举例

在本节中将讨论两个例子。[例 6.11]是奇偶校验位计算器,它的返回值是一个一位的值;[例 6.12]对能左/右移位的 32 位寄存器建模,它的返回值是移位后的 32 位值。

1. 奇偶校验位的计算

这个函数的功能是计算 32 位地址值的偶校验位,并且返回校验位的值。在这个例子中假设采用了偶校验。[例 6.11]给出了函数 calc_parity 的定义和调用。

[例 6.11] 偶校验位的计算。

```verilog
//定义一个模块,其中包含能计算偶校验位的函数(calc_parity)
module parity;
reg [31:0] addr;
reg parity;
```

```
initial
begin
    addr = 32'h3456_789a;
    #10 addr = 32'hc4c6_78ff;
    #10 addr = 32'hff56_ff9a;
    #10 addr = 32'h3faa_aaaa;
end

//每当地址值发生变化,计算新的偶校验位
always @(addr)
begin
            parity = calc_parity(addr);        //第一次启动校验位计算函数 calc_parity
            $display("Parity calculated = %b", calc_parity(addr));
                                               //第二次启动校验位计算函数 calc_parity

end

//定义偶校验计算函数
function calc_parity;
input [31:0] address;
begin
            //适当地设置输出值,使用隐含的内部寄存器 calc_parity
            calc_parity = ^address;    //返回所有地址位的异或值
end
endfunction


endmodule
```

在函数第一次被调用时,它的返回值被用来设置寄存器变量 patity;在函数第二次被调用时,它的返回值直接使用系统任务 $display 进行显示。从这点可以看出,函数的返回值被用在函数调用的地方。声明函数变量的另一种方法是使用 C 风格的描述。[例 6.12]给出了使用 C 风格进行变量声明的 calc_parity 定义。

[例 6.12]   使用 C 风格进行变量声明的函数定义。

```
//定义偶校验位计算函数,该函数采用 ANSI  C 风格的变量声明
function   calc_parity(input [31:0] address);
begin
            //适当地设置输出值,使用隐含的内部寄存器 calc_parity
            calc_parity = ^address;    //返回所有地址位的异或值
end
endfunction
```

2. 左/右移位寄存器

为了说明如何声明函数的输出范围可考虑一个具有移位功能的函数。该函数根据控制信号的不同将一个 32 位数每次左移或者右移一位。[例 6.13]定义了这个函数。

[例 6.13] 左/右移位寄存器。

```verilog
//定义一个包含移位函数的模块
module shifter;

//左/右移位寄存器
`define LEFT_SHIFT      1'b0
`define RIGHT_SHIFT     1'b1
reg [31:0] addr, left_addr, right_addr;
reg control;

//每当新地址出现时就计算右移位和左移位的值
always @(addr)
  begin
    //调用下面定义的具有左右移位功能的函数
        left_addr = shift(addr, `LEFT_SHIFT);
        right_addr = shift(addr, `RIGHT_SHIFT);
  end

//定义移位函数,其输出是一个32位的值
function [31:0] shift;
input [31:0] address;
input control;
begin
        //根据控制信号适当地设置输出值
        shift = (control == `LEFT_SHIFT) ? (address << 1) : (address >> 1);
end
endfunction

endmodule
```

6.2.5 自动(递归)函数

Verilog 中的函数是不能够进行递归调用的。设计模块中若某函数在两个不同的地方被同时并发调用,由于这两个调用同时对同一块地址空间进行操作,那么计算结果将是不确定的。

若在函数声明时使用了关键字 automatic,那么该函数将成为自动的或可递归的,即仿真器为每一次函数调用动态地分配新的地址空间,每一个函数调用对各自的地址空间进行操作。因此,自动函数中声明的局部变量不能通过层次名进行访问。而自动函数本身可以通过层次名进行调用。

[例 6.14]说明如何定义自动函数,来完成阶乘运算。

[例 6.14] 递归(自动)函数。

```verilog
//用函数的递归调用定义阶乘计算
module top ;
      ⋮
```

```
//定义自动(递归)函数
function automatic integer factorial;
input [31:0] oper;
integer i;
begin
    if (operand >= 2)
        factorial = factorial(oper - 1) * oper;  //递归调用
    else
        factorial = 1;
end
endfunction


//调用该函数
integer result;
initial
begin
    result = factorial(4);  //调用 4 的阶乘
    $display("Factorial of 4 is %0d", result);   //显示 24
end
……
……
endmodule
```

6.2.6 常量函数

常量函数实际上是一个带有某些限制的常规 Verilog 函数。这种函数能够用来引用复杂的值,因而可用来代替常量。

在[例 6.15]中声明了一个常量函数,它可以用来计算模块中地址总线的宽度。

[**例 6.15**] 常量函数。

```
module ram(... ... ...);
parameter RAM_DEPTH = 256;
input [clog2(RAM_DEPTH) - 1:0] addr_bus;  //
⋮
⋮
//
function integer clogb2(input integer depth);
    begin
        for (clogb2 = 0; depth > 0; clogb2 = clogb2 + 1)
            depth = depth >> 1;
    end
endfunction
```

```
    ⋮
    ⋮
endmodule
```

6.2.7 带符号函数

带符号函数的返回值可以作为带符号数进行运算，[例 6.16]给出了带符号函数的例子。

[例 6.16] 带符号函数。

```
module top;
    ⋮
    //
    //
    function signed [63:0] compute_signed ( input [63:0] vector );
        ⋮
        ⋮
    endfunction

    //
    if ( compute_signed (vector) < -3 )
    begin
        ⋮
    end
        ⋮
endmodule
```

6.3　关于使用任务和函数的小结

在前述中已对 Verilog 行为建模中使用的任务和函数进行了讨论，可概括为以下特点：

（1）任务和函数都是用来对设计中多处使用的公共代码进行定义；使用任务和函数可以将模块分割成许多个可独立管理的子单元，增强了模块的可读性和可维护性；它们和 C 语言中的子程序起相同的作用。

（2）任务可以具有任意多个输入、输入/输出（inout）和输出变量；在任务中可以使用延迟、事件和时序控制结构，在任务中可以调用其他的任务和函数。

（3）可重入任务使用关键字 automatic 进行定义，它的每一次调用都对不同的地址空间进行操作。因此在被多次并发调用时，它仍然可以获得正确的结果。

（4）函数只能有一个返回值，并且至少要有一个输入变量；在函数中不能使用延迟、事件和时序控制结构，但可以调用其他函数，不能调用任务。

（5）当声明函数时，Verilog 仿真器都会隐含地声明一个同名的寄存器变量，函数的返回值通过这个寄存器传递回调用处。

（6）递归函数使用关键字 automatic 进行定义，递归函数的每一次调用都拥有不同的地址空间。因此对这种函数的递归调用和并发调用可以得到正确的结果。

(7) 任务和函数都包含在设计层次之中,可以通过层次名对它们进行调用。

6.4 常用的系统任务

本节中将讨论 Verilog 语言中一些常用的系统任务及各自适用不同的场合。还将讨论用于文件输出、显示层次、选通显示(strobing)、存储器初始化和值变转储的系统任务[3]。

6.4.1 $display 和 $write 任务

格式:
　　$display (p1,p2,…,pn);
　　$write (p1,p2,…,pn);

这两个函数和系统任务的作用是用来输出信息,即将参数 p2 到 pn 按参数 p1 给定的格式输出。参数 p1 通常称为"格式控制",参数 p2 至 pn 通常称为"输出表列"。这两个任务的作用基本相同。$display 自动地在输出后进行换行,$write 则不是这样。如果想在一行里输出多个信息,可以使用 $write。在 $display 和 $write 中,其输出格式控制是用双引号括起来的字符串,它包括以下两种信息:

(1) 格式说明,由"%"和格式字符组成。它的作用是将输出的数据转换成指定的格式输出。格式说明总是由"%"字符开始的。对于不同类型的数据用不同的格式输出。表 6.1 中给出了常用的几种输出格式。

表 6.1 输出格式及说明

输出格式	说明
%h 或 %H	以十六进制数的形式输出
%d 或 %D	以十进制数的形式输出
%o 或 %O	以八进制数的形式输出
%b 或 %B	以二进制数的形式输出
%c 或 %C	以 ASCII 码字符的形式输出
%v 或 %V	输出网络型数据信号强度
%m 或 %M	输出等级层次的名字
%s 或 %S	以字符串的形式输出
%t 或 %T	以当前的时间格式输出
%e 或 %E	以指数的形式输出实型数
%f 或 %F	以十进制数的形式输出实型数
%g 或 %G	以指数或十进制数的形式输出实型数 无论何种格式都以较短的结果输出

---

[3] 其他系统任务,例如用作符号转换的 $signed 和 $unsigned 在本书中不讨论。详细的细节请参考"IEEE 标准 Verilog 硬件描述语言"文档。

(2) 普通字符,即需要原样输出的字符。其中一些特殊的字符可以通过表 6.2 中的转换序列来输出。表中的字符形式用于格式字符串参数中,用来显示特殊的字符。

表 6.2 换码序列及功能

换码序列	功 能
\n	换 行
\t	横向跳格(即跳到下一个输出区)
\\	反斜杠字符\
\"	双引号字符"
\o	1~3 位八进制数代表的字符
%%	百分符号%

在 $display 和 $write 的参数列表中,其"输出表列"是需要输出一些数据,可以是表达式。下面举几个例子说明一下。

[例 6.17]

```
module disp;
    initial
      begin
        $display("\\\t%%\n\"\123");
      end
endmodule
```

输出结果为

\%
"S

从这个例子中可以看到一些特殊字符的输出形式(八进制数 123 就是字符 S)。

[例 6.18]

```
module disp;
reg[31:0] rval;
pulldown(pd);
initial
  begin
  rval=101;
    $display("rval=%h hex %d decimal", rval, rval);
    $display("rval=%o otal %b binary", rval, rval);
    $display("rval has %c ascii character value",rval);
    $display("pd strength value is %v",pd);
    $display("current scope is %m");
    $display("%s is ascii value for 101",101);
    $display("simulation time is %t", $time);
  end
```

endmodule

其输出结果为：

    rval＝00000065 hex 101 decimal

    rval＝00000000145 octal 000000000000000000000001100101 binary

    rval has e ascii character value

    pd strength value is StX

    current scope is disp

    e is ascii value for 101

    simulation time is 0

输出数据的显示宽度：在 $ display 中，输出列表中数据的显示宽度是自动按照输出格式进行调整的。这样在显示输出数据时，在经过格式转换以后，总是用表达式的最大可能值所占的位数来显示表达式的当前值。在用十进制数格式输出时，输出结果前面的 0 值用空格来代替。对于其他进制，输出结果前面的 0 仍然显示出来。例如对于一个值的位宽为 12 位的表达式，如按照十六进制数输出，则输出结果占 3 个字符的位置；如按照十进制数输出，则输出结果占 4 个字符的位置。这是因为这个表达式的最大可能值为 FFF（十六进制）、4 095（十进制）。可以通过在％和表示进制的字符中间插入一个 0 自动调整显示输出数据宽度的方式。见下例：

$ display("d＝％0h a＝％0h",data,addr);

这样在显示输出数据时，在经过格式转换以后，总是用最少的位数来显示表达式的当前值。下面举例说明：

[例 6.19]

```
module printval;
    reg[11:0]r1;
    initial
      begin
        r1=10;
        $display("Printing with maximum size=%d=%h",r1,r1);
        $display("Printing with minimum size=%0d=%0h",r1,r1);
      end
enmodule
```

输出结果为：

    Printing with maximum size＝10＝00a；

    printing with minimum size＝10＝a；

如果输出列表中表达式的值包含有不确定的值或高阻值，其结果输出遵循以下规则：

(1) 在输出格式为十进制的情况下：

① 如果表达式值的所有位均为不定值，则输出结果为小写的 x。

② 如果表达式值的所有位均为高阻值，则输出结果为小写的 z。

③ 如果表达式值的部分位为不定值，则输出结果为大写的 X。

④ 如果表达式值的部分位为高阻值,则输出结果为大写的 Z。

(2) 在输出格式为十六进制和八进制的情况下:

① 每 4 位二进制数为一组代表一位十六进制数,每 3 位二进制数为一组代表一位八进制数。

② 如果表达式值相对应的某进制数的所有位均为不定值,则该位进制数的输出的结果为小写的 x。

③ 如果表达式值相对应的某进制数的所有位均为高阻值,则该位进制数的输出的结果为小写的 z。

④ 如果表达式值相对应的某进制数的部分位为不定值,则该位进制数输出的结果为大写的 X。

⑤ 如果表达式值相对应的某进制数的部分位为高阻值,则该位进制数输出结果为大写的 Z。

对于二进制输出格式,表达式值的每一位的输出结果为 0、1、x、z。下面举例说明:
语句输出结果:

$display("%d", 1'bx);   输出结果为:x
$display("%h", 14'bx0_1010);   输出结果为:xxXa
$display("%h %o",12'b001x_xx10_1x01,12'b001_xxx_101_x01);   输出结果为:XXX1x5X

注意:因为 $write 在输出时不换行,要注意它的使用。可以在 $write 中加入换行符\n,以确保明确的输出显示格式。

6.4.2 文件输出

Verilog 的结果通常输出到标准输出和文件 verilog.log 中。可以将 Verilog 的输出重新定向到选择的文件。

1. 打开文件

文件可以用系统任务 $fopen 打开。

用法:$fopen("<文件名>");[4]

用法:<文件句柄> = $fopen("<文件名>");

任务 $fopen 返回一个被称为多通道描述符(multichannel descriptor)[5]的 32 位值。多通道描述符中只有一位被设置成 1。标准输出有一个多通道描述符,其最低位(第 0 位)被设置成 1。标准输出也称为通道 0。标准输出一直是开放的。以后对 $fopen 的每一次调用打开一个新的通道,并且返回一个设置了第 1 位、第 2 位等,直到 32 位描述符的第 30 位。第 31 位是保留位。通道号与多通道描述符中被设置为 1 的位相对应。[例 6.20]说明了文件描述符的使用方法。

[例 6.20] 文件描述符。

---

[4] "IEEE 标准 Verilog 硬件描述语言"文档提供了 $fopen 的其他功能。本书提到的 $fopen 语法对大多数应用是足够的。若需要其他的功能,可参考"IEEE 标准 Verilog 硬件描述语言"文档。

[5] "IEEE 标准 Verilog 硬件描述语言"文档提供了使用单通道(single-channel)文件描述符最多可以打开 2^{30} 个文件的方法,详细的细节可参考该文档。

```
        //多通道描述符
    integer    handle1，handle2，handle3；     //整型数为 32 位
        //标准输出是打开的；descriptor = 32'h0000_0001（第 0 位置 1）
        initial
            begin
                handle1 = $fopen("file1.out");    //handle1 = 32'h0000_0002 (bit 1 set 1)
                handle2 = $fopen("file2.out");    //handle2 = 32'h0000_0004 (bit 2 set 1)
                handle3 = $fopen("file3.out");    //handle3 = 32'h0000_0008 (bit 3 set 1)
            end
```

多通道描述符的优点在于可以有选择地同时写多个文件。下面将详细解释这一点。

2. 写文件

系统任务 $fdisplay、$fmonitor、$fwrite 和 $fstrobe 都用于写文件[6]。

注意：这些任务在语法上与常规系统任务 $display、$monitor 等类似，但是它们提供了额外的写文件功能。

下面将只考虑 $fdisplay 和 $fmonitor 任务。

用法： $fdisplay(<文件描述符>，p1, p2,…,pn);
               $fmonitor(<文件描述符>，p1, p2,…, pn);

p1, p2,…, pn 可以是变量、信号名或者带引号的字符串。文件描述符是一个多通道描述符，它可以是一个文件句柄或者多个文件句柄按位的组合。Verilog 会把输出写到与文件描述符中值为 1 的位相关联的所有文件中。下面将使用[例 6.20]中定义的文件描述符来解释 $fdisplay 和 $fmonitor 任务的使用。

```
//所有的句柄已经在[例 6.20]中定义
//写到文件中去
integer desc1，desc2，desc3；                //3 个文件的描述符
initial
begin
    desc1 = handle1 | 1；   //按位或；    desc1 = 32'h0000_0003
    $fdisplay(desc1, "Display 1");          //写到文件 file1.out 和标准输出 stdout

    desc2 = handle2 | handle1;              //desc2 = 32'h0000_0006
    $fdisplay(desc2, "Display 2");          //写到文件 file1.out 和 file2.out

    desc3 = handle3 ;                       //desc3 = 32'h0000_0008
    $fdisplay(desc3, "Display 3");          //只写到文件 file3.out
end
```

---

[6] "IEEE 标准 Verilog 硬件描述语言"文档提供了许多用于文件输出的其他功能。本书提到的文件输出系统任务对于大多数数字电路设计者是足够用的。若需要使用文件输出的其他功能,可参考"IEEE 标准 Verilog 硬件描述语言"文档。IEEE 标准 Verilog 硬件描述语言也提供了读文件的系统任务。这些系统任务包括 $fgetc、$ungetc、$fscanf、$sscanf、$fread、$ftell、$fseek、$rewind 和 $fflush。然而,大多数数字电路设计者不经常需要这些功能。因此,本书没有涉及。如果需要使用这些读文件的功能,可参考"IEEE 标准 Verilog 硬件描述语言"文档。

3. 关闭文件

文件可以用系统任务 $fclose 来关闭。

　　用法：$fclose(＜文件描述符＞);

```
//关闭文件
$fclose(handle1);
```

文件一旦被关闭就不能再写入。多通道描述符中的相应位被设置为 0，下一次 $fopen 的调用可以重用这一位。

6.4.3 显示层次

通过任何显示任务，比如 $display、$write、$monitor 或者 $strobe 任务中的 %m 选项的方式可以显示任何级别的层次，这是非常有用的选项。例如，当一个模块的多个实例执行同一段 Verilog 代码时，%m 选项会区分哪个模块实例在输出。显示任务中的 %m 选项无需参数，参见［例 6.21］。

［例 6.21］ 显示层次。

```
//显示层次信息
module  M;
  initial
    $display("Displaying in %m");
endmodule

//调用模块 M
module top;

  M   m1( );
  M   m2( );
  M   m3( );

endmodule
```

仿真输出如下所示：

Displaying in top.m1
Displaying in top.m2
Displaying in top.m3

这一特征可以显示全层次路径名，包括模块实例、任务、函数和命名块。

6.4.4 选通显示

选通显示(Strobing)由关键字为 $strobe 的系统任务完成。这个任务与 $display 任务除了一点小差异外，其他非常相似。如果许多其他语句与 $display 任务在同一个时间单位执行，那么这些语句与 $display 任务的执行顺序是不确定的。如果使用 $strobe,该语句总是在同时刻的其他赋值语句执行完成之后才执行。因此，$strobe 提供了一种同步机制，它可以确保所有在同一时钟沿赋值的其他语句在执行完毕之后才显示数据，参见[例 6.22]。

[例 6.22] 选通显示。

```
//选通显示
always @ (posedge clock)
  begin
    a = b;
    c = d;
  end

always @ (posedge clock)
    $strobe ("Displaying a = %b, c = % b", a, c);    //显示正跳变沿时刻的值
```

在[例 6.22]中，时钟上升沿的值在语句 a = b 和 c = d 执行完之后才显示。如果使用 $display，$display 可能在语句 a = b 和 c = d 之前执行，结果显示不同的值。

6.4.5 值变转储文件

值变转储文件（VCD）是一个 ASCII 文件，它包含仿真时间、范围与信号的定义以及仿真运行过程中信号值的变化等信息。设计中的所有信号或者选定的信号集合在仿真过程中都可以被写入 VCD 文件。后处理工具可以把 VCD 文件作为输入并把层次信息、信号值和信号波形显示出来。现在有许多商业后处理工具以及集成到仿真器中的工具可供使用。对于大规模设计的仿真，设计者可以把选定的信号转储到 VCD 文件中，并使用后处理工具去调试、分析和验证仿真输出结果。在调试过程中 VCD 文件的使用流程如图 6.2 所示。

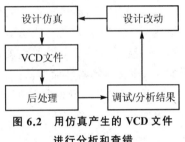

图 6.2 用仿真产生的 VCD 文件进行分析和查错

Verilog 提供了系统任务来选择要转储的模块实例或者模块实例信号（$dumpvars），选择 VCD 文件的名称（$dumpfile），选择转储过程的起点和终点（$dumpon，$dumpoff），选择生成检测点（$dumpall），每个任务的使用方法如[例 6.23]所示。

[例 6.23] VCD 文件系统任务。

```
        //指定 VCD 文件名。若不指定 VCD 文件,则由仿真器指定一默认文件名
    initial
      $dumpfile (" myfile.dmp");    //仿真信息转储到 myfile.dmp 文件

//转储模块中的信号
initial
    $dumpvars;                      //没有指定变量范围,把设计中全部信号都转储
initial
    $dumpvars (1, top);             //转储模块实例 top 中的信号
                                    //数 1 表示层次的等级,只转储 top 下第一层信号
                                    //即转储 top 模块中的变量,而不转储在 top 中调用
```

```
                            //模块中的变量
    initial
        $dumpvars(2, top.m1);    //转储 top.m1 模块下两层的信号

    initial
        $dumpvars(0, top.m1);    //数 0 表示转储 top.m1 模块下面各个层的所有信号

    //启动和停止转储过程
    initial
    begin
        $dumpon;                 //启动转储过程
        #100000 $dumpoff;        //过了 100 000 个仿真时间单位后,停止转储过程
    end

    //生成一个检查点,转储所有 VCD 变量的现行值
    initial
        $dumpall;
```

$dumpfile 和 $dumpvars 任务通常在仿真开始时指定,$dumpon、$dumpoff 和 $dumpall 任务在仿真过程中控制转储过程[7]。

有一些具有图形显示功能的后处理工具可供商业上的应用,是目前仿真和调试过程的重要组成部分。对于大规模的仿真,设计者难以分析 $display 和 $monitor 语句的输出。从图形形式的波形分析结果更加直观。VCD 之外的其他格式也已经出现,但是 VCD 仍然是最流行的 Verilog 仿真器转储格式。

VCD 文件可能变得非常庞大(对大规模设计而言,VCD 文件的大小可能达到数百兆字节),因而只能选择那些需要检查的信号进行转储,注意到这一点是很重要的。

6.5 其他系统函数和任务

Verilog HDL 语言中还有以下一些常用的系统函数和任务:

$bitstoreal, $rtoi, $setup, $finish, $skew, $hold,
$setuphold, $itor, $period, $time, $printtimescale,
$timefoemat, $realtime, $width, $realtobits, $recovery,

在 Verilog HDL 语言中每个系统函数和任务前面都用一个标识符 $ 来加以确认,这些系统函数和任务提供了非常强大的功能。有兴趣的同学可以参阅附录:Verilog 语言参考手册。

小　结

在本章中我们学习了 Verilog 语法中两种最重要的结构语句 initial 和 always;还学习了

---

[7] 其他任务,例如 $dumpports、$dumpportsoff、$dumpportson、$dumpportsall、$dumpportslimit 和 $dumpportsflush 等细节可参考"IEEE 标准 Verilog 硬件描述语言"文档。

如何定义和使用任务与函数,及几个常用系统任务:$display、$write、$strobe、$fopen、$fclose、$fdisplay、$fmonitor 等的用法。

需要牢记的是:

(1) 一个程序模块可以有多个 initial 和 always 过程块。

(2) 每个 initial 和 always 说明语句在仿真的一开始便同时立即开始运行。

(3) initial 语句在模块中只执行一次。

(4) always 语句则是不断地活动着,直到仿真过程结束。

(5) always 语句后跟着的过程块是否运行,则要看它的触发条件是否满足,如满足则运行过程块一次,再次满足则再运行一次,循环往复直至仿真过程结束。

(6) always 的时间控制可以是沿触发也可以是电平触发的,可以单个信号也可以多个信号,中间需要用关键字 or 连接。

(7) 沿触发的 always 块常常描述时序行为,如有限状态机。

(8) 而电平触发的 always 块常常用来描述组合逻辑的行为。

(9) $display 和 $write 与 C 语言的对应语句的格式控制很类似;但有些不同需要注意,$strobe 显示变量的时刻比 $display 确定。

(10) 任务和函数在以后还要详细讲解,目前不必花费太多的时间。

(11) 文件的读写与 C 语言很类似,可以参考本章的例子学习使用。编写复杂系统的测试模块,掌握文件的读写是非常有必要的。

思 考 题

1. 怎样理解 initial 语句只执行一次的概念?
2. 在 initial 语句引导的过程块中是否可以有循环语句?如果可以,是否与思考题 1.互相矛盾?
3. 怎样理解由 always 语句引导的过程块是不断活动的?
4. 不断活动与不断执行有什么不同?
5. 怎样理解沿触发和电平触发的不同?
6. 是不是可以说沿触发是有间隔的,在一定的时间区间里只需要注意有限的点,而电平触发却需要注意无穷多个点?
7. 沿触发的 always 块和电平触发的 always 块各表示什么类型的逻辑电路的行为?为什么?
8. 简单叙述任务与函数的不同点。
9. 简单叙述 $display、$write 和 $strobe 的不同点。
10. 简单叙述 Verilog1364-2001 版语法规定的电平敏感列表的简化写法。
11. 如何在 Verilog 测试模块中,利用文件的读写产生预定格式的信号,并记录有测试价值的信号?

第7章 调试用系统任务和常用编译预处理语句

概 述

在本章中将学习 Verilog 语法中几种常用于调试和查错的系统任务以及编写实用模块时常用的编译预处理语句。其中有许多系统任务 C 语言中是没有的,有些虽然类似,但存在很大的不同;编译预处理语句与 C 语言中的类似,但也有所不同,需要注意。在学习中我们要注意这些语句含义、使用的场合和在程序模块中的位置,有意识地把这些系统任务与测试模块的编写联系来。只有深入理解了有关语法的实质,才能在设计中准确地应用。

7.1 系统任务 $monitor

格式:
$monitor(p1, p2, …, pn);
$monitor;
$monitoron;
$monitoroff;

任务 $monitor 提供了监控和输出参数列表中的表达式或变量值的功能。其参数列表中输出控制格式字符串和输出表列的规则和 $display 中的一样。当启动一个带有一个或多个参数的 $monitor 任务时,仿真器则建立一个处理机制,使得每当参数列表中变量或表达式的值发生变化时,整个参数列表中变量或表达式的值都将输出显示。如果同一时刻,两个或多个参数的值发生变化,则在该时刻只输出显示一次。但在 $monitor 中,参数可以是 $time 系统函数。这样参数列表中变量或表达式的值同时发生变化的时刻可以通过标明同一时刻的多行输出来显示。如:

$monitor($time, , "rxd=%b txd=%b", rxd, txd);

在 $display 中也可以这样使用。注意在上面的语句中,", ,"代表一个空参数。空参数在输出时显示为空格。

$monitoron 和 $monitoroff 任务的作用是通过打开和关闭监控标志来控制监控任务 $monitor 的启动和停止,这样使得程序员可以很容易地控制 $monitor 何时发生。其中 $monitoroff 任务用于关闭监控标志,停止监控任务 $monitor,$monitoron 则用于打开监控标志,启动监控任务 $monitor。通常在通过调用 $monitoron 来启动 $monitor 时,不管 $monitor 参数列表中的值是否发生变化,总是立刻输出显示当前时刻参数列表中的值,这用于在监控的初始时刻设定初始比较值。在默认情况下,控制标志在仿真的起始时刻就已经打开了。在多模块调试的情况下,许多模块中都调用了 $monitor,因为任何时刻只能有一个

$monitor起作用,因此需配合$monitoron与$monitoroff使用,把需要监视的模块用$monitoron打开,在监视完毕后及时用$monitoroff关闭,以便把$monitor让给其他模块使用。$monitor与$display的不同处还在于$monitor往往在initial块中调用,只要不调用$monitoroff,$monitor便不间断地对所设定的信号进行监视。

7.2 时间度量系统函数 $time

在Verilog HDL中有两种类型的时间系统函数:$time和$realtime。用这两个时间系统函数可以得到当前的仿真时刻。

1. 系统函数 $time

$time可以返回一个64位的整数来表示的当前仿真时刻值。该时刻是以模块的仿真时间尺度为基准的。下面举例说明:

[例7.1]

```
`timescale 10 ns/1 ns
module   test;
    reg   set;
    parameter   p=1.6;
    initial
      begin
        $monitor($time,,"set=",set);
        #p set=0;
        #p set=1;
      end
endmodule
```

输出结果为

```
0 set=x
2 set=0
3 set=1
```

在这个例子中,模块test想在时间为16 ns时设置寄存器set为0,在时间为32 ns时设置寄存器set为1。但是由$time记录的set变化时刻却和预想的不一样。这是由下面两个原因引起的:

(1) $time显示时刻受时间尺度比例的影响。在[例7.1]中,时间尺度是10 ns,因为$time输出的时刻总是时间尺度的倍数,这样将16 ns和32 ns输出为1.6和3.2。

(2) 因为$time总是输出整数,所以,在将经过尺度比例变换的数字输出时,要先进行取整。在[例7.1]中,1.6和3.2经取整后为2和3输出。

注意:时间的精确度并不影响数字的取整。

2. $realtime 系统函数

$realtime和$time的作用是一样的,只是$realtime返回的时间数字是一个实型数,该数字也是以时间尺度为基准的。下面举例说明:

[例 7.2]
```
`timescale 10 ns/1 ns
module test;
    reg set;
    parameter  p=1.55;
    initial
      begin
        $monitor($realtime,,"set=",set);
        #p set=0;
        #p set=1;
      end
endmodule
```

输出结果为:

0 set=x
1.6 set=0
3.2 set=1

从[例 7.2]可以看出,$realtime 将仿真时刻经过尺度变换以后即输出,无须进行取整操作。所以 $realtime 返回的时刻是实型数。

7.3　系统任务 $finish

格式:

$finish;

$finish(n);

系统任务 $finish 的作用是退出仿真器,返回主操作系统,也就是结束仿真过程。任务 $finish 可以带参数,根据参数的值输出不同的特征信息。如果不带参数,默认 $finish 的参数值为 1。下面给出了对于不同的参数值,系统输出的特征信息:

0　不输出任何信息;

1　输出当前仿真时刻和位置;

2　输出当前仿真时刻、位置和在仿真过程中所用 memory 及 CPU 时间的统计。

7.4　系统任务 $stop

格式:

$stop;

$stop(n);

$stop 任务的作用是把 EDA 工具(例如仿真器)置成暂停模式,在仿真环境下给出一个交互式的命令提示符,将控制权交给用户。这个任务可以带有参数表达式。根据参数值(0,1 或 2)的不同,输出不同的信息。参数值越大,输出的信息越多。

7.5　系统任务 $readmemb 和 $readmemh

在 Verilog HDL 程序中有两个系统任务 $readmemb 和 $readmemh,并用来从文件中读取数据到存储器中。这两个系统任务可以在仿真的任何时刻被执行使用,其使用格式共有以下 6 种:
(1) $readmemb("<数据文件名>",<存储器名>);
(2) $readmemb("<数据文件名>",<存储器名>,<起始地址>);
(3) $readmemb("<数据文件名>",<存储器名>,<起始地址>,<结束地址>);
(4) $readmemh("<数据文件名>",<存储器名>);
(5) $readmemh("<数据文件名>",<存储器名>,<起始地址>);
(6) $readmemh("<数据文件名>",<存储器名>,<起始地址>,<结束地址>)。

在这两个系统任务中,被读取的数据文件的内容只能包含:空白位置(空格、换行、制表格(tab)和 form – feeds),注释行(//形式的和/ * ... */形式的都允许)、二进制或十六进制的数字。数字中不能包含位宽说明和格式说明,对于 $readmemb 系统任务,每个数字必须是二进制数字,对于 $readmemh 系统任务,每个数字必须是十六进制数字。数字中不定值 x 或 X,高阻值 z 或 Z,和下画线(_)的使用方法及代表的意义与一般 Verilog HDL 程序中的用法及意义是一样的。另外,数字必须用空白位置或注释行来分隔开。

在下面的讨论中,地址一词指对存储器(memory)建模的数组的寻址指针。当数据文件被读取时,每一个被读取的数字都被存放到地址连续的存储器单元中去。存储器单元的存放地址范围由系统任务声明语句中的起始地址和结束地址来说明,每个数据的存放地址在数据文件中进行说明。当地址出现在数据文件中,其格式为字符"@"后跟上十六进制数。如:

@hh…h

对于这个十六进制的地址数中,允许大写和小写的数字。在字符"@"和数字之间不允许存在空白位置。可以在数据文件里出现多个地址。当系统任务遇到一个地址说明时,系统任务将该地址后的数据存放到存储器中相应的地址单元中去。[例 7.3]说明了怎样初始化存储器。

[例 7.3]　初始化存储器。

```
module test;

reg[7:0]   memory[0:7];    //声明有 8 个 8 位的存储单元
integer i;

initial
begin
    //读取存储器文件 init.dat 到存储器中的给定地址
    $readmemb("init.dat", memory);
    //显示初始化后的存储器内容
    for(i=0; i<8; i=i+1)
        $display("Memory [%d] = %b", i, memory[i]);
```

            end

        endmodule

文件 init.dat 包含初始化数据。用@＜地址＞在数据文件中指定地址,地址以十六进制数说明。数据用空格符分隔。数据可以包含 x 或者 z。未初始化的位置默认值为 x。名为 init.dat 的样本文件内容如下所示。

    @002
    11111111 01010101
    00000000 10101010

    @006
    1111zzzz 00001111

当仿真测试模块时,将得到下面的输出:

    Memory [0] = xxxxxxxx
    Memory [1] = xxxxxxxx
    Memory [2] = 11111111
    Memory [3] = 01010101
    Memory [4] = 00000000
    Memory [5] = 10101010
    Memory [6] = 1111zzzz
    Memory [7] = 00001111

对于上面 6 种系统任务格式,需补充说明以下 5 点:

(1) 如果系统任务声明语句中和数据文件里都没有进行地址说明,则默认的存放起始地址为该存储器定义语句中的起始地址。数据文件里的数据被连续存放到该存储器中,直到该存储器单元存满为止或数据文件里的数据存完。

(2) 如果系统任务中说明了存放的起始地址,没有说明存放的结束地址,则数据从起始地址开始存放,存放到该存储器定义语句中的结束地址为止。

(3) 如果在系统任务声明语句中,起始地址和结束地址都进行了说明,则数据文件里的数据按该起始地址开始存放到存储器单元中,直到该结束地址,而不考虑该存储器的定义语句中的起始地址和结束地址。

(4) 如果地址信息在系统任务和数据文件里都进行了说明,那么数据文件里的地址必须在系统任务中地址参数声明的范围之内。否则将提示错误信息,并且装载数据到存储器中的操作被中断。

(5) 如果数据文件里的数据个数和系统任务中起始地址及结束地址暗示的数据个数不同的话,也要提示错误信息。

下面举例说明:先定义一个有 256 个地址的字节存储器 mem:

$$\text{reg}[7:0]\ \text{mem}[1:256];$$

以下给出的系统任务以各自不同的方式装载数据到存储器 mem 中:

```
initial    $readmemh("mem.data",mem);
initial    $readmemh("mem.data",mem,16);
initial    $readmemh("mem.data",mem,128,1);
```

第一条语句在仿真时刻为 0 时,将装载数据到以地址是 1 的存储器单元为起始存放单元的存储器中去。第二条语句将装载数据到以单元地址是 16 的存储器单元为起始存放单元的存储器中去,一直到地址是 256 的单元为止。第三条语句将从地址是 128 的单元开始装载数据,一直到地址为 1 的单元。在第三种情况中,当装载完毕,系统要检查在数据文件里是否有 128 个数据,如果没有,系统将提示错误信息。

7.6 系统任务 $random

这个系统函数提供了一个产生随机数的手段。当函数被调用时返回一个 32 位的随机数。它是一个带符号的整形数。

$random 一般的用法是:$ramdom % b ,其中 b>0。它给出了一个范围在 $(-b+1):(b-1)$ 中的随机数。下面给出一个产生随机数的例子:

```
reg[23:0] rand;
rand = $random % 60;
```

上面的例子给出了一个范围在 $-59 \sim 59$ 之间的随机数,下面的例子通过位并接操作产生一个值在 $0 \sim 59$ 之间的数。

```
reg[23:0] rand;
rand = {$random} % 60;
```

利用这个系统函数可以产生随机脉冲序列或宽度随机的脉冲序列,以用于电路的测试。[例 7.4]中的 Verilog HDL 模块可以产生宽度随机的随机脉冲序列的测试信号源,在电路模块的设计仿真时非常有用。同学们可以根据测试的需要,模仿[例 7.4],灵活使用 $random 系统函数编制出与实际情况类似的随机脉冲序列。

[例 7.4]

```
`timescale 1ns/1ns
module random_pulse( dout );
output [9:0] dout;
reg [9:0] dout;

integer delay1,delay2,k;
  initial
    begin
      #10 dout=0;
      for (k=0; k< 100; k=k+1)
        begin
          delay1 = 20 * ( {$random} % 6);
          // delay1 在 0~100 ns 间变化
          delay2 = 20 * ( 1 + {$random} % 3);
```

```
            // delay2 在 20~60 ns 间变化
            #delay1    dout = 1 << (({$random} %10);
            //dout 的 0~9 位中随机出现 1,并出现的时间在 0~100 ns 间变化
            #delay2    dout = 0;
            //脉冲的宽度在在 20~60 ns 间变化
        end
    end
endmodule
```

7.7 编译预处理

Verilog HDL 语言和 C 语言一样也提供了编译预处理的功能。"编译预处理"是 Verilog HDL 编译系统的一个组成部分。Verilog HDL 语言允许在程序中使用几种特殊的命令(它们不是一般的语句)。Verilog HDL 编译系统通常先对这些特殊的命令进行"预处理",然后将预处理的结果和源程序一起在进行通常的编译处理。

在 Verilog HDL 语言中,为了和一般的语句相区别,这些预处理命令以符号" ` "开头(位于主键盘左上角,其对应的上键盘字符为"~"。注意这个符号是不同于单引号"'"的)。这些预处理命令的有效作用范围为定义命令之后到本文件结束或到其他命令定义替代该命令之处。Verilog HDL 提供了以下预编译命令:

`accelerate、`autoexpand_vectornets、`celldefine、`default_nettype、`define、`else、`endcelldefine、`endif、`endprotect、`endprotected、`expand_vectornets、`ifdef、`include、`noaccelerate、`noexpand_vectornets、`noremove_gatenames、`noremove_netnames、`nounconnected_drive、`protect、`protecte、`remove_gatenames、`remove_netnames、`reset、`timescale、`unconnected_drive

在这一小节里只对最常用的 `define、`include、`timescale 进行介绍,其余的可查阅参考 Verilog 硬件描述手册。

7.7.1 宏定义 `define

用一个指定的标识符(即名字)来代表一个字符串,它的一般形式为:
          `define 标识符(宏名)字符串(宏内容)
如: `define signal string

它的作用是指定用标识符 signal 来代替 string 这个字符串,在编译预处理时,把程序中在该命令以后所有的 signal 都替换成 string。这种方法使用户能以一个简单的名字代替一个长的字符串,也可以用一个有含义的名字来代替没有含义的数字和符号。因此,把这个标识符(名字)称为"宏名",在编译预处理时将宏名替换成字符串的过程称为"宏展开"。`define 是宏定义命令。

[例 7.5]

```
`define WORDSIZE 8
module
```

```
        reg[1:`WORDSIZE]  data;        //相当于定义 reg[1:8] data;
```

关于宏定义的 8 点说明：

（1）宏名可以用大写字母表示，也可以用小写字母表示。建议使用大写字母，以与变量名相区别。

（2）`define 命令可以出现在模块定义里面，也可以出现在模块定义外面。宏名的有效范围为定义命令之后到原文件结束。通常，`define 命令写在模块定义的外面，作为程序的一部分，在此程序内有效。

（3）在引用已定义的宏名时，必须在宏名的前面加上符号"`"，表示该名字是一个经过宏定义的名字。

（4）使用宏名代替一个字符串，可以减少程序中重复书写某些字符串的工作量。而且记住一个宏名要比记住一个无规律的字符串容易，这样在读程序时能立即知道它的含义，当需要改变某一个变量时，可以只改变 `define 命令行，一改全改。如[例 7.5]中，先定义 WORDSIZE 代表常量 8，这时寄存器 data 是一个 8 位寄存器。如果需要改变寄存器的大小，只需把该命令行改为：`define WORDSIZE 16。这样寄存器 data 则变为一个 16 位的寄存器。由此可见使用宏定义，可以提高程序的可移植性和可读性。

（5）宏定义是用宏名代替一个字符串，也就是做简单的置换，不做语法检查。预处理时照样代入，不管含义是否正确，只有在编译已被宏展开后的源程序时才报错。

（6）宏定义不是 Verilog HDL 语句，不必在行末加分号。如果加了分号会连分号一起进行置换，见[例 7.6]。

[例 7.6]

```
        module  test;
        reg  a, b, c, d, e, out;
        `define  expression  a+b+c+d;
          assign out = `expression + e;
             ⋮
        endmodule
```

经过宏展开以后，该语句为

```
               assign   out = a+b+c+d;+e;
```

显然出现语法错误。

（7）在进行宏定义时，可以引用已定义的宏名，可以层层置换，见[例 7.7]。

[例 7.7]

```
        module test;
           reg  a, b, c;
           wire out;
           `define aa a + b
           `define cc c + `aa
             assign out = `cc;
        endmodule
```

这样经过宏展开以后,assign 语句为

$$\text{assign} \quad \text{out} = c + a + b;$$

(8) 宏名和宏内容必须在同一行中进行声明。如果在宏内容中包含有注释行,注释行不会作为被置换的内容,见[例 7.8]。

[例 7.8]

```
    module
        `define typ_nand   nand #5    //define a nand with typical delay
            `typ_nand   g121(q21,n10,n11);
            ………
    endmodule
```

经过宏展开以后,该语句为

$$\text{nand} \ \#5 \ \text{g121}(q21,n10,n11);$$

宏内容可以是空格,在这种情况下,宏内容被定义为空的。当引用这个宏名时,不会有内容被置换。

注意:组成宏内容的字符串不能够被以下的语句记号分隔开的:

- 注释行;
- 数字;
- 字符串;
- 确认符;
- 关键词;
- 双目和三目字符运算符。

如下面的宏定义声明和引用是非法的:

```
    `define   first_half    "start of string
    $display (`first_half end of string");
```

在使用宏定义时要注意以下情况:

(1) 对于某些 EDA 软件,在编写源程序时,如使用和预处理命令名相同的宏名会发生冲突,因此建议不要使用和预处理命令名相同的宏名。

(2) 宏名可以是普通的标识符(变量名)。例如 signal_name 和 `signal_name 的意义是不同的。但是这样容易引起混淆,建议不要这样使用。

7.7.2 "文件包含"处理 `include

所谓"文件包含"处理是一个源文件可以将另外一个源文件的全部内容包含进来,即将另外的文件包含到本文件之中。Verilog HDL 语言提供了 `include 命令用来实现"文件包含"的操作。其一般形式为:

`include "文件名"

图 7.1 表示"文件包含"的含意。图 7.1(a)为文件 File1.v,它有一个 `include "File2.v"命令,然后还有其他的内容(以 A 表示)。图 7.1(b)为另一个文件 File2.v,文件的内容以 B 表示。在编译预处理时,要对 `include 命令进行"文件包含"预处理:将 File2.v 的全部内容复制插入

到 `include "File2.v"命令出现的地方,即 File2.v 被包含到 File1.v 中,得到图 7.1(c)所示的结果。在接着往下进行的编译中,将"包含"以后的 File1.v 作为一个源文件单位进行编译。

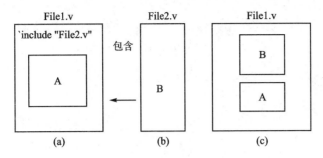

图 7.1 "文件包含"示意图

"文件包含"命令是很有用的,可以节省程序设计人员的重复劳动;可以将一些常用的宏定义命令或任务(task)组成一个文件,然后用`include 命令将这些宏定义包含到自己所写的源文件中,相当于工业上的标准元件拿来使用。另外,在编写 Verilog HDL 源文件时,一个源文件可能经常要用到另外几个源文件中的模块,遇到这种情况即可用`include 命令将所需模块的源文件包含进来,见[例 7.9]。

[例 7.9] 文件的包含。

(1) 文件 aaa.v
```
module aaa(a,b,out);
    input a, b;
    output out;
    wire out;
        assign  out = a ^ b;
endmodule
```

(2) 文件 bbb.v
```
`include    "aaa.v"
module  bbb(c,d,e,out);
    input   c,d,e;
    output  out;
    wire    out_a;
    wire    out;
     aaa    aaa(.a(c),.b(d),.out(out_a));
        assign  out = e & out_a;
endmodule
```

在[例 7.9]中,文件 bbb.v 用到了文件 aaa.v 中的模块 aaa 的实例器件,通过"文件包含"处理来调用。模块 aaa 实际上是作为模块 bbb 的子模块来被调用的。在经过编译预处理后,文件 bbb.v 实际相当于下面的程序文件 bbb.v:

```
module aaa(a,b,out);
    input a, b;
```

```
    output  out;
    wire out;
      assign  out = a ^ b;
endmodule

module bbb( c, d, e, out);
    input c, d, e;
    output out;
    wire out_a;
    wire out;
      aaa   aaa (.a(c),.b(d),.out (out_a));
        assign out= e & out_a;
endmodule
```

关于"文件包含"处理的 5 点说明：

(1) 一个 `include 命令只能指定一个被包含的文件，如果要包含 n 个文件，要用 n 个 `include 命令。注意下面的写法是非法的，如 `include"aaa.v" "bbb.v"。

(2) `include 命令可以出现在 Verilog HDL 源程序的任何地方，被包含文件名可以是相对路径名，也可以是绝对路径名。例如：`include "parts/count.v"。

(3) 可以将多个 `include 命令写在一行，在 `include 命令行，可以出现空格和注释行。例如下面的写法是合法的：

`include "fileB"    `include "fileC"   //including fileB and fileC

(4) 如果文件 1 包含文件 2，而文件 2 要用到文件 3 的内容，则可以在文件 1 用两个 `include 命令分别包含文件 2 和文件 3，而且文件 3 应出现在文件 2 之前。例如在下面的例子中，即在 file1.v 中定义：

```
`include"file3.v"
`include"file2.v"

module test(a,b,out);
input[1:`size2] a, b;
output[1:`size2] out;
wire[1:`size2] out;
assign  out= a + b;
endmodule
```

file2.v 的内容为：
`define size2   `size1+1
⋮

file3.v 的内容为：
`define size1   4
⋮

这样，file1.v 和 file2.v 都可以用到 file3.v 的内容。在 file2.v 中不必再用 `include、"file3.

v"了。

（5）在一个被包含文件中又可以包含另一个被包含文件，即文件包含是可以嵌套的。例如上面的问题也可以这样处理，如图 7.2 所示。

图 7.2　文件的嵌套包含（一）

它的作用和图 7.3 的作用是相同的。

图 7.3　文件的嵌套包含（二）

许多 Verilog 编译器支持多模块编译，也就是说只要把需要用`include 包含的所有文件都放置在一个项目中，建立存放编译结果的库，用模块名就可以把所有有关的模块联系在一起，此时在程序模块中就不必使用 `include 编译预处理指令。

7.7.3　时间尺度 `timescale

`timescale 命令用来说明跟在该命令后的模块的时间单位和时间精度。使用`timescale 命令可以在同一个设计里包含采用了不同的时间单位的模块。例如，一个设计中包含了两个模块，其中一个模块的时间延迟单位为纳秒（ns），另一个模块的时间延迟单位为皮秒（ps）。EDA 工具仍然可以对这个设计进行仿真测试。

`timescale 命令的格式如下：

$$`timescale<时间单位>/<时间精度>$$

在这条命令中，时间单位参量是用来定义模块中仿真时间和延迟时间的基准单位的。时间精度参量是用来声明该模块的仿真时间的精确程度的，该参量被用来对延迟时间值进行取整操作（仿真前），因此该参量又可以被称为取整精度。如果在同一个程序设计里，存在多个`timescale 命令，则用最小的时间精度值来决定仿真的时间单位。另外时间精度至少要和时间单位一样精确，时间精度值不能大于时间单位值。

在`timescale 命令中，用于说明时间单位和时间精度参量值的数字必须是整数，其有效数字为 1,10,100，单位为秒（s）、毫秒（ms）、微秒（μs）、纳秒（ns）、皮秒（ps）、飞秒（fs）。这几种单位的意义说明如表 7.1 所列。

下面举例说明 \`timescale 命令的用法。

[例 7.10] \`timescale 1ns/1ps：在这个命令之后，模块中所有的时间值都表示是 1 ns 的整数倍。这是因为在 \`timescale 命令中，定义了时间单位是 1 ns。模块中的延迟时间可表达为带 3 位小数的实型数，因为 \`timescale 命令定义时间精度为 1 ps。

表 7.1 常用时间单位与定义之对应

时间单位	定 义
s	秒(1 s)
ms	千分之一秒(10^{-3} s)
μs	百万分之一秒(10^{-6} s)
ns	十亿分之一秒(10^{-9} s)
ps	万亿分之一秒(10^{-12} s)
fs	千万亿分之一秒(10^{-15} s)

[例 7.11] \`timescale 10 μs/100 ns：在 \`timescale 命令定义后，模块中时间值均为 10 μs 的整数倍。因为 \`timesacle 命令定义的时间单位是 10 μs。延迟时间的最小分辨度为十分之一微秒(100 ns)，即延迟时间可表达为带一位小数的实型数。

[例 7.12]

```
`timescale 10 ns/1 ns
module  test;
reg  set;
parameter  d=1.55;
  initial
    begin
      #d set=0;
      #d set=1;
    end
endmodule
```

在这个例子中，\`timescale 命令定义了模块 test 的时间单位为 10 ns、时间精度为 1 ns。因此，在模块 test 中，所有的时间值应为 10 ns 的整数倍，且以 1 ns 为时间精度。这样经过取整操作，存在参数 d 中的延迟时间实际是 16 ns(即 1.6×10 ns)。这意味着在仿真时刻为 16 ns 时寄存器 set 被赋值 0；在仿真时刻为 32 ns 时寄存器 set 被赋值 1。仿真时刻值是按照以下的步骤来计算的。

(1) 根据时间精度，参数 d 值被从 1.55 取整为 1.6。

(2) 因为时间单位是 10 ns,时间精度是 1 ns,所以延迟时间 #d 作为时间单位的整数倍为 16 ns。

(3) EDA 工具预定在仿真时刻为 16 ns 的时候给寄存器 set 赋值 0(即语句 #d set=0;执行时刻)，在仿真时刻为 32 ns 的时候给寄存器 set 赋值 1(即语句 #d set=1;执行时刻)。

注意：如果在同一个设计里，多个模块中用到的时间单位不同，需要用到以下的时间结构：

(1) 用 \`timescale 命令来声明本模块中所用到的时间单位和时间精度。

(2) 用系统任务 $printtimescale 来输出显示一个模块的时间单位和时间精度。

(3) 用系统函数 $time 和 $realtime 及 %t 格式声明来输出显示 EDA 工具记录的时间信息。

7.7.4 条件编译命令 `ifdef、`else、`endif

一般情况下，Verilog HDL 源程序中所有的行都将参加编译。但是有时希望对其中的一部分内容只有在满足条件时才进行编译，也就是对一部分内容指定编译的条件，这就是"条件编译"。有时，希望当满足条件时对一组语句进行编译，而当条件不满足时则编译另一部分。

条件编译命令有以下几种形式：

(1) `ifdef 宏名（标识符）
　　　程序段 1
　　`else
　　　程序段 2
　　`endif

它的作用是当宏名已经被定义过（用 `define 命令定义），则对程序段 1 进行编译，程序段 2 将被忽略；否则编译程序段 2，程序段 1 被忽略。其中 `else 部分可以没有，即：

(2) `ifdef 宏名（标识符）
　　　程序段 1
　　`endif

这里的"宏名"是一个 Verilog HDL 的标识符，"程序段"可以是 Verilog HDL 语句组，也可以是命令行。这些命令可以出现在源程序的任何地方。

注意：被忽略掉不进行编译的程序段部分也要符合 Verilog HDL 程序的语法规则。

通常在 Verilog HDL 程序中用到 `ifdef、`else、`endif 编译命令的情况有以下几种：

(1) 选择一个模块的不同代表部分。
(2) 选择不同的时序或结构信息。
(3) 对不同的 EDA 工具，选择不同的激励。

最常用的情况是：Verilog 代码中的一部分可能适用于某个编译环境，但不适用于另一个环境。如设计者不想为两个环境创建两个不同版本的 Verilog 设计，还有一种方法就是所谓的条件编译，即设计者在代码中指定其中某一部分只有在设置了特定的标志后，这一段代码才能被编译。

设计者也可能希望在程序的运行中，只有当设置了某个标志后，才能执行 Verilog 设计的某些部分，这就是所谓的条件执行。

条件编译可以用编译指令 `ifdef，`ifndef，`else，`elsif 和 `endif 实现。[例 7.13] 中包含一段能进行条件编译的 Verilog 源代码。

[例 7.13]　条件编译。

```
//条件编译
//[例 7.13.1]
`ifdef   TEST              //若设置 TEST 标志，则编译 test 模块
module test;
    initial
        $ display("Module %m compiled");
endmodule
`else                      //在默认情况下，则编译 stimulus 模块
```

```
module stimulus;
    initial
        $display("Module %m compiled");
endmodule
`endif            // `ifdef 语句的结束

//[例 7.13.2]
module top;

bus_master b1();       //无条件地调用模块
`ifdef ADD_B2
    bus_master b2();   //若定义了 ADD_B2 文本宏标志,则有条件地调用 b2
`ifdef ADD_B3
    bus_master b3();   //若定义 ADD_B3 文本宏标志,则有条件地调用 b3
`else
    bus_master b4();   //在默认情况下,则有条件地调用 b4

`endif

`ifndef IGNORE_B5
    bus_master b5();   //若没有定义 IGNORE_B5 文本宏标志,则有条件地调用 b5
endmodule
```

`ifdef 和 `ifndef 指令可以出现在设计的任何地方。设计者可以有条件地编译语句、模块、语句块、声明和其他编译指令。`else 指令是可选的。一个 `else 指令最多可以匹配一个 `ifdef 或者 `ifndef。一个 `ifdef 或者 `ifndef 可以匹配任意数量的 `elsif 命令。`ifdef 或 `ifndef 总是用相应的 `endif 来结束。

Verilog 文件中,条件编译标志可以用 `define 语句设置。在上例中,可以通过在编译时用 `define 语句定义文本宏 TEST 和 ADD_B2 的方式定义标志。如果没有设置条件编译标志,那么 Verilog 编译器会简单地跳过该部分。`ifdef 语句中不允许使用布尔表达式,例如使用 TEST && ADD_B2 来表示编译条件是不允许的。

7.7.5 条件执行

条件执行标志允许设计者在运行时控制语句执行的流程。所有语句都被编译,但是有条件地执行它们。条件执行标志仅能用于行为语句,系统任务关键字 $test$plusargs 用于条件执行。

参阅[例 7.14]例子,用 $test$plusargs 描述条件执行。

[**例 7.14**] 带 $test$plusargs 的条件执行。

```
//条件执行
module test;
reg a, b, c;
initial
begin
```

```
        a = 1'b1; b = 1'b0; c = 1'b1;
        if ($test$plusargs ("DISPLAY_VAR"))
            $display("Display = %b ",{a,b,c});    //只有当标志设置时才能显示
        else
            $display ("No Display");              //其他情况下不显示
    end
endmodule
```

仅当在运行时设置了标志 DISPLAY_VAR 时才显示变量。可以指定 +DISPLAY_VAR 选项在程序运行时设置标志。

可以使用系统任务关键字 $value$plusargs 来进一步控制条件执行。该系统任务用于测试调用选项的参数值。如果没有找到匹配的调用选项，那么 $value$plusargs 返回 0；如果找到匹配的选项，那么 $value$plusargs 返回非 0 值。[例 7.15] 给出了 $value$plusargs 的示例。

[例 7.15] 带 $value$plusargs 的条件执行。

```
//用系统任务 $value$pluargs 的条件执行
module test ;
reg [8 * 128 - 1 : 0 ] test_string ;
integer clk_period ;
...
...
initial
begin
    if ($value$pluargs(" test name = %s", test_string))
        $readmemh (test_string, vectors) ;    //读取测试向量
    else
    //否则显示错误信息
    $display (" Test name option not specified") ;

    if ($value$pluargs(" clk_t = %d", clk_period))
        forever #(clk_period/2)  clk = ~clk ; //设置时钟
    else
    //否则显示错误信息
    $display (" Clock period option name not specified") ;
end

//例如要启动上述选项，需要使用带 +testname=test1.vec  +clk_t = 10
// Test name ="test1.vec"和 clk_period = 10 的命令行来启动仿真器
endmodule
```

小　结

在本章中学习了 Verilog 语法中几种最常用的调试和查错系统任务以及编写实用模块时

常用的编译预处理语句。这些语句是非常有用的,可以说是调试模块所必须的。只有掌握它们才能够设计有用的逻辑电路系统。需要注意的有以下几点:

(1) 在多模块调试的情况下,$monitor 需配合 $monitoron 与 $monitoroff 使用。

(2) $monitor 与 $display 的不同处在于 $monitor 是连续监视数据的变化,因而往往只要在测试模块的 initial 块中调用一次就可以监视被测试模块的所有感兴趣的信号,不需要、也不能在 always 过程块中调用 $monitor。

(3) $time 常用在 $monitor 中,用来做时间标记。

(4) $stop 和 $finish 常用在测试模块的 initial 模块中,配合时间延迟用来控制仿真的持续时间。

(5) $random 在编写测试程序是非常有用的,可以用来产生边沿不稳定的波形,和随机出现的脉冲。正确地使用它能有效地发现实际设计中存在的问题。

(6) $readmem 在编写测试程序也是非常有用的,可以用来生成给定的复杂数据流。复杂数据可以用 C 语言产生,存在文件中。用 $readmem 取出存入存储器,再按节拍输出,这在验证算法逻辑电路时特别有用。

(7) 在用 `timescale 时需要注意的是,当多个带不同 `timescale 定义的模块包含在一起时只有最后一个才起作用。所以属于一个项目,但 `timescale 定义不同的多个模块最好分开编译,不要包含在一起编译,以免把时间单位搞混。

(8) 宏定义字符串引用时,不要忘记要用"`"引导。这与 C 语言不同,C 语言直接引用就行,但 Verilog 必须用"`"引导。

(9) include 等编译预处理也必须用"`"引导,而不是与 C 语言一样用"#"引导或不需要引导符。

(10) 合理地使用条件编译和条件执行预处理可以使测试程序适应不同的编译环境,也可以把不同的测试过程编写到一个统一的测试程序中去,可以简化测试的过程,对于复杂设计的验证模块的编写很有实用价值。

在学习中要注意这些语句含义、使用的场合和在程序模块中的位置,有意识地把这些系统任务与测试模块的编写联系来。只有深入理解了有关语法的实质,才能在设计中准确地应用。

思考题

1. 为什么在多模块调试的情况下 $monitor 需要配合 $monitoron 和 $monitoroff 来工作?
2. 请用 $random 配合求模运算编写:
(1) 用于测试的跳变沿抖动为周期 1/10 的时钟波形。
(2) 随机出现的脉宽随机的窄脉冲。
3. Verilog 的编译预处理与 C 语言的编译预处理有什么不同?
4. 请仔细阐述 `timescale 编译预处理的作用?
5. 不同 `timescale 定义的多模块仿真测试时需要注意什么?
6. 为什么说系统任务 $readmem 可以用来产生用于算法验证的极其复杂的测试用数据流?
7. 为什么说熟练地使用条件编译命令可以使源代码有更大的灵活性,可以适用于不同的实现对象,如不同工艺的 ASIC 或速度规模不同的 FPGA 或 CPLD,从而为软核的商品化创造条件?

第 8 章　语法概念总复习练习

概　述

在本章中希望大家通过独立完成 28 个练习题,把前面 7 章中提到的 Verilog 基本语法复习巩固一下。掌握语法只靠阅读理解是远远不够的,必须通过大量的练习才能掌握。从做题出现的错误中,发现自己理解的不足,从而得到正确的概念。本章中有些题可以帮助理解模块的构造;有些题解释了端口和矢量定义的含义;有些题可知道什么地方应该用什么变量类型;有些题是为了帮助理解两种不同的赋值操作而专门设计的;有些题是帮助理解 case 和 casex 有什么不同;……。总而言之这些题都是经过精心考虑的,希望认真地独立思考,分析为什么标准答案是这样的。如果你的答案都与标准答案一致,说明你已经掌握了基本语法的要点。这对于以后的学习是非常重要的。下面就是自我测试题。

(1) 图 8.1 为一个填空练习,将所给各个选项根据以下电路图,填入程序中的适当位置。

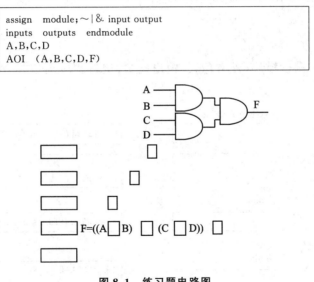

图 8.1　练习题电路图

标准答案:

　　module　AOI(A,B,C,D,F);
　　input　A,B,C,D;
　　output　F;
　　assign　F = ((A&B)&(C&D));
　　endmodule

(2) 在这一题中,将做有关层次电路的练习(见图 8.2)。通过这个练习,将加深对模块间调用时,引脚间连接的理解。假设已有全加器模块 FullAdder,若有一个顶层模块调用此全加器,连接线分别为 W4,W5,W3,W2 和 W1。请在调用时正确地填入 I/O 的对应信号。

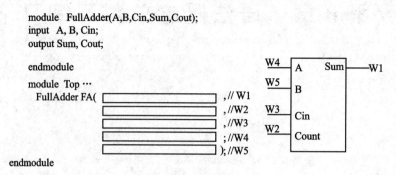

图 8.2 层次电路的练习

标准答案:

```
moduleTop …
FullAdderFA(   .Sum(W1),    //W1
               .Cout(W2),   //W2
               .Cin(W3),    //W3
               .A(W4),      //W4
               .B(W5));     //W5
endmodule
```

(3) 本题是一个测试模块,没有输入、输出端口,请将相应项填入合适的位置,如图 8.3 所示。

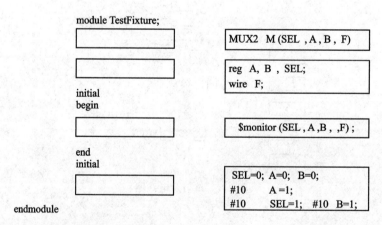

图 8.3 测试模块

标准答案:

```
module TestFixture;
reg A,B,SEL;
wire F;
MUX2M(SEL,A,B,F);
initial
```

```
begin
  SEL=0; A=0; B=0;
  #10  A=1;
  #10  SEL=1; #10 B=1;
end
initial
  $monitor(SEL,A,B,,F);
endmodule
```

(4) 指出下面几个信号的最高位和最低位。

reg [1:0] SEL; input [0:2] IP; wire [16:23] A;

标准答案：

MSB:SEL[1] MSB:IP[0] MSB:A[16]

LSB:SEL[0] LSB:IP[2] LSB:A[23]

(5) P,Q,R 都是 4bit 的输入矢量,下面哪一种表达形式是正确的。

1) input P[3:0],Q,R;

2) input P,Q,R[3:0];

3) input P[3:0],Q[3:0],R[3:0];

4) input [3:0] P,[3:0]Q,[0:3]R;

5) input [3:0] P,Q,R。

标准答案：5)。

(6) 请将下面选项中的正确答案填入空的方括号中：

1)(0:2)   2)(P:0)   3)(Op1:Op2)   4)(7:7)   5)(2:0)   6)(7:0)

reg [7:0] A;

reg [2:0] Sum, Op1, Op2;

reg P, OneBit;

initial
  begin
    Sum=Op1+Op2;
    P=1;
    A[ ]=Sum;
    ⋮
  end

标准答案：5)。

(7) 请根据以下两条语句,从选项中找出正确答案。

1) reg [7:0] A;

   A=2'hFF;

① 8'b0000_0011   ② 8'h03   ③ 8'b1111_1111   ④ 8'b11111111

标准答案：①和②。

2) reg [7:0] B;

B=8'bZ0；

① 8'0000_00Z0　② 8'bZZZZ_0000　③ 8'b0000_ZZZ0　④ 8'bZZZZ_ZZZ0

标准答案：④。

(8) 请指出下面几条语句中变量的类型。

1) assign A=B；

2) always #1

Count=C+1；

标准答案：

A(wire)　　B(wire/reg)　　Count(reg)　　C(wire/reg)

(9) 指出下面模块中 Cin，Cout，C3，C5 的类型。

module　FADD(A,B,Cin,Sum,Cout)；
input　A，B，Cin；
output Sum，Cout；
⋮
endmodule
module Test；
⋮
FADDM(C1,C2,C3,C4,C5)；
⋮
endmodule

标准答案：

Cin(wire)　Cout(wire/reg)　C3(wire/reg)　C5(wire)

(10) 在下一个程序段中，当 ADDRESS 的值等于 5'b0X000 时，问 casex 执行完后 A 和 B 的值是多少。

A=0；
B=0；
casex(ADDRESS)
5'b00???：A=1；
5'b01???：B=1；
5'b10? 00, 5'b11? 00：
　　begin
　　　A=1；
　　　B=1；
　　end
endcase

标准答案：　A=1 and B=0

(11) 事件 A 分别在 10，20，30 发生，而 B 一直保持 X 状态，问在 50 时 Count 的值是多少。

reg [7:0] Count；

```
initial
    Count=0;
always
    begin
        @(A)  Count=Count+1;
        @(B)  Count=Count+1;
    end
```

标准答案：Count=1。这是因为当 A 第一次发生时，Count 的值由 0 变为 1，然后事件控制@(B) 阻挡了进程。

(12) 在下列程序中 initial 块执行完后，I,J,A,B 的值会是多少？

```
reg [2:0] A;
reg [3:0] B;
integer I, J;
  initial
    begin
        I=0;
        A=0;
        I=I-1;
        J=I;
        A=A-1;
        B=A;
        J=J+1;
        B=B+1;
    end
```

标准答案：

  I=-1　　　（整数可为负数）
  J=0
  A=7　　　（A 为 reg 型，为非负数，又因为 A 为 3 位即为 111）
  B=8　　　（在 B=A 时，B=0111，然后 B=B+1，所以 B=4'b1000）

(13) 在下列程序中，当 V 的值发生变化且为-1 时，执行完 always 块后 Count 的值应是多少？

```
reg[7:0]V;
reg[2:0]Count;

always @(V)
begin
Count=0;
while(~V[Count])
Count=Count+1;
end
```

标准答案:Count=0;

(14) 在下列程序中,循环执行完后,V 的值是多少?

```
reg [3:0] A;
reg   V ,W;
integer K;
    ⋮
A=4'b1010;
for(K=2;K>=0;K=K-1)
  begin
    V=V^A[k];
    W=A[K]^A[K+1];
end
```

标准答案:V 的值是它进入循环体前值的取反。因为 V 的值与 0,1,0 进行了异或,与 1 的异或改变了 V 的值。

(15) 在下列程序中,给出了几种硬件实现,问以下的模块被综合后可能是哪一种?

```
always @(posedge Clock)
    if(A)
       C=B;
```

1) 不能综合。

2) 一个上升沿触发器和一个多路器。

3) 一个输入是 A,B,Clock 的三输入与门。

4) 一个透明锁存器。

5) 一个带 clock 有始能引脚的上升沿触发器。

标准答案:2)和 5)。

(16) 在下列程序中,always 状态将描述一个带异步 Nreset 和 Nset 输入端的上升沿触发器,则空括号内应填入什么,可从以下 5 种答案中选择。

```
always @(          )
if(! Nreset)
Q<=0;
else if(! Nset)
Q<=1;
else
Q<=D;
```

1) negedge Nset or posedge Clock

2) posedge Clock

3) negedge Nreset or posedge Clock

4) negedge Nreset or negedge Nset or posedge Clock

5) negedge Nreset or negedge Nset

标准答案:4)。

(17) 下面给出了几种硬件实现,问以下的模块被综合后可能是哪一种?
1) 带异步复位端的触发器;
2) 不能综合或与预先设想的不一致;
3) 组合逻辑;
4) 带逻辑的透明锁存器;
5) 带同步复位端的触发器。

① always @(posedge Clock)
　　begin
　　　A<=B;
　　　if(C)
　　　　A<=1'b0;
　　end

标准答案:5)。

② always @(A or B)
　　case(A)
　　　1'b0: F=B;
　　　1'b1: G=B;
　　endcase

标准答案:2)。

③ always @(posedge A or posedge B)
　　if(A)
　　　C<=1'b0;
　　else
　　　C<=D;

标准答案:1)。

④ always @(posedge Clk or negedge Rst)
　　if(Rst)
　　　A<=1'b0;
　　else
　　　A<=B;

标准答案:2),产生了异步逻辑。

(18) 在下列程序中,模块被综合后将产生几个触发器?
　　always @(posedge Clk)
　　begin: Blk
　　　reg B, C;
　　　C = B;
　　　D <= C;
　　　B = A;

end
1) 2个寄存器B和D
2) 2个寄存器B和C
3) 3个寄存器B,C和D
4) 1个寄存器D
5) 2个寄存器C和D
标准答案:2)。

(19) 在下列程序中,各条语句的顺序是错误的,请根据图8.4所示电路图调整好它们的顺序。

Output=FF3
reg FF1,FF2,FF3;
　　FF2=FF1;
always @ (posedge Clock)
end
　　FF3=FF2;
begin

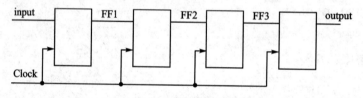

图8.4　4位移位寄存器电路

标准答案:1),2)方框内。

```
1)
reg FF1,FF2,FF3;
alway@(posedgeClock)
  begin
  FF1<=Input;
  FF2<=FF1;
  FF3<=FF2;
  Output<=FF3;
end
```

```
2)
reg  FF1,FF2,FF3;
always @(posedge Clock)
begin
    Output= FF3;
    FF3 = FF2;
    FF2 = FF1;
    FF1 = Input;
end
```

(20) 根据SEL列与OP列的对应关系,在模块的空括号中填入相应的值。

SEL:OP
000:1
001:3　　　casex(SEL)
010:1　　　3'b(　):　OP=3;
011:3　　　3'b(　):　OP=1;
100:0　　　3'b(　):　OP=0;

```
101:3         endcase
110:0
111:3
```

标准答案：

```
casex(SEL)
3'bXX1:     OP=3;
3'b0X0:     OP=1;
3'b1X0:     OP=0;
endcase
```

(21) 在以下表达式中选出正确的。

1) 4'b1010 & 4'b1101 = 1'b1
2) ~4'b1100 = 1'b1
3) ! 4'b1011 || ! 4'b0000 = 1'b1
4) & 4'b1101 = 1'b1
5) 1b'0 || 1b'1 = 1'b1
6) 4'b1011 && 4'b0100 = 4'b1111
7) 4'b0101<<1 = 5'b01011
8) ! 4'b0010 is 1'b0
9) 4'b0001 || 4'b0000 = 1'b1

标准答案：3)，5)，8)和 9)。

(22) 在下列程序的括号中填入 display 的正确值。

```
integer I;
reg[3:0]   A;
reg[7:0]   B;
initial
begin
  I=-1;  A=I;  B=A;
  $display("%b",B);(        )
  A=A/2;
  $display("%b",A);(        )
  B=A+14
  $diaplay("%d",B);(        )
  A=A+14;
  $display("%d",A);(        )
  A=-2;I=A/2;
  $display("%d",I);(        )
end
```

标准答案：

I=-1;A=I;B=A;

```
    $display("%b",B);(00001111)
    A=A/2;
    $display("%b",A);(0111)
    B=A+14
    $diaplay("%d",B);(21)
    A=A+14;
    $display("%d",A);(5)          //A 为 4 位,所以 21 被截为 5
    A=-2;I=A/2;
    $display("%d",I);(7)          //A=-2,则是 1110
```

(23) 请问{1,0}与下面哪一个值相等。

  1) 2'b01 2) 2'b10 3) 2'b00

  4) 64'H000000000002 5) 64'H0000000100000000

  标准答案:5)。位拼接运算符必须指明位数,若不指明则隐含着为 32 位的二进制数[即整数]。

(24) 根据下题给出的程序,确定应将哪一个选项填入尖括号内。如图 8.5 所示为选项填空练习。

  1) defs.Reset 2) "defs.v".Reset

  3) M.Reset 4) Reset

```
        module defs;
          parameter Reset=8'b10100101;
        endmodule        (file defs.v)

        module M;
          ⋮
          if (OP==<  >)
          Bus=0;         (file M.v)
        endmodule
```

图 8.5 选项填空练习

① 标准答案:1)。模块间调用时,若引用其他模块定义的参数,要加上其他模块名,作为这个参数的前缀。

```
    module M
    `include "defs.v"
      ⋮
    if(OP==<defs.Reset>)
    Bus=0;
    endmodule
```

② 标准答案:4)

```
    parameter Reset=8'b10100101;(File defs.v)
    module M
    `include "defs.v"
      ⋮
    if(OP==<Reset>)
    Bus=0;
```

(25) 如果调用 Pipe 时,想把 Depth 的值变为 8,问程序中的空括号内应填入何值?

  Module Pipe(IP,OP)
  parameter Option=1;
  parameter Depth=1;
   ⋮
  endmodule
  Pipe( ) P1(IP1,OP1);

标准答案:♯(1,8)。其中 1 对应参数 Option,8 对应参数 Depth。

(26) 若想使 P1 中的 Depth 的值变为 16,则应向空括号中填入哪个选项?

  module Pipe (IP ,OP);
   parameter Option =1;
   parameter Depth = 1;
   ⋮
  endmodule

  module
   Pipe P1(IP1 ,OP1);
   (   );
  endmodule

1) defparam   P1.Depth=16;
2) parameter   P1.Depth=16;
3) parameter   Pipe.Depth=16;
4) defparam   Pipe.Depth=16;

标准答案:1)。用后缀改变引用模块的参数要用 defparam 及用本模块名作为引用参数的前缀,如 p1.Depth。

(27) 如果想在 Test 的 monitor 语句中观察 Count 的值,则在空括号中应填入什么?

  Module Test
  Top T();
  initial
   $ monitor( )
  endmodule

  module Top;
  Block B1();
  Block B2();
  endmodule

  module Block;
  Counter C();

```
endmodule

module Counter;
reg [3:0] Count;
   ⋮
endmodule
```

标准答案：T.B1.C.Countor，T.B2.C.Count。

(28) 图 8.6 所示方框中用 initial 块给 reg[7:0]V 赋值，请指明每种情况下 V 的 8 位数都是什么值？

该题说明在数的表示时，已标明字宽的数若用 XZ 表示某些位，只有在最左边的 X 或 Z 具有扩展性。

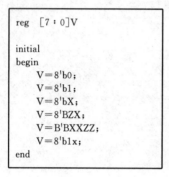

图 8.6 initial 块赋值及答案

小　　结

通过以上 28 个练习，若能不看标准答案做对 90% 以上的题，说明你在阅读前面 7 章时是非常认真的，你的记忆和理解能力也是相当好的。若只能做对 50% 或更少，也没有关系。只要通过阅读前 7 章，能明白为什么标准答案是对的就可以了。以后还要多做几遍练习，尽力做到不用查阅前 7 章就能正确地知道标准答案。能做到这样，就说明你已经掌握了基本语法，就可以阅读《Verilog 数字系统设计教程》第 9 章以后的例题，然后模仿，逐步开始编写自己的 Verilog 模块。按照本书为你所设计的步骤，很快能设计出一些非常实用的数字逻辑电路。

第二部分　Verilog 数字系统设计和验证

在前 8 章里我们学习了 Verilog 硬件描述语言的发展历史、主要用途、基本概念和基本语法。在本部分(第 9 章~第 18 章)里将通过许多简单和容易理解的例子分成 10 章由浅入深地讲解：

(1) 不同抽象级别的 Verilog 模型及其作用；

(2) 如何编写和验证简单的纯组合逻辑模块；

(3) 如何编写和验证简单的时序逻辑模块；

(4) 可综合模块的标准风格和注意事项；

(5) 如何对简单电路模块进行功能的全面测试；

(6) 复杂的数字系统是如何构成的；

(7) 怎样根据系统需求，把组合逻辑和时序逻辑配合起来设计复杂的数字系统模块；

(8) 怎样完整地验证所做的设计，以保证设计的正确性。

在阅读课本的基础上，可以通过在计算机上自己动手做一遍课本上的实验练习示例，再结合思考题进行改进设计，并验证改进后的设计是否达到了要求，来达到学习的目的。只有通过艰苦的练习才能够掌握设计的诀窍。

第 9 章 Verilog HDL 模型的不同抽象级别

概　述

由第一部分中可知，Verilog 模型可以是实际电路中不同级别的抽象。所谓不同的抽象级别，实际上是指同一个物理电路，可以在不同的层次上用 Verilog 语言来描述它。如果只从行为和功能的角度来描述某一电路模块，就称为行为模块；如果从电路结构的角度来描述该电路模块，就称为结构模块。抽象的级别和它们对应的模块类型常可以分为以下 5 种，即 Verilog 语法支持数字电路系统的 5 种不同描述方法：

(1) 系统级(system)；
(2) 算法级(algorithmic)；
(3) RTL 级(Register-Transfer-Level)；
(4) 门级(gate-level)；
(5) 开关级(switch-level)。

系统级、算法级和 RTL 级是属于行为级的，门级是属于结构级的。在本章的各节中，将通过许多实际的 Verilog HDL 模块的设计来了解不同抽象级别模块的可综合性的问题。对于数字系统的逻辑设计工程师而言，熟练地掌握门级、RTL 级、算法级、系统级是非常重要的。而对于电路基本部件(如与或非门、缓冲器、驱动器等)库的设计者而言，则需要掌握用户自定义源语元件(UDP)和开关级的描述。在本设计教程的第二部分由于篇幅有限，只对 UDP 做了简单的介绍。有关 UDP 的编写要点将在高级教程里做较深入的讲解。由于开关级的描述涉及模拟电路的许多知识，在本教材中略去了这方面的内容。

一个复杂电路的完整 Verilog HDL 模型是由若干个 Verilog HDL 模块构成的，每一个模块又可以由若干个子模块构成。这些模块可以分别用不同抽象级别的 Verilog HDL 模块描述，在一个模块中也可以有多种级别的描述。利用 Verilog HDL 语言提供的这种结构，就能以这种清晰层次结构来描述极其复杂的大型设计。

9.1　门级结构描述

一个逻辑电路是由许多逻辑门和开关所组成，因此用基本逻辑门的模型来描述逻辑电路结构是最直观的。Verilog HDL 提供了一些描述门类型的关键字，可以用于门级结构建模。

9.1.1　与非门、或门和反向器及其说明语法

Verilog HDL 中有关门类型的关键字共有 26 之个，在本教材中只介绍最基本的 8 个。有关其他的门类型关键字，读者可以通过翻阅 Verilog 语言参考手册，并在设计的实践中逐步掌握。下面列出了 8 个基本的门类型(GATETYPE)关键字和它们所表示门的类型：

and——与门；
nand——与非门；
nor——或非门；
or——或门；
xor——异或门；
xnor——异或非门；
buf——缓冲器；
not——非门。

门与开关的说明语法可以用标准的声明语句格式和一个简单的实例引用加以说明。门声明语句的格式如下：

〈门的类型〉[〈驱动能力〉〈延时〉]〈门实例 1〉[，〈门实例 2〉，…，〈门实例 n〉]；

门的类型是门声明语句所必须的，它可以是 Verilog HDL 语法规定的 26 种门类型中的任意一种。驱动能力和延时是可选项，可根据不同的情况选不同的值或不选。＜门实例 1＞是在本模块中引用的第一个这种类型的门，而门＜实例 n＞是引用的第 n 个这种类型的门。有关驱动能力的选项在以后的章节里再详细加以介绍。下面用一个具体的例子来说明门类型的引用：

nand #10 nd1(a,data,clock,clear);

该例说明在模块中使用了一个名为 nd1 的与非门(nand)，输入为 data、clock 和 clear，输出为 a，输出与输入的延时为 10 个单位时间。

Verilog 语法支持的基本逻辑部件其行为是由该基本逻辑部件的原语(primitive)提供的，原语部件和本章中 9.3 节介绍的 UDP 没有本质上的差别。Verilog 编译或解释器能正确地处理有关原语部件的语法现象。

9.1.2 用门级结构描述 D 触发器

[例 9.1]是用 Verilog HDL 语言描述的 D 型主从触发器模块，通过这个例子，可以学习门级结构建模的基本方法。

【例 9.1】 用基本逻辑单元组成触发器(文件名为 flop.v)。

```
module      flop(data,clock,clear,q,qb);
  input       data,clock,clear;
  output      q,qb;

  nand  #10   nd1(a,data,clock,clear),      //注意结束时用逗号,最后才用分号
              nd2(b,ndata,clock),           //表示 nd1～nd8 都是 nand(与非门)
              nd4(d,c,b,clear),
              nd5(e,c,nclock),
              nd6(f,d,nclock),
              nd8(qb,q,f,clear);
  nand  #9    nd3(c,a,d),
              nd7(q,e,qb);
  not   #10   iv1(ndata,data),
```

iv2(nclock,clock);

endmodule

在这个 Verilog HDL 结构描述的模块中，flop 定义了模块名，设计上层模块时可以用模块名(flop)调用这个模块；module, input, output, endmodule 等都是关键字；nand 表示与非门。在 Verilog 语法中有这两个基本逻辑单元的行为，它们由原语(primitive)描述，这是一种类似真值表的描述(见 9.3 节 用户定义的原语 UDP)；#10 表示 10 个单位时间的延时；nd1，nd2，…，nd8，iv1，iv2 分别为图 9.1 中的各个基本部件的输出和输入信号。

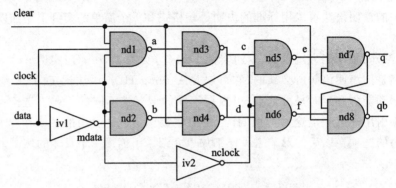

图 9.1　D 型主从触发器的电路结构图

9.1.3　由已经设计成的模块构成更高一层的模块

如果已经编制了一个模块，如 9.1.2 节中的 flop，可以在另外的模块中引用这个模块。引用的方法与门类型的实例引用非常类似，只须在前面写上已编的模块名，紧跟着写上引用的实例名，按顺序写上实例的端口名即可，也可以用已编模块的端口名按对应的原则逐一填入，见下面的两条语句：

(1) flop　flop_d(d1, clk, clrb, q, qn);

(2) flop　flop_d (.clock(clk), .q(q), .clear(clrb), .qb(qn), .data(d1));

这两条语句都表示实例 flop_d 引用已编模块 flop。也可以将 flop 实例化为 flop_d。从上面两条语句可以看出引用实例时，flop_d 的端口信号与 flop 的端口对应有两种不同的表示方法。模块的端口名可以按序排列，也可以不必按序排列。如果模块的端口名按序排列，只须按序列出实例的端口名(见语句 1)。如果模块的端口名不按序排列，则实例的端口信号和被引用模块的端口信号必须一一列出(见语句(2))。

[例 9.2]引用了 9.1.2 节中已设计的模块 flop，用它构成一个 4 位寄存器。

【例 9.2】　用触发器组成带清零端的 4 位寄存器(文件名为 hardreg.v)。

```
`include        " flop.v"
module          hardreg(d,clk,clrb,q);
input           clk,clrb;
input[3:0]      d;
output[3:0]     q;

flop            f1(d[0],clk,clrb,q[0],),    //注意结束时用逗号,最后才用分号
```

```
            f2(d[1],clk,clrb,q[1],),    //表示 f1~f4 都是 flop
            f3(d[2],clk,clrb,q[2],),
            f4(d[3],clk,clrb,q[3],);

    endmodule
```

在上面这个结构描述的模块中,hardreg 定义了模块名;f1,f2,f3,f4 分别为图 9.2 中的各个基本部件,而其后面括号中的参数分别为图 9.2 中各基本部件的输入、输出信号。请注意当 f1~f4 实例引用模块 flop 时,由于不需要 flop 端口中的 qb 口,故在引用时把它省去,但逗号仍需要保留。

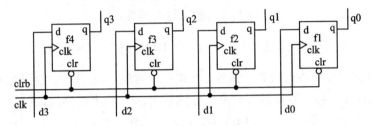

图 9.2 4 位寄存器电路结构图

显而易见,通过 Verilog 语言中的模块实例引用,可以构成任何复杂结构的电路。这种以结构方式所建立的 Verilog 模型不仅是可以仿真的,而且也是可以综合的,其本质是表示电路的具体结构。也就是说,这种 Verilog 文件也是一种结构网表。这就是以电路结构为基础建模的基本思路。

9.2 Verilog HDL 的行为描述建模

对于[例 9.1]和[例 9.2]两个例子,还可以用比较抽象 Verilog 描述方法来建立模型,如[例 9.3]所示。

【例 9.3】 用行为描述的方法来描述带清零端的 4 位寄存器(文件名为 hardreg.v)。

```
    module    hardreg(d,clk,clrb,q);
        input           clk,clrb;
        input[3:0]      d;
        output[3:0]     q;
        reg [3:0] q;

        always @ (posedge clk or posedge clrb)
            begin
                if (clrb)
                    q <= 0;
                else
                    q <= d;
            end
    endmodule
```

[例 9.3]的行为和[例 9.2]的功能是完全一致的,实际上它们是同一物理电路的两种不同的表示方法。如果有一种工具能自动地把[例 9.3]的描述转换为[例 9.2],再细化为由 4 个[例 9.1]组成的结构,这样就把比较抽象的行为描述具体化为门级电路的描述。而门级描述表示的是电路结构,它是电路布线的依据。设计的目的就是产生行为和功能准确的电路结构。电路结构看起来相当复杂,难以理解,而行为的描述比较直观。我们可以用比较直观的行为描述来开始设计过程,通过 Verilog 语言的仿真测试验证其正确后,就完成了第一步设计工作。然后用一种工具把行为模块自动转化为门级结构,再次经过 Verilog 语言的仿真测试验证其正确后,便完成了前端的逻辑设计。接下去可以进行后端制造的准备工作,这样做大大提高了设计的效率和准确性。这就是用 Verilog 语言设计复杂逻辑电路的基本思路。这种能把行为级的 Verilog 模块自动转换为门级结构的工具称做综合器(synthesis tool)。

9.2.1 仅用于产生仿真测试信号的 Verilog HDL 行为描述建模

为了对已设计的模块进行检验往往需要产生一系列信号,输入到已设计的模块,并检查已设计模块的输出,看它们是否符合设计要求。这就要求编写测试模块,也称一致做测试文件(英文名为 test-bench 或 text.-fix ture),常用带 .tf 扩展名的文件来描述测试模块,也可以仍旧用带 .V 扩展名的文件来描述测试模块。

下面的 Verilog HDL 行为描述模型用于产生时钟信号,以验证电路功能。其输出的仿真信号共有 2 个,分别是时钟 clk 和复位信号 reset。初始状态时,clk 置为低电平,reset 为高电平。reset 信号输出一个复位信号之后,维持在高电平。这一功能可利用下面的语句来实现:

```
initial
    begin
        reset=1;            //初始状态
        clk=0;
        #3 reset=0;
        #5 reset=1;
    end
```

以后每隔 5 个时间单位,时钟就翻转一次,这一功能可利用下面的语句来实现:

```
always #5 clk = ~clk;
```

从而该模块所产生的时钟周期为 10 个时间单位。

完整的源程序如下:

```
module gen_clk ( clk, reset);
    output clk;
    output reset;
    reg clk, reset;

    initial
        begin
            reset = 1;        //initial  state
            clk=0;
```

第 9 章　Verilog HDL 模型的不同抽象级别

```
                    #3 reset = 0;
                    #5 reset = 1;
                end
            always #5  clk = ~clk;

    endmodule
```

用这种方法所建立的模型主要用于产生仿真时测试下一级电路所需的信号,如下一级电路有输出反馈到上一级电路,并对上一级电路有影响时,也可以在这个模型中再加入输入信号,用于接收下一级电路的反馈信号。可以利用这个反馈信号再在这个模块中编制相应的输出信号,这样就比用简单的波形描述信号能更好地仿真实际电路。

再举一个简单的例子,即编制 9.1.3 节中完成的设计(即 hardreg 模块)的测试文件。这个测试文件不仅要包括时钟信号(clock)、数据信号(data[3:0])、清零信号(clearb)的变化,还须引用 4 位寄存器(hardreg)模块,以观测各种组合信号输入到该 4 位寄存器(hardreg)模块后,它的输出(q[3:0])的变化。这个测试文件完整的源程序如下:

[**例 9.4**]　对 4 位带清零端的寄存器进行全面的测试(文件名为 hardreg-top.v):

```
    `include "flop.v"
    `include " hardreg.v"              //仿真时需要包含文件"hardreg.v" 和"flop.v"
    /*** 如果仿真环境可以把有关的文件安排在一个项目中,只要底层模块经过编译,并记录在编译
        的库中,可以不用包含文件。**/
    module  hardreg_top;                //顶层模块,没有输入和输出的端口
        reg    clock, clearb;          //为产生测试用的时钟和清零信号需要寄存器
        reg [3:0]  data;               //为产生测试用数据需要用寄存器
        wire [3:0] qout;               //为观察输出信号需要从模块实例端口中引出线

        `define  stim    #100 data=4'b  //宏定义 stim 可使源程序简洁
        event    end_first_pass;       //定义事件 end_first_pass
            hardreg   reg_4bit (.d(data), .clk(clock), .clrb(clearb), .q(qout));
    /*****************************************************************
    把本模块中产生的测试信号 data,clock,clearb 输入实例 reg_4bit 以观察输出信号 qout。实
    例 reg_4bit 实际上是已经设计好的模块 hardreg。实例引用的 hardreg 模块,根据包含文件的
    不同,可以是表示行为的模块,也可以是表示结构的模块。
    *****************************************************************/
            initial
            begin
                clock = 0;
                clearb = 1;
            end

            always  #50  clock = ~clock;
            always @(end_first_pass)
                clearb = ~clearb;
```

```verilog
        always @(posedge clock)
            $display("at time %0d clearb= %b data= %d qout= %d", $time, clearb, data, qout);
/*************************************************************
类似于 C 语言的 printf 语句,可打印不同时刻的信号值
*************************************************************/
        initial
        begin
            repeat(4)              //重复 4 次产生下面的 data 变化
            begin
                data=4'b0000;
                `stim 0001;
/*************************************************************
宏定义 stim 引用,等同于 #100 data=4'b0001;。注意引用时要用`符号。
*************************************************************/
                `stim 0010;
                `stim 0011;
                `stim 0100;
                `stim 0101;
                    ⋮
                `stim 1110;
                `stim 1111;
            #200 -> end_first_pass;
            end
/*************************************************************
延迟 200 个单位时间,触发事件 end_first_pass
*************************************************************/
            $finish;              //结束仿真
        end
    endmodule
```

在上面的例子中,大家看到了一个前面未见过的语法现象:event。它用来定义一个事件,以便在后面的操作中触发这一事件。它的触发方式是:

#time(触发的时刻) ->(事件名)

上面简单地介绍了利用 Verilog HDL 门级结构建模,来设计复杂数字电路的最基本的思路。而实用的电路设计往往并没有那么简单,常需要利用多种方法来建立电路模型,既利用电路图输入的方法又利用 Verilog HDL 各种建模的方法,发挥各自在不同类型电路描述中的长处。而且要在层次管理工具的协调下把各个既独立又互相联系的模块组织成复杂的大型数字电路,只有这样才能有效地设计出高质量的数字电路来。

9.2.2 Verilog HDL 建模在 Top-Down 设计中的作用和行为建模的可综合性问题

Verilog HDL 行为描述建模不仅可用于产生仿真测试信号对已设计的模块进行检测,也

常常用于复杂数字逻辑系统的顶层设计。也就是说,通过行为建模把一个复杂的系统分解成可操作的若干模块,每个模块之间的逻辑关系通过行为模块的仿真加以验证。虽然这些子系统在设计的这一阶段还不都是电路逻辑,也未必能用综合器把它们直接转换成电路逻辑,但还是能把一个大的系统合理地分解为若干个较小的子系统。然后,每个子系统再用可综合风格的 Verilog HDL 模块(门级结构或 RTL 级、算法级、系统级的模块)或电路图输入的模块加以描述。当然这种描述可以分很多个层次来进行,但最终的目的是要设计出具体的电路来。所以,在任何系统的设计过程中接近底层的模块往往都是门级结构或 RTL 级的 Verilog HDL 模块,或电路图输入的模块。

由于 Verilog HDL 行为描述用于综合的历史还只有 10 多年,可综合风格的 VHDL 和 Verilog HDL 的语法只是它们各自语法的一个子集。又由于 HDL 的可综合性研究近年来发展很快,可综合子集的国际标准目前尚未最后形成[1],因此各厂商的综合器所支持的可综合 HDL 子集也略有不同。本教材中有关可综合风格的 Verilog HDL 的内容,只着重介绍门级逻辑结构、RTL 级和部分算法级的描述,而系统级(数据流级)的综合由于还不太成熟,暂不作介绍。

所谓逻辑综合就其实质而言是设计流程中的一个阶段,在这一阶段中将较高级抽象层次的描述自动地转换成较低层次描述。就现在达到的水平而言,所谓逻辑综合就是通过综合器把 HDL 程序转换成标准的门级结构网表,而并非真实具体的门级电路。而真实具体的电路还需要利用 ASIC 和 FPGA 制造厂商的布局布线工具,根据综合后生成的标准的门级结构网表来产生。为了能转换成标准的门级结构网表,HDL 程序的编写必须符合特定综合器所要求的风格[1]。由于门级结构、RTL 级的 HDL 程序的综合是很成熟的技术,所有的综合器都支持这两个级别 HDL 程序的综合,因而是本书综合方面介绍的重点。

9.3 用户定义的原语

用户定义的原语是从英语 User Defined Primitives 直接翻译过来的,简称 UDP。利用 UDP 用户可以定义自己设计的基本逻辑元件的功能。也就是说,可以利用 UDP 来定义自己特色的用于仿真的基本逻辑元件模块并建立相应的原语库。这样,就可以与调用 Verilog HDL 基本逻辑元件同样的方法来调用原语库中相应的元件模块,并进行仿真。由于 UDP 是用查表的方法来确定其输出的,用仿真器进行仿真时,对它的处理速度较对一般用户编写的模块快得多。与一般的用户模块比较,UDP 更为基本,它只能描述简单的能用真值表表示的组合或时序逻辑。UDP 模块的结构与一般模块类似,只是不用 module 而改用 primitive 关键词开始,不用 endmodule 而改用 endprimitive 关键词结束。在 Verilog 的语法中,还规定了 UDP 的形式定义和必须遵守的几个要点,与一般模块有不同之处,将在下面加以介绍。

1. 定义 UDP 的语法

  primitive 元件名(输出端口名,输入端口名1,输入端口名2,……)
   output 输出端口名;
   input 输入端口名1,输入端口名2,……;
   reg 输出端口名;

---

[1] 参阅参考资料[1]。

```
            initial   begin
                输出端口寄存器或时序逻辑内部寄存器赋初值(0,1,或 X);
                end
            table
            //输入 1      输入 2      输入 3    ……    :输出
                逻辑值      逻辑值      逻辑值   ……    :逻辑值 ;
                逻辑值      逻辑值      逻辑值   ……    :逻辑值 ;
                逻辑值      逻辑值      逻辑值   ……    :逻辑值 ;
                ……                            ……    : ……  ;
        endtable
        endprimitive
```

2. 注意点

（1）UDP 只能有一个输出端，而且必定是端口说明列表的第一项。

（2）UDP 可以有多个输入端，最多允许有 10 个输入端。

（3）UDP 所有端口变量必须是标量，也就是必须是 1 位的。

（4）在 UDP 的真值表项中，只允许出现 0,1,X 的 3 种逻辑值，高阻值状态 Z 是不允许出现的。

（5）只有输出端才可以被定义为寄存器类型变量。

（6）initial 语句用于为时序电路内部寄存器赋初值，只允许赋 0,1,X 的 3 种逻辑值，默认值为 X。

对于数字系统的设计人员来说，只要了解 UDP 的作用就可以了；而对微电子行业的基本逻辑元器件设计工程师，必须深入了解 UDP 的描述，才能把所设计的基本逻辑元件，通过 EDA 工具呈现给系统设计工程师。有关 UDP 的详细编写方法和要点，将在高级教程里讲解。有兴趣的读者可以参阅本书的语法篇："Verilog 软件描述语言参考手册"中有关 UDP 的语法和使用说明。

小　　结

在本章中介绍了 Verilog HDL 模块的不同抽象级别。一个复杂数字系统的设计往往是由若干个模块构成的，每一个模块又可以由若干个子模块构成。这些模块可以是由电路图描述的模块，也可以是由 Verilog HDL 描述的模块，各 Verilog HDL 模块可以是不同级别的描述。同一个物理电路也可以用不同级别的 Verilog HDL 模块来描述。利用 Verilog HDL 语言结构所提供的这种功能不仅可以用来描述，也可以用来验证极其复杂的大型数字系统的总体设计，把一个大型设计分解成若干个可以操作的模块，分别用不同的方法加以实现。目前，用门级和 RTL 级抽象描述的 Verilog HDL 模块可以用综合器自动转换成标准的逻辑网表（即 EDIF 文件或电子设计接口文件）；用算法级描述的 Verilog HDL 模块，只有算术运算的离散步骤，如加法和乘法，综合器能把它转换成标准的逻辑网表；而不能综合连续的复杂运算过程，而用系统级描述的模块，目前尚未有综合器能把它转换成标准的逻辑网表，往往只用于系统仿真，即编写测试信号对已经设计的电路部分进行全面的测试和验证。逻辑网表可以用多种方法表示，EDIF 是常用的一种。不同形式的网表文件表示的是同一个物理意义，即电路结构。这种结构也可以用门级 Verilog 语言来表示，我们把它称为 Verilog 网表（Verilog Netlist）。它与本章中[例 9.1]和[例 9.2]的描述在实质上是完全一致的。

思 考 题

1. Verilog HDL 的模型共有哪几种类型(级别)？
2. 每种类型的 Verilog HDL 各有什么特点？主要用于什么场合？
3. 不可综合成为电路的 Verilog 模块有什么用处？
4. 为什么说 Verilog HDL 的语言结构可以支持构成任意复杂的数字逻辑系统？
5. 什么是综合？是否任何符合语法的 Verilog HDL 程序都可以综合？
6. 综合后生成的是不是真实的电路？若不是，还需要哪些步骤才能真正变为具体的电路？
7. 为什么综合以后还可以用 Verilog 进行仿真？
8. 同一物理电路的行为模块仿真验证与结构模块的仿真验证在意义上有什么不同？
9. 为什么说前端逻辑设计必须包括结构仿真验证，只有行为验证是远远不够的？
10. 什么是 Top-Down 设计方法？通过什么手段来验证系统分块的合理性。
11. 编写两路每路为一位信号的二选一多路器的行为模块，再编写它的结构模块。然后编写测试模块分别对这两个模块进行测试，观测仿真运行的结果，编写实验报告。
12. 如果让你编写两路每路为 8 位信号的二选一多路器的结构模块是不是感觉麻烦？编写行为模块是不是很方便？
13. 用什么方法可以把行为模块转换位结构模块？用你掌握的综合器，把第 10 题和第 11 题从行为模块转换为 Verilog 网表，仔细阅读自动生成的网表文件。
14. 编写测试模块分别对行为的和自动生成的 Verilog 网表进行测试，比较仿真结果细微的不同，分析为什么不同。

第10章 如何编写和验证简单的纯组合逻辑模块

概　述

数字逻辑系统的设计是一个非常细致、严密和费时间的复杂过程,设计人员必须具有极其认真负责的工作态度、敏捷的头脑、顽强的毅力和细致踏实的作风。设计过程中的每一个小模块都需要极其认真地编写尽可能详细的说明,并进行严格完整的测试,以防止可能出现的错误。只有这样才能够保证由这些部件模块组成的系统能够顺利地通过检错、测试;只有具有完整说明文档的模块才能得到良好的维护和改进。

每个部件模块的设计工作包括3个部分:1) 电路模块的设计;2) 测试模块的设计;3) 设计文档的编写和整理。测试模块的设计和文档编写是比电路模块设计更为重要的设计环节。测试是否严密和完整决定了系统设计的成败,设计文档的完整和准确也是系统设计成败的关键,缺少完整的设计说明文件,就不能维持设计工作的连续性,为今后的调试和维护带来困难。

从学习过的数字电路基础可知,组合电路逻辑在数字系统中起着基本组件的作用。也可以说,如果不了解组合逻辑的构成,就不可能对数字逻辑系统有任何了解。采用 Verilog 或 VHDL 高层次设计方法,也是以基本逻辑电路知识为基础的。如果没有基本的逻辑电路知识,即使对 Verilog 或 VHDL 的语法了如指掌,也不可能设计出结构合理的复杂系统。对于组合逻辑部件(如多路器、比较器、加法器、乘法器、双向三态门和总线等)电路结构和性能的深入了解,是设计复杂数字逻辑系统的基础。所以,应该认真地复习一下它们的结构和逻辑表达式,并用可综合的 Verilog 模块来表示。

10.1　加法器

在《数字电路》课程里已学习过一位的加法电路,即全加器。它的真值表(见表10.1)很容易写出,电路结构也很简单,仅由几个与门和非门组成。

表中的 X_i、Y_i 表示两个加数,S_i 表示和,C_{i-1} 表示来自低位的进位,C_i 表示向高位的进位。从真值表很容易写出如下逻辑表达式

$$C_i = X_i Y_i + Y_i C_{i-1} + X_i C_{i-1}$$

$$S_i = X_i \overline{C_i} + Y_i \overline{C_i} + C_{i-1} \overline{C_i} + X_i Y_i C_{i-1}$$

全加器和 S_i 的表达式也可以表示为

$$S_i = P_i \oplus C_i \quad \text{其中} P_i = X_i \oplus Y_i \quad (10.1)$$

$$C_i = P_i \cdot C_{i-1} + G_i \quad \text{其中} G_i = X_i \cdot Y_i \quad (10.2)$$

式(10.2)就是进位递推公式。参考清华大学出版社出版的、刘宝琴老师编写的《数字电路与系统》,可以

表 10.1　一位全加器的真值表

X_i	Y_i	C_{i-1}	S_i	C_i
0	0	0	0	0
0	0	1	1	0
0	1	0	1	0
0	1	1	0	1
1	0	0	1	0
1	0	1	0	1
1	1	0	0	1
1	1	1	1	1

很容易地写出超前进位形成电路的逻辑,在这里不再详细介绍。

在数字信号处理的快速运算电路中常常用到多位数字量的加法运算,这时需要用到并行加法器。并行加法器比串行加法器快得多,电路结构也不太复杂,它的原理很容易理解。现在普遍采用的是 Carry-Look-Ahead-Adder 加法电路(也称超前进位加法器),只是在几个全加器的基础上增加了一个超前进位形成逻辑,以减少由于逐位进位信号的传递所造成的延迟。图 10.1 表示了一个 4 位二进制超前进位加法电路。

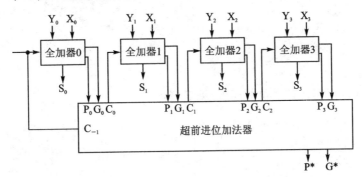

图 10.1 由 4 个一位全加器组成的超前进位 4 位加法器

同理,16 位的二进制超前进位加法电路可用 4 个四位二进制超前进位加法电路再加上超前进位形成逻辑来构成,如图 10.2 所示。依次类推可以设计出 32 位和 64 位的加法电路。

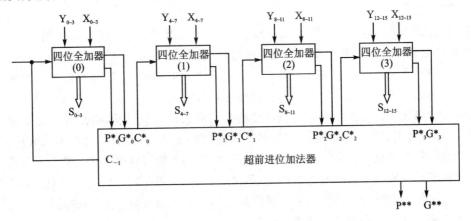

图 10.2 由 4 个四位全加器组成的超前进位 16 位加法器

在实现算法时(如卷积运算和快速傅里叶变换),常常用到加法运算。由于多位并行加法器是由多层组合逻辑构成,加上超前进位形成逻辑虽然减少了延迟,但还是有多级门和布线的延迟,而且随着位数的增加延迟还会积累。由于加法器的延迟,使加法器的使用频率受到限制,这是指计算的节拍(即时钟)必须要大于运算电路的延迟,只有在输出稳定后才能输入新的数进行下一次运算。如果设计的是 32 位或 64 位的加法器,延迟就会更大。为了加快计算的节拍,可以在运算电路的组合逻辑层中加入多个寄存器组来暂存中间结果。也就是采用数字逻辑设计中常用的流水线(pipe-line)办法,来提高运算速度,以便更有效地利用该运算电路。在本节的后面还要较详细地介绍流水线结构的概念和设计方法。也可以根据情况增加运算器的个数,以提高计算的并行度。

用 Verilog HDL 来描述加法器是相当容易的，只需要把运算表达式写出就可以了，见下例：

```verilog
module add_4( X, Y, sum, C);
input [3:0]  X, Y;
output [3:0]  sum;
output C;

assign    {C, Sum} = X + Y;

endmodule
```

而 16 位加法器只需要扩大位数即可，见下例：

```verilog
module  add_16( X, Y, sum, C);
input [15:0]  X, Y;
output [15:0]  sum;
output C;

assign    {C, Sum} = X + Y;

endmodule
```

这样设计的加法器在行为仿真时是没有延时的。借助综合器，可以根据以上 Verilog HDL 源代码自动将其综合成典型的加法器电路结构。综合器有许多选项可供设计者选择，以便用来控制自动生成电路的性能。设计者可以考虑提高电路的速度，也可以考虑节省电路元件以减少电路占用硅片的面积。综合器会自动根据选项为你挑选一种基本加法器的结构。有的高性能综合器还可以根据用户对运算速度的要求插入流水线结构，以此来提高运算器的性能。可见，在综合工具的资源库中存有许多种基本的电路结构，通过编译系统的分析，自动为设计者选择一种电路结构，随着综合器的日益成熟，它的功能将越来越强。然后设计者还需通过布局布线工具生成具有布线延迟的电路，再进行后仿真，便可知道该加法器的实际延时。根据实际的延迟便可以确定使用该运算逻辑的最高频率。若需要重复使用该运算器，则需要在控制数据流动的状态机中为其安排必要的时序。

在 FPGA 的库中或某工艺的 ASIC 库中，都有参数化的加法器供设计者选用。设计者也可以通过编写代码或使用图形工具配置并引用库中的参数化加法器实例，来完成加法器电路的设计。综合器之所以能实现加法器电路也是因为库中已经存在着可配置的参数化加法器的电路结构和相应行为模型的缘故。通过综合器和仿真器的编译系统将直观的加法操作符号语句自动地与相应的电路结构和行为模型匹配而实现的。

10.2 乘法器

在数字信号处理中经常需要进行乘法运算，乘法器的设计对运算的速度有很大的影响。本节讨论两个二进制正数的乘法电路和运算时间延迟问题，以及怎样用 Verilog HDL 模型来表示乘法运算。还将讨论当用综合工具生成乘法运算电路时,怎样来控制运算的时间延迟。

设两个 n 位二进制正数 X 和 Y,即

$$X: X_{n-1} \cdots X_1 X_0$$
$$Y: Y_{n-1} \cdots Y_1 Y_0$$

则 X 和 Y 的乘积 Z 有 2n 位,并且式中的 $Y_i X$ 称为部分积,记为 P_i。显然,两个一位二进制数相乘遵循如下规则

$$0 \times 0 = 0; \quad 0 \times 1 = 0; \quad 1 \times 0 = 0; \quad 1 \times 1 = 1$$

因此 $Y_i X_j$ 可用一个与门实现,记 $P_{i,j} = Y_i X_j$。

例:两个 4 位二进制数 X 和 Y 相乘,即

	被乘数:	X_3	X_2	X_1	X_0			
×)	乘　数:	Y_3	Y_2	Y_1	Y_0			
			$Y_0 X_3$	$Y_0 X_2$	$Y_0 X_1$	$Y_0 X_0$		
		$Y_1 X_3$	$Y_1 X_2$	$Y_1 X_1$	$Y_1 X_0$			
		$Y_2 X_3$	$Y_2 X_2$	$Y_2 X_1$	$Y_2 X_0$			
	$Y_3 X_3$	$Y_3 X_2$	$Y_3 X_1$	$Y_3 X_0$				
	乘　积:	Z_7	Z_6	Z_5	Z_4	Z_3	Z_2	Z_1	Z_0

快速乘法器常采用网格形式的叠带阵列结构,图 10.3 示出两个 4 位二进制数相乘的结构图。图中每一个乘法单元 MU 的逻辑如图 10.4 所示,即每一个 MU 由一个与门和一个全加器构成。事实上,图 10.3 中第一行的每个 MU 可用一个与门实现,每一行最右边一个 MU 中的全加器可用半加器实现。图 10.3 实现乘法的最长延时为 1 个与门的传输延时加上 8 个全加器的传输延时。假设每个全加器产生的传输延时和与产生进位的传输延时相同,并且均相当 4 个与门的传输延时,则图 10.3 逐位进位并行乘法器的最长延时为 1+8×4=33 个门的传输延时。

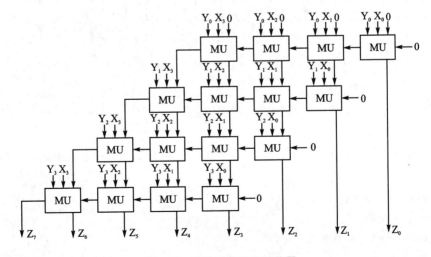

图 10.3　逐位进位并行乘法器

为了提高乘法运算速度可以改为图 10.5 所示的进位节省乘法器(Carry-Save Multiplier)。图中用了一个 3 位的超前进位加法器,9 个图 10.4 所示的乘法单元,7 个与门。显然,图 10.5 中第 2 行的乘法单元中全加器可改为半加器。图 10.5 执行一次乘法运算的最长延时为 1 个与门的传输延时加上 3 个全加器的传输延时,再加上三位超前进位加法器的传输延时。设三位超前进位加法器的传输延时为 5 个门的传输延时,则最长延时为 $1+3\times 4+1\times 5=18$ 的传输延时。节省乘法运算时间的关键在于每个乘法单元的进位输出向下斜送到下一行,故有进位节省乘法器之称。

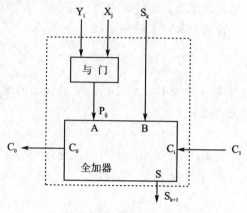

图 10.4 乘法单元(MU)

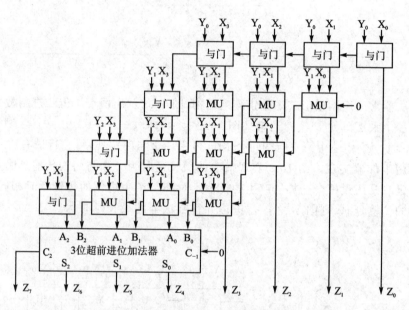

图 10.5 进位节省乘法器

根据加法器类似的道理,8 位二进制超前进位乘法电路可用两个 4 位二进制超前进位乘法电路再加上超前进位形成逻辑来构成。同理,依次类推可以设计出 16 位、32 位和 64 位的乘法电路。

用 Verilog HDL 来描述乘法器是相当容易的,只需要把运算表达式写出就可以了,见下列程序:

```
module mult_4( X, Y, Product);
input [3:0] X, Y;
output [7:0] Product;

assign    Product=X*Y;
```

```
endmodule
```

而 8 位乘法器只需要扩大位数即可,见下列程序:

```
module mult_8( X, Y, Product);
input [7 : 0] X, Y;
output [15 : 0]   Product;

assign     Product=X * Y;

endmodule
```

这样设计的乘法器在行为仿真时是没有延时的。借助综合器,可以根据以上 Verilog HDL 源代码自动将其综合成典型的乘法器电路结构。综合器有许多选项可供设计者选择,以便用来控制自动生成电路的性能。设计者可以考虑提高速度,也可以考虑节省电路元件以减少电路占用硅片的面积。综合器会自动根据选项和约束文件为你挑选一种基本乘法器的结构。有的高性能综合器还可以根据用户对运算速度的要求插入流水线结构,来提高运算器的性能。随着综合工具的发展,其资源库中将存有越来越多种类的基本电路结构,通过编译系统的分析,自动为设计者选择一种更符合设计者要求的电路结构部件。然后设计者通过布局布线工具生成具有布线延迟的电路,再进行布线后仿真,便可精确地知道该乘法器的实际延时。根据实际的延迟便可以确定使用该运算逻辑的最高频率。若需要重复使用该运算器,便可以根据此数据在控制数据流动的状态机中为其安排必要的时序。所以,借助于硬件描述语言和综合工具大大加快了计算逻辑电路设计的过程。

在 FPGA 的库中或某工艺的 ASIC 库中,都有参数化的乘法器供设计者选用。设计者可以通过编写代码或使用图形工具配置并引用库中的参数化乘法器实例,来完成乘法器电路的设计。综合器之所以能实现乘法器电路也是因为库中已经存在着可配置的参数化乘法器的电路结构和相应行为模型的缘故。通过综合器和仿真器的编译系统将直观的乘法操作符号语句自动地与相应的电路结构和行为模型匹配而实现的。

10.3 比较器

数值大小比较逻辑在计算逻辑中是常用的一种逻辑电路,一位二进制数的比较是它的基础。表 10.2 列出了一位二进制数比较电路的真值表。

表 10.2 一位二进制数比较电路的真值表

X	Y	(X > Y)	(X >= Y)	(X = Y)	(X <= Y)	(X < Y)	(X ! = Y)
0	0	0	1	1	1	0	0
0	1	0	0	0	1	1	1
1	0	1	1	0	0	0	1
1	1	0	1	1	1	0	0

从真值表很容易写出一位二进制数比较电路的布尔表达式

$$(X>Y)=X \cdot (\sim Y)$$
$$(X<Y)=(\sim X) \cdot Y$$
$$(X=Y)=(\sim X) \cdot (\sim Y)+X \cdot Y$$

便容易画出逻辑图。

位数较多的二进制数比较电路比较复杂,以前常用 74LS85 型四位数字比较器来构成位数较多的二进制数比较电路,如 8 位、16 位、24 位、32 位的比较器。读者可以参考清华大学出版社刘宝琴老师编写的《数字电路与系统》中有关多位并行比较器设计的章节,在这里不再详细介绍。

用 Verilog HDL 来设计比较电路是很容易的。下面是一个位数可以由用户定义的比较电路模块。

```
module  compare_n ( X, Y, XGY, XSY, XEY);
    input [width-1:0]  X, Y;
    output  XGY, XSY, XEY;
    reg    XGY, XSY, XEY;
    parameter width=8;
    always @ ( X or Y )                    //每当 X 或 Y 变化时
        begin
            if(X= =Y)
                XEY=1;                     //设置 X 等于 Y 的信号为 1
            else   XEY=0;

            if (X>Y)
                XGY=1;                     //设置 X 大于 Y 的信号为 1
            else   XGY=0;

            if (X<Y)
                XSY=1;                     //设置 X 小于 Y 的信号为 1
            else   XSY=0;
        end
endmodule
```

综合工具能自动把以上原代码综合成一个 8 位比较器。如果在实例引用时分别改变 width 值为 16 和 32,综合工具就能自动把以上原代码分别综合成数据宽度为 16 位和 32 位的比较器。

10.4 多路器

多路选择器(Multiplexer)简称多路器,它是一个多输入、单输出的组合逻辑电路,在数字系统中有着广泛的应用。它可以根据地址码(选择码)的不同,从多个输入数据流中选取一个,让其输出到公共的输出端。在算法电路的实现中多路器常用来根据地址码(选择码)来调度数据。可以很容易地写出一个有两位地址码,可以从四组输入信号线中选出一组通过公共输出端输出的功能表,四选一功能如表 10.3 所列。

表 10.3 四选一功能输出

地址 1	地址 0	输入 1	输入 2	输入 3	输入 4	输　出
0	0	1	0	0	0	输入 1
0	1	0	1	0	0	输入 2
1	0	0	0	1	0	输入 3
1	1	0	0	0	1	输入 4

可以很容易地写出它的布尔表达式,也很容易画出逻辑图。但是当地址码比较长,比如有 12 位长,而且每组输入信号位数较宽(如位宽为 8)信号组的数目又较多时,再加上又需多路选择使能控制信号时,其逻辑电路的基本单元需要量是较大的,如画出逻辑图来就显得很复杂,电路具体化后不易于理解(读者可以参考阎石老师主编的《数字电子技术基础》教材,复习多路选择器的概念)。

用 Verilog HDL 来设计多路选择器电路是很容易的。下面是带使能控制信号(nCS)的数据位宽可由用户定义的(8 位)八路数据通道选择器模块的程序。

```verilog
module Mux_8( addr,in1, in2, in3, in4, in5, in6, in7, in8, Mout, nCS);
input [2:0] addr;
input [width-1:0] in1, in2, in3, in4, in5, in6, in7, in8;
input nCS;
output [width-1:0] Mout;
reg[width-1:0] Mout;
parameter width = 8;

always @ (addr or in1 or in2 or in3 or in4 or in5 or in6 or in7 or in8 or nCS)
begin
    if (! nCS)                          //nCS 低电平使多路选择器工作
        case(addr)
        3'b000: Mout = in1;
        3'b001: Mout = in2;
        3'b010: Mout = in3;
        3'b011: Mout = in4;
        3'b100: Mout = in5;
        3'b101: Mout = in6;
        3'b110: Mout = in7;
        3'b111: Mout = in8;
        endcase
    else                                //nCS 高电平关闭多路选择器
        Mout = 0;
end
endmodule
```

综合工具能自动把以上源代码综合成一个数据位宽为 8 的八路选一数据多路器。如果在实例引用时分别改变参数 width 值为 16 和 32，综合工具就能自动把以上源代码分别综合成数据宽度为 16 位和 32 位的八选一数据多路器。

10.5 总线和总线操作

总线是运算部件之间数据流通的公共通道。在硬线逻辑构成的运算电路中只要电路的规模允许，可以比较自由地来确定总线的位宽，因此可以大大提高数据流通的速度。适当的总线位宽，配合适当并行度的运算逻辑和步骤就能显著地提高专用信号处理逻辑电路的运算能力。各运算部件和数据寄存器组可以通过带控制端的三态门与总线的连接。通过对控制端电平的控制来确定在某一时间片段内，总线归哪两个或哪几个部件使用（任何时间片段只能有一个部件发送，但可以有一个或几个接收）。用 Verilog 描述总线和总线操作是非常简单的。

图 10.6 是三态数据总线的开关逻辑图。下面是一个简单的与总线有接口的模块是如何对总线进行操作的例子：

```
module SampleOfBus( DataBus, link_bus, write );
inout [11:0] DataBus;              //12 位宽的总线双向端口
input link_bus;                    //向总线输出数据的控制电平
reg [11:0] outsigs;                //模块内 12 位宽的数据寄存器
reg [13:0] insigs;                 //模块内 14 位宽的数据寄存器

assign DataBus = (link_bus) ? outsigs : 12'h zzz ;
       //当 link_bus 为高电平时通过总线把储存在 outsigs 的计算结果输出
```

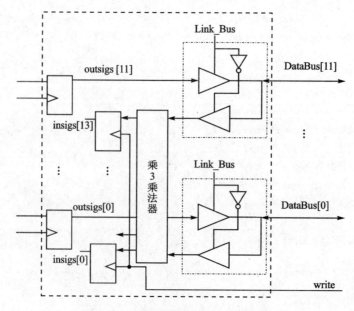

图 10.6 三态数据总线的开关逻辑图

```
    always @(posedge write)        //每当 write 信号上跳沿时
      begin                        //接收总线上数据并乘以 3
        insigs <= DataBus * 3;     //把计算结果存入 insigs
      end

endmodule
```

通过以上例子可知,为使这个总线连接模块能正常工作的最重要的因素是与其他模块的配合,如:何时提供 write 信号?此时 DataBus 上的数据是否已正确提供?何时提供 Link_Bus 电平?输出的数据是否能被有效地利用?控制信号的相互配合由同步状态机控制的开关阵列控制。在后面几章里将详细介绍如何用 Verilog HDL 来设计复杂的同步状态机,并产生精确同步的开关控制信号来控制数据的正确流动。

10.6 流水线

1. 流水线设计技术

流水线(pipe-line)的设计方法已经在高性能的、需要经常进行大规模运算的系统中得到广泛的应用,如 CPU(中央处理器)等。目前流行的 CPU,如 intel 的奔腾处理器在指令的读取和执行周期中充分地运用了流水线技术以提高它们的性能。高性能的 DSP(数字信号处理)系统也在它的构件(building-block functions)中使用了流水线设计技术。通过加法器和乘法器等一些基本模块,本节讨论了有关流水线的一些基本概念,并对采用两种不同的设计方法:纯组合逻辑设计和流水线设计方法时,在性能和逻辑资源的利用等方面的不同进行了比较和权衡。

2. 流水线设计的概念

所谓流水线设计实际上是把规模较大、层次较多的组合逻辑电路分为几个级,在每一级插入寄存器组并暂存中间数据。K 级的流水线就是从组合逻辑的输入到输出恰好有 K 个寄存器组(分为 K 级,每一级都有一个寄存器组),上一级的输出是下一级的输入而又无反馈的电路。

图 10.7 表示了如何把组合逻辑设计转换为相同组合逻辑功能的流水线设计。这个组合逻辑包括两级:第一级的延迟是 T1 和 T3 两个延迟中的最大值;第二级的延迟等于 T2 的延迟。为了通过这个组合逻辑得到稳定的计算结果输出,需要等待的传播延迟为 [max(T1,T3)+T2] 个时间单位。在从输入到输出的每一级插入寄存器后,流水线设计的第一级寄存器所具有的总的延迟为 T1 与 T3 时延中的最大值加上寄存器的 T_{co}(触发时间)。同样,第二级寄存器延迟为 T2 的时延加上 T_{co}。采用流水线设计为取得稳定的输出总体计算周期为

$$\max(\max(T1,T3)+T_{co},(T2+T_{co}))$$

流水线设计需要两个时钟周期来获取第一个计算结果,而只需要一个时钟周期来获取随后的计算结果。开始时用来获取第一个计算结果的两个时钟周期被称为采用流水线设计的首次延迟(latency)。对于 CPLD 来说,器件的延迟如 T1、T2 和 T3 相对于触发器的 T_{co} 要长得多,并且寄存器的建立时间 T_{su} 也要比器件的延迟快得多。只有在上述关于硬件时延的假设

为真的情况下,流水线设计才能获得比同功能的组合逻辑设计更高的性能。

采用流水线设计的优势在于它能提高吞吐量(throughput)。假设 T1、T2 和 T3 具有同样的传递延迟 T_{pd},对于组合逻辑设计而言,总的延迟为 $2*T_{pd}$;对于流水线设计来说,计算周期为 $(T_{pd}+T_{co})$。前面提及的首次延迟(latency)的概念实际上就是将(从输入到输出)最长的路径进行初始化所需要的时间总量;吞吐延迟则是执行一次重复性操作所需要的时间总量。在组合逻辑设计中,首次延迟和吞吐延迟同为 $2*T_{pd}$。与之相比,在流水线设计中,首次延迟是 $2*(T_{pd}+T_{co})$,而吞吐延迟是 $T_{pd}+T_{co}$。如果 CPLD 硬

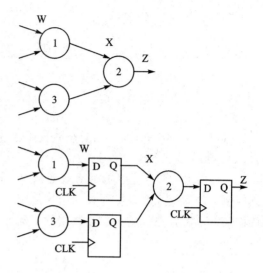

图 10.7　组合逻辑设计转化为流水线设计

件能提供快速的 T_{co},则流水线设计相对于同样功能的组合逻辑设计能提供更大的吞吐量。典型的富含寄存器资源的 CPLD 器件(如 Lattice 的 ispLSI 8840)的 T_{pd} 为 8.5 ns,T_{co} 为 6 ns。

流水线设计在性能上的提高是以消耗较多的寄存器资源为代价的。对于非常简单的用于数据传输的组合逻辑设计,例如上述例子,可将它们转换成流水线设计且可能只需增加很少的寄存器单元。随着组合逻辑变得越来越复杂,为了保证中间的计算结果都在同一时钟周期内得到,必须在各级之间加入更多的寄存器。如果需要在 CPLD 中实现复杂的流水线设计,以获取更优良的性能,如具有丰富寄存器资源的 CPLD 结构及可预测的延迟两大特点的 FPGA,是一个很有吸引力的选择。

3. 流水线加法器(或乘法器)与组合逻辑加法器(或乘法器)的比较

采用流水线技术可以在相同的半导体工艺的前提下通过电路结构的改进来大幅度地提高重复多次使用的复杂组合逻辑计算电路的吞吐量。下面是一个 n 位全加器的例子,如图 10.8 所示。为实现该加法功能需要 3 级电路:

(1) 加法器输入的数据产生器和传送器;
(2) 数据产生器和传送器的超前进位部分;
(3) 数据产生、传送功能和超前进位三者求和电路。

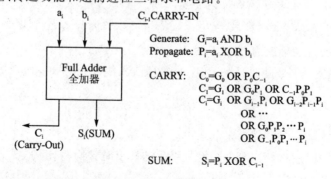

图 10.8　n 位全加器的方程式

在 n 位组合逻辑全加器中插入三层寄存器或寄存器组，将它转变为 n 位流水线全加器，如图 10.9(a)所示。由于进位 C_{-1} 既是第一级逻辑的输入，又是第二级逻辑输入，因此将 C_{-1} 进位改为流水线结构时需要使用两级寄存器。同样地，发生器输出在作为求和单元的输入之前，也要多次插入寄存器。作为求和单元的输出，进位 C_{out} 要达到同一流水线的级别也需要插入两层寄存器。

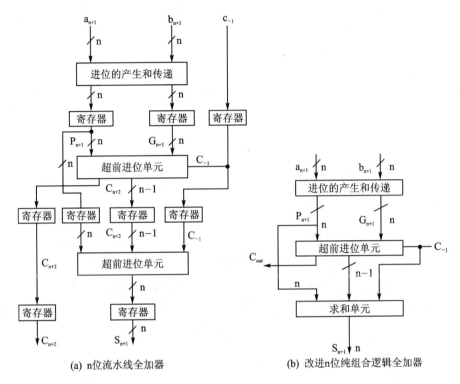

(a) n位流水线全加器　　　　　　　(b) 改进n位纯组合逻辑全加器

图 10.9　n 位纯组合逻辑全加器

若用拥有 840 个宏单元和 312 个有寄存能力的 I/O 单元（Lattice ispLSI8840）分别来实现 16 位组合逻辑全加器和 16 位流水线全加器并比较它们的运行速度，对于 16 位组合逻辑全加器，共用了 34 个宏单元。执行一次计算需经过 3 个 GLB 层，每次计算总延迟为 45.6 ns，而 16 位流水线全加器共用了 81 个宏单元。执行一次计算只需经过 1 个 GLB 层，每次计算总延迟为 15.10 ns（但第一次计算需要多用 3 个时钟周期），吞吐量约增加了 3 倍。

4. 流水线乘法器与组合逻辑乘法器的比较

首先，若采用一个 4*4 乘法器的例子来说明部分积乘法器的基本概念；然后，通过一个复杂得多的 6*10 乘法器来比较流水线乘法器和组合逻辑乘法器这两个不同设计方法的实现在性能上有何差异。

如图 10.10 所示，4*4 乘法器可以被分解为部分积的矢量和（或称加权和），比如说是 16 个 1*1 乘法器输出的矢量和。这里并没有直接在 4*4 乘法器的每一级都插入寄存器以达到改为流水线结构的目的，而是将其分割为 1*4 乘法器来产生所有的部分积矢量。这样分割的结果是形成了两级的流水线设计，相对 1*1 乘法器的组合具有更短的首次延迟，而吞吐延迟相同。每一级的流水线求和用图 10.9(a)所示的流水线加法器来实现。

可以用一个类似图 10.10 中的 4*4 或更为复杂的 6*10 流水线乘法器来比较流水线乘法器与非流水线乘法器之间在性能上的差异。如图 10.11 所示，该 6*10 流水线乘法器采用 6 个 10 位乘法器来实现 1*10 乘法——a0*b[9:0]，a1*b[9:0]，a2*b[9:0]，a3*b[9:0]，a4*b[9:0]，a5*b[9:0]。由于 ai 非 0 即 1，那么 1*10 乘法器的结果是 b[9:0]或 0，这表示下一级的两个输入不是 b[9:0]就是 0。

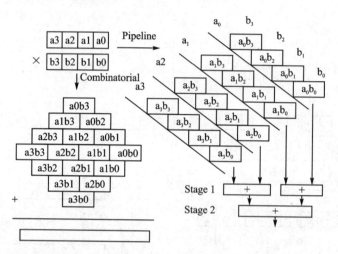

图 10.10　4 位组合逻辑乘法器与 4 位流水线乘法器的比较

6 个多路器的输出被两两一组分成三个相互独立的组合，并分别用一个 3 层的流水线加法器加起来，每一组的两个多路输入的下标号差为 3。在这个例子里，这些组是如下组织的：[a5,a2]，[a4,a1]，[a3,a0]。[a5,a2]意味着第一个多路器的输出 M(10 位)和第四个多路器的输出 N(10 位)是流水线加法器 O 的输入。同样地，其余的两组分别用流水线加法器 P 和 Q 加在一起。这样的两两组合能在加的过程中去除额外的部分积项。以[a5,a2]为例，其等式一般表示为

$G(j,0) = \{000, M(i,0)\}$ and $\{N(i,0), 000\}$
$P(j,0) = \{000, M(i,0)\}$ xor $\{N(i,0), 000\}$　　$(0<=i<=9, 0<=j<=12)$
$C_j = G_j$ or $G_{j-1}P_j$ or $G_{j-2}P_{j-1}P_j$　　$(0<=j<=12)$
　　or ⋯or $G_0P_1P_2P_3⋯P_j$
$S_k = P_k$ xor C_{k-1}　　$(0<=k<=13)$

由于 M 与 N 的间隔为 3，M 的高三位和 N 的低三位必定是 0。因此，M 和 N 完成与操作后，G0，G1，G2 和 G10，G11，G12 必定为 0。进一步地说，因为存在这样一些结果为 0 的发生器，进位的计算就可以得到简化。既然进位计算得到了简化，那么求和运算也就自然得到了简化。同样地，流水线加法器 P，Q 的输入间隔也是 3。流水线加法器 T 和 S 的输入之间的间隔分别为 1 和 2。由于加法器 T 是一个三层流水线加法器，所以在 Q 和 S 之间也插入了三层寄存器组从而达到与 T 相同的流水线级别。

这里依然使用 Lattice 的 ispLSI8840 来比较 6*10 乘法器的状态，并分别用组合逻辑和流水线实现的。组合逻辑的 6*10 乘法器在用 HDL 实现时消耗了 14 个 GLB 中的 93 个宏单元。执行一次运算需要经过 5 个 GLB 层，具有的最大传递延迟为 73.5 ns。相应的是，流水线设计的 6*10 乘法器在用 HDL 实现时消耗了 22 个 GLB 中的 360 个宏单元。执行一次运算

只须经过一个 GLB 层,计算周期只要 15.30 ns,比组合逻辑的实现快 4 倍有余。该设计的相应首次延迟是 9 个时钟周期。图 10.11 为 6 * 10 流水线乘法器原理图。

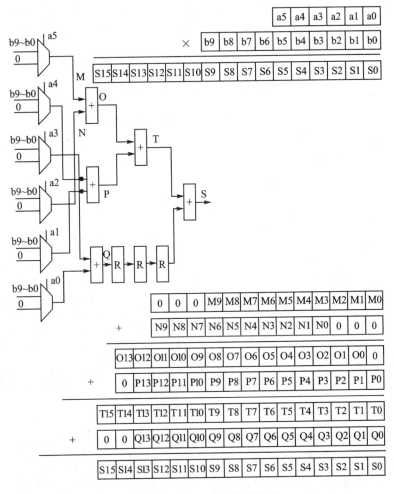

图 10.11　6 * 10 流水线乘法器

5. 基本的流水线操作

流水线处理是提高组合逻辑设计的处理速度和吞吐量的最常用手段。如果某个组合逻辑设计的处理流程可以分为若干个步骤,而且整个数据处理过程是"单流向"的,即没有反馈或者迭代运算,前一个步骤的输出是下一个步骤的输入,则可以考虑采用流水线设计方法提高系统的数据处理频率,即吞吐量。把组合逻辑分成延迟时间基本相等的小块,如图 10.12 中的 1,2,3,…,n 个块,每块完成一定的组合逻辑功能(F,J,…,K)都用寄存器暂时保存组合逻辑输出的数据值,以此作为下一级组合逻辑块的输入,每个块都有寄存器暂时保存组合逻辑输出值,只要小块的组合逻辑的延迟小于时钟周期,整个组合逻辑的输入值每个时钟就可以变化一次,不会由于组合逻辑的延迟引起输出值的错误。若没有这些寄存器来暂时保存局部组合逻辑的输出值,则为了保证整体组合逻辑的输出正确,输入端信号的变化周期必须大于整体逻辑的延迟时间。数据处理的吞吐量受到限制。采用了流水线方法,虽然第一次输出有较长的延迟,但过了若干个周期后,每个时钟周期可以输出值一次,数据处理的频率,即吞吐量大大增加了。

流水线设计的结构示意图如图 10.12 所示。

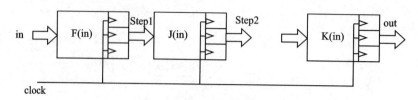

图 10.12　流水线设计的结构示意

其基本结构为：将适当划分的 n 个操作步骤单流向串联起来。流水线操作的特点是，数据流在各个步骤的处理，从时间上看是连续的，如果将每步操作假设为组合逻辑和放置输出结果的寄存器组（按照时钟的节拍进行数据处理），那么流水线操作就类似一个移位寄存器组，数据流依次流经 D 触发器，完成每个步骤的组合逻辑操作（见图 10.13 的 F、J、K 组合逻辑函数）。流水线设计时序示意图如图 10.13 所示。

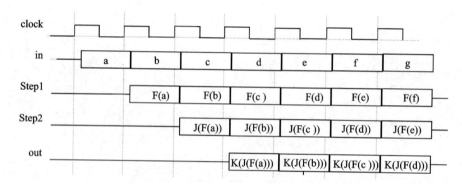

图 10.13　流水线设计时序示意图

流水线设计的关键在于，整个设计时序必须合理安排。要求操作步骤划分合理。前级操作时间最好与后级的操作时间比较接近，在这种情况下，前级的输出可以直接作为后级的输入。上面的例子就反映了这种最简单的情况。如果前级操作时间小于后级操作时间，而设计的吞吐量要求又非常高，则必须通过复制逻辑，将数据流分流，或者在前级对数据采用存储、后处理方式，否则会造成后级数据溢出。

在现代数字系统设计中经常使用到流水线处理的方法，如 WCDMA 中的 RAKE 接收机、搜索器、前导捕获，图像处理器和高速标量中央处理单元等。流水线处理方式之所以能提高时钟频率，是因为复制了处理模块，它是面积换取速度思想的又一种具体体现。

小　结

改为流水线结构是提高组合逻辑吞吐量从而增强计算性能的一个重要办法。为获取高性能所付出的代价是要使用更多的寄存器。要实现这样大规模的运算部件，只含少量寄存器资源的普通 PLD 器件是无法办到的，必须使用拥有大量寄存器资源的 CPLD 或 FPGA 器件或设计专用的 ASIC。当用 Verilog 语言描述流水线结构的运算部件时，要使用结构描述，才能够真正综合成设计者想要的流水线结构。简单的运算符表达式只有在综合库中存有相应的流水线结构的宏库部件时,才能综合成流水线结构从而显著地提高运算速度。从这一意义上来说,深入了解和掌握电路的结构是进行高水平 HDL 设计的基础。

思 考 题

1. 写出 8 位加法器和 8 位乘法器的逻辑表达式,比较用超前进位逻辑和不用超前进位逻辑的延迟。
2. 为什么用算术操作符号表示的加法器和乘法器能通过综合器转变成逻辑电路?除了用算术操作符的表达式实现加法器和乘法器外,是否可以直接引用可配置的参数化实例来实现算术操作电路?
3. 提高复杂运算组合逻辑运算速度有哪些办法?
4. 如何用 Verilog HDL 模块来描述总线的操作?为什么总线的操作必须有严格的时序控制?
5. 详细解释为什么采用流水线的办法可以显著提高层次多的复杂组合逻辑的运算速度。

第 11 章 复杂数字系统的构成

概 述

数字逻辑的门类千变万化,但就其本质而言,只有组合逻辑和时序逻辑两大类。它们在复杂数字系统的设计中,各自承担自己的责任。一般情况下,组合逻辑可以用来完成简单的逻辑功能,如多路器、与、或、非逻辑运算、加法和乘法等算术运算。而时序逻辑则可以用来产生与运算过程有关的(按时间节拍)多个控制信号序列。在用可综合的硬件描述语言设计的复杂运算逻辑系统中,往往用同步状态机来产生与时钟节拍密切相关(同步)的多个控制信号序列,用它来控制多路器或数据通道的开启/关闭,来使有限的组合逻辑运算器资源得到充分的运行,并寄存有意义的运算结果,或把它们传送到指定的地方,例如存储单元或者有关组件的输入/输出端口。用可综合的 Verilog HDL 来设计这样的复杂计算逻辑必须遵循一定的规定,才能使通过综合工具自动生成的电路结构比较合理,彻底消除冒险和竞争现象,即使发现控制逻辑时序存在问题,也比较容易解决。下面我们就介绍一些具体的办法和规定,只要按照这些办法和规定去做,就能使设计工作比较顺利地完成,即使设计非常复杂也有办法逐步加以解决。

11.1 运算部件和数据流动的控制逻辑

11.1.1 数字逻辑电路的种类

(1) 组合逻辑:输出只是当前输入逻辑电平的函数(有延时),与电路的原始状态无关的逻辑电路。也就是说,当输入信号中的任何一个发生变化时,输出都有可能会根据其变化而变化,但与电路目前所处的状态没有任何关系(即逻辑电路没有记忆部件)。

(2) 时序逻辑:输出不只是当前输入的逻辑电平的函数,还与电路目前所处的状态有关的逻辑电路(即逻辑电路有记忆部件)。

同步有限状态机是同步时序逻辑的基础。所谓同步有限状态机是电路状态的变化只能在同一时钟跳变沿时刻发生的逻辑电路。而状态是否发生变化还要看输入条件,如输入条件满足,当时钟跳变沿到来时刻,则进入下一状态;否则即使时钟不断跳变,电路系统仍停留在原来的状态。利用同步有限状态机可以设计出极其复杂灵活的数字逻辑电路系统,产生各种有严格时序和条件要求的控制信号波形,有序地控制计算逻辑中数据的流动。

11.1.2 数字逻辑电路的构成

(1) 组合逻辑:组合逻辑是由与、或、非门组成的网络。常用的组合电路有多路器、数据通路开关、加法器、乘法器等。

(2) 时序逻辑:时序逻辑是由多个触发器和多个组合逻辑块组成的网络。常用的有计数器、复杂的数据流动控制逻辑、运算控制逻辑、指令分析和操作控制逻辑。同步时序逻辑是设计复杂的数字逻辑系统的核心。时序逻辑借助于状态寄存器记住它目前所处的状态。在不同的状态下,即使所有的输入都相同,其输出也不一定相同。

【组合逻辑 1】 一个八位数据通路控制器。

Verilog HDL 描述如下:

```
`define   ON    1'b1
`define   OFF   1'b0
wire ControlSwitch;
wire [7:0] Out, In;
assign Out = (ControlSwith == `ON) ? In : 8'h00;
```

数据通道开关的逻辑电路结构如图 11.1(a)所示。由数据通路所产生的波形如图 11.1(b)所示。

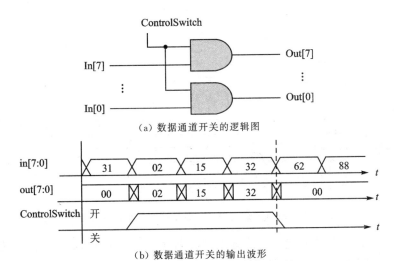

(a) 数据通道开关的逻辑图

(b) 数据通道开关的输出波形

图 11.1 数据通道开关的逻辑图与波形图

【组合逻辑 2】 一个八位三态数据通路控制器。

Verilog HDL 描述如下:

```
`define   ON    1'b1
`define   OFF   1'b0
wire   LinkBusSwitch;
wire [7:0]   outbuf;
reg  [7:0]   inbuf;
inout [7:0] bus;
assign   bus = (LinkBusSwitch == `ON) ? outbuf : 8'hzz;

always @ (posedge clk)
    begin
        ⋮
```

```
        if (! LinkBusSwitch)
          inbuf <= bus;
          ⋮
        end
        ⋮
```

八位三态数据通路控制器的逻辑电路结构和由此产生的波形如图 11.2 所示。

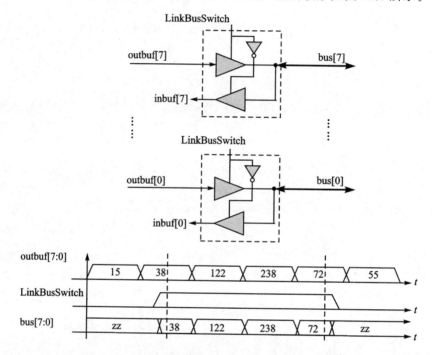

图 11.2　三态数据通道开关逻辑图和数据流通波形图

它与[组合逻辑例 1]的差别只是前者在开关断开时输出为零,而后者在开关断开时输出为高阻,即与总线脱离连接,不再有信号输出。从此时起,如果总线的另一端有驱动源的话,总线可以作为模块的输入信号线,把数据从外部送到模块内部的寄存器组(如图中 inbuf[7:0]引脚所示)。

11.2　数据在寄存器中的暂时保存

组合逻辑电路的输出与每个输入信号的电平直接相关。从严格的意义上讲,它的输出在每一个瞬间都有可能发生变化,而同步时序逻辑的输出只有在时钟跳变沿时刻才有可能变化。由于逻辑门和布线都有延迟,因此没有办法使实际电路的输出与理想的布尔方程计算完全一致。可以说,实际组合逻辑电路输出的瞬间不确定性是无法避免的。如果能使组合逻辑电路的输入稳定一段时间,即所有的输入信号在一段相对较长的时间段里不再发生变化,虽然在稳定时间片段的刚一开始由于冒险竞争现象会产生与理想情况不一致的毛刺或输出不确定的情况,但只要稳定时间片段大于最长的路径延迟,就可以取得组合逻辑电路的理想输出。如果能躲开输出不确定片段,在理想值稳定输出的片刻把该输出值存入寄存器组,则寄存器组中保留的就是该组合逻辑电路的理想输出。如果不是有意地改变寄存器组的值,那么该值可以一直保留下去,直到改变寄存器组中保留的数值。可以把寄存器组中保留的数值作为下一级电路的输入,根据需要维持一定长度的时间片段,再作改变,以保证下一级组合电路有稳定的输入。

在上面一段中已经讲到用寄存器组把理想的输出保留下来,待改变的时候再用新的数值来替换它,这种电路在数字系统中得到了广泛应用,它是数字电路模块组成的重要部件之一。图 11.3 和图 11.4 分别为带使能端及复位端的时钟同步 8 位寄存器组逻辑和模块接口图,并配有 Verilog 模块的程序,以加深理解。

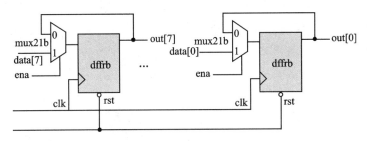

图 11.3　带使能端和复位端的时钟同步 8 位寄存器组逻辑

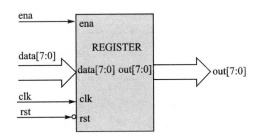

图 11.4　带使能端和复位端的时钟同步 8 位寄存器组模块接口图

模块 register8 是可以综合的,综合出来的电路逻辑如图 11.3 所示。只有在使能控制信号 ena 为高电平时才有可能在时钟正跳变沿时刻把新的值作为模块的输出;否则即使时钟正跳变不断发生,输入数据 data 也在不断变化,而 out 仍然保持原来的值。所以,可以通过控制 ena 信号的开/关(高电平/低电平)时刻,在数据通道上不断变化着的数据流中,选取有意义的数据保存在寄存器组中。以下是图 11.3 和图 11.4 的 Verilog 模块程序。

```verilog
module  register8(ena,clk,data,rst,out);
input   ena,clk,rst;
input [7:0]   data;
output [7:0]   out;
reg [7:0] out;
    always @(posedge clk)
        if (!rst)
            out <= 0;
        else if (ena)
            out <= data;
//虽然没有写 else 项,显然,如果 ena 为低电平,即使时钟变化,data 变化,但 out 仍保持不变
endmodule
```

11.3 数据流动的控制

我们知道,诸如加、减、乘、除、比较等运算都可以用组合逻辑来实现,但运算的输入必须有一段稳定的时间,才可能得到稳定的输出;而输出要被下一阶段的运算作为输入,也必须要有一段时间的稳定,因而输出结果必须保存在寄存器组中。在计算电路中设有许多寄存器组,它们是用来暂存运算的中间数据。对寄存器组之间数据流动进行精确的控制,在算法的实现过程中有着极其重要的作用。这种控制是由同步状态机实现的。

开关逻辑应用举例:图 11.5 所示的组合逻辑是一个乘法器,把输入的数乘 3,然后输出。因为乘法器是由门组成的,所以会有延迟。从图上看,为了取得稳定的输出需要 10 ns 的延迟。如果能有效地控制 Sn 的开关时间就可以取得稳定的输出,并把运算结果存入寄存器。

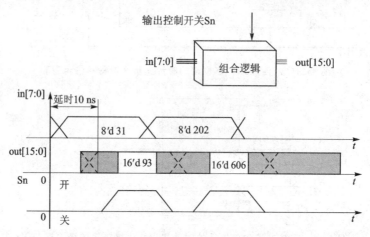

图 11.5　带输出控制开关的运算组合逻辑和数据流波形

如图 11.6 所示,由开关 S1 和开关 S2 控制的两个组合逻辑都是运算逻辑,例如乘法器或加法器等,而寄存器 A,B,C 是用来寄存运算的输入、中间和输出数据的。如果能与时钟配合来精确地控制开关的闭合和断开,在寄存器中暂存的中间或输出数据都会是上一步运算的稳定结果,而不会出现冒险和竞争的现象。

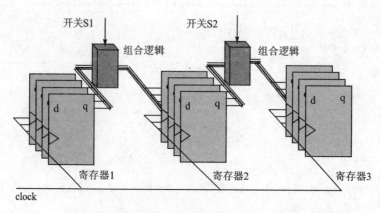

图 11.6　把组合逻辑运算的结果储存在寄存器中作为下一级的输入

图 11.7 中,由开关 S1,S3,S5 控制的三个组合逻辑都是运算逻辑,例如乘法器或加法器等,而寄存器组 A,B,C 是用来寄存运算的输入、中间和输出数据的。开关 S2,S4,S6 是三态门,能控制寄存器组 A,B,C 的输出到总线上还是与总线隔离。如果能与时钟配合来精确地控制 S1～S6 开关的闭合和断开,在寄存器中暂存的中间或输出数据都会是上一步运算的稳定结果,而不会出现冒险和竞争的现象。运算的过程可以在这几个寄存器组内反复地执行,直到通过开关的控制使其停止。下面通过简单的描述来说明一个极其重要的概念:生成与时钟精确配合的开关时序是计算逻辑的核心。

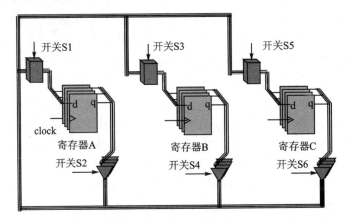

图 11.7　由开关逻辑控制的数据流动和计算逻辑结构示意图

在《数字电子技术基础》中已经知道:当时钟正跳变沿到来时,在 D 触发器数据端口的数据才能存入触发器中;当组合逻辑的输入变化时,输出必须经过一段时间后才能稳定,这是由于门级电路和布线的延迟造成的。只有稳定的输出对运算才是有意义的。如果想把寄存器组 C 中的数据经过组合逻辑的运算存入寄存器组 A 中,应该如何来控制这几个开关呢? 从上面的描述知道,开关 S1,S3,S5 分别控制着 3 个组合运算逻辑的输出。如果把 S1,S3,S5 看成是 11.1.3 节中介绍的 3 个独立的寄存器组的使能控制信号 ena 都为低电平,则 A,B,C 3 个寄存器组的输出保持不变。当时钟正跳变沿到来时,这 3 个寄存器组中的值也不会改变。寄存器组 C 中保持的数据是上次 S5 为高电平时,时钟正跳变沿时存入的数据。如果在上一个正跳变沿到来前已经接通 S6,等到下一个时钟正跳变沿到来时接通 S1;在时钟正跳变到来时存入寄存器组 A 中的是上一个时钟寄存器组 C 中保存的数据和组合逻辑 A 的运算结果。这时开关 S3,S5,S2,S4 必须保持低电平,把数据通道断开。由原来保存在寄存器组 C 中的数据和组合逻辑 A 所生成的结果已稳定地存入寄存器组 A 中。同理断开所有的通道,只按时序先后接通 S2,S3,其他开关保持低电平,在下一运算时钟正跳变沿到来时就能稳定地把寄存器组 A 中的数据与组合逻辑 B 的运算结果存入寄存器组 B。这个简单的例子说明:如果能设计出一个状态机,在这个状态机的控制下生成一系列的开关信号,严格按时钟的节拍来开启或关闭数据通道,就能用硬件来构成复杂的计算逻辑。如果硬件的规模可以达到几十到几千万门,就可以设计出并行度很高的高速计算逻辑。在下一章里将详细地介绍怎样用 Verilog HDL 来编写可综合的复杂同步状态机。

11.4 在 Verilog HDL 设计中启用同步时序逻辑

同步时序逻辑是指表示状态的寄存器组的值只可能在唯一确定的触发条件发生时刻改变，只能由时钟的正跳沿或负跳沿触发的状态机就是一例。always @(posedge clock)就是一个同步时序逻辑的触发条件，表示由该 always 控制的 begin end 块中寄存器变量重新赋值的情况只能在 clock 正跳沿才发生。而异步时序逻辑是指触发条件由多个控制因素组成，任何一个因素的跳变都可以引起触发。记录状态的寄存器组其时钟输入端不是都连接在同一个时钟信号上。例如用一个触发器的输出连接到另一个触发器的时钟端去触发的就是异步时序逻辑。

用 Verilog HDL 设计的可综合模块，必须避免使用异步时序逻辑，这不但是因为许多综合器不支持异步时序逻辑的综合，而且也因为用异步时序逻辑确实很难来控制由组合逻辑和延迟所产生的冒险和竞争。当电路的复杂度增加时，异步时序逻辑无法调试。工艺的细微变化也会造成异步时序逻辑电路的失效。因为异步时序逻辑中触发条件很随意，任何时刻都有可能发生，所以记录状态的寄存器组的输出在任何时刻都有可能发生变化。而同步时序逻辑中的触发输入至少可以维持一个时钟后才会发生第二次触发。这是一个非常重要的差别，因为可以利用这一时间段，即在下一次触发信号来到前为电路状态的改变创造一个稳定可靠的条件。由此可以得出结论：同步时序逻辑比异步时序逻辑具有更可靠、更简单的逻辑关系。若强行作出规定，用 Verilog 来设计可综合的状态机必须使用同步时序逻辑，有了这个前提条件，实现自动生成电路结构的综合器就有了可能。因为这样做大大减少了综合工具的复杂度，为这种工具的成熟创造了条件，也为 Verilog 可综合代码在各种工艺和 FPGA 之间移植创造了条件。Verilog RTL 级的综合就是基于这个规定的。

在同步逻辑电路中，触发信号是时钟的正跳沿（或负跳沿），触发器的输入与输出是由两个时钟来完成的。第一个时钟的正跳沿（或负跳沿）为输入作准备，在第一个时钟正跳沿（或负跳沿）起直到第二个时钟正跳沿（或负跳沿）到来之前的这一段时间内，有足够的时间使输入稳定。当第二个时钟正跳沿（或负跳沿）到来时，由前一个时钟沿创造的条件已经稳定，所以能够使下一个状态正确地输出。

若在同一个时钟的正跳沿（或负跳沿）下对寄存器组既进行输入又进行输出，很有可能由于门的延迟使输入条件还未确定时，就输出了下一个状态，这种情况会导致逻辑的紊乱。而利用上一个时钟为下一个时钟创造触发条件的方式是安全可靠的。但这种工作方式需要有一个前提：确定下一个状态所使用的组合电路的延迟与时钟到各触发器的差值必须小于一个时钟周期的宽度。只有满足这一前提才可以避免逻辑紊乱。在实际电路的实现中，采取了许多有效的措施来确保这一条件的成立，其中主要有以下几点：

(1) 全局时钟网络布线时尽量使各分支的时钟一致。
(2) 采用平衡树结构，在每一级加入缓冲器，使到达每个触发器时钟端的时钟同步，如图 11.8 和 11.9 所示。

通过这些措施基本可以保证时钟的同步。在后仿真时，若逻辑与预期设计的不一样，可降低时钟频率，这就有可能消除由于时钟过快引起的触发器输入端由延迟和冒险竞争造成的不稳定，从而使逻辑正确。

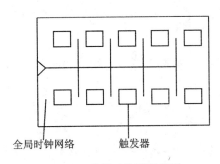

图 11.8　全局时钟网示意图

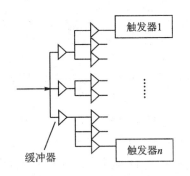

图 11.9　平衡树结构示意图

在组合逻辑电路中，多路信号的输入使各信号在同时变化时很容易产生竞争冒险，从而结果难以预料。图 11.10 是一个简单的组合逻辑的例子：$c = a \& b$。

a 和 b 变化不同步使 c 产生了一个脉冲。这个结果也许与当初设计时的想法并不一致，但如果能过一段时间，待 c 的值稳定后再来取用组合逻辑的运算结果，就可以避免竞争冒险。

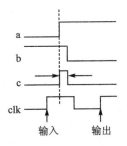

图 11.10　由于 a,b 变化不同步导致组合电路竞争冒险产生毛刺和防止办法

同步时序逻辑由于用上一个时钟的跳变沿时刻（置寄存器作为组合逻辑的输入）来为下一个时钟的跳变沿时刻的置数（置下一级寄存器作为该组合逻辑的输出）做准备，只要时钟周期足够长，就可以在下一个时钟的跳变沿时刻得到稳定的置数条件，从而在寄存器组中存入可靠的数据。而这一点用异步电路是做不到的，因此在实际设计中应尽量避免使用异步时序逻辑。若用修补的方法来避免竞争冒险，所耗费的人力物力是很巨大的。也无法使所设计的 Verilog HDL 代码和已通过仿真测试的电路模块结构有知识产权的可能，因为工艺的细微改变就有可能使电路无法正常工作。显而易见，使用异步时序逻辑会带来设计的隐患，无法设计出能严格按同一时间节拍操作控制数据流动方向开关的状态机。而这种能按时钟节拍精确控制数据流动开关的状态机就是在下一章里将详细介绍的同步有限状态机。它是算法计算过程中数据流动控制的核心。计算结构的合理配置和运算效率的提高与算法状态机的设计有着非常密切的关系。只有通过阅读有关计算机体系结构的资料和通过大量的设计实践才能熟练地掌握复杂算法系统的设计。

在 Verilog 语法中有一种非阻塞赋值方式，用"＜＝"符号表示。它的含义是：如果在 begin end 块中同时有许多个非阻塞赋值，则它们的赋值顺序是同时的，并不是按先后秩序赋值。实际上它们表示的是同时赋入上一个时钟沿时刻送入寄存器的值。这与使用同一时钟沿触发的许多寄存器在同一个使能控制信号下赋值是完全一致的。所有被赋的值在上一时钟沿前就已经保存在寄存器中，它们有足够的时间传送到被赋值的寄存器的数据端口。当时钟沿到来时被赋值都已经稳定，所以存入的寄存器的数值是可靠的。用这种方法可以避免由组合逻辑产生的冒险与竞争。

11.5 数据接口的同步方法

数据接口的同步是数字系统设计中常见的问题,也是重点和难点。很多设计造成不能稳定地工作往往是由数据接口同步问题引起的。

有一些设计人员,在电路图设计阶段,采用加入缓冲器或者用非门调整延迟的办法,从而保证本级模块的时钟符合前级模块数据的建立、保持时间的要求。还有一些设计者为了取得稳定的采样值,生成了多个相位差为 90°的时钟信号,时而用正沿,时而用负沿采样取得数据,用以调整数据的采样位置,这两种做法都是不可取的。一旦芯片更新换代,或者移植到其他系列的器件芯片上,采用这种方法设计的采样电路必须重新设计,因为电路不能稳定地工作,一旦外界条件发生变化(如温度升高),采样时序就有可能完全发生混乱,造成电路故障。

下面介绍 3 种不同情况下的数据接口的简单同步方法:

(1) 前级(如另外一个芯片、PCB 布线、驱动接口元件)输出的延时是随机的,或者有可能变动,如何在后级完成数据的同步?

对于随机到达的数据,需要建立同步机制。可以采用使数据通过 RAM 或者 FIFO 的缓存再读取的方法,达到数据同步的目的。将前级芯片提供的时钟作为基本时钟,将数据写入 RAM 或者 FIFO,然后使用后级的基本时钟产生读信号,将数据读出来即可。这种做法的关键是必须要有堆栈满和空的指示信号来管理数据的写入和读取,以防止数据的丢失。在 FPGA 中一般都提供参数化宏模块,如 FIFO、双口 RAM,并有许多种配置可供选择,可以用来作为数据的同步之用,有关 FIFO 参数化模块的使用将在相关教程中讲解。

(2) 数据有固定的帧格式,数据的起始位置如何确定?

通信系统中,数据往往是按照帧组织的。由于系统对时钟的要求很高,常常设计专门时钟板产生高精度的时钟。数据帧是有起始位置的,在数据正确接收之前,必须先完成数据的同步,即确定数据的"头"是从什么地方开始的。数据同步采用的就是这种方法,即用同步头表示数据信号的起始,或者使用双口 RAM、FIFO 来缓存数据再传送到下一级。找到数据头的方法有两种:第一种,增加一条表示数据起始位置的信号线;第二种,对于异步系统,则常常在数据中插入一段有特殊码型的同步码(同步头),接收端通过相关运算检测到同步头。

(3) 级联的两个模块的基本时钟是异步时钟域的,如何把前级输出的数据准确地传送到下一级模块中?

如果输入数据的节拍和本级芯片的处理时钟同频,可以直接用本级芯片的主时钟对输入数据寄存器采样,完成输入数据的同步;如果输入数据和本级芯片的处理时钟是异步的,特别当两个时钟的频率不是由同一石英晶体分频产生的,则起码对输入数据做两次以上的采样寄存,才能初步完成输入数据的读入。需要说明的是对异步时钟域的数据进行两次以上采样,其作用只是防止了数据状态不稳定的传播,使后级电路处理的数据都是有效电平。但是这种做法并不能保证两级寄存器采样后的数据是完全正确的电平,这种方式处理一般都会读入一定数量的错误数据,所以只适用于允许发生少量错误的电路功能单元。

为了避免由异步时钟域产生的错误,经常使用双口 RAM(DPRAM)、FIFO 缓存的方法完成异步时钟域之间的数据传送。在输入端口使用前级时钟写数据,在输出端口使用本级时钟读数据,并有缓冲器空或满的控制信号来管理数据的读写,以避免数据的丢失,可以非常方便准确地完成异步时钟域之间的数据交换。为了解决数据接口的同步时发生的问题通过实际例子说明如何设计这样的接口。

小 结

复杂数字系统是由组合逻辑部件和时序逻辑电路部件连接组成的,组合逻辑的输出必须暂时存在寄存器中,组合逻辑输出的数据存入寄存器的时机必须合适,必须注意防止把组合逻辑中由于冒险竞争产生的不稳定信号值存入寄存器。这会严重影响以后的逻辑操作和处理。为了保证逻辑设计非常可靠,并可以在不同工艺的器件中实现,所以必须采用可靠的同步设计方法,即芯片电路中必须有一个全局的时钟,并(通过控制电路芯片制造工艺实现)使得到达芯片中每个触发器的时钟端的时钟沿偏差(歪斜)非常小,这样设计者就可以通过控制使能端和时钟沿的配合,躲避冒险竞争现象,把理想的稳定的逻辑数据存入寄存器,供下一步逻辑操作或运算之用。产生这种可靠的以同步时钟为基准的产生多个使能控制信号的电路就是下面第12章要讲解的同步状态机。外来的异步信号若要高度可靠地引入芯片电路,必须符合一定的要求,并必须经过认真的同步处理,否则很容易产生电路设计隐患,系统设计工作者必须格外小心谨慎,严格测试,以避免出现此类情况。

思 考 题

1. 利用数字电路的基本知识解释,为什么说即使组合逻辑的输入端的所有信号同时变化,其输出端的各个信号不可能同时达到新的值? 各个信号变化的快慢由什么决定?
2. 如果组合逻辑的输入端信号变化非常快,其输出端的逻辑关系能否正确? 变化快到什么程度以后,就没有正确的输出? 如果还有正确输出,但时间片段很小,有什么办法可以加长正确输出的时间片?
3. 为使运算组合逻辑有一个确定的输出,为什么必须在复杂运算组合逻辑的输入端和输出端增加寄存器组来寄存数据?
4. 对每一个寄存器组来说,上一个时钟的正跳沿是为置数做准备,下一个时钟正跳沿是把本寄存器组置数(并为下一级运算组合逻辑送去输入信号),则为下一级寄存器组的置数做准备的先决条件是什么?
5. Verilog 语法中使用了哪一种赋值符号可以表示与硬件寄存器组实现完全一致的赋值方式?
6. 一个带使能端的寄存器组能被赋入一个正确的输入值需要哪 3 个条件?
7. 为什么建议大家采用同步时序逻辑来设计数字逻辑电路,异步逻辑有什么不好?
8. 简单叙述不同时钟域模块之间数据准确传送的方法。

第 12 章 同步状态机的原理、结构和设计

概 述

由于 Verilog HDL 和 VHDL 行为描述用于综合的历史还只有近 20 年的历史,可综合风格的 Verilog HDL 和 VHDL 的语法只是它们各自语言的一个子集。又由于 HDL 的可综合性研究近年来非常活跃,但可综合子集的国际标准目前尚未最后形成,因此各厂商的综合器所支持的 HDL 子集也略有所不同。本教材中有关可综合风格的 Verilog HDL 的内容,只着重介绍 RTL 级、算法级和门级逻辑结构的描述;而系统级(数据流级)的综合由于还不太成熟,暂不作介绍。由于寄存器传输级(RTL)描述的是以时序逻辑抽象所得到的有限状态机为依据,所以,把一个时序逻辑抽象成一个同步有限状态机是设计可综合风格的 Verilog HDL 模块的关键。在本章中,我们将在了解状态机结构的基础上通过各种实例,由浅入深地介绍各种可综合风格的 Verilog HDL 模块,并把重点放在时序逻辑的可综合有限状态机的 Verilog HDL 设计要点上。至于组合逻辑,因为比较简单,只须阅读典型的用 Verilog HDL 描述的可综合的组合逻辑的例子就可以掌握。为了更好地掌握可综合风格,还需要较深入地了解阻塞和非阻塞赋值的差别,以及在不同的情况下正确使用这两种赋值的方法。只有深入地理解阻塞和非阻塞赋值语句的细微不同,才有可能写出不仅可以仿真也可以综合的 Verilog HDL 模块。只要按照一定的原则来编写代码就可以保证 Verilog 模块综合前和综合后仿真的一致性。符合这样条件的可综合模块就是设计的目标,因为这种代码是可移植的,可综合到不同的 FPGA 和不同工艺的 ASIC 中,是一种具有知识产权价值的软核。

12.1 状态机的结构

图 12.1 表示的是数字电路设计中常用的时钟同步状态机的结构。其中状态寄存器是由一组触发器组成,用来记忆状态机当前所处的状态。如果状态寄存器由 n 个触发器组成,这个状态机最多可以记忆 2^n 个状态。所有的触发器的时钟端都连接在一个共同的时钟信号上,所以状态的改变只可能发生在时钟的跳变沿上。可能发生的状态的改变由正跳变还是由负跳变触发,取决于触发器的类型。状态是否改变、怎样改变还将取决于产生下一状态的组合逻辑 F 的输出,F 是当前状态和输入信号的函数。状态机的输出是由输出组合逻辑 G 提供的,G 也是当前状态和输入信号的函数。现代电路设计常用正跳变沿触发的 D 触发器,特别是在可编程逻辑器件上实现的用综合工具自动生成的状态机,其电路结构往往都是使用正跳变沿触发的 D 触发器。目前的 JK 触发器、其他类型的触发器和锁存器已经很少使用。图中的 F 和 G 两部分都是纯组合逻辑,它们的逻辑函数表达式如下:

下一个状态=F(当前状态,输入信号);

输出信号=G(当前状态,输入信号);

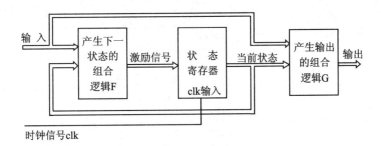

图 12.1　时钟同步的状态机结构（Mealy 状态机）

12.2　Mealy 状态机和 Moore 状态机的不同点

如果时序逻辑的输出不但取决于状态还取决于输入（见图 12.1），称为 Mealy 状态机。而有些时序逻辑电路的输出只取决于当前状态，即输出信号 = G（当前状态），这样的电路就称为 Moore 状态机，它的电路结构如图 12.2 所示。

很明显，这两种电路结构除了在输出电路部分有些不同外，其他地方都是相同的。在实际设计工作中，其实大部分状态机都属于 Mealy 状态机，因为状态机的输出中或多或少有几个属于 Mealy 类型的输出，输出不但与当前状态有关还与输入有关；还有几个输出属于 Moore 类型的，只与当前的状态有关。

在设计高速电路时，常常有必要使状态机的输出与时钟几乎完全同步。有一个办法是把状态变量直接用作输出，为此在指定状态编码时需要多费一些脑力，也可能会多用几个寄存器。这种设计思路，在高速状态机电路时常常使用，这称为输出编码的状态指定。这种状态机也属于图 12.2 所示的 Moore 状态机，但其输出组合逻辑部分只有连线，没有其他组合逻辑部件，详见［例 12.3］描述的状态机。

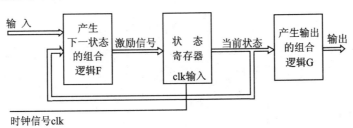

图 12.2　时钟同步的状态机结构（Moore 状态机）

设计高速状态机还有一种办法，即如图 12.3 所示，在输出逻辑 G 后面再加一组与时钟同步的寄存器输出流水线寄存器，让 G 所有的输出信号在下一个时钟跳变沿时同时存入寄存器组，即完全同步地输出，把这种输出称为流水线化的输出(pipelined outputs)。

其实这几种状态机之间，只要做一些改变，便可以从一种形式转变为另一种形式。例如将图 12.3 所示的状态机中产生流水输出的寄存器省去，把这些寄存器用在状态记忆上，就可以很容易地得到一个把状态变量用作输出信号的 Moore 状态机，详见［例 12.3］描述的状态机。

把状态机精确地分为这类或那类，其实并不重要，重要的是设计者如何把握输出的结构能满足设计的整体目标,包括定时的准确性和灵活性。

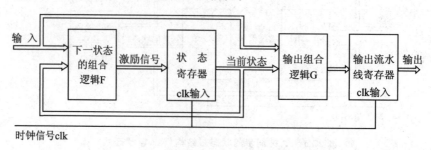

图 12.3　带流水线输出的 Mealy 状态机

12.3　如何用 Verilog 来描述可综合的状态机

在 Verilog HDL 中可以用许多种方法来描述有限状态机,最常用的方法是用 always 语句和 case 语句。图 12.4 所示的状态转移图表示了一个简单的有限状态机,[例 12.1]的程序就是该有限状态机的多种 Verilog HDL 模型之一。

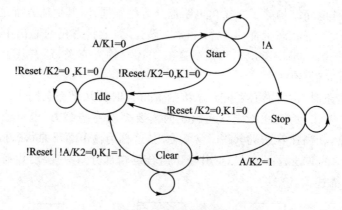

图 12.4　状态转移图

图中所示的状态转移图表示了一个 4 状态的有限状态机,它的同步时钟是 clk,输入信号是 A 和 Reset,输出信号是 K2 和 K1。状态的转移只能在同步时钟(Clock)的上升沿时发生,往哪个状态的转移则取决于目前所在的状态和输入的信号(Reset 和 A)。下面的例子是该有限状态机的 Verilog HDL 模型之一。

12.3.1　用可综合 Verilog 模块设计状态机的典型办法

【例 12.1】　有限状态机的 Verilog HDL 模型之一,Gray 编码。

```
module  fsm (Clock, Reset, A,  K2, K1,state);
input Clock, Reset, A;
output K2, K1;
output [1:0]state;
reg K2, K1;
reg [1:0] state ;
```

```verilog
parameter   Idle  = 2'b00,
            Start = 2'b01;
            Stop  = 2'b10,
            Clear = 2'b11;

always @(posedge Clock)
    if(! Reset)
        begin
            state <= Idle;
            K2 <= 0;
            K1 <= 0;
        end
    else
        case(state)
            Idle: if(A)   begin
                            state <= Start;
                            K1 <= 0;
                          end
                  else begin
                            state <= Idle;
                            K2 <= 0;
                            K1 <= 0;
                       end
            Start: if(! A)  state <= Stop;
                   else     state <= Start;
            Stop: if(A) begin
                            state <= Clear;
                            K2 <= 1;
                        end
                  else  begin
                            state <= Stop;
                            K2 <= 0;
                            K1 <= 0;
                        end
            Clear: if(! A) begin
                            state <= Idle;
                            K2 <= 0;
                            K1 <= 1;
                          end
                   else begin
                            state <= Clear;
```

```
                                K2<=0;
                                K1<=1;
                    end
            default: state<=2'bxx;
            endcase
    endmodule
```

我们还可以用另一个 Verilog HDL 模型来表示同一个有限状态,见下例。

12.3.2　用可综合的 Verilog 模块设计、用独热码表示状态的状态机

【例 12.2】用可综合的 Verilog 模块设计和独热编码表示的状态机。

```
    module fsm (Clock, Reset, A, K2, K1);
        input Clock, Reset, A;
        output K2, K1;
        reg K2, K1;
        reg [3:0] state;

        parameter   Idle  = 4'b1000,
                    Start = 4'b0100,
                    Stop  = 4'b0010,
                    Clear = 4'b0001;

        always @(posedge clock)
            if (! Reset)
                begin
                    state<=Idle;
                    K2<=0;
                    K1<=0;
                end
            else
                case (state)
                    Idle:   if (A)  begin
                                state<=Start;
                                K1<=0;
                            end
                            else begin
                                state<=Idle;
                                K2<=0;
                                K1<=1;
                            end
                    Start:  if (! A)  state<=Stop;
                            else      state<=Start;
                    Stop:   if (A) begin
```

```
                    state<=Clear;
                    K2<=1;
                    end
                  else  begin
                        state<=Stop;
                         K2<=0;
                         K1<=0;
                    end
            Clear:  if(! A)  begin
                          state<=Idle;
                          K2<=0;
                          K1<=1;
                         end
                    else  begin
                          state<=Clear;
                          K2<=0;
                          K1<=0;
                    end
            default:  state<=Idle;
            endcase
       endmodule
```

[例 12.2]与[例 12.1]的主要不同点是状态编码,[例 12.2]采用了独热编码,而[例 12.1]则采用 Gray 编码,究竟采用哪一种编码好要看具体情况而定。对于用 FPGA 实现的有限状态机建议采用独热码,因为虽然独热编码多用了两个触发器,但所用组合电路可省一些,因而使电路的速度和可靠性有显著提高,而总的单元数并无显著增加。采用独热编码后有了多余的状态,就有一些不可到达的状态。为此,在 case 语句的最后需要增加 default 分支项。这可以用默认项表示该项,也可以用确定项表示,以确保回到 Idle 状态。一般综合器都可以通过综合指令的控制来合理地处理默认项。

12.3.3 用可综合的 Verilog 模块设计、由输出指定的码表示状态的状态机

[例 12.3]采用了另一种方法,即在前面状态机结构部分讲过的,把输出直接指定为状态码。也就是把状态码的指定与状态机控制的输出联系起来,把状态的变化直接用作输出,这样做可以提高输出信号的开关速度并节省电路器件。但这种方法也有缺点,就是开关的维持时间必须与状态维持的时间一致,如果要完全实现上面两例子的开关输出波形,需要增加状态才能实现。这种设计方法常用在高速状态机中,建议大家在设计高速状态机时采用[例 12.3]的风格。例中 state[4] 和 state[0] 分别表示前面两个例子中的输出 K2 和 K1。

【例 12.3】 由输出指定的码表示状态的状态机。

```
       module  fsm (Clock, Reset, A,  K2, K1,state);
          input Clock, Reset, A;
          output K2, K1;
```

```verilog
        output[4:0]state;
reg[4:0]state;
    assign K2= state[4];        //把状态变量的最高位用作输出 K2
    assign K1= state[0];        //把状态变量的最低位用作输出 K1
    parameter
    //----------    K2_i_j_K1 ---------- output coded state assignment    ---------
    Idle        = 5'b0_0_0_0_0,
    Start       = 5'b0_0_0_1_0,
    Stop        = 5'b0_0_1_0_0,
    StopToClear = 5'b1_1_0_0_0,
    Clear       = 5'b0_1_0_1_0,
    ClearToIdle = 5'b0_0_1_1_1;

    always @(posedge Clock)
      if (! Reset)
        begin
            state<=Zero;
        end
      else
      case (state)
        Idle: if (A)
                state<=Start;
            else state<=Idle;
        Start: if(! A) state<=Stop;
                else   state<=Start;

        Stop:  if (A)
                state<=StopToClear;
            else   state<=Stop;


StopToClear: state<=Clear;
        Clear:  if(! A)
                state<=ClearToIdle;
                else   state<=Clear;


        ClearToIdle:  state<=Idle;


defaule:  state<=Idle;

endcase

endmodule
```

12.3.4 用可综合的 Verilog 模块设计复杂的多输出状态机时常用的方法

在比较复杂的状态机设计过程中,往往把状态的变化与输出开关的控制分成两部分来考虑,就像前面讲过的 Mealy 状态机输出部分的组合逻辑。为了调试方便,还常常把每一个输出开关写成一个个独立的 always 组合块。在调试多输出状态机时,这样做比较容易发现问题和改正模块编写中出现的问题。建议大家在设计复杂的多输出状态机时采用[例 12.4]的风格举例,说明如下:

【例 12.4】 用可综合的 Verilog 模块设计复杂的多输出状态机。

```verilog
module  fsm (Clock, Reset, A,  K2, K1);
    input Clock, Reset, A;
    output K2, K1;
    reg K2, K1;
    reg [1:0] state,nextstate;

parameter
    Idle=2'b00,
    Start=2'b01,
    Stop=2'b10,
    Clear=2'b11;
//--------每一个时钟沿产生一次可能的状态变化---------
always @(posedge Clock)
    if (! Reset)
        state <= Idle;
    else
        state <= nextstate;
//------------------------------------------------------------
//------------产生下一状态的组合逻辑--------------------------
always @(state or A)
    case (state)
        Idle: if (A)
                        nextstate = Start;
              else      nextstate = Idle;
        Start: if (! A) nextstate = Stop;
               else     nextstate = Start;
        Stop: if (A)    nextstate = Clear;
              else      nextstate = Stop;
        Clear: if (! A) nextstate = Idle;
               else     nextstate = Clear;
        default:        nextstate = 2'bxx;
    endcase
//------------------------------------------------------------
//---------- 产生输出 K1 的组合逻辑---------------------------
```

```verilog
        always @(state or Reset or A)
          if (! Reset) K1=0;
            else
                if (state = = Clear && ! A)  //从 Clear 转向 Idle
                    K1=1;
                  else K1= 0;

    //-- -----------产生输出 K2 的组合逻辑 ----------------------
        always @(state or Reset or A )
          if (! Reset) K2 = 0;
            else
                if (state = = Stop && A) // 从 Stop 转向 Clear
                    K2 = 1;
                  else K2 = 0;
    //-------------------------------------------------------------------------------------

        endmodule
```

这种风格的描述比较适合大型的状态机,查错和修改比较容易。Synopsys 公司的综合器建议使用这种风格来描述状态机。

上面 4 个例子是同一个状态机的 4 种不同的 Verilog HDL 模型,它们都是可综合的,在设计复杂程度不同的状态机时有它们各自的优势。如用不同的综合器对这 4 个例子进行综合,综合出的逻辑电路可能会有些不同,但逻辑功能是相同的。下面列出测试不同风格状态机测试模块供大家参考。

测试模块:

```verilog
    `timescale 1ns/1ns
    module t;
        reg a;
        reg clock, rst;
        wire k2, k1;
    initial                                    // initial 常用于仿真时信号的给出
        begin
            a = 0;
            rst = 1;                           //给复位信号变量赋初始值
            clock = 0;                         //给时钟变量赋初始值
            #22 rst = 0;                       //使复位信号有效
            #133 rst = 1;                      //经过一个多周期后使复位信号无效
        end

    always #50 clock = ~clock;                 //产生周期性的时钟
    always @ (posedge clock)                   //在每次时钟正跳变沿时刻产生不同的 a
        begin
```

```
            #30 a = {$random}%2;        // 每次 a 是 0 还是 1 是随机的
            #(3*50+12);                 // a 的值维持一段时间
        end
    initial
        begin #100000 $stop; end        //系统任务,暂停仿真以便观察仿真波形

//-------------------- 调用被测试模块 t.m--------------------
    fsm m(.Clock(clock),.Reset(rst),.A(a),.K2(k2),.K1(k1));

endmodule
```

下面总结了有限状态机设计的一般步骤,供大家参考。

小 结

有限状态机设计的一般步骤:

(1) 逻辑抽象,得出状态转换图　就是把给出的一个实际逻辑关系表示为时序逻辑函数,可以用状态转换表来描述,也可以用状态转换图来描述。这就需要:

① 分析给定的逻辑问题,确定输入变量、输出变量以及电路的状态数。通常是取原因(或条件)作为输入变量,取结果作为输出变量。

② 定义输入、输出逻辑状态的含意,并将电路状态顺序编号。

③ 按照要求列出电路的状态转换表或画出状态转换图。

这样,就把给定的逻辑问题抽象到一个时序逻辑函数了。

(2) 状态化简　如果在状态转换图中出现这样两个状态,它们在相同的输入下转换到同一状态去,并得到一样的输出,则称为等价状态。显然等价状态是重复的,可以合并为一个。电路的状态数越少,存储电路也就越简单。状态化简的目的就在于将等价状态尽可能地合并,以得到最简的状态转换图。

(3) 状态分配　状态分配又称状态编码。通常有很多编码方法,编码方案选择得当,设计的电路可以简单,反之,选得不好,则设计的电路就会复杂许多。在实际设计时,须综合考虑电路复杂度与电路性能之间的折衷。在触发器资源丰富的 FPGA 或 ASIC 设计中,采用独热编码(one-hot-coding)既可以使电路性能得到保证又可充分利用其触发器数量多的优势,也可以采取输出编码的状态指定来简化电路结构,并提高状态机的运行速度。

(4) 选定触发器的类型并求出状态方程、驱动方程和输出方程。

(5) 按照方程得出逻辑图　用 Verilog HDL 来描述有限状态机,可以充分发挥硬件描述语言的抽象建模能力,使用 always 块语句和 case(if)等条件语句及赋值语句即可方便实现。具体的逻辑化简、逻辑电路到触发器映射均可由计算机自动完成。上述设计步骤中的第(2)步及(4)、(5)步不再需要很多的人为干预,使电路设计工作得到简化,效率也有很大的提高。

思 考 题

1. 举例说明状态分配对状态机电路的复杂度和速度的影响。

2. 分别说明和解释[例 12.1]～[例 12.4]中两种不同赋值(即非阻塞赋值"<="和阻塞赋值"=")的用法,和逻辑关系等号"=="的含义。

3. 一般情况下状态机中的状态变量是用来干什么的?是否可以把状态变量中的某些位指定为状态机的输出,直接用来控制逻辑开关?这样做有什么好处?有什么缺点?

4. 分析[例 12.1]～[例 12.4]中用 Verilog 编写的状态机模块。经综合后产生的电路结构中,哪个属于 Mealy 状态机?哪个属于 Moore 状态机?请在认真分析及综合出来的电路结构后,给出正确的答案。

5. 如果需要设计带流水线输出的 Mealy 状态机,其 Verilog 模块应该如何编写?请您编写一下,并通过综合器产生电路结构,分析其电路结构和时序。

6. 在状态机的测试模块中,最后面的 initial 块语句有什么作用,若测试模块中没有最后 initial 语句块能不能进行仿真?如果能,需要注意什么?本测试模块还有什么地方没有测试到?应该如何改进?

第 13 章　设计可综合的状态机的指导原则

概　述

同步有限状态机的 Verilog 模块其实并不难编写,在第 12 章中已经通过一个简单的例子说明了如何用 Verilog 语言来表达一个简单的状态机。这个例子虽然简单,但可以在这样一个模块的基础上,加上若干个状态和条件,就可以表示出很复杂的状态机。第 12 章中所介绍的状态机模块设计举例就是用 Verilog 语言描述的显示状态机。其代码是显示状态机代码的标准样板。任何一种综合工具都能把这种风格的 Verilog 模块转换为门级网表。有了综合工具,把一个已抽象为状态机的思路变为具体的由门级逻辑元件组成的电路变得非常简单。关键的问题是如何才能把一个电路系统抽象为一个或多个互相配合嵌套的状态机和组合逻辑模块? 什么是标准的可以被任何综合器接受,并能转换为门级网表的 Verilog 状态机模块呢? 编写时需要注意什么? 在本章中将通过许多具体的例子着重讲解这些问题。

13.1　用 Verilog HDL 语言设计可综合的状态机的指导原则

因为大多数 FPGA 内部的触发器数目相当多,又加上独热码状态机(one hot state machine)的译码逻辑最为简单,所以在设计采用 FPGA 实现的状态机时,往往采用独热码状态机(即每个状态只有一个寄存器置位的状态机)。

建议采用 case,casex 或 casez 语句来建立状态机的模型,因为这些语句表达清晰明了,可以方便地从当前状态分支转向下一个状态并设置输出。不要忘记写上 case 语句的最后一个分支 default,并将状态变量设为 'bx,这就等于告知综合器:case 语句已经指定了所有的状态。这样综合器就可以删除不需要的译码电路,使生成的电路简洁,并与设计要求一致。

如果将默认状态设置为某一确定的状态(例如:设置 default:state = state1)行不行呢? 回答是:这样做有一个问题需要注意。因为尽管综合器产生的逻辑和设置 default:state = 'bx 时相同,但是状态机的 Verilog HDL 模型综合前和综合后的仿真结果会不一致。为什么会是这样呢? 因为启动仿真器时,状态机所有的输入都不确定,因此立即进入 default 状态。这样的设置便会将状态变量设为 state1,但是实际硬件电路的状态机在通电之后,进入的状态是不确定的,很可能不是 state1 的状态,因此还是设置 default:state = 'bx 与实际情况更一致。但在有多余状态的情况下,可以通过综合指令(关于综合指令将在高级篇里讲解)将默认状态设置为某一确定的有效状态,因为这样做能使状态机在偶然进入多余状态后,仍能在下一时钟跳变时返回正常工作状态,否则会引起死锁。

状态机应该有一个异步或同步复位端,以便在通电时将硬件电路复位到有效状态,也可以在操作中将硬件电路复位(大多数 FPGA 结构都允许使用异步复位端)。

目前大多数综合器往往不支持在一个 always 块中由多个事件触发的状态机(即隐含状态机，implicit state machines)，为了能综合出有效的电路，用 Verilog HDL 描述的状态机应明确地由唯一时钟触发。如果设计要求必须有不同的时钟触发的状态机，可以采用以下办法：编写另一个模块，在那个模块中使用另外一个时钟；然后用实例引用的方法在另外一个模块中把它们连接起来。为了使设计比较简单，调试比较容易，应该尽量使这两个状态机的时钟有一定的关系。例如甲模块的时钟是乙模块时钟同步计数器的输出。

目前大多数综合器不能综合异步状态机，但可采用 Verilog HDL 描述的异步状态机转换为电路网表。异步状态机是没有确定时钟的状态机，它的状态转移不是由唯一的时钟跳变沿所触发。

之所以不能用异步状态机来综合的原因是因为异步状态机不容易规范触发的瞬间，因此不容易判别触发脉冲是正常的触发还是冒险竞争产生的毛刺。而同步状态机的时钟是由同一时钟产生的，通过特殊设计的全局时钟网络将唯一的时钟连接到每个触发器的时钟端，使得时钟沿到达每个触发器时钟端的时刻几乎完全相同。因此，只要知道组合逻辑的延迟，例如小于一个时钟周期或若干个时钟周期，就可以安排适当的时序让组合逻辑块有最快的稳定和正确的输出，并可靠地存在寄存器中，作为另一级电路的输入。若存在异步的触发时钟，则逻辑电路就很难用统一的方法来解决由于逻辑元件延迟产生的冒险和竞争现象出现的毛刺所造成的混乱。

千万不要使用综合工具来设计异步状态机。因为目前大多数综合工具在对异步状态机进行逻辑优化时会胡乱地简化逻辑，使综合后的异步状态机不能正常工作。如果一定要设计异步状态机，建议采用电路图输入的方法(或用实例引用的写法把几个引用的实例用异步时钟连接起来)，而不要直接用 Verilog RTL 级别的描述方法通过综合来产生。

在 Verilog HDL 中，状态必须明确赋值。通常使用参数(parameters)或宏定义(define)语句加上赋值语句来实现。使用参数(parameters)语句赋状态值见下列程序：

```
    parameter   state1 = 2'h1, state2 = 2'h2;
        ⋮
        current_state = state2;         //把 current state 设置成 2'h2
        ⋮
```

使用宏定义(define)语句赋状态值见下列程序：

```
   `define state1 2'h1
   `define state2 2'h2
        ⋮
   current_state = `state2;         //把 current state 设置成 2'h2
```

13.2 典型的状态机实例

以宇宙飞船控制器作为典型的的状态机分析如下：

```
module  statemachine( launch_shuttle, land_shuttle, start_countdown,
                      start_trip_meter, clk, all_systems_go,
```

```verilog
                    just_launched, is_landed, cnt, abort_mission);
output     launch_shuttle, land_shuttle, start_countdown, start_trip_meter;
input      clk, just_launched, is_landed, abort_mission, all_systems_go;
input   [3:0]  cnt;
reg        launch_shuttle, land_shuttle, start_countdown, start_trip_meter;
           //设置独热码状态的参数
parameter  HOLD=5'b00001, SEQUENCE=5'b00010, LAUNCH=5'b00100;
parameter  ON_MISSION=5'b01000, LAND=5'b10000;
reg    [4:0]  state;

    always @(negedge clk or posedge abort_mission)
        begin
            //检查异步 reset 的值,即 abort_mission 的值
            if(abort_mission)
            begin
        {launch_shuttle, land_shuttle, start_trip_meter, start_countdown}<= 4'b0000;
                state<=LAND;
            end
            else
            begin
                /*主状态机,状态变量 state*/
                case(state)
                HOLD: if(all_systems_go)
                        begin
                            state<=SEQUENCE;
                            start_countdown<=1;
                        end
                    else
                        state<=HOLD;
                SEQUENCE: if(cnt==0)
                            state <= LAUNCH;
                        else
                            state<=SEQUENCE;

                LAUNCH:
                    begin
                        state<=ON_MISSION;
                        launch_shuttle<=1;
                    end
                ON_MISSION:
                    //取消使命前,一直留在使命状态
                    if(just_launched)
                        start_trip_meter<=1;
                    else
                        state<=ON_MISSON;
```

```
                LAND：
                    if(is_landed)
                            state<=HOLD；
                        else
                            begin
                                land_shuttle<=1；
                                state<=LAND；
                            end
                default： state<=5'bxxxxx；
            endcase
        end
    end         // end of if-else
endmodule
```

13.3　综合的一般原则

通常，综合的一般原则为：

(1) 综合之前一定要进行仿真，这是因为仿真会暴露逻辑错误，所以建议大家这样做。如果不做仿真，没有发现的逻辑错误会进入综合器，使综合的结果产生同样的逻辑错误。

(2) 每一次布局布线之后都要进行仿真，在器件编程或流片之前要做最后的仿真。

(3) 用 Verilog HDL 描述的异步状态机是不能综合的，因此应该避免用综合器来设计；如果一定要设计异步状态机，则可用电路图输入的方法来设计。

(4) 如果要为电平敏感的锁存器建模，使用连续赋值语句是最简单的方法。

13.4　语言指导原则

1. always 块

(1) 每个 always 块只能有一个事件控制"@(event-expression)"，而且要紧跟在 always 关键字的后面。

(2) always 块可以表示时序逻辑或者组合逻辑，也可以用 always 块既表示电平敏感的透明锁存器又同时表示组合逻辑，但是不推荐使用这种描述方法，因为这容易产生错误和多余的电平敏感的透明锁存器。

(3) 带有 posedge 或 negedge 关键字的事件表达式表示沿触发的时序逻辑，没有 posedge 或 negedge 关键字的表示组合逻辑或电平敏感的锁存器，或者两种都表示。在表示时序和组合逻辑的事件控制表达式中，如有多个沿和多个电平，其间必须用关键字"or"连接。

(4) 每个表示时序 always 块只能由一个时钟跳变沿触发，置位或复位最好也由该时钟跳变沿触发。

(5) 每个在 always 块中赋值的信号都必须定义成 reg 型或整型。整型变量默认为 32 位，使用 Verilog 操作符可对其进行二进制求补的算术运算。综合器还支持整型变量的范围说明，这样就允许产生不是 32 位的整型量。句法结构为：integer[⟨msb⟩:⟨lsb⟩]⟨identifier⟩。

(6) always 块中应该避免组合反馈回路。每次执行 always 块时，在生成组合逻辑的

always块中赋值的所有信号必须有明确的值；否则，需要设计者在设计中加入电平敏感的锁存器来保持赋值前的最后一个值。只有这样，综合器才能正常生成电路；如果不这样做，综合器会发出警告，提示设计中插入了锁存器。如果在设计中存在综合器认为不是电平敏感锁存器的组合回路时，综合器会发出错误信息（例如设计中有异步状态机时）。

上述原则不太好理解，让我们再作解释。也就是说，用 always 块设计纯组合逻辑电路时，在生成组合逻辑的 always 块中参与赋值的所有信号都必须有明确的值，即在赋值表达式右端参与赋值的信号都必须在 always @（敏感电平列表）中列出。如果在赋值表达式右端引用了敏感电平列表中没有列出的信号，那么在综合时，将会为该没有列出的信号隐含地产生一个透明锁存器。这是因为该信号的变化不会立刻引起所赋值的变化，而必须等到敏感电平列表中某一个信号变化时，它的作用才显现出来，也就是相当于存在着一个透明锁存器，即把该信号的变化暂存起来，待敏感电平列表中某一个信号变化时再起作用，纯组合逻辑电路不可能做到这一点。这样，综合后所得的电路已经不是纯组合逻辑电路了，这时综合器会发出警告，提示设计中插入了锁存器。见下例。

例如：
```verilog
input a,b,c;
    reg e,d;
    always @(a or b or c)
      begin
        e = d & a & b;
        /* 因为 d 没有在敏感电平列表中，所以 d 变化时，e 不能立刻变化，要等到 a 或 b 或 c
           变化时才体现出来。也就是说，实际上相当于存在一个电平敏感的透明锁存器在
           起作用，把 d 信号的变化锁存其中   */
        d = e | c;
      end
```

2. 赋 值

（1）对一个寄存器型（reg）和整型（integer）变量给定位的赋值，只允许在一个 always 块内进行，如在另一个 always 块中也对其赋值，这是非法的。

（2）把某一信号值赋为 'bx，综合器就把它解释成无关状态，因而综合器为其生成的硬件电路最简洁。

13.5 可综合风格的 Verilog HDL 模块实例

13.5.1 组合逻辑电路设计实例

【例 13.1】 8 位带进位端的加法器的设计实例（利用简单的算法描述）。

```verilog
module adder_8(cout,sum,a,b,cin);
    output cout;
    output [7:0] sum;
    input cin;
    input[7:0] a,b;
    assign {cout,sum}=a+b+cin;
```

endmodule

【例 13.2】 指令译码电路的设计实例(利用电平敏感的 always 块来设计组合逻辑)。

```verilog
//操作码的宏定义
`define plus      3'd0
`define minus     3'd1
`define band      3'd2
`define bor       3'd3
`define unegate   3'd4

module alu (out,opcode,a,b);
output [7:0] out;
input  [2:0] opcode;
input  [7:0] a,b;
reg    [7:0] out;

always @(opcode or a or b)
//用电平敏感的 always 块描述组合逻辑
begin
  case(opcode)
    //算术运算
      `plus:  out=a+b;
      `minus: out=a-b;
    //位运算
      `band:  out=a&b;
      `bor:   out=a|b;
    //单目运算
      `unegate: out=~a;
      default: out=8'hx;
  endcase
end
endmodule
```

【例 13.3】 利用 task 和电平敏感的 always 块设计经比较后重组信号的组合逻辑。

```verilog
module sort4(ra,rb,rc,rd,a,b,c,d);
  parameter t=3;
  output [t:0] ra, rb, rc, rd;
  input  [t:0] a, b, c, d;
  reg [t:0] ra, rb, rc, rd;

  always @(a or b or c or d)
  //用电平敏感的 always 块描述组合逻辑
    begin: local     //此处 begin-end 块必须有一模块名,因为块中定义了局部变量
```

第 13 章　设计可综合的状态机的指导原则

```
        reg [t:0] va, vb, vc, vd;
        {va,vb,vc,vd}={a,b,c,d};
        sort2(va,vc);
        sort2(vb,vd);
        sort2(va,vb);
        sort2(vc,vd);
        sort2(vb,vc);
        {ra,rb,rc,rd}={va,vb,vc,vd};
    end

    task  sort2;
      inout [t:0] x, y;
      reg [t:0] tmp;
      if( x > y )
          begin
            tmp = x;
            x = y;
            y = tmp;
          end
    endtask

endmodule
```

【例 13.4】　比较器的设计实例（利用赋值语句设计组合逻辑）。

```
module compare(equal,a,b);
parameter size=1;
output equal;
input [size-1:0] a, b;
  assign  equal =(a==b)? 1 : 0;
endmodule
```

【例 13.5】　3-8 译码器设计实例（利用赋值语句设计组合逻辑）。

```
module decoder(out,in);
output [7:0] out;
input [2:0] in;
  assign  out = 1'b1<<in;
/ * * * * 把最低位的 1 左移 in(根据从 in 口输入的值)位,并赋予 out    * * * */
endmodule
```

【例 13.6】　8-3 编码器的设计实例。
编码器设计方案之一：

```
module  encoder1(none_on,out,in);
```

```verilog
        output none_on;
        output [2:0] out;
        input [7:0] in;
        reg [2:0] out;
        reg none_on;
        always @(in)
            begin: local    //此处 begin-end 块必须有一模块名,因为块中定义了局部变量
                integer i;
                out = 0;
                none_on = 1;
                /* 返回输入信号 in 的 8 位中,为 1 的最高位数 */
                for( i=0; i<8; i=i+1 )
                    begin
                        if( in[i] )
                            begin
                                out = i;
                                none_on = 0;
                            end
                    end
            end

endmodule
```

编码器设计方案之二:

```verilog
    module encoder2 ( none_on, out2, out1, out0, h, g, f, e, d, c, b, a);
        input h, g, f, e, d, c, b, a;
        output none_on, out2, out1, out0;
        wire [3:0] outvec;

        assign outvec= h? 4'b0111 : g? 4'b0110 : f? 4'b0101:
        e? 4'b0100 : d? 4'b0011 :c? 4'b0010 : b? 4'b0001:
        a? 4'b0000 : 4'b1000;

        assign none_on = outvec[3];
        assign    out2 = outvec[2];
        assign    out1 = outvec[1];
        assign    out0 = outvec[0];

endmodule
```

编码器设计方案之三:

```verilog
    module encoder3 (none_on, out2, out1, out0, h, g,f, e, d, c, b, a);
        input h, g, f, e, d, c, b, a;
```

```
            output out2, out1, out0;
            output none_on;
            reg [3:0] outvec;

            assign {none_on,out2,out1,out0} = outvec;

        always @( a or b or c or d or e or f or g or h)
            begin
              if(h)         outvec=4'b0111;
              else if(g)    outvec=4'b0110;
              else if(f)    outvec=4'b0101;
              else if(e)    outvec=4'b0100;
              else if(d)    outvec=4'b0011;
              else if(c)    outvec=4'b0010;
              else if(b)    outvec=4'b0001;
              else if(a)    outvec=4'b0000;
              else          outvec=4'b1000;
            end
        endmodule
```

【例 13.7】 多路器的设计实例。

使用连续赋值、case 语句或 if-else 语句可以生成多路器电路。如果条件语句(case 或 if-else)中分支条件是互斥的话,综合器能自动地生成并行的多路器。

多路器设计方案之一:

```
        modul emux1(out, a, b, sel);
            output out;
            input a, b, sel;
              assign out = sel? a : b;
        endmodule
```

多路器设计方案之二:

```
        module  mux2( out, a, b, sel);
            output out;
            input a, b, sel;
            reg out;
            //用电平触发的 always 块来设计多路器的组合逻辑
              always @( a or b or sel )
              begin
        /* 检查输入信号 sel 的值,如为 1,输出 out 为 a,如为 0,输出 out 为 b. */
              case( sel )
                1'b1: out = a;
                1'b0: out = b;
                default: out = 'bx;
```

```
            endcase
        end
endmodule
```

多路器设计方案之三：

```
module mux3( out, a, b, sel);
    output out;
    input a, b, sel;
    reg out;
    always @( a or b or sel )
        begin
          if( sel )
              out = a;
          else
              out = b;
        end
endmodule
```

【例 13.8】 奇偶校验位生成器设计实例。

```
module parity( even_numbits, odd_numbits, input_bus);
    output even_numbits, odd_numbits;
    input [7:0] input_bus;
      assign odd_numbits = ^input_bus;
      assign even_numbits = ~odd_numbits;
endmodule
```

【例 13.9】 三态输出驱动器设计实例（用连续赋值语句建立三态门模型）。

三态输出驱动器设计方案之一：

```
module trist1( out, in, enable);
    output out;
    input in, enable;
    assign  out = enable? in : 'bz;
endmodule
```

三态输出驱动器设计方案之二：

```
module trist2( out, in, enable );
    output out;
    input in, enable;
    //bufif1 是 一个 Verilog 门级原语(primitive)
    bufif1 mybuf1(out, in, enable);
endmodule
```

【例 13.10】 三态双向驱动器设计实例。

```
module bidir(tri_inout, out, in, en, b);
```

```
       inout tri_inout;
       output out;
       input in, en, b;
          assign tri_inout = en? In : 'bz;
          assign out = tri_inout ^ b;
    endmodule
```

13.5.2 时序逻辑电路设计实例

【例 13.11】 触发器设计实例。

```
    module dff( q, data, clk);
       output q;
       input data, clk;
       reg q;
       always @( posedge clk )
          begin
            q <= data;
          end
    endmodule
```

【例 13.12】 电平敏感型锁存器设计实例之一。

```
    module latch1( q, data, clk);
       output q;
       input data, clk;
          assign q = clk? data : q;
    endmodule
```

【例 13.13】 带置位和复位端的电平敏感型锁存器设计实例之二。

```
    module latch2( q, data, clk, set, reset);
       output q;
       input data, clk, set, reset;
          assign q= reset? 0 : ( set? 1:(clk? data : q ) );
    endmodule
```

【例 13.14】 电平敏感型锁存器设计实例之三。

```
    module latch3( q, data, clk);
       output q;
       input data, clk;
       reg q;
          always @(clk or data)
            begin
               if(clk)
                  q=data;
```

　　　　end
　endmodule

注意:有的综合器会产生一警告信息,告诉你产生了一个电平敏感型锁存器。因为我们设计的就是一个电平敏感型锁存器,就不用管这个警告信息。

【例 13.15】 移位寄存器设计实例。

```verilog
module shifter( din, clk, clr, dout);
    input din, clk, clr;
    output [7:0] dout;
    reg [7:0] dout;
    always @(posedge clk)
      begin
        if(clr)                        //清零
          dout <= 8'b0;
        else
          begin
            dout <= dout<<1;           //左移一位
            dout[0] <= din;            //把输入信号放入寄存器的最低位
          end
      end
endmodule
```

【例 13.16】 8 位计数器设计实例之一。

```verilog
module counter1( out, cout, data, load, cin, clk);
    output [7:0] out;
    output cout;
    input [7:0] data;
    input load, cin, clk;
    reg [7:0] out;
    always @(posedge clk)
      begin
        if( load )
            out <= data;
        else
            out <= out + cin;
      end
    assign cout=(& out) & cin;
    //只有当out[7:0]的所有各位都为1,并且进位cin也为1时才能产生进位cout
endmodule
```

【例 13.17】 8 位计数器设计实例之二。

```
module counter2( out, cout, data, load, cin, clk);
    output [7:0] out;
    output cout;
    input [7:0] data;
    input load, cin, clk;
    reg [7:0] out;
    reg cout;
    reg [7:0] preout;
    //创建 8 位寄存器
    always @(posedge clk)
    begin
    out <= preout;
    end
    /****计算计数器和进位的下一个状态。注意:为提高性能不希望加载影响进位****/
    always @( out or data or load or cin )
        begin
          {cout, preout} = out + cin;
          if(load)
                preout = data;
        end
endmodule
```

13.6 状态机的置位与复位

13.6.1 状态机的异步置位与复位

异步置位与复位是与时钟无关的。当异步置位与复位到来时它们立即分别置触发器的输出为 1 或 0,不需要等到时钟沿到来才置位或复位。把它们列入 always 块的事件控制括号内就能触发 always 块的执行。因此,当它们到来时就能立即执行一次指定的操作。所以当触发条件(如时钟的跳变沿)反复出现时,就可以反复执行指定的操作。

状态机的异步置位与复位是用 always 块和事件控制实现的。先让我们来看一下事件控制的语法:

(1) 事件控制语法:

@(<沿关键词 时钟信号
　　or 沿关键词 复位信号
　　　　or 沿关键词 置位信号>)

沿关键词包括 posedge(用于高电平有效的 set、reset 或上升沿触发的时钟)和 negedge(用于低电平有效的 set、reset 或下降沿触发的时钟),信号可以按任意顺序列出。

(2) 事件控制实例：

① 异步、高电平有效的置位(时钟的上升沿)：@(posedge clk or posedge set)。

② 异步、低电平有效的复位(时钟的上升沿)：@(posedge clk or negedge reset)。

③ 异步、低电平有效的置位和高电平有效的复位(时钟的上升沿)：@(posedge clk or negedge set or posedge reset)。

④ 带异步、高电平有效的置位与复位的 always 块样板：

```
always @(posedge clk or posedge set or posedge reset)
  begin
    if(reset)
      begin
        /*置输出为 0*/
      end
    else
      if(set)
        begin
          /*置输出为 1*/
        end
      else
        begin
          /*与时钟同步的逻辑*/
        end
  end
```

⑤ 带异步高电平有效的置/复位端的 D 触发器实例：

```
module dff1( q, qb, d, clk, set, reset );
    input d, clk, set, reset;
    output q, qb;
    //声明 q 和 qb 为 reg 类型,因为它需要在 always 块内赋值
    reg q, qb;

    always @( posedge clk or posedge set or posedge reset )
      begin
        if(reset)
          begin
            q<=0;
            qb<=1;
          end
        else
          if (set)
            begin
              q<=1;
              qb<=0;
```

```
                    end
                else
                    begin
                        q<=d;
                        qb<=~d;
                    end
            end
        endmodule
```

13.6.2 状态机的同步置位与复位

同步置位与复位是指只有在时钟的有效跳变沿时刻置位或复位,信号才能使触发器置位或复位(即,使触发器的输出分别转变为逻辑 1 或 0)。因此不要把 set 和 reset 信号名列入 always 块的事件控制表达式,因为当它们有变化时不应触发 always 块的执行。相反,always 块的执行应只由时钟有效跳变沿触发,是否置位或复位应在 always 块中首先检查 set 和 reset 信号的电平。所以,set 或 reset 的电平维持时间必须大于时钟沿的间隔时间,否则 set 和 reset 不能每次都能有效地完成置位和复位的工作。为此在编写测试模块时和设计与其配合的电路时要注意这个问题。

(1) 事件控制语法：

$$@(<沿关键词\ 时钟信号>)$$

其中,沿关键词是指 posedge(正沿触发的时钟)或 negedge(负沿触发的时钟)。

(2) 事件控制实例：

① 正沿触发：

```
                @(posedge clk)
```

② 负沿触发：

```
                @(negedge clk)
```

③ 同步的具有高电平有效的置位与复位端的 always 块样板：

```
        always @(posedge clk)
            begin
                if(reset)
                    begin
                        /* 置输出为 0 */
                    end
                else
                    if(set)
                        begin
                            /* 置输出为 1 */
                        end
                    else
                        begin
                            /* 与时钟同步的逻辑 */
```

④ 同步的具有高电平有效的置位/复位端的 D 触发器：

```verilog
module dff2( q, qb, d, clk, set, reset);
    input d, clk, set, reset;
    output q, qb;
    reg q, qb;
    always @(posedge clk)
        begin
          if(reset)
            begin
              q<=0;
              qb<=1;
            end
          else
            if(set)
              begin
                q<=1;
                qb<=0;
              end
            else
              begin
                q<=d;
                qb<=~d;
              end
        end
endmodule
```

小 结

  本章是 Verilog 设计方法学中最重要的一章。在这一章中阐述了什么样风格的 Verilog 模块是可以综合成电路结构的，以及综合的一般原则。其实对于一般的综合工具而言，可以借助于工具自动综合成电路结构的 Verilog 模块风格非常有限，即只有本章 13.1 节中组合逻辑和 13.6 节同步状态机的标准写法。因此可以通过阅读 13.5 节中的许多小例子和 13.6 节以下的模块样板来理解这些基本原则。在设计中围绕着这些基本原则来编写模块。

  当系统比较复杂时，需要通过仔细的分析，把一个具体系统分解为数据流和控制流。构想哪些部分用组合逻辑，哪些部分的资源可以共享而不影响系统的性能，需要设置哪些开关逻辑来控制数据的流动，需要一个或几个同步有限状态机来正确有序地控制这些开关逻辑，以便有效地利用有限的硬件资源，才能编写出真正有价值的 RTL 级源代码，从而综合出有实用价值的高性能的数字逻辑电路系统。因此，可以这样说，认真地学习并掌握数字电路基础和计算机体系结构这两门学科的真谛是 Verilog 数字系统设计的基础。

思 考 题

1. 是不是只要符合 Verilog 语法仿真行为正确的模块都可以综合成电路结构？
2. 为什么在用 Verilog 设计方法时不采用异步的状态机，采用异步状态机有什么问题不好解决？
3. 用 always 块语句如何编写纯组合逻辑电路？在哪些情况下会生成不想要的锁存器？
4. 请用清晰的语句把标准的可综合的带同步复位端的同步状态机的样板模块表达出来。
5. 请用清晰的语句把标准的可综合的带异步复位端的同步状态机的样板模块表达出来。
6. 这两种不同的同步状态机有什么不同？如果输入的复位脉冲很窄，哪种状态机不能可靠复位？
7. 为什么说，掌握数字电路基础和计算机体系结构这两门学科的真谛是 Verilog 数字系统设计的基础？
8. 如果一定要设计异步触发的计数电路，用 Verilog 描述有什么办法？能否综合？仿真时要注意什么问题？
9. 把本章中的例题编写完整。没有编写测试模块的编写相应的测试模块，并在 verilog 仿真环境下运行，以全面验证设计的正确。

第 14 章　深入理解阻塞和非阻塞赋值的不同

概　　述

在第 13 章中已经讲解了有限状态机的几种标准,即 Verilog 模块样板。这些样板各有适用的对象,在状态变量的赋值或开关变量的赋值中,已明确建议大家使用非阻塞赋值。这不但是因为综合工具要求这样做,最根本的原因是与非阻塞赋值语句语意对应的电路结构正是用户想要实现的。对于数字电路的初学者来说,由于电路结构知识和经验的不足,不太容易深入理解阻塞和非阻塞赋值语句在语意上的细微不同,其实这两种赋值语句对应着两种不同的电路结构。阻塞赋值对应的电路结构往往与触发沿没有关系,只与输入电平的变化有关系。而非阻塞赋值对应的电路结构往往与触发沿有关系,只有在触发沿时才有可能发生赋值的变化。本章是根据国外一篇论文,经过自己的理解编写而成的,希望能在更深入的层次上帮助大家理解这两种赋值的不同,使大家能设计出更合乎要求的数字电路。由于论文的作者对于综合器和仿真器的内部原理有深入的了解,所以才能对这两种赋值语句的细微不同有深刻的认识。

14.1　阻塞和非阻塞赋值的异同

阻塞和非阻塞赋值的语言结构是 Verilog 语言中最难理解的概念之一。甚至有些很有经验的 Verilog 设计工程师也不能完全正确地理解:何时使用非阻塞赋值及何时使用阻塞赋值才能设计出符合要求的电路。他们也不完全明白在电路结构的设计中,即可综合风格的 Verilog模块的设计中,究竟为什么还要用非阻塞赋值,以及符合 IEEE 标准的 Verilog 仿真器究竟如何来处理非阻塞赋值的仿真。本小节的目的是尽可能地把阻塞和非阻塞赋值的含义详细地解释清楚,并明确地提出可综合的 Verilog 模块编程在使用赋值操作时应注意的要点。按照这些要点来编写代码就可以避免在 Verilog 仿真时出现冒险和竞争的现象。人们在前面曾提到过下面两个要点:

(1) 在描述组合逻辑的 always 块中用阻塞赋值,则综合成组合逻辑的电路结构;

(2) 在描述时序逻辑的 always 块中用非阻塞赋值,则综合成时序逻辑的电路结构。

为什么一定要这样做呢?这是因为要使综合前仿真和综合后仿真一致的缘故。如果不按照上面两个要点来编写 Verilog 代码,也有可能综合出正确的逻辑,但前后仿真的结果就会不一致。

为了更好地理解上述要点,需要对 Verilog 语言中的阻塞赋值和非阻塞赋值的功能和执行时间上的差别有深入的了解。为了解释问题方便,下面定义两个缩写字:

RHS——赋值等号右边的表达式或变量可分别缩写为 RHS 表达式或 RHS 变量;

LHS——赋值等号左边的表达式或变量可分别缩写为 LHS 表达式或 LHS 变量。

IEEE Verilog 标准定义了有些语句有确定的执行时间,有些语句没有确定的执行时间。

若有两条或两条以上语句准备在同一时刻执行,但由于语句的排列顺序不同(而这种排列顺序的不同是 IEEE Verilog 标准所允许的),却产生了不同的输出结果。这就是造成 Verilog 模块冒险和竞争现象的原因。为了避免产生竞争,理解阻塞和非阻塞赋值在执行时间上的差别是至关重要的。

14.1.1 阻塞赋值

阻塞赋值操作符用等号(即 =)表示。为什么称这种赋值为阻塞赋值呢?这是因为在赋值时先计算等号右手方向(RHS)部分的值,这时赋值语句不允许任何别的 Verilog 语句的干扰,直到现行的赋值完成时刻,即把 RHS 赋值给 LHS 的时刻,它才允许别的赋值语句的执行。一般可综合的阻塞赋值操作在 RHS 不能设定有延迟(即使是零延迟也不允许)。从理论上讲,它与后面的赋值语句只有概念上的先后,而无实质上的延迟。若在 RHS 上加延迟,则在延迟期间会阻止赋值语句的执行,延迟后才执行赋值,这种赋值语句是不可综合的,在需要综合的模块设计中不可使用这种风格的代码。

阻塞赋值的执行可以认为是只有一个步骤的操作,即计算 RHS 并更新 LHS,此时不能允许有来自任何其他 Verilog 语句的干扰。所谓阻塞的概念是指在同一个 always 块中,其后面的赋值语句从概念上(即使不设定延迟)是在前一句赋值语句结束后再开始赋值的。

如果在一个过程块中阻塞赋值的 RHS 变量正好是另一个过程块中阻塞赋值的 LHS 变量,这两个过程块又用同一个时钟沿触发,这时阻塞赋值操作会出现问题,即如果阻塞赋值的顺序安排不好,就会出现竞争。若这两个阻塞赋值操作用同一个时钟沿触发,则执行的顺序是无法确定的。[例 14.1]可以说明这个问题。

【例 14.1】 采用阻塞赋值的反馈振荡器。

```
module fbosc1 (y1, y2, clk, rst);
    output y1, y2;
    input   clk, rst;
    reg     y1, y2;

    always @(posedge clk or posedge rst)
      if (rst) y1 = 0;   // reset
      else     y1 = y2;

    always @(posedge clk or posedge rst)
      if (rst) y2 = 1;   // preset
      else     y2 = y1;
endmodule
```

按照 IEEE Verilog 的标准,[例 14.1]中两个 always 块是并行执行的,若复位信号已从 1 到 0,且例中的 always 块的有效时钟沿比下面的 always 块的时钟沿早几个皮秒(由时钟偏差造成)到达,则 y1 和 y2 都会取 1;而若下面的那个 always 块的有效时钟沿早几个皮秒到达,则 y1 和 y2 都会取 0。这清楚地说明这个 Verilog 模块是不稳定的,必定会产生冒险和竞争的情况。

14.1.2 非阻塞赋值

非阻塞赋值操作符用小于等于号（即 <= ）表示。为什么称这种赋值为非阻塞赋值？这是因为在赋值操作时刻开始时计算非阻塞赋值符的 RHS 表达式，赋值操作结束时刻才更新 LHS。在计算非阻塞赋值的 RHS 表达式和更新 LHS 期间，其他的 Verilog 语句，包括其他的 Verilog 非阻塞赋值语句都能同时计算 RHS 表达式和更新 LHS。非阻塞赋值允许其他的 Verilog 语句同时进行操作。非阻塞赋值的操作过程可以看作两个步骤：

（1）在赋值开始时刻，计算非阻塞赋值 RHS 表达式；
（2）在赋值结束时刻，更新非阻塞赋值 LHS 表达式。

非阻塞赋值操作只能用于对寄存器类型变量进行赋值，因此只能用在"initial"块和"always"块等过程块中，而非阻塞赋值不允许用于连续赋值。[例 14.2]可以说明这个问题。

【例 14.2】 采用非阻塞赋值的反馈振荡器。

```
module fbosc2 (y1, y2, clk, rst);
    output y1, y2;
    input  clk, rst;
    reg    y1, y2;

    always @(posedge clk or posedge rst)
      if (rst) y1 <= 0;    //预置值
      else     y1 <= y2;

    always @(posedge clk or posedge rst)
      if (rst) y2 <= 1;    //预置值
      else     y2 <= y1;
endmodule
```

同样，按照 IEEE Verilog 的标准，上例中两个 always 块是并行执行的，与前后顺序无关。复位信号回到 0 后，无论哪一个 always 块的有效沿先到，两个 always 块中的非阻塞赋值都在赋值开始时刻计算 RHS 表达式，而在结束时刻才更新 LHS 表达式。所以，复位信号从 1 回到 0 后，无论哪个 always 块的有效时钟沿早到几个皮秒，y1 为 1，而 y2 为 0 是确定的，因为实质上 y1 被赋的 y2 值是由 rst 正跳变沿确定的，而 y2 被赋的 y1 值也是由 rst 正跳变沿确定的（若以后 rst 继续保持为 0，时钟信号不断重复，则每次被赋值的 y1 和 y2 都是由上一个周期的时钟有效沿确定的）。从用户的角度看这两个非阻塞赋值好像是并行执行的。

14.2　Verilog 模块编程要点

下面将对阻塞和非阻塞赋值做进一步解释并将举更多的例子来说明这个问题。在此之前，掌握可综合风格的 Verilog 模块编程的以下 8 个原则对读者会有很大的帮助。在编写时 Verilog 代码时必须牢记这 8 个要点，才能在综合布局布线后的仿真中避免出现冒险竞争现象。

(1) 时序电路建模时,用非阻塞赋值。
(2) 锁存器电路建模时,用非阻塞赋值。
(3) 用 always 块建立组合逻辑模型时,用阻塞赋值。
(4) 在同一个 always 块中建立时序和组合逻辑电路时,用非阻塞赋值。
(5) 在同一个 always 块中不要既用非阻塞赋值又用阻塞赋值。
(6) 不要在一个以上的 always 块中为同一个变量赋值。
(7) 用 $strobe 系统任务来显示用非阻塞赋值的变量值。
(8) 在赋值时不要使用 #0 延迟。

在后面的讲解中还要对为什么必须记住这些要点再做进一步的解释。Verilog 的新用户在彻底搞明白这两种赋值功能差别之前,一定要牢记这几条要点。按照要点来编写 Verilog 模块程序,就可省去很多麻烦。

14.3 Verilog 的层次化事件队列

详细地了解 Verilog 的层次化事件队列有助于理解 Verilog 的阻塞和非阻塞赋值的功能。所谓层次化事件队列指的是用于调度仿真事件的不同的 Verilog 事件队列。在 IEEE Verilog 标准中,层次化事件队列被看作是一个概念模型。设计仿真工具的厂商如何来实现事件队列,由于关系到仿真器的效率,被视为技术诀窍,不能公开发表,本节也不便作详细介绍。

在 IEEE 1364-1995 Verilog 标准的 5.3 节中定义了层次化事件队列在逻辑上分为用于当前仿真时间的 4 个不同的队列,和用于下一段仿真时间的若干个附加队列。

(1) 动态事件队列(下列事件执行的顺序可以随意安排):
① 阻塞赋值;
② 计算非阻塞赋值语句右边的表达式;
③ 连续赋值;
④ 执行 $display 命令;
⑤ 计算原语的输入和输出的变化。
(2) 停止运行的事件队列: #0 延时阻塞赋值。
(3) 非阻塞事件队列:更新非阻塞赋值语句 LHS(左边变量)的值。
(4) 监控事件队列:
① 执行 $monitor 命令;
② 执行 $strobe 命令。
(5) 其他指定的 PLI 命令队列:其他 PLI 命令。
以上 5 个队列就是 Verilog 的"层次化事件队列"。

大多数 Verilog 事件是由动态事件队列调度的。这些事件包括阻塞赋值、连续赋值、$display 命令、实例和原语的输入变化以及它们的输出更新、非阻塞赋值语句 RHS 的计算等。而非阻塞赋值语句 LHS 的更新却不由动态事件队列调度。

在 IEEE 标准允许的范围内被加入到这些队列中的事件只能从动态事件队列中清除,而排列在其他队列中的事件要等到被"激活"后,即被排入动态事件队列中后,才能真正开始等待执行。IEEE 1364-1995 Verilog 标准的 5.4 节介绍了一个描述其他事件队列何时被"激活"

的算法。

在当前仿真时间中,另外两个比较常用的队列是非阻塞赋值更新事件队列和监控事件队列详细介绍见后。非阻塞赋值 LHS 变量的更新是安排在非阻塞赋值更新事件队列中,而 RHS 表达式的计算是在某个仿真时刻随机开始的,与上述其他动态事件是一样的。

$strobe 和 $monitor 显示命令是排列在监控事件队列中。在仿真的每一步结束时刻,当该仿真步骤内所有的赋值都完成以后,$strobe 和 $monitor 显示出所有要求显示的变量值的变化。

在 Verilog 标准 5.3 节中描述的第 4 个事件队列是停止运行事件队列,所有 #0 延时赋值都排列在该队列中。采用 #0 延时赋值是因为有些对 Verilog 理解不够深入的设计人员希望在两个不同的程序块中给同一个变量赋值,他们企图在同一个仿真时刻,通过稍加延时赋值来消除 Verilog 可能产生的竞争冒险。这样做实际上会产生问题。因为给 Verilog 模型附加完全不必要的 #0 延时赋值,使得定时事件的分析变得很复杂。我们认为采用 #0 延时赋值根本没有必要,完全可用其他的方式来代替,因此不推荐使用。

在 14.4 节的一些例子中,其 Verilog 代码的行为常常用上面介绍的层次化事件队列可以得到解释。时件队列的概念也常常用来说明为什么要坚持上面提到的 8 项原则。

14.4 自触发 always 块

一般而言,Verilog 的 always 块不能触发自己,如[例 14.3]中关于使用阻塞赋值的非自触发振荡器等。

【例 14.3】 使用阻塞赋值,不能自行触发的振荡器。

```
module osc1 (clk);
    output clk;
    reg    clk;

    initial #10 clk = 0;
    always @(clk) #10 clk = ~clk;    //该语句等价于:
                                      //always;
                                      //begin;
                                      //@(clk);
                                      //#10 clk=~clk;
                                      //end

endmodule
```

上例描述的时钟振荡器使用了阻塞赋值。在 initial 块中,经过 10 个单位时间的延迟,clk 被立即阻塞赋值为 0。当 clk 电平从不定态变为 0 的事件发生时,使 always 块的@(clk)条件触发,经过 10 个单位时间的延迟,计算 RHS 表达式(~clk)得到 1,并立即更新 LHS 的值,clk 立即被赋予 1。由于在此期间不允许其他语句的干扰,即使 always 循环回到判断触发条件@(clk),由于此时 clk 电平已经为 1,无法感知从 0 到 1 曾经发生过的变化,所以就阻塞在那里,只有等待 clk 变为 0 才能进入下一句。因此,这是一个不能自触发的振荡器,不能产生时钟波形。更深入的解释由于涉及到仿真器运行原理细节,不再赘述。[例 14.4]中的振荡器使用的是非阻塞赋值,它是一个自触发振荡器。

【例 14.4】 采用非阻塞赋值的自触发振荡器。

```
module osc2(clk);
    output clk;
    reg    clk;

    initial #10 clk = 0;
    always @(clk) #10 clk <= ~clk;    //该语句等价于:
                                       //always;
                                       //begin;
                                       //@(clk);
                                       //#10 clk<=~clk;
                                       //end

endmodule
```

@(clk)的第一次触发之后,非阻塞赋值的 RHS 表达式便计算出来,并把值赋给 LHS 事件并安排在更新事件队列中。在非阻塞赋值更新事件队列被激活之前,又遇到了@(clk)触发语句,并且 always 块再次对 clk 的值变化产生反应。当非阻塞 LHS 的值在同一时刻被更新时,@(clk)再一次触发。该例是自触发式,虽例中的代码能产生周期时钟信号,但在编写仿真测试模块时不建议推荐使用这种写法的时钟信号源。

14.5 移位寄存器模型

图 14.1 表示一个简单的移位寄存器方框图。

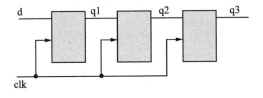

图 14.1 移位寄存器电路

从[例 14.5]~[例 14.8]介绍了 4 种用阻塞赋值以实现图 14.1 移位寄存器电路的方式,其中有些是不正确的。

【例 14.5】 不正确地使用阻塞赋值来描述移位寄存器(方式#1)。

```
module pipeb1(q3, d, clk);
    output [7:0] q3;
    input  [7:0] d;
    input        clk;
```

```
        reg     [7:0] q3, q2, q1;

    always @(posedge clk)
      begin
        q1 = d;
        q2 = q1;
        q3 = q2;
      end
    endmodule
```

在图 14.1 所示的模块中，按顺序进行的阻塞赋值将使得在下一个时钟上升沿时刻，所有的寄存器输出值都等于输入值 d。在每个时钟上升沿，输入值 d 将无延时地直接输出到 q3。

显然，上面的模块实际上被综合成只有一个寄存器的电路（见图 14.2），这并不是当初想要设计的移位寄存器电路。

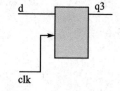

图 14.2 实际综合的结果

【例 14.6】 用阻塞赋值来描述移位寄存器是可行的，但这种风格并不好（方式♯2）。

```
    module pipeb2 (q3, d, clk);
        output [7:0] q3;
        input  [7:0] d;
        input        clk;
        reg    [7:0] q3, q2, q1;

    always @(posedge clk)
      begin
        q3 = q2;
        q2 = q1;
        q1 = d;
      end
    endmodule
```

在本例的模块中，阻塞赋值的顺序是经过仔细安排的，以使仿真的结果与移位寄存器相一致。虽然该模块可被综合成图 14.1 所示的移位寄存器，但不建议使用这种风格的模块来描述时序逻辑。

【例 14.7】 不用阻塞赋值来描述移位时序逻辑的风格（方式♯3）。

```
    module pipeb3 (q3, d, clk);
        output [7:0] q3;
        input  [7:0] d;
        input        clk;
        reg    [7:0] q3, q2, q1;
```

```
        always @(posedge clk) q1 = d;
        always @(posedge clk) q2 = q1;
        always @(posedge clk) q3 = q2;
endmodule
```

在[例14.7]中，阻塞赋值分别被放在不同的 always 块里。仿真时，这些块的先后顺序是随机的，因此可能会出现错误的结果，这是 Verilog 中的竞争冒险。按不同的顺序执行这些块将导致不同的结果。但是，这些代码的综合结果却是正确的流水线寄存器。也就是说，前仿真和后仿真的结果可能会不一致。

【例 14.8】 不用阻塞赋值来描述移位时序逻辑的风格(方式 #4)。

```
module pipeb4 (q3, d, clk);
    output [7:0] q3;
    input  [7:0] d;
    input        clk;
    reg    [7:0] q3, q2, q1;

    always @(posedge clk) q2 = q1;
    always @(posedge clk) q3 = q2;
    always @(posedge clk) q1 = d;
endmodule
```

若在[例14.8]中仅把 always 块的顺序稍作变动，也可以被综合成正确的移位寄存器逻辑，但仿真结果可能不正确。

如果用非阻塞赋值语句改写以上 4 个阻塞赋值的例子，每一个例子都可以正确仿真，并且综合为设计者期望的移位寄存器逻辑。

【例 14.9】 正确使用非阻塞赋值来描述时序逻辑的设计风格(方式 #1)。

```
module pipen1 (q3, d, clk);
    output [7:0] q3;
    input  [7:0] d;
    input        clk;
    reg    [7:0] q3, q2, q1;

    always @(posedge clk) begin
        q1 <= d;
        q2 <= q1;
        q3 <= q2;
    end
endmodule
```

【例 14.10】 正确使用非阻塞赋值来描述时序逻辑的设计风格(方式 #2)。

```
module pipen2 (q3, d, clk);
    output [7:0] q3;
    input  [7:0] d;
```

```
        input    clk;
        reg    [7:0] q3, q2, q1;

        always @(posedge clk)
        begin
            q3 <= q2;
            q2 <= q1;
            q1 <= d;
        end
    endmodule
```

【例 14.11】 正确使用非阻塞赋值来描述时序逻辑的设计风格(方式 #3)。

```
    module pipen3 (q3, d, clk);
        output [7:0] q3;
        input  [7:0] d;
        input    clk;
        reg    [7:0] q3, q2, q1;

        always @(posedge clk) q1 <= d;
        always @(posedge clk) q2 <= q1;
        always @(posedge clk) q3 <= q2;
    endmodule
```

【例 14.12】 正确使用非阻塞赋值来描述时序逻辑的设计风格(方式 #4)。

```
    module pipen4 (q3, d, clk);
        output [7:0] q3;
        input  [7:0] d;
        input    clk;
        reg    [7:0] q3, q2, q1;

        always @(posedge clk) q2 <= q1;
        always @(posedge clk) q3 <= q2;
        always @(posedge clk) q1 <= d;
    endmodule
```

通过以上移位寄存器时序逻辑电路设计的例子表明：
(1) 4 种阻塞赋值设计方式中有 1 种可以保证仿真正确；
(2) 4 种阻塞赋值设计方式中有 3 种可以保证综合正确；
(3) 4 种非阻塞赋值设计方式全部可以保证仿真正确；
(4) 4 种非阻塞赋值设计方式全部可以保证综合正确。

虽然在一个 always 块中正确地安排赋值顺序,则用阻塞赋值可以实现移位寄存器时序流水线逻辑。但是,用非阻塞赋值实现同一时序逻辑要相对简单,而且,非阻塞赋值可以保证仿真和综合的结果都是一致和正确的。因此,建议大家在编写 Verilog 时序逻辑时必须要用非阻塞赋值的方式。

14.6 阻塞赋值及一些简单的例子

许多关于 Verilog 和 Verilog 仿真的书籍都有一些使用阻塞赋值简单而且成功的例子，[例 14.13]就是一个在许多书上都出现过的关于触发器的例子。

【例 14.13】
```
module dffb (q, d, clk, rst);
    output q;
    input  d, clk, rst;
    reg    q;

    always @(posedge clk)
      if (rst) q = 1'b0;
      else     q = d;
endmodule
```

该例虽然描述方式可行也很简单，但仍不建议用阻塞赋值来描述 D 触发器的编写代码的风格。确实采用阻塞赋值可以编写出时序逻辑的代码，如果考虑周到，也能建立正确的模型，通过仿真并综合成期望的逻辑。但是，这种做法将导致使用阻塞赋值的习惯，而在较为复杂的有多个 always 块的设计项目中，稍不注意就很可能导致竞争冒险，或者功能错误，使所设计的电路出现问题。

【例 14.14】 使用非阻塞赋值编写 D 触发器代码，这是提倡的代码风格。
```
module dffx (q, d, clk, rst);
    output q;
    input  d, clk, rst;
    reg    q;

    always @(posedge clk)
      if (rst) q <= 1'b0;
      else     q <= d;
endmodule
```

在描述时序逻辑时，必须养成使用非阻塞赋值的习惯（无论用多个 always 块或单个 always 块描述时）。

现考察一个稍复杂一些的时序逻辑——线性反馈移位寄存器式 LFSR。

14.7 时序反馈移位寄存器建模

线性反馈移位寄存器（Linear Feedback Shift-Register，LFSR）是带反馈回路的时序逻辑。反馈回路给习惯于用顺序阻塞赋值描述时序逻辑的设计人员带来了麻烦，如[例 14.15]

所示。

【例 14.15】 用阻塞赋值实现的线性反馈移位寄存器,实际上并不具有 LFSR 的功能。

```
module lfsrb1 (q3, clk, pre_n);
    output q3;
    input  clk, pre_n;
    reg    q3, q2, q1;
    wire   n1;

    assign n1 = q1 ^ q3;

    always @(posedge clk or negedge pre_n)
      if (! pre_n)
        begin
            q3 = 1'b1;
            q2 = 1'b1;
            q1 = 1'b1;
        end
      else
        begin
            q3 = q2;
            q2 = n1;
            q1 = q3;
        end
endmodule
```

除非使用中间暂存变量,否则用[例 14.15]所示的赋值是不可能实现反馈逻辑的。

有的人可能会想到将这些赋值语句组成单行等式(见[例 14.16])来避免使用中间变量。如果逻辑再复杂一些,单行等式是难以编写和调试的。这种方法一般不推荐使用。

【例 14.16】 用阻塞赋值描述的线性反馈移位寄存器,其功能虽然正确,但模型的含义较难理解。

```
module lfsrb2 (q3, clk, pre_n);
    output q3;
    input  clk, pre_n;
    reg    q3, q2, q1;

    always @(posedge clk or negedge pre_n)
      if (! pre_n) {q3,q2,q1} = 3'b111;
      else         {q3,q2,q1} = {q2,(q1^q3),q3};
endmodule
```

如果将[例 14.15]和[例 14.16]中的阻塞赋值用非阻塞赋值代替,如[例 14.17]和[例 14.18]所列程序,则仿真结果都和 LFSR 的功能相一致。

【例 14.17】 用非阻塞语句描述的 LFSR，不但功能正确，也可综合成正确的电路。

```verilog
module lfsrn1 (q3, clk, pre_n);
    output q3;
    input  clk, pre_n;
    reg    q3, q2, q1;
    wire   n1;

    assign n1 = q1 ^ q3;

    always @(posedge clk or negedge pre_n)
      if (! pre_n)
        begin
          q3 <= 1'b1;
          q2 <= 1'b1;
          q1 <= 1'b1;
        end
      else
        begin
          q3 <= q2;
          q2 <= n1;
          q1 <= q3;
        end
endmodule
```

【例 14.18】 用非阻塞语句描述的 LFSR，不但功能正确，也可综合成正确的电路。

```verilog
module lfsrn2 (q3, clk, pre_n);
    output q3;
    input  clk, pre_n;
    reg    q3, q2, q1;

    always @(posedge clk or negedge pre_n)
      if (! pre_n) {q3,q2,q1} <= 3'b111;
      else         {q3,q2,q1} <= {q2,(q1^q3),q3};
endmodule
```

从上面介绍的移位寄存器的例子以及 LFSR 的例子，建议使用非阻塞赋值实现时序逻辑，而用非阻塞赋值语句实现锁存器也是最为安全的。因此，有以下原则：

原则 1 时序电路建模时，用非阻塞赋值。
原则 2 锁存器电路建模时，用非阻塞赋值。

14.8 组合逻辑建模时应使用阻塞赋值

在 Verilog 中可以用多种方法来描述组合逻辑，但是当用 always 块来描述组合逻辑时，应该用阻塞赋值。

如果 always 块中只有一条赋值语句,使用阻塞赋值或非阻塞赋值语句都可以。但是为了养成良好的编程习惯,应该尽量使用阻塞赋值语句来描述组合逻辑。

有些设计人员认为非阻塞赋值语句不仅可以用于时序逻辑,也可以用于组合逻辑的描述。对于简单的组合 alwasys 块是可以这样的,但是当 always 块中有多个赋值语句时,如[例 14.19]所示的 4 输入与或门逻辑,使用没有延时的非阻塞赋值可能导致仿真结果不正确。有时需要在 always 块的入口附加敏感事件参数,才能使仿真正确,因而从仿真的时间效率角度看也不合算。

【例 14.19】 使用非阻塞赋值语句来描述组合逻辑,但不建议使用这种风格。

```
module ao4 (y, a, b, c, d);
    output y;
    input  a, b, c, d;
    reg    y, tmp1, tmp2;

    always @(a or b or c or d)
        begin
            tmp1<=a & b;
            tmp2<=c & d;
            y<=tmp1 | tmp2;
        end
endmodule
```

在[例 14.19]中,输出 y 的值由 3 个时序语句计算得到。由于非阻塞赋值语句在 LHS 更新前计算 RHS 的值,因此 tmp1 和 tmp2 仍是应进入该 always 块时的值,而不是在该步仿真结束时将更新的数值。输出 y 反映的是刚进入 always 块时的 tmp1 和 tmp2 的值,而不是在 always 块中经计算后得到的值。

【例 14.20】 使用非阻塞赋值来描述多层组合逻辑,虽可行,但效率不高。

```
module ao5 (y, a, b, c, d);
    output y;
    input  a, b, c, d;
    reg    y, tmp1, tmp2;

    always @(a or b or c or d or tmp1 or tmp2)
        begin
            tmp1<=a & b;
            tmp2<=c & d;
            y<=tmp1 | tmp2;
        end
endmodule
```

[例 14.20]和[例 14.19]的唯一区别在于,tmp1 和 tmp2 加入了敏感列表中。如前所描述,当非阻塞赋值的 LHS 数值更新时,always 块将自动触发并用最新计算出的 tmp1 和 tmp2

值更新输出 y 的值。将 tmp1 和 tmp2 加入到敏感列表中后,现在输出 y 的值是正确的。但是,一个 always 块中有多次参数传递,由此降低了仿真器的性能,只有在没有其他合理方法的情况下才考虑这样做。

只需要在 always 块中使用阻塞赋值语句就可以实现组合逻辑,这样做既简单,且仿真效果具有又快又好的 Verilog 代码风格,建议大家使用。

【例 14.21】 使用阻塞赋值实现组合逻辑是推荐使用的编码风格。

```
module ao2 (y, a, b, c, d);
    output y;
    input   a, b, c, d;
    reg     y, tmp1, tmp2;

    always @(a or b or c or d) begin
      tmp1=a & b;
      tmp2=c & d;
      y= tmp1 | tmp2;
    end
endmodule
```

[例 14.21]和[例 14.19]的唯一区别是,用阻塞赋值替代了非阻塞赋值。这样做,既保证了仿真时经一次数据传递输出 y 的值是正确的,又提高了仿真效率。因此有以下的原则 3。

原则 3 用 always 块描述组合逻辑时,应采用阻塞赋值语句。

14.9 时序和组合的混合逻辑 —— 使用非阻塞赋值

将简单的组合逻辑和时序逻辑写在一起很方便。当把组合逻辑和时序逻辑写入到一个 always 块中时,应遵从时序逻辑建模的原则,使用非阻塞赋值,如[列 14.22]所示。

【例 14.22】 在一个 always 块中同时实现组合逻辑和时序逻辑。

```
module nbex2 (q, a, b, clk, rst_n);
    output q;
    input   clk, rst_n;
    input   a, b;
    reg     q;

    always @(posedge clk or negedge rst_n)
      if (! rst_n) q <= 1'b0; //时序逻辑
      else         q <= a ^ b;//异或,为组合逻辑
endmodule
```

用两个 always 块实现以上逻辑也是可以的,一个 always 块是采用阻塞赋值的纯组合部分,另一个是采用非阻塞赋值的纯时序部分,见[例 14.23]。

【例 14.23】 将组合和时序逻辑分别写在两个 always 块中。

```
module nbex1 (q, a, b, clk, rst_n);
    output q;
    input  clk, rst_n;
    input  a, b;
    reg    q, y;

    always @(a or b)
      y = a ^ b;

    always @(posedge clk or negedge rst_n)
      if (! rst_n) q <= 1'b0;
      else         q <= y;
endmodule
```

而将组合和时序逻辑写在 alway 块中,应坚持以下的原则 4。

原则 4 在同一个 always 块中描述时序和组合逻辑混合电路时,用非阻塞赋值。

14.10 其他阻塞和非阻塞混合使用的原则

Verilog 语法并没有禁止将阻塞和非阻塞赋值自由地组合在一个 always 块里。虽然 Verilog 语法是允许这种写法,但不建议在可综合模块的编写中采用这种风格。

【例 14.24】 在 always 块中同时使用阻塞和非阻塞赋值的例子(应尽量避免使用这种风格的代码,在可综合模块中应严禁使用)。

```
module ba_nba2 (q, a, b, clk, rst_n);
    output q;
    input  a, b, rst_n;
    input  clk;
    reg    q;

    always @(posedge clk or negedge rst_n) begin: ff
      reg tmp;
      if (! rst_n) q <= 1'b0;
      else begin
            tmp = a & b;
            q <= tmp;
          end
    end
endmodule
```

[例 14.24]可以得到正确的仿真和综合结果,因为阻塞赋值和非阻塞赋值操作的不是同一个变量。虽然这种方法是可行的,但并不建议使用。

【例 14.25】 对同一变量既进行阻塞赋值,又进行非阻塞赋值会产生综合错误的结果。

```
module ba_nba6 (q, a, b, clk, rst_n);
    output  q;
    input   a, b, rst_n;
    input   clk;
    reg     q, tmp;

    always @(posedge clk or negedge rst_n)
        if (! rst_n) q = 1'b0;      //对 q 进行阻塞赋值
        else begin
            tmp = a & b;
            q <= tmp;                //对 q 进行非阻塞赋值
        end
endmodule
```

[例 14.25]在仿真时,其结果通常是正确的,但是综合时会出错,因为对同一变量既进行阻塞赋值,又进行了非阻塞赋值。因此,必须将其改写才能成为可综合模型。

为了养成良好的编程习惯,建议采用以下的原则 5。

原则 5 不要在同一个 always 块中同时使用阻塞和非阻塞赋值。

14.11 对同一变量进行多次赋值

在一个以上 always 块中对同一个变量进行多次赋值可能会导致竞争冒险,即使使用非阻塞赋值也可能产生竞争冒险。在[例 14.26]中,两个 always 块都对输出 q 进行赋值。由于两个 always 块执行的顺序是随机的,所以仿真时会产生竞争冒险。

【例 14.26】 使用非阻塞赋值语句,由于两个 always 块对同一变量 q 赋值而产生竞争冒险的程序。

```
module badcode1 (q, d1, d2, clk, rst_n);
    output  q;
    input   d1, d2, clk, rst_n;
    reg     q;

    always @(posedge clk or negedge rst_n)
        if (! rst_n) q <= 1'b0;
        else         q <= d1;

    always @(posedge clk or negedge rst_n)
        if (! rst_n) q <= 1'b0;
        else         q <= d2;
endmodule
```

当综合工具(如 Synopsys)读到[例 14.25]的代码时,将产生以下警告信息:

Warning: In design'badcode1', there is 1 multiple-driver

net with unknown wired-logic type.

如果忽略这个警告,继续编译[例 14.26],则会产生两个触发器输出到一个两输入与门。其综合级前仿真与综合后仿真的结果不完全一致。因此,应建议采用以下的原则 6。

原则 6 严禁在多个 always 块中对同一个变量赋值。

14.12 常见的对于非阻塞赋值的误解

1. 非阻塞赋值和 $display

误解 1:"使用 $display 命令不能用来显示非阻塞语句的赋值"。

事实是:非阻塞语句的赋值在所有的 $display 命令执行以后才更新数值。

【例 14.27】
```
module display_cmds;
    reg a;

    initial $monitor("\$monitor: a = %b", a);

    initial
      begin
        $strobe   ("\$strobe : a = %b", a);
         a = 0;
        a <= 1;
        $display ("\$display: a = %b", a);
        #1 $finish;
      end
endmodule
```

以下 3 条语句是非阻塞赋值和 $display 模块的仿真结果,这说明 $display 命令的执行是安排在活动事件队列中,但排在非阻塞赋值数据更新事件之前。

$display: a = 0
$monitor: a = 1
$strobe : a = 1

2. #0 延时赋值

误解 2:"#0 延时把赋值强制到仿真时间步的末尾"。

事实是:#0 延时将赋值事件强制加入停止运行事件队列中。

【例 14.28】
```
module nb_schedule1;
    reg a, b;

    initial
      begin
```

```
            a = 0;
            b = 1;
            a <= b;
            b <= a;

      $monitor ("%0dns：\$monitor：a=%b   b=%b",    $stime, a, b);
      $display  ("%0dns：\$display：a=%b   b=%b",    $stime, a, b);
      $strobe   ("%0dns：\$strobe：a=%b    b=%b\n",  $stime, a, b);
  #0  $display  ("%0dns：#0       ：a=%b    b=%b",    $stime, a, b);

  #1  $monitor ("%0dns：\$monitor：a=%b   b=%b",    $stime, a, b);
      $display  ("%0dns：\$display：a=%b   b=%b",    $stime, a, b);
      $strobe   ("%0dns：\$strobe：a=%b    b=%b\n",  $stime, a, b);
      $display  ("%0dns：#0       ：a=%b    b=%b",    $stime, a, b);

  #1  $finish;
    end
endmodule
```

以下 8 条语句是 #0 延时赋值模块的仿真结果，这说明 #0 延时命令在非阻塞赋值事件发生前，在停止运行事件队列中执行。

```
        0ns：$display ：a=0   b=1
        0ns：#0       ：a=0   b=1
        0ns：$monitor：a=1   b=0
        0ns：$strobe ：a=1   b=0

        1ns：$display ：a=1   b=0
        1ns：#0       ：a=1   b=0
        1ns：$monitor：a=1   b=0
        1ns：$strobe ：a=1   b=0
```

#0 延时赋值建议遵循以下的原则 7。

原则 7　用 $strobe 系统任务来显示，应该用非阻塞赋值的变量值。

3. 对同一变量进行多次非阻塞赋值

误解 3："在 Verilog 语法标准中未定义，可在同一个 always 块中对某同一变量进行多次非阻塞赋值"。

事实是：Verilog 标准定义了在同一个 always 块中，可对某同一变量进行多次非阻塞赋值，但在多次赋值中，只有最后一次赋值对该变量起作用。

参考 IEEE 1364-1995 Verilog 标准中关于决定论的内容如下：

"非阻塞赋值按照语句的顺序执行，请看下例：

```
initial begin
    a <= 0;
```

```
            a <= 1;
        end
```

执行该模块时,有两个非阻塞赋值更新事件加入到非阻塞赋值更新队列。以前的规则要求将非阻塞赋值更新事件按照它们在源文件的顺序加入队列,这便要求按照事件在源文件中的顺序,将事件从队列中取出并执行。因此,在仿真第一步结束的时刻,变量 a 被设置为 0,然后为 1。"

结论:最后一个非阻塞赋值决定了变量的值。

小　　结

本章中所有的原则归纳如下:
(1) 原则 1:时序电路建模时,用非阻塞赋值。
(2) 原则 2:锁存器电路建模时,用非阻塞赋值。
(3) 原则 3:用 always 块写组合逻辑时,采用阻塞赋值。
(4) 原则 4:在同一个 always 块中同时建立时序和组合逻辑电路时,用非阻塞赋值。
(5) 原则 5:在同一个 always 块中不要同时使用非阻塞赋值和阻塞赋值。
(6) 原则 6:不要在多个 always 块中为同一个变量赋值。
(7) 原则 7:用 $strobe 系统任务来显示用非阻塞赋值的变量值。
(8) 原则 8:在赋值时不要使用 #0 延迟。

结论:遵循以上原则,有助于正确的编写可综合硬件,并且可以消除 90%～100%在仿真时可能产生的竞争冒险现象。

思　考　题

1. 用带电平敏感列表触发条件的 always 块表示组合逻辑时,应该用哪一种赋值?
2. 用带时钟沿触发条件的 always 块表示时序电路时,应该用哪一种赋值?
3. 为什么不能在多个 always 块中为同一变量赋值?
4. 为什么不能用 $display 系统任务来显示用非阻塞赋值的变量值?
5. $strobe 和 $display 这两个显示用系统任务有什么不同? 各用于什么场合?
6. 仿真器在处理阻塞和非阻塞赋值操作队列过程中有什么不同?
7. 为什么在可综合 Verilog 模块的设计中,必须注意并遵守本章的 8 条原则?

第15章 较复杂时序逻辑电路设计实践

概　述

在前面14章中,已经学习了用 Verilog 设计数字系统的基本概念和方法。这些概念和方法只通过阅读不能完全明白,只有通过大量的上机实际操作才能逐渐掌握。在前面几章中,虽然也学习了不少例子,但因为它们都很简单,比较容易理解,不足以反映这种设计方法的优点。在本章中将通过两个稍微复杂一些的设计实例来说明如何用这种方法有序地完成具有一定难度的设计项目。

【例 15.1】 一个简单的状态机设计——序列检测器。

序列检测器是时序数字电路设计中经典的教学范例。下面我们将用 Verilog HDL 语言来描述、仿真并实现它。

序列检测器的逻辑功能:序列检测就是将一个指定的序列从数字码流中识别出来。本例中,将设计一个"10010"序列的检测器。设 X 为数字码流输入,Z 为检出标记输出,高电平表示"发现指定序列",低电平表示"没有发现指定序列"。考虑码流为"1100100100001100101…",则如表 15.1 所列。

表 15.1　序列检测器的逻辑功能

时钟	1	2	3	4	5	6	7	8	9	10	11	12	13	14	15	16	17	18	19	
X	1	1	0	0	1	0	0	1	0	0	0	0	1	0	0	1	0	1	…
Z	0	0	0	0	0	1	0	0	1	0	0	0	0	0	0	0	1	0	…

在时钟 2~6,码流 X 中出现指定序列"10010",对应输出 Z 在第 6 个时钟变为高电平"1",表示"发现指定序列"。同样地,在时钟 13~17,码流 X 中再次出现指定序列"10010",Z 输出"1"。注意,在时钟 5~9 还有一次检出,但它是与第一次检出的序列重叠的,即前者的前面两位同时也是后者的最后两位。

根据以上逻辑功能描述,可以分析得出如图 15.1 所示状态转换。

其中状态 A~E 表示 5 位序列"10010"按顺序正确地出现在码流中。考虑到序列重叠的可能,转换图中还有状态 F、G。另外,电路的初始状态设为 IDLE。

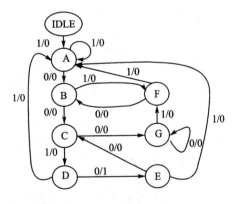

图 15.1　状态转换

从上面的分析,可以编写出如下 Verilog HDL 程序如下。

//------------------- 文件名:seqdet.v -----------------------
/***
 *** 模块功能:本模块能对串行输入的数据流进行检测,只要发现10010码型会立即输出一个
 *** 高位的电平。
 *** 本模块是RTL级可综合模块,已通过综合后门级仿真。
 ***/
```verilog
module seqdet( x, z, clk, rst);
input x,clk,rst;
output z;

reg [2:0] state;                    //状态寄存器
wire z;

parameter    IDLE = 3'd0,
             A = 3'd1,
             B = 3'd2,
             C = 3'd3,
             D = 3'd4,
             E = 3'd5,
             F = 3'd6,
             G = 3'd7;

assign  z =(state==D && x==0) ? 1 :0;
                     //状态为D时又收到了0,表明10010收到应有输出Z为高
always @(posedge clk or negedge rst)
    if(! rst)
        begin
            state<=IDLE;
        end
    else
        casex( state)
            IDLE: if(x==1)
                    state<=A;           //用状态变量记住高电平(x==1)来过
                  else state<= IDLE;    //输入的是低电平,不符合要求,所以状态保留不变
            A:    if (x==0)
                    state<=B;           //用状态变量记住第2位正确低电平(x==0)来过
                  else state<= A;       //输入的是高电平,不符合要求,所以状态保留不变
            B:    if (x==0)
                    state<=C;           //用状态变量记住第3位正确低电平(x==0)来过
                  else    state<=F;     //输入的是高电平,不符合要求,记住只有1位对过
            C:    if(x==1)
                    state<=D;           //用状态变量记住第4位正确高电平(x==1)来过
                  else  state<=G;       //输入的是低电平,不符合要求,记住没有1位
```

```
                                            //曾经对过
    D：    if(x==0)
                state<=E;           //用状态变量记住第 5 位正确低电平(x==0)来过
           else    state<=A;        //输入的是高电平，不符合要求，记住只 1 位对过
                                    //回到状态 A

    E：    if(x==0)
                state<=C;           //用状态变量记住１００曾经来过，此状态为 C
           else    state<=A;        //输入的是高电平，只有 1 位正确，该状态是 A
    F：    if(x==1)
                state<=A;           //输入的是高电平，只有 1 位正确，该状态是 A
           else
                state<=B;           //输入的是低电平，已有 2 位正确，该状态是 B
    G：    if(x==1)
                state<=F;           //输入的又是高电平，只有 1 位正确，记该状态 F
           else state <=B;           //输入的是低电平，已有 2 位正确，该状态是 B 或 G
    default：  state<=IDLE;
    endcase
endmodule
//------------- seqdet.v  文件的结束------------------------------------
```

为了验证其正确性，接着编写测试用 Verilog 程序如下：

```
//-------------  测试文件名：t.v  -----------------------------------

`timescale 1ns/1ns
`define halfperiod 20

module t;
reg clk, rst;
reg [23:0] data;
wire z, x;
assign x=data[23];

initial
    begin
        clk =0;
        rst =1;
        #2 rst =0;
        #30 rst =1;                             //复位信号
        data= 20'b1100_1001_0000_1001_0100;     //码流数据
        #(`halfperiod * 1000) $stop;            //运行 500 个时钟周期后停止仿真
    end
```

```
        always #('halfperiod) clk=~clk;              //时钟信号
        always @(posedge clk)                         //移位输出码流
                #2 data={data[22:0],data[23]};
        seqdet m (.x(x), .z(z), .clk(clk), .rst(rst));  //调用序列检测器模块
    endmodule  // 测试模块的结束
```

其中,X 码流的产生,采用了移位寄存器的方式,以方便更改测试数据。综合后门级 Verilog 网表仿真结果如图 15.2 所示。

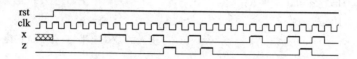

图 15.2 Verilog 网表仿真结果

从波形中可以看到,程序代码正确地完成了所要设计的逻辑功能。另外,seqdet.v 的编写,采用了可综合的 Verilog HDL 风格,它可以通过综合器的综合转换为 FPGA 或 ASIC 网表,再通过布局布线工具在 FPGA 或 ASIC 上实现。

【例 15.2】 并行数据流转换为一种特殊串行数据流模块的设计。

设计两个可综合的电路模块:第一个模块(M1)能把 4 位的并行数据转换为符合以下协议的串行数据流,数据流用 scl 和 sda 两条线传输,sclk 为输入的时钟信号,data[3:0]为输入数据,ack 为 M1 请求 M0 发新数据信号。第二个模块(M2)能把串行数据流内的信息接收到,并转换为相应 16 条信号线的高电平,即若数据为 1,则第一条线路为高电平,数据为 n,则第 N 条线路为高电平。M0 为测试用信号模块。该模块接收 M1 发出的 ack 信号,并产生新的测试数据 data[3:0],如图 15.3 所示。

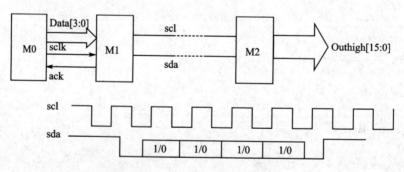

图 15.3 可综合模块结构及波形

通信协议:scl 为不断输出的时钟信号,如果 scl 为高电平时,sda 由高变低时刻,串行数据流开始;如果 scl 为高电平时,sda 由低变高时刻,串行数据结束。sda 信号的串行数据位必须在 sc1 为低电平时变化,若变为高则为 1,否则为零。

描述 M1 模块的 Verilog 代码如下:

```
//------------------------------------------ptosda.v 文件开始------------------------------------------
/*****************************************************************************
 *  *  *  模块功能:按照设计要求,把输入的 4 位并行数据转换为协议要求的串行数据流,并
```

```
  * * *  由 scl 和 sda 配合输出。
  * * *  本模块为 RTL 可综合模块,已通过综合后门级网表仿真。
  *********************************************************************/
module   ptosda (rst,sclk,ack,scl,sda,data);
input sclk, rst;
input [3:0] data;                           //并行口数据输入
output ack;                                 //请求新的转换数据
output scl;
output sda;                                 //定义 sda 为单向的串行输出
//inout sda;                                //定义 sda 为双向的串行总线,注意思考题 5

reg scl,
    link_sda
    ack,                                    //ask_for_New_data
    sdabuf;
reg [3:0] databuf;
reg [7:0] state;

assign   sda = link_sda? sdabuf: 1'b0;      //link_sda 控制 sdabuf 输出到串行总线上
//assign sda=link_sda? sdabuf:1'bz;         //link_sda 控制 sdabuf 输出到双向串行总线上
                                            //注意思考题 5

parameter ready   =  8'b0000_0000,
          start   =  8'b0000_0001,
          bit1    =  8'b0000_0010,
          bit2    =  8'b0000_0100,
          bit3    =  8'b0000_1000,
          bit4    =  8'b0001_0000,
          bit5    =  8'b0010_0000,
          stop    =  8'b0100_0000,
          IDLE    =  8'b1000_0000;

always @(posedge sclk or negedge rst)       //由输入的 sclk 时钟信号产生串行输出时钟 scl
  begin
      if(! rst)
        scl <= 1;
      else
        scl <= ~scl;
  end

always @(posedge ack)                       //请求新数据时存入并行总线上要转换的数据
    databuf <= data;

//------------主状态机:产生控制信号,根据 databuf 中保存的数据,按照协议产生 sda 串行信号
always @(negedge sclk or negedge rst)
```

```verilog
        if(! rst)
        begin
            link_sda<=0;                //把sdabuf与sda串行总线断开
            state <= ready;
            sdabuf<= 1;
            ack<=0;                     //请求新数据置0
        end
        else begin
            case(state)
            ready: if(ack)              //并行数据已经到达
                    begin
                        link_sda<=1;    //把sdabuf与sda串行总线连接
                        state <= start;
                    end
                   else                 //并行数据尚未到达
                    begin
                        link_sda<=0;    //把sda总线让出,若前面把sda定义成双向串行总线,
                                        //则此时sda可作为输入
                        state <= ready;
                        ack<=1;         //请求新数据信号置1
                    end
            start: if(scl && ack)       //产生sda的开始信号
                    begin
                        sdabuf<=0;      //在sda连接的前提下,输出开始信号
                        state <= bit1;
                    end
                   else state <= start;
            bit1:  if(! scl)            //在scl为低电平时送出最高位databuf[3]
                    begin
                        sdabuf<=databuf[3];
                        state <= bit2;
                        ack<=0;
                    end
                   else state <= bit1;
            bit2:  if(! scl)            //在scl为低电平时送出次高位databuf[2]
                    begin
                        sdabuf<=databuf[2];
                        state <= bit3;
                    end
                   else state <= bit2;
            bit3:  if(! scl)            //在scl为低电平时送出次低位databuf[1]
                    begin
                        sdabuf<=databuf[1];
                        state <= bit4;
                    end
                   else state <= bit3;
```

```verilog
        bit4:   if(!scl)                //在 scl 为低电平时送出最低位 databuf[0]
                  begin
                      sdabuf<=databuf[0];
                      state <= bit5;
                  end
                else state <= bit4;
        bit5:   if(!scl)                //为产生结束信号做准备,先把 sda 变为低
                  begin
                      sdabuf<=0;
                      state <= stop;
                  end
                else state <= bit5;
        stop:   if(scl)                 //在 scl 为高时,把 sda 由低变高产生结束信号
                  begin
                      sdabuf<=1;
                      state <= IDLE;
                  end
                else state <= stop;
        IDLE:   begin
                    link_sda <= 0;      // 把 sdabuf 与 sda 串行总线脱开
                    state <= ready;
                end
        default: begin
                    link_sda <= 0;
                    sdabuf<=1;
                    state <= ready;
                end
        endcase
    end

endmodule
//------------------------------------ptosda.v 文件结束------------------------------------
```

描述 M2 模块的 Verilog 代码如下:

```verilog
//------------------------------------out16hi.v 文件开始------------------------------------
/***************************************************************
*** 模块功能:按照协议接收串行数据,进行处理并按照数据值在相应位输出高电平
*** 本模块为 RTL 可综合模块,已通过综合后门级网表仿真
***************************************************************/
module out16hi(scl,sda,outhigh);
input scl,sda;                          //串行数据输入
output [15:0]outhigh;                   //根据输入的串行数据设置高电平位
```

```verilog
reg [5:0] mstate /* synthesis preserve */;
    //本模块的主状态
    ///* synthesis preserve */为综合指令,使综合器布局布线后仍能保留状态信号,以便于观察,
    //不同的综合器综合指令并不相同,必须参考综合器的技术资料才能掌握
reg [3:0] pdata,
          pdatabuf;                    //记录串行数据位时,用寄存器和最终数据寄存器
reg [15:0] outhigh;                    //输出位寄存器
reg StartFlag,
    EndFlag;                           //数据开始和结束标志

always @(negedge sda)
  begin
    if (scl)
      begin
        StartFlag <= 1;                //串行数据开始标志
      end
    else if (EndFlag)
        StartFlag <= 0;
  end

always @(posedge sda)
    if (scl)
    begin
        EndFlag  <= 1;                 //串行数据结束标志
        pdatabuf <= pdata;             //把收到的4位数据存入寄存器
    end
    else
        EndFlag <= 0;                  //数据接收还没有结束

parameter  ready = 6'b00_0000,
           sbit0 = 6'b00_0001,
           sbit1 = 6'b00_0010,
           sbit2 = 6'b00_0100,
           sbit3 = 6'b00_1000,
           sbit4 = 6'b01_0000;

always@(pdatabuf)                      //把收到的数据变为相应位的高电平
    begin
        case(pdatabuf)
            4'b0001: outhigh = 16'b0000_0000_0000_0001;
            4'b0010: outhigh = 16'b0000_0000_0000_0010;
            4'b0011: outhigh = 16'b0000_0000_0000_0100;
            4'b0100: outhigh = 16'b0000_0000_0000_1000;
```

```
            4'b0101: outhigh = 16'b0000_0000_0001_0000;
            4'b0110: outhigh = 16'b0000_0000_0010_0000;
            4'b0111: outhigh = 16'b0000_0000_0100_0000;
            4'b1000: outhigh = 16'b0000_0000_1000_0000;
            4'b1001: outhigh = 16'b0000_0001_0000_0000;
            4'b1010: outhigh = 16'b0000_0010_0000_0000;
            4'b1011: outhigh = 16'b0000_0100_0000_0000;
            4'b1100: outhigh = 16'b0000_1000_0000_0000;
            4'b1101: outhigh = 16'b0001_0000_0000_0000;
            4'b1110: outhigh = 16'b0010_0000_0000_0000;
            4'b1111: outhigh = 16'b0100_0000_0000_0000;
            4'b0000: outhigh = 16'b1000_0000_0000_0000;
        endcase
    end

always @(posedge scl)    //在检测到开始标志后,每次 scl 正跳变沿时接收数据,共 4 位
    if(StartFlag)
        case(mstate)
            sbit0:    begin
                        mstate <= sbit1;
                        pdata[3] <= sda;
                        $display("I am in sdabit0");
                      end

            sbit1:    begin
                        mstate <= sbit2;
                        pdata[2] <= sda;
                        $display("I am in sdabit1");
                      end

            sbit2: begin
                        mstate    <= sbit3;
                        pdata[1] <= sda;
                        $display("I am in sdabit2");
                      end

            sbit3:    begin
                        mstate    <= sbit4;
                        pdata[0] <= sda;
                        $display("I am in sdabit3");
                      end

            sbit4:    begin
```

```
                              mstate <= sbit0;
                         $display("I am in sdastop");
                    end
         default:    mstate <= sbit0;

            endcase
      else   mstate <= sbit0;
endmodule
//----------------------------------------out16hi.v  文件结束------------------------------------------
```

描述 M0 模块的 Verilog 代码如下：

```
//----------------------------------------   sigdata.v 文件的开始 ------------------------------------
/*************************************************************************
 * * *    模块功能：本模块产生测试信号对设计中的模块进行测试。
 * * *             本模块只用于测试，不能通过综合转换为电路。
 *************************************************************************/
`timescale 1ns/1ns
`define halfperiod 50
module sigdata (rst,sclk,data,ask_for_data);
output rst;                              //复位信号
output [3:0] data;                       // 输出的数据信号
output sclk;                             // 输出的时钟信号
input ask_for_data;                      //从并串转换器来的请求数据信号
reg rst,sclk;
reg [3:0] data;

initial
    begin
        rst=1;
        #10 rst=0;
        #(`halfperiod*2+3)  rst=1;
    end

  initial                                //寄存器变量初始化
    begin
      sclk = 0;
      data = 0;
      #(`halfperiod*1000) $stop;
    end

  always #(`halfperiod)  sclk = ~sclk;    //产生第一个模块需要的输入时钟
//每次请求新数据信号的正跳变沿，等一段时间后将输出数据增加 1
  always @(posedge ask_for_data)
```

```
         begin
             #(`halfperiod/2 + 3) data = data + 1;
         end
endmodule
//----------------------------------------sigdata.v 结束---------------------------------
```

描述顶层模块的 Verilog 代码如下：

```
//----------------------------------文件名 top.v -----------------------------------
/***************************************************************
 *** 模块功能：对所设计的两个可综合模块 ptosda 和 out16hi 进行联合测试。
 ***          观察 ptosda 模块能否正确地把并行数据转换成符合协议要求
 ***          的串行码流；串行码流能否通过 out16hi 模块的处理输出符合
 ***          设计要求的信号。本模块是为教学需要专门设计的。为了使
 ***          大家容易理解接口功能，作了许多简化，因此无实用价值。
 ****************************************************************
 *** 模块说明：本模块还可以用于综合或布局布线后的电路网表模块的测试。
 ***          做后仿真时，把包括的文件改为布局布线后的门级电路网表文件，即由
 ***          综合工具生成的 ptosda.vm 和 out16hi.vm 文件，或布局布线工具产生
 ***          的 ptosda.vo 和 out16hi.vo 文件。为了能使门级电路网表模块进行仿真，
 ***          有时还需要包括一个布线所用的 FPGA 或 ASIC 基本元件仿真库模块。
 ****************************************************************/
   `timescale 1ns/1ns
//**************************
   `include "sigdata.v"
   `include "ptosda.v"
   `include "out16hi.v"
//**************************
   /** 可用综合后产生的门级 Verilog 网表(netlist)文件和布局布线后产生的带延迟参数
       的 Verilog 网表(netlist)文件来代替上面两个文件。分别进行门级后仿真和布线后
       仿真。这两种文件的扩展名不同，但都是 Verilog 门级模块。**/

module top;
   wire [3:0] data;
   wire sclk;
   wire scl;
   wire sda;
   wire rst;
   wire [15:0] outhigh;

   sigdata  m0  (.rst(rst),.sclk(sclk),.data(data),.ask_for_data(ack));
   ptosda   m1  (.rst(rst),.sclk(sclk),.ack(ack),.scl(scl),
                 .sda(sda),.data(data));
   out16hi  m2  (.scl(scl),.sda(sda),.outhigh(outhigh));
```

endmodule

//-----------------------------------全面测试文件 top.v 结束-----------------------------------

说明：以上两个程序的编程、仿真、综合和后仿真在 PC WINDOWS(98,NT,2000,XP)操作系统及 ModelSim、Synplify、MaxplusII 和 QuartusII 等环境下通过测试。

注意：以上程序中，out16hi 模块布局布线后仿真如果要输出正确结果，必须使 ptosda 模块的输出 sda 的高阻状态变为一个固定的输出后才有可能。

图 15.4 为综合后的门级网表的仿真波形图。图中数字用 Hex 表示，sda 信号中短处为高阻状态，outhigh 启始一段为不定态。

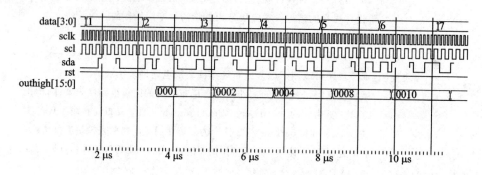

图 15.4 综合后的门级网表的仿真波形

小　结

通过以上两个例题，可以看到有限状态机在数字逻辑电路中的作用。用状态变量来记住曾经发生过的事情，这些曾发生过的事情对于电路下一时钟的操作有非常重要的作用。在[例 15.1]中必须记住 10010 是否按照时钟节拍来到过，或者已经有几位正确地输入。只有这样才能正确地控制 Z 的输出。在[例 15.2]中，无论 M1 和 M2 模块的设计都必须用状态变量记住目前所处的状态，才能正确地控制输入和输出。可综合模块的设计必须在电路总体结构明确的情况下，用状态机写出控制的节拍和步骤后才能进行。状态机的编写不可能一下子就很完善，存在一些问题是必然的。我们可以通过仿真调试逐步改正状态机控制中的不完善，直到正确无误。

思　考　题

1. 在计算机上对[例 15.1]进行 RTL 级仿真和综合后的门级 Verilog 网表仿真。观测两种层次的仿真输出波形有什么不同，试着说明为什么出现不同。分析实际电路的波形应该如何？

2. 把[例 15.1]改写成能对 111000101 序列进行检测。在接下去的检测中不再考虑已经检出序列中的任何位。编写完整的 Verilog 程序，并进行综合后的门级 Verilog 网表仿真。当出现以上序列时，让 Z 的高电平维持两个节拍。

3. 把[例 15.2]改写成能对两位并行数据处理的电路。把两位并行数据转换为符合协议的串行数据,来控制 4 条输出线的电平。编写完整的 Verilog 程序,并进行综合后的门级 Verilog 网表仿真,验证设计的正确性。

4. 把[例 15.2]改写成能对三位并行数据处理的电路。把三位并行数据转换为符合协议的串行数据,来控制 8 条线的电平。但要求并串转换模块能在 rst 信号有效后,发出 ack 信号到信号源模块,然后由信号源模块发出数据(data[2:0]),编写完整的 Verilog 程序,并进行综合后的门级 Verilog 网表仿真,验证设计的正确性,并编写出实验总结报告。

5. [例 15.2]中的 out16hi 模块布局布线后仿真如果要输出正确结果,为什么必须使从上一个模块 ptosda 输出的 sda 高阻状态变为一个固定的输出后才有可能得到结果,否则没有正确的电平输出;而 RTL 级仿真和综合后的 Verilog 网表(即 out16hi.vm)仿真却能得到正确的答案? 请以该例仿真运行中发现的问题写出进行布线后仿真必须注意的几个重要因素。

第16章 复杂时序逻辑电路设计实践

概　述

在前面各章的基础上,我们对比较复杂的数字电路设计过程有了一定程度的了解。经过上机操作练习,掌握了如何通过仿真调试来改进源代码,使其完全符合设计要求。在本章中将对一个简化的实际工程设计过程进行认真细致的分析,以更深入地学习数字逻辑电路系统设计的核心技术。通过一个相对简单的工程实例可以对复杂的数字电路的设计方法和过程有更深入的认识。

下面我们将介绍一个经过实际运行、验证并可综合到各种 FPGA 和 ASIC 工艺的串行 EEPROM 读写器件的设计过程,列出了所有有关的 Verilog HDL 程序。这个器件能把并行数据和地址信号转变为串行 EEPROM 能识别的串行码,并把数据写入相应的地址,或根据并行的地址信号从 EEPROM 相应的地址读取数据并把相应的串行码转换成并行的数据放到并行地址总线上。当然,还需要有相应的读信号或写信号和应答信号配合才能完成以上的操作。

16.1　二线制 I^2C CMOS 串行 EEPROM 的简单介绍

二线制 I^2C CMOS 串行 EEPROM AT24C02/4/8/16 是一种采用 CMOS 工艺制成的串行可用电擦除可编程随机读写存储器。串行 EEPROM 一般具有两种写入方式,一种是字节写入方式,还有一种是页写入方式,允许在一个写周期内同时对一个字节到一页的若干字节进行编程写入。一页的大小取决于芯片内页寄存器的大小,不同公司的同一种型号存储器内的页寄存器可能是不一样的。为了程序的简单起见,在这里只编写串行 EEPROM 的一个字节的写入和读出方式的 Verilog HDL 的行为模型代码,串行 EEPROM 读写器的 Verilog HDL 模型也只是字节读写方式的可综合模型,对于页写入和读出方式,建议读者可以参考有关书籍,自己改写串行 EEPROM 的行为模型和串行 EEPROM 读写器的可综合模型,以检查是否真正掌握了本章的内容。

16.2　I^2C 总线特征介绍

I^2C(Inter Integrated Circuit)双向二线制串行总线协议定义为:只有在总线处于"非忙"状态时,数据传输才能开始。在数据传输期间,只要时钟线为高电平,数据线都必须保持稳定,否则数据线上的任何变化都被当作"启动"或"停止"信号。图 16.1 是被定义的总线状态。

以下介绍 A,B,C,D 段的工作状态。

(1) 总线非忙状态(A 段):该段内的数据线(SDA)和时钟线(SCL)都保持高电平。

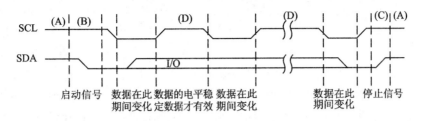

图 16.1　I²C 双向二线制串行总线

(2) 启动数据传输(B 段)：当时钟线(SCL)为高电平状态时，数据线(SDA)由高电平变为低电平的下降沿被认为是"启动"信号。只有出现"启动"信号后，其他的命令才有效。

(3) 停止数据传输(C 段)：当时钟线(SCL)为高电平状态时，数据线(SDA)由低电平变为高电平的上升沿被认为是"停止"信号。随着"停止"信号的出现，所有的外部操作都结束。

(4) 数据有效(D 段)：在出现"启动"信号以后，在时钟线(SCL)为高电平状态时，数据线是稳定的，这时数据线的状态就是要传送的数据。数据线(SDA)上数据的改变必须在时钟线为低电平期间完成，每位数据占用一个时钟脉冲。每个数据传输都是由"启动"信号开始，结束于"停止"信号。

(5) 应答信号：每个正在接收数据的 EEPROM 在接到一个字节的数据后，通常需要发出一个应答信号。而每个正在发送数据的 EEPROM 在发出一个字节的数据后，通常需要接收一个应答信号。EEPROM 读写控制器必须产生一个与这个应答位相联系的额外的时钟脉冲。在 EEPROM 的读操作中，EEPROM 读写控制器对 EEPROM 完成的最后一个字节不产生应答位，但是应该给 EEPROM 一个结束信号。

16.3　二线制 I²C CMOS 串行 EEPROM 的读写操作

(1) EEPROM 的写操作(字节编程方式)：所谓 EEPROM 的写操作(字节编程方式)就是通过读写控制器把一个字节数据发送到 EEPROM 中指定地址的存储单元。其过程如下：EEPROM 读写控制器发出"启动"信号后，紧跟着送 4 位 I²C 总线器件特征编码 1010 和 3 位 EEPROM 芯片地址/页地址 XXX，以及写状态的 R/W 位(=0)到总线上。这一字节表示在接收到被寻址的 EEPROM 产生的一个应答位后，读写控制器将跟着发送 1 个字节的 EEPROM 存储单元地址和要写入的 1 个字节数据。EEPROM 在接收到存储单元地址后，又一次产生应答位，使读写控制器才发送数据字节，并把数据写入被寻址的存储单元。EEPROM 再一次发出应答信号，读写控制器收到此应答信号后，便产生"停止"信号。AT24C02/4/8/16 字节写入帧格式如图 16.2 所示。

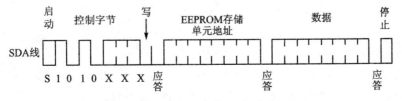

图 16.2　AT24C02/4/8/16 字节写入帧格式

(2) 二线制 I²C CMOS 串行 EEPROM 的读操作：所谓 EEPROM 的读操作是通过读写控制器读取 EEPROM 中指定地址的存储单元中的一个字节数据。串行 EEPROM 的读操作分两步进行：读写器首先发送一个"启动"信号和控制字节（包括页面地址和写控制位）到 EEPROM，再通过写操作设置 EEPROM 存储单元地址（注意：虽然这是读操作，但需要先写入地址指针的值），在此期间 EEPROM 会产生必要的应答位。接着读写器重新发送另一个"启动"信号和控制字节（包括页面地址和读控制位 R/W = 1），EEPROM 收到后发出应答信号，然后，要寻址存储单元的数据就从 SDA 线上输出。读操作有 3 种：读当前地址存储单元的数据，读指定地址存储单元的数据，读连续存储单元的数据。在这里只介绍读指定地址存储单元数据的操作。读指定地址存储单元数据的帧格式如图 16.3 所示。

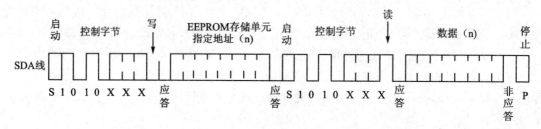

图 16.3　AT24C02/4/8/16 读指定地址存储单元的数据帧格式

16.4　EEPROM 的 Verilog HDL 程序

要设计一个串行 EEPROM 读写器件，不仅要编写 EEPROM 读写器件的可综合 Verilog HDL 的代码，而且要编写相应的测试代码以及 EERPOM 的行为模型。EEPROM 的读写电路及其测试电路如图 16.4 所示。

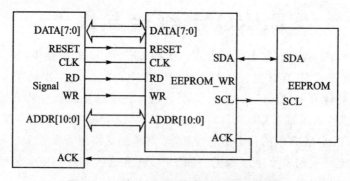

图 16.4　EEPROM 读写电路及其测试电路

(1) EEPROM 的行为模型：为了设计一个电路，首先要设计一个 EEPROM 的 Verilog HDL 模型。而设计这样一个模型需要仔细地阅读和分析 EEPROM 器件的说明书，因为 EEPROM 不是要设计的对象，而是验证设计对象所需要的器件。所以，只需设计一个 EEPROM 的行为模型，而不需要可综合风格的模型，这就大大简化了设计过程。下面的 Verilog HDL 程序就是这个 EEPROM(AT24C02/4/8/16) 能完成一个字节数据读写的部分行为模型，请读者查阅 AT24C02/4/8/16 说明书，并对照 Verilog HDL 程序理解设计的要点。

这里只对在操作中用到的信号线进行模拟，对于没有用到的信号线就略去了。对 EEP-

ROM 用于基本总线操作的引脚 SCL 和 SDA 说明如下：SCL 为串行时钟端，这个信号用于对输入和输出数据的同步，而写入串行 EEPROM 的数据用其上升沿同步，输出数据用其下降沿同步；SDA 为串行数据(/地址)输入/输出总线端。EEPROM 的行为模型如下：

```
/************************************************************************
模块名称:EEPROM         文件名:eeprom.v
模块功能:用于模拟真实的 EEPROM(AT 24C02/4/8/16) 的随机读写功能。对于符合 AT 24C02/4/8/16 要
        求的 scl 和 sda 随机读/写信号能根据 I²C 协议，分析其含义并进行相应的读/写操作。
模块说明:本模块为行为模块，不可综合为门级网表。而且本模块为教学需求做了许多简化，由于功能
        不完整，不能用做商业目的。
*************************************************************************/

`timescale 1ns/1ns
`define timeslice 100
module EEPROM(scl, sda);
    input   scl;                    //串行时钟线
    inout   sda;                    //串行数据线
    reg out_flag;                   //SDA 数据输出的控制信号
    reg[7:0]  memory[2047:0];
    reg[10:0] address;
    reg[7:0]  memory_buf;
    reg[7:0]  sda_buf;              //SDA 数据输出寄存器
    reg[7:0]  shift;                //SDA 数据输入寄存器
    reg[7:0]  addr_byte;            //EEPROM 存储单元地址寄存器
    reg[7:0]  ctrl_byte;             //控制字寄存器
    reg[1:0]  State;                //状态寄存器
    integer i;

    //--------------------------------------------------------------
    parameter       r7= 8'b10101111,   w7= 8'b10101110,    //main7
                    r6= 8'b10101101,   w6= 8'b10101100,    //main6
                    r5= 8'b10101011,   w5= 8'b10101010,    //main5
                    r4= 8'b10101001,   w4= 8'b10101000,    //main4
                    r3= 8'b10100111,   w3= 8'b10100110,    //main3
                    r2= 8'b10100101,   w2= 8'b10100100,    //main2
                    r1= 8'b10100011,   w1= 8'b10100010,    //main1
                    r0= 8'b10100001,   w0= 8'b10100000;    //main0
    //--------------------------------------------------------------
    assign sda = (out_flag == 1) ? sda_buf[7] : 1'bz;

    //-------------寄存器和存储器初始化----------------------
    initial
        begin
```

```verilog
            addr_byte    = 0;
            ctrl_byte    = 0;
            out_flag     = 0;
            sda_buf      = 0;
            State        = 2'b00;
            memory_buf   = 0;
            address      = 0;
            shift        = 0;
        for(i=0;i<=2047; i=i+1)
              memory[i]=0;
      end
    //-------------- 启动信号 --------------------------------
    always @ (negedge sda)
      if(scl == 1 )
        begin
          State = State + 1;    //注意：ModelSim6.1 以上版本,认为从高阻态到1是负跳变沿
          if(State == 2'b11)
            disable write_to_eeprm;
        end

    //-------------- 主状态机 -------------------------------
    always @(posedge sda)
      if (scl == 1 )                         //停止操作
        stop_W_R;
      else
        begin
          casex(State)
            2'b01
/ *********************************************************************
** 注意：老版书上为 2'b01,因为 ModelSim 6.0 以下版本不认为从高阻态到1是跳变沿,而 **
**       ModelSim 6.1 以上版本,在 RTL 仿真时,认为从高阻态到1是负跳变沿,所以写 EEPROM **
**       操作从 2'b10 状态开始。而做布线后仿真时,ModelSim 6.1 以上版本,并不认为高阻态 **
**       到1是跳变沿,所以应该将进入状态 2'b10,改为与老版书一致,即 2'b01。            **
**       不同的仿真工具在处理高阻和不定态时有所不同,必须引起设计者的注意。          **
********************************************************************** /

              begin
                read_in;
                if(ctrl_byte==w7 || ctrl_byte==w6 || ctrl_byte==w5
                   || ctrl_byte==w4 || ctrl_byte==w3 || ctrl_byte==w2
                   || ctrl_byte==w1|| ctrl_byte==w0)
                  begin
                    State = 2'b10;
```

```verilog
                    write_to_eeprm;        //写操作
                end
            else
                State = 2'b00;
        end


            2'b11:
                read_from_eeprm;           //读操作

        default:
            State = 2'b00;

    endcase
    end                              //主状态机结束

//-------------- 操作停止 ------------------------------------
task stop_W_R;
    begin
        State    = 2'b00;            //状态返回为初始状态
        addr_byte = 0;
        ctrl_byte = 0;
        out_flag  = 0;
        sda_buf   = 0;
    end
endtask

//-------------- 读进控制字和存储单元地址 ----------------------
task read_in;
    begin
        shift_in(ctrl_byte);
        shift_in(addr_byte);
    end
endtask

//-------------- EEPROM 的写操作--------------------------------
task write_to_eeprm;
    begin
        shift_in(memory_buf);
        address          = {ctrl_byte[3:1],addr_byte};
        memory[address]  = memory_buf;
        $display("eeprm-------memory[%0h]=%0h",address,memory[address]);
        State = 2'b00;                          //回到 0 状态
    end
```

```verilog
        endtask

//-------------- EEPROM 的读操作--------------------------------
    task read_from_eeprm;
        begin
            shift_in(ctrl_byte);
            if(ctrl_byte==r7||ctrl_byte==r6||ctrl_byte==r5||ctrl_byte==r4
                ||ctrl_byte==r3||ctrl_byte==r2||ctrl_byte==r1||ctrl_byte==r0)
                begin
                    address = {ctrl_byte[3:1],addr_byte};
                    sda_buf = memory[address];
                    shift_out;
                    State= 2'b00;
                end
        end
    endtask

//-------SDA 数据线上的数据存入寄存器,数据在 SCL 的高电平有效--------------------
    task shift_in;
      output [7:0] shift;
        begin
            @(posedge  scl) shift[7] = sda;
            @(posedge  scl) shift[6] = sda;
            @(posedge  scl) shift[5] = sda;
            @(posedge  scl) shift[4] = sda;
            @(posedge  scl) shift[3] = sda;
            @(posedge  scl) shift[2] = sda;
            @(posedge  scl) shift[1] = sda;
            @(posedge  scl) shift[0] = sda;
            @(negedge scl)
              begin
                # `timeslice ;
                out_flag = 1;                           //应答信号输出
                sda_buf  = 0;
              end
            @(negedge scl)
              # `timeslice out_flag  = 0;
        end
    endtask

//-------EEPROM 存储器中的数据通过 SDA 数据线输出,数据在 SCL 低电平时变化
    task shift_out;
        begin
```

```
                out_flag = 1;
                for(i=6;i>=0;i=i-1)
                    begin
                        @(negedge scl);
                        #`timeslice;
                        sda_buf = sda_buf<<1;
                    end
                @(negedge scl)   #`timeslice sda_buf[7] = 1;     //非应答信号输出
                @(negedge scl)   #`timeslice out_flag    = 0;
            end
        endtask
    endmodule
//------------------------------eeprom.v 文件结束------------------------------
```

(2) EEPROM 读写器的可综合的 Verilog HDL 模型：下面的 Verilog 程序是一个可综合的 EEPROM 读写器模型，它接收来自信号源模型产生的读信号、写信号、并行地址信号和并行数据信号，并把它们转换为相应的串行信号发送到串行 EEPROM（AT24C02/4/8/16）的行为模型中去。它还发送应答信号（ACK）到信号源模型，以便让信号源来调节发送或接收数据的速度，以配合 EEPROM 读写器模型从 EEPROM 行为模型发送（写）和接收（读）数据。因为它是我们的设计对象，所以它的仿真不但要正确无误，还需要能综合成门级网表。

这个程序基本上由两部分组成：开关组合电路和控制时序电路，如图 16.5 所示。开关电路在控制时序电路的控制下，按照设计的要求有节奏地打开或闭合，这样 SDA 可以按 I^2C 数据总线的格式输出或输入，使 SDA 和 SCL 一起完成 EEPROM 的读写操作。

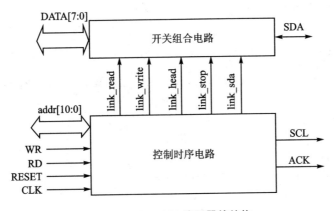

图 16.5 EEPROM 读写器的结构

电路最终用同步有限状态机（FSM）的设计方法实现。程序实则上是一个嵌套的状态机，由主状态机和从状态机通过由控制线启动的总线在不同的输入信号情况下构成不同功能的较复杂的有限状态机，这个有限状态机只有唯一的驱动时钟 CLK。根据串行 EEPROM 的读写操作时序可知，用 5 个状态时钟可以完成写操作，用 7 个状态时钟可以完成读操作。由于读写操作的状态中有几个状态是一致的，用一个嵌套的状态机即可。状态转移如图 16.6 所示。程序由一个读写大任务和若干个较小的任务所组成，其状态机采用独热编码，若需改变状态编码，只需改变程序中的 parameter 定义即可。读者可以通过模仿这一程序来编写较复杂的可综合 Verilog HDL 模块程序。这个设计已通过后仿真,并可在 FPGA 上实现布局布线。

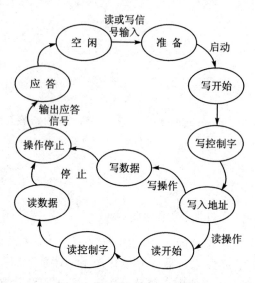

图 16.6 读写操作状态转移

/***

模块名称:EEPROM_WR   文件名:eeprom_wr.v

模块功能:EEPROM 读写器根据 MCU 的并行数据、地址线和读/写控制线对 EEPROM(AT24C02/4/8/16)的行为模块进行随机读写操作,而且本模块为教学要求做了许多简化。但本模块只能做随机的读写操作,只能做随机的读写操作,功能不完整,不能用做商业目的。

模块说明:本模块为可综合模块,可综合为门级网表。

***/

```verilog
`timescale 1ns/1ns
module  EEPROM_WR(SDA,SCL,ACK,RESET,CLK,WR,RD,ADDR,DATA);
output SCL;                   //串行时钟线
output ACK;                   //读写一个周期的应答信号
input   RESET;                //复位信号
input   CLK;                  //时钟信号输入
input   WR,RD;                //读写信号
input   [10:0] ADDR;          //地址线
inout   SDA;                  //串行数据线
inout   [7:0] DATA;           //并行数据线
reg   ACK;
reg   SCL;
reg   WF,RF;                  //读写操作标志
reg   FF;                     //标志寄存器
reg   [1:0] head_buf;         //启动信号寄存器
reg   [1:0] stop_buf;         //停止信号寄存器
reg   [7:0] sh8out_buf;       //EEPROM 写寄存器
```

```verilog
reg  [8:0] sh8out_state;        //EEPROM 写状态寄存器
reg  [9:0] sh8in_state;         //EEPROM 读状态寄存器
reg  [2:0] head_state;          //启动状态寄存器
reg  [2:0] stop_state;          //停止状态寄存器
reg  [10:0] main_state;         //主状态寄存器
reg  [7:0] data_from_rm;        //EEPROM 读寄存器
reg  link_sda;                  //SDA 数据输入 EEPROM 开关
reg  link_read;                 //EEPROM 读操作开关
reg  link_head;                 //启动信号开关
reg  link_write;                //EEPROM 写操作开关
reg  link_stop;                 //停止信号开关
wire sda1,sda2,sda3,sda4;

//-------------串行数据在开关控制下有秩序的输出或输入----------------------
assign sda1 = (link_head)?  head_buf[1]   : 1'b0;
assign sda2 = (link_write)? sh8out_buf[7] : 1'b0;
assign sda3 = (link_stop)?  stop_buf[1]   : 1'b0;
assign sda4 = (sda1 | sda2 | sda3);
assign SDA  = (link_sda)?   sda4          : 1'bz;
assign DATA = (link_read)?  data_from_rm  : 8'hzz;

//----------------------------主状态机状态定义----------------------------
parameter
            Idle         = 11'b00000000001,
            Ready        = 11'b00000000010,
            Write_start  = 11'b00000000100,
            Ctrl_write   = 11'b00000001000,
            Addr_write   = 11'b00000010000,
            Data_write   = 11'b00000100000,
            Read_start   = 11'b00001000000,
            Ctrl_read    = 11'b00010000000,
            Data_read    = 11'b00100000000,
            Stop         = 11'b01000000000,
            Ackn         = 11'b10000000000,

//----------------------------并行数据串行输出状态------------------------
            sh8out_bit7  = 9'b000000001,
            sh8out_bit6  = 9'b000000010,
            sh8out_bit5  = 9'b000000100,
            sh8out_bit4  = 9'b000001000,
            sh8out_bit3  = 9'b000010000,
            sh8out_bit2  = 9'b000100000,
            sh8out_bit1  = 9'b001000000,
```

```verilog
                    sh8out_bit0  = 9'b010000000,
                    sh8out_end   = 9'b100000000;
//------------------------串行数据并行输出状态-----------------------
   parameter        sh8in_begin  = 10'b0000000001,
                    sh8in_bit7   = 10'b0000000010,
                    sh8in_bit6   = 10'b0000000100,
                    sh8in_bit5   = 10'b0000001000,
                    sh8in_bit4   = 10'b0000010000,
                    sh8in_bit3   = 10'b0000100000,
                    sh8in_bit2   = 10'b0001000000,
                    sh8in_bit1   = 10'b0010000000,
                    sh8in_bit0   = 10'b0100000000,
                    sh8in_end    = 10'b1000000000,
//------------------------------启动状态------------------------------
                    head_begin   = 3'b001,
                    head_bit     = 3'b010,
                    head_end     = 3'b100,
//------------------------------停止状态------------------------------
                    stop_begin   = 3'b001,
                    stop_bit     = 3'b010,
                    stop_end     = 3'b100,

   parameter        YES          = 1,
                    NO           = 0,

//---------------产生串行时钟 SCL,为输入时钟的 2 分频---------------
always @(negedge CLK)
   if(RESET)
      SCL <= 0;
   else
      SCL <= ~SCL;

//------------------------主状态机程序------------------------
always @ (posedge CLK)
   if(RESET)
     begin
       link_read   <= NO;
       link_write  <= NO;
       link_head   <= NO;
       link_stop   <= NO;
       link_sda    <= NO;
       ACK         <= 0;
       RF          <= 0;
```

```verilog
            WF         <= 0;
            FF         <= 0;
            main_state <= Idle;
          end
      else
        begin
          casex(main_state)
              Idle:
                  begin
                    link_read   <= NO;
                    link_write  <= NO;
                    link_head   <= NO;
                    link_stop   <= NO;
                    link_sda    <= NO;
                    if(WR)
                      begin
                         WF <= 1;
                            main_state <= Ready ;
                          end
                       else if(RD)
                         begin
                            RF <= 1;
                            main_state <= Ready ;
                         end
                       else
                         begin
                           WF <= 0;
                           RF <= 0;
                           main_state <= Idle;
                         end
                    end
          Ready:
                    begin
                       link_read      <= NO;
                       link_write     <= NO;
                       link_stop      <= NO;
                       link_head      <= YES;
                       link_sda       <= YES;
                       head_buf[1:0]  <= 2'b10;
                       stop_buf[1:0]  <= 2'b01;
                       head_state     <= head_begin;
                       FF             <= 0;
                       ACK            <= 0;
```

```
                    main_state        <= Write_start;
            end
Write_start:
            if(FF == 0)
                shift_head;
            else
              begin
                sh8out_buf[7:0]   <= {1'b1,1'b0,1'b1,1'b0,ADDR[10:8],1'b0};
                link_head         <= NO;
                link_write        <= YES;
                FF                <= 0;
                sh8out_state      <= sh8out_bit6;
                main_state        <= Ctrl_write;
              end
Ctrl_write:
            if(FF ==0)
                shift8_out;
            else
              begin
                    sh8out_state      <= sh8out_bit7;
                    sh8out_buf[7:0]   <= ADDR[7:0];
                    FF                <= 0;
                    main_state        <= Addr_write;
              end
Addr_write:
            if(FF == 0)
                shift8_out;
            else
              begin
                    FF <= 0;
                    if(WF)
                      begin
                        sh8out_state      <= sh8out_bit7;
                        sh8out_buf[7:0]   <= DATA;
                        main_state        <= Data_write;
                      end
                    if(RF)
                      begin
                        head_buf          <= 2'b10;
                        head_state        <= head_begin;
                        main_state        <= Read_start;
                      end
              end
```

Data_write:
  if(FF == 0)
   shift8_out;
  else
   begin
    stop_state   <= stop_begin;
    main_state   <= Stop;
    link_write   <= NO;
    FF   <= 0;
   end

Read_start:
  if(FF == 0)
   shift_head;
  else
   begin
    sh8out_buf   <= {1'b1,1'b0,1'b1,1'b0,ADDR[10:8],1'b1};
    link_head   <= NO;
    link_sda   <= YES;
    link_write   <= YES;
    FF   <= 0;
    sh8out_state   <= sh8out_bit6;
    main_state   <= Ctrl_read;
   end

Ctrl_read:
  if(FF == 0)
   shift8_out;
  else
   begin
    link_sda   <= NO;
    link_write   <= NO;
    FF   <= 0;
    sh8in_state   <= sh8in_begin;
    main_state   <= Data_read;
   end

Data_read:
  if(FF == 0)
   shift8in;
  else
   begin
    link_stop   <= YES;
    link_sda   <= YES;
    stop_state   <= stop_bit;

```verilog
                                 FF              <= 0;
                                 main_state      <= Stop;
                        end
        Stop:
                    if(FF == 0)
                        shift_stop;
                    else
                        begin
                            ACK             <= 1;
                            FF              <= 0;
                            main_state      <= Ackn;
                        end
        Ackn:
                    begin
                        ACK             <= 0;
                        WF              <= 0;
                        RF              <= 0;
                        main_state      <= Idle;
                    end
        default:    main_state <= Idle;
    endcase
end

//----------------------------串行数据转换为并行数据任务----------------------------
task shift8in;
  begin
    casex(sh8in_state)
      sh8in_begin:
              sh8in_state               <= sh8in_bit7;
      sh8in_bit7: if(SCL)
                    begin
                        data_from_rm[7]   <= SDA;
                        sh8in_state       <= sh8in_bit6;
                    end
                  else
                    sh8in_state       <= sh8in_bit7;
      sh8in_bit6: if(SCL)
                    begin
                        data_from_rm[6]   <= SDA;
                        sh8in_state       <= sh8in_bit5;
                    end
                  else
                    sh8in_state       <= sh8in_bit6;
```

```
            sh8in_bit5: if(SCL)
                        begin
                            data_from_rm[5]     <= SDA;
                            sh8in_state         <= sh8in_bit4;
                        end
                    else
                        sh8in_state             <= sh8in_bit5;
            sh8in_bit4: if(SCL)
                        begin
                            data_from_rm[4]     <= SDA;
                            sh8in_state         <= sh8in_bit3;
                        end
                    else
                        sh8in_state             <= sh8in_bit4;
            sh8in_bit3: if(SCL)
                        begin
                            data_from_rm[3]     <= SDA;
                            sh8in_state         <= sh8in_bit2;
                        end
                    else
                        sh8in_state             <= sh8in_bit3;
            sh8in_bit2: if(SCL)
                        begin
                            data_from_rm[2]     <= SDA;
                            sh8in_state         <= sh8in_bit1;
                        end
                    else
                        sh8in_state             <= sh8in_bit2;
            sh8in_bit1: if(SCL)
                        begin
                            data_from_rm[1]     <= SDA;
                            sh8in_state         <= sh8in_bit0;
                        end
                    else
                        sh8in_state             <= sh8in_bit1;
            sh8in_bit0: if(SCL)
                        begin
                            data_from_rm[0]     <= SDA;
                            sh8in_state         <= sh8in_end;
                        end
                    else
                        sh8in_state             <= sh8in_bit0;
            sh8in_end: if(SCL)
```

```verilog
                    begin
                        link_read           <= YES;
                        FF                  <= 1;
                        sh8in_state         <= sh8in_bit7;
                    end
                else
                    sh8in_state             <= sh8in_end;
        default: begin
                    link_read               <= NO;
                    sh8in_state             <= sh8in_bit7;
                 end
    endcase
    end
endtask

//--------------------------并行数据转换为串行数据任务--------------------------
task shift8_out;
 begin
  casex(sh8out_state)
        sh8out_bit7:
                if(! SCL)
                    begin
                        link_sda            <= YES;
                        link_write          <= YES;
                        sh8out_state        <= sh8out_bit6;
                    end
                else
                    sh8out_state            <= sh8out_bit7;
        sh8out_bit6:
                if(! SCL)
                    begin
                        link_sda            <= YES;
                        link_write          <= YES;
                        sh8out_state        <= sh8out_bit5;
                        sh8out_buf          <= sh8out_buf<<1;
                    end
                else
                    sh8out_state            <= sh8out_bit6;
        sh8out_bit5:
                if(! SCL)
                    begin
                        sh8out_state        <= sh8out_bit4;
                        sh8out_buf          <= sh8out_buf<<1;
```

第16章 复杂时序逻辑电路设计实践

```verilog
                end
            else
                sh8out_state        <= sh8out_bit5;
sh8out_bit4:
    if(! SCL)
        begin
            sh8out_state        <= sh8out_bit3;
            sh8out_buf          <= sh8out_buf<<1;
        end
    else
        sh8out_state        <= sh8out_bit4;
sh8out_bit3:
    if(! SCL)
        begin
            sh8out_state        <= sh8out_bit2;
            sh8out_buf          <= sh8out_buf<<1;
        end
    else
        sh8out_state        <= sh8out_bit3;
sh8out_bit2:
    if(! SCL)
        begin
            sh8out_state        <= sh8out_bit1;
            sh8out_buf          <= sh8out_buf<<1;
        end
    else
        sh8out_state        <= sh8out_bit2;
sh8out_bit1:
    if(! SCL)
        begin
            sh8out_state        <= sh8out_bit0;
            sh8out_buf          <= sh8out_buf<<1;
        end
    else
        sh8out_state        <= sh8out_bit1;
sh8out_bit0:
    if(! SCL)
        begin
            sh8out_state        <= sh8out_end;
            sh8out_buf          <= sh8out_buf<<1;
        end
    else
        sh8out_state        <= sh8out_bit0;
```

```verilog
        sh8out_end:
            if(!SCL)
                begin
                    link_sda        <= NO;
                    link_write      <= NO;
                    FF              <= 1;
                end
            else
                    sh8out_state    <= sh8out_end;
    endcase
  end
endtask

//------------------------  输出启动信号任务  ------------------------
task shift_head;
 begin
  casex(head_state)
        head_begin:
            if(!SCL)
                begin
                    link_write      <= NO;
                    link_sda        <= YES;
                    link_head       <= YES;
                    head_state      <= head_bit;
                end
            else
                    head_state      <= head_begin;
        head_bit:
            if(SCL)
                begin
                    FF              <= 1;
                    head_buf        <= head_buf<<1;
                    head_state      <= head_end;
                end
            else
                    head_state      <= head_bit;
        head_end:
            if(!SCL)
              begin
                    link_head       <= NO;
                    link_write      <= YES;
              end
            else
```

```
                            head_state        <= head_end;
            endcase
     end
endtask


//------------------------------输出停止信号任务------------------------------
task shift_stop:
 begin
   casex(stop_state)
       stop_begin:   if(! SCL)
                            begin
                                link_sda          <= YES;
                                link_write        <= NO;
                                link_stop         <= YES;
                                stop_state        <= stop_bit;
                            end
                          else
                                stop_state        <= stop_begin;
       stop_bit:   if(SCL)
                            begin
                                stop_buf          <= stop_buf<<1;
                                stop_state        <= stop_end;
                            end
                          else
                                stop_state        <= stop_bit;
       stop_end:   if(! SCL)
                            begin
                                link_head         <= NO;
                                link_stop         <= NO;
                                link_sda          <= NO;
                                FF                <= 1;
                            end
                          else
                                stop_state        <= stop_end;
   endcase
 end
endtask
endmodule
//------------------------------ eeprom_wr.v 文件结束------------------------------
```

eeprom_wr.v 程序模块最终通过 Synplify Pro8.1 和 QuartusII6.1 的综合,并在多种系列的 FPGA 上实现布局布线,通过布线后仿真验证。

(3) EEPROM 的信号源模块和顶层模块:完成串行 EEPROM 读写器件的设计后,我们还需要做 EEPROM 读写器件的仿真。仿真可以分为前仿真和后仿真，前仿真是 Verilog HDL 的功能仿真，后仿真是 Verilog HDL 代码经过综合、布局布线后的时序仿真。为此，我们还要编写用于 EEPROM 读写器件的仿真测试的信号源程序。这个信号源能产生相应的读信号、写信号、并行地址信号和并行数据信号，并能接收串行 EEPROM 读写器件的应答信号（ACK），以此来调节发送或接收数据的速度。在这个程序中，为了保证串行 EEPROM 读写器件的正确性，可以进行完整的测试。写操作时输入的地址信号和数据信号的数据通过系统命令 \$readmemh 从 addr.dat 和 data.dat 文件中取得，而在 addr.dat 和 data.dat 文件中可以存放任意数据。读操作时从 EEPROM 读出的数据存入文件 eeprom.dat。对比 3 个文件的数据就可以验证程序的正确性。\$readmemh 和 \$fopen 等系统命令读者可以参考 Verilog HDL 的语法部分。最后我们把信号源、EEPROM 和 EEPROM 读写器用顶层模块连接在一起。下面的程序就是这个信号源的 Verilog HDL 模型和顶层模块。

```
/************************************************************************
    模块名称:Signal     文件名:signal.v
    模块功能:用于产生测试信号,对所设计的 EEPROM_WR 模块进行测试。Signal 模块能对被测
           试模块产生的 ack 信号产生响应,发出模仿 MCU 的数据、地址信号和读/写信号;被测
           试的模块在接收到信号后会发出写/读 EEPROM 虚拟模块的信号。
    模块说明:本模块为行为模块,不可综合为门级网表。而且本模块为教学目的做了许多简化,但
           功能不完整,不能用做商业目的。
*************************************************************************/
信号源的 Verilog HDL 模型：
    `timescale 1ns/1ns
    `define timeslice 200
    module Signal(RESET,CLK,RD,WR,ADDR,ACK,DATA);
    output RESET;                      //复位信号
    output CLK;                        //时钟信号
    output RD,WR;                      //读写信号
    output[10:0] ADDR;                 //11 位地址信号
    input ACK;                         //读写周期的应答信号
    inout[7:0] DATA;                   //数据线

    reg RESET;
    reg CLK;
    reg RD,WR;
    reg W_R;                           //低位:写操作;高位:读操作
    reg[10:0]  ADDR;
    reg[7:0]   data_to_eeprom;
    reg[10:0]  addr_mem[0:255];
    reg[7:0]   data_mem[0:255];
    reg[7:0]   ROM[1:2047];
    integer i,j;
    integer OUTFILE;
```

```verilog
Parameter test_number=50;
assign DATA = (W_R) ?   8'bz : data_to_eeprom ;


//----------------------------------时钟信号输入---------------------------------
always #(`timeslice/2)
 CLK=~CLK;


//---------------------------------读写信号输入---------------------------------
initial
 begin
   RESET = 1;
   i    = 0;
   j    = 0;
   W_R = 0;
   CLK = 0;
   RD  = 0;
   WR  = 0;
   #1000 ;
   RESET = 0;
  repeat(test_number)              //连续写 test_number 次数据，调试成功后可以增加到
                                   //全部地址并覆盖测试

     begin
       # (5 * `timeslice);
       WR = 1;
       # (`timeslice);
       WR = 0;
       @ (posedge ACK);            //EEPROM_WR 转换模块请求写数据
     end
   #(10 * `timeslice);
   W_R = 1;                        //开始读操作
   repeat(test_number)             //连续读 test_number 次数据
     begin
       # (5 * `timeslice);
       RD = 1;
       # ( `timeslice );
       RD = 0;
       @ (posedge ACK);            //EEPROM_WR 转换模块请求读数据
     end
 end
//----------------------------------写操作--------------------------------------
initial
 begin
   $ display("writing----writing----writing----writing");
```

```verilog
         # (2 * `timeslice);
      for(i=0;i<=test_number;i=i+1)
        begin
          ADDR = addr_mem[i];         //输出写操作的地址
          data_to_eeprom = data_mem[i];//输出需要转换的平行数据
            $ fdisplay(OUTFILE,"@ %0h   %0h",ADDR, data_to_eeprom);
              //把输出的地址和数据记录在已经打开的 eeprom.dat 文件中
          @(posedge ACK);             //EEPROM_WR 转换模块请求写数据
        end
    end

 /--------------------------------读操作----------------------------------
    initial
     @(posedge W_R)
      begin
        ADDR = addr_mem[0];
         $ fclose (OUTFILE);          //关闭已经打开的 eeprom.dat 文件
         $ readmemh("./eeprom.dat",ROM);  //把数据文件的数据读到 ROM 中

         $ display("Begin READING-----READING-----READING-----READING");
           for(j = 0; j <=test_number; j = j+1)
            begin
              ADDR = addr_mem[j];
              @(posedge ACK);
              if(DATA == ROM[ADDR]) //比较并显示发送的数据和接收到的数据是否一致
                $ display("DATA %0h == ROM[%0h]---READ RIGHT",DATA,ADDR);
              else
                $ display("DATA %0h ! = ROM[%0h]---READ WRONG",DATA,ADDR);
            end
      end

    initial
    begin
      OUTFILE = $ fopen("./eeprom.dat");   // 打开一个名为 eeprom.dat 的文件备用
       $ readmemh("./addr.dat",addr_mem);  // 把地址数据存入地址存储器
       $ readmemh("./data.dat",data_mem);  // 把准备写入 EEPROM 的数据存入数据存储器
    end

    endmodule
//-------------- signal.v 的结束-------------------------------------
```

顶层模块:

```
/******************************************************************
模块名称:Top    文件名:top.v
模块功能:用于把产生测试信号的模块(Signal)与设计的具体模块(EEPROM_WR)
       以及 EEPROM 虚拟模块连接起来的模块,用于全面测试。
模块说明:本模块为行为模块,不可综合为门级网表。但其中 EEPROM_WR 可以综合
       为门级网表,所以可以对所设计的 EEPROM 读写器进行门级后仿真。
******************************************************************/
`include "./Signal.v"
`include "./EEPROM.v"
`include "./EEPROM_WR.v"   //可以用 EEPROM_WR 模块相应的 Verilog 门级网表来替换
`timescale 1ns/1ns
`define timesline 200

module Top;
  wire RESET;
  wire CLK;
  wire RD,WR;
  wire ACK;
  wire[10:0] ADDR;
  wire[7:0]  DATA;
  wire SCL;
  wire SDA;
  Parameter test_numbers=123;
  initial    #(`timeslice * 180 * test_numbers) $ stop;
  Signal     #(test_numbers)     signal(.RESET(RESET),.CLK(CLK),.RD(RD),
              .WR(WR),.ADDR(ADDR),.ACK(ACK),.DATA(DATA));
  EEPROM_WR  eeprom_wr(.RESET(RESET),.SDA(SDA),.SCL(SCL),.ACK(ACK),
              .CLK(CLK),.WR(WR),.RD(RD),.ADDR(ADDR),.DATA(DATA));
  EEPROM     eeprom(.sda(SDA),.scl(SCL));

endmodule
//------------ top.v 文件的结束----------------
```

数据文件:

```
//----------------------addr.dat 文件的开始------------------
00
01
02
03
04
05
06
```

```
        ……  // 所写的地址数据个数应该比 Signal.v 代码中 testnumber 多几个
        //---------------------addr.dat 文件的结束---------------------
        //---------------------data.dat 文件的开始---------------------
        00
        01
        02
        03
        04
        05
        06
        ……  // 所写的数据个数应该比 Signal.v 代码中 testnumber 多几个
        //---------------------data.dat 文件的结束---------------------
```

通过前后仿真可以验证程序的正确性。这里给出的是 EEPROM 读写时序的前仿真波形，如图 16.7 所示和图 16.8 所示。后仿真波形除 SCL 和 SDA 与 CLK 有些延迟外，信号的逻辑关系与前仿真一致。

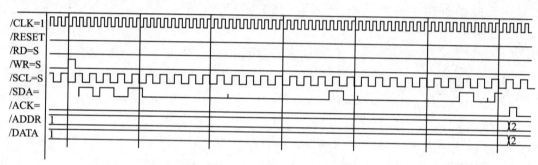

图 16.7　EEPROM 的写时序

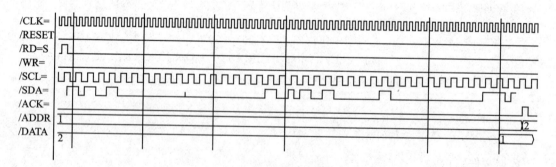

图 16.8　EEPROM 的读时序

说明：在 WINDOWS NT, XP 操作系统的 PC 机器上，应用 Synplify Pro、Actel Designer、Altera MaxplusII、QuartusII 6.1 及 ModelSim 6.1 等 EDA 工具，以上代码已通过 RTL 仿真、综合、布局布线、和布线后仿真验证；也在 Unix 环境下，用 Cadence Verilog - XL、NC - Verilog、Synoposys VCS、DC 等 EDA 工具通过前仿真、综合和后仿真(可综合到各种 FPGA 和 ASIC 工艺)。

总　结

　　用 Verilog 设计可实现的数字逻辑电路时，必须对它的电路结构的总体有一个明确的想法。例如上面这个例子，我们必须对如何控制 sda 串行总线有深入细致的认识。sda 总线既用于输出，又用于输入，它必须通过开关网络（组合逻辑电路）与寄存器发生联系。sda 有时与某个寄存器的输出连接，有时又与另一个寄存器的输入连接。而这些连接过程与 MCU 发过来的命令和数据有关。发出的或接收的信号流又与串行通信协议有关，这些关系都体现在一个或几个状态机中。状态机是这些开关逻辑正确协调操作的指挥者。为了设计好这些状态机必须要搞清楚信号数据的流动和协议。对接口时序的要求必须明确地在具体电路模块的设计中体现，也必须在与其连接通信的虚拟模块中明确地用表示行为的 Verilog 语句体现。只有这样，才能在仿真中帮助我们及时发现复杂状态机编写的漏洞，从而设计出正确无误的电路系统。

思　考　题

1. 什么是同步状态机？
2. 设计有限同步状态机的一般步骤是什么？
3. 为什么说把具体问题抽象成嵌套的状态机的思考方式可以处理极其复杂的逻辑关系？
4. 为什么要用同步状态机来产生数据流动的开关控制序列？
5. 什么是 HDL RTL 级的描述方式？它与行为描述方式有什么不同？
6. 什么是综合？为什么要编写可综合模块？
7. 在设计中可综合模块和行为模块的作用分别是什么？
8. 可综合的 Verilog HDL RTL 级的描述方式的样板是什么？
9. 用 RTL 级描述方式的 Verilog HDL 模块是否都能综合？保证能综合的要点是什么？
10. 可综合的 Verilog HDL RTL 级模块的编写中，用阻塞赋值和非阻塞赋值的原则是什么？
11. 保证可综合模块 RTL 和布线后仿真一致性的关键是什么？
12. 读懂本讲中的例子，如 EEPROM 读写器的设计，并改写 Verilog 模块，使得它不只能进行随机读/写还能进行连续的页面读/写，还改写其他虚拟模块进行 RTL 级、门级网表和布线后仿真。

第 17 章 简化的 RISC_CPU 设计

概　述

在前面 16 章里我们已经学习了 Verilog HDL 的基本语法、简单组合逻辑和简单时序逻辑模块的编写，学习了 Top-Down 设计方法，还学习了可综合风格的组合逻辑和有限状态机的设计。其中 EEPROM 读写器的设计实际上是一个较复杂的嵌套的有限状态机的设计，它是根据业已完成的实际工程项目为教学目的改写而来的，已很接近真实的设计。在本章里，将介绍一个经过简化的用于教学目的的精简指令集（RISC）CPU 的构造原理和设计方法。作者相信读者通过参考书上的程序和解释，经过自己的努力，就可以独立完成该 CPU 核的设计和验证，以此来学习这种新设计方法，并掌握利用 Verilog 硬件描述语言的高层次设计方法。

17.1　课题的来由和设计环境介绍

在本章中，将通过自己动脑筋，设计出一个 CPU 的软核和固核。这个 CPU 是一个简化的专门为教学目的而设计的 RISC_CPU。在设计中我们不但关心 CPU 总体设计的合理性，而且还使得构成这个 RISC_CPU 的每一个模块不仅是可仿真的也都可以综合成门级网表。因而从物理意义上说，这也是一个能真正通过具体电路结构而实现的 CPU。为了能在这个虚拟的 CPU 上运行较为复杂的程序并进行仿真，把寻址空间规定为 8K（即 13 位地址线）字节。

下面让我们一步一步地来设计这样一个 CPU，并进行 RTL 仿真和综合经过综合、布局布线后，再进行一次仿真从中可以体会到这种设计方法的潜力。本章中的 Verilog HDL 程序都是为教学目的而编写的，全部程序在 Cadence 公司的 NC-Verilog 环境 Synopsys VCS、Mentor 公司的 ModelSim 6.1 等环境下用 Verilog 语言进行了仿真。同时分别用 Synplify、Altera Quartus II 等工具，针对不同的 FPGA 进行了综合。顺利地通过 RTL 级仿真、综合后门级逻辑网表仿真以及布线后的门级结构电路模型仿真。这个 CPU 模型只是一个教学模型，设计也不一定很合理，只是从原理上说明了简单的 RISC_CPU 是如何构成的。本章的内容是想达到以下四个目的：

(1) 学习 RISC_CPU 的基本结构和原理；
(2) 了解 Verilog HDL 仿真和综合工具的潜力；
(3) 展示 Verilog 设计方法对软/硬件联合设计和验证的意义；
(4) 学习并掌握一些常用的 Verilog 语法和验证方法。

作者希望本章的内容能引起对 CPU 和复杂数字逻辑系统设计有兴趣的电子工程师们的注意，加入我国集成电路的设计队伍，提高我国电子产品的档次。由于作者的经验与学识有限，不足之处敬请读者批评、指正。

17.2 什么是 CPU

CPU 即中央处理单元的英文缩写，它是计算机的核心部件。计算机进行信息处理可分为两个步骤：

(1) 将数据和程序(即指令序列)输入到计算机的存储器中。

(2) 从第一条指令的地址起开始执行该程序，得到所需结果，结束运行。CPU 的作用是协调并控制计算机的各个部件并执行程序的指令序列，使其有条不紊地进行。因此它必须具有以下基本功能：

① 取指令——当程序已在存储器中时，首先根据程序入口地址取出一条程序，为此要发出指令地址及控制信号。

② 分析指令——即指令译码，这是对当前取得的指令进行分析，指出它要求什么操作，并产生相应的操作控制命令。

③ 执行指令——根据分析指令时产生的"操作命令"形成相应的操作控制信号序列，通过运算器、存储器及输入/输出设备的执行，实现每条指令的功能，其中包括对运算结果的处理以及下条指令地址的形成。

将 CPU 的功能进一步细化，可概括如下：

(1) 能对指令进行译码并执行规定的动作；

(2) 可以进行算术和逻辑运算；

(3) 能与存储器和外设交换数据；

(4) 提供整个系统所需要的控制。

尽管各种 CPU 的性能指标和结构细节各不相同，但它们所能完成的基本功能相同。由功能分析，可知任何一种 CPU 内部结构至少应包含下面这些部件：

(1) 算术逻辑运算部件(ALU)；

(2) 累加器；

(3) 程序计数器；

(4) 指令寄存器和译码器；

(5) 时序和控制部件。

RISC 即精简指令集计算机(Reduced Instruction Set Computer)的缩写。它是一种 20 世纪 80 年代才出现的 CPU，与一般的 CPU 相比不仅只是简化了指令系统，而且还通过简化指令系统使计算机的结构更加简单合理，从而提高了运算速度。从实现的途径看，RISC_CPU 与一般的 CPU 的不同之处在于：它的时序控制信号形成部件是用硬布线逻辑实现的而不是采用微程序控制的方式。所谓硬布线逻辑也就是用触发器和逻辑门直接连线所构成的状态机和组合逻辑，故产生控制序列的速度比用微程序控制方式快得多，因为这样做省去了读取微指令的时间。RISC_CPU 也包括上述这些部件。下面就详细介绍一个简化的、用于教学目的的 RISC_CPU 的、可综合 Verilog HDL 模型的设计和仿真过程。

17.3 RISC_CPU 结构

RISC_CPU 是一个复杂的数字逻辑电路，但是它的基本部件的逻辑并不复杂，可把它分成 8 个基本部件来考虑：

(1) 时钟发生器；
(2) 指令寄存器；
(3) 累加器；
(4) 算术逻辑运算单元；
(5) 数据控制器；
(6) 状态控制器；
(7) 程序计数器；
(8) 地址多路器。

各部件的相互连接关系见图 17.1。其中时钟发生器利用外来时钟信号进行分频生成一系

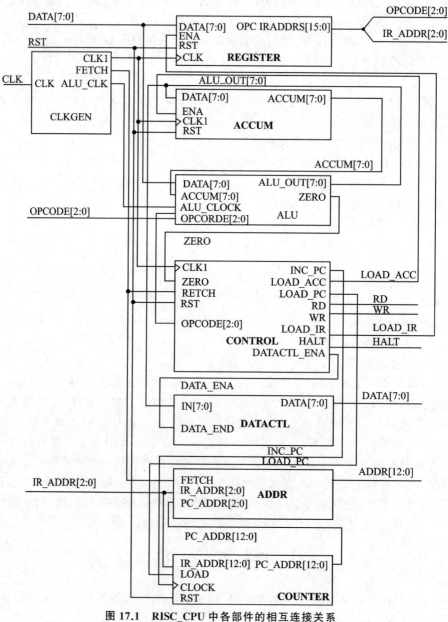

图 17.1　RISC_CPU 中各部件的相互连接关系

列时钟信号,送往其他部件用作时钟信号。各部件之间的相互操作关系则由状态控制器来控制。各部件的具体结构和逻辑关系在下面各节中逐一进行介绍。

17.3.1 时钟发生器

时钟发生器 CLKGEN 利用外来时钟信号 clk 生成一系列时钟信号 clk1、fetch、alu_ena,并送往 CPU 的其他部件。其中,fetch 是控制信号,clk 的 8 分频信号。当 FETCH 高电平时,使 CLK 能触发 CPU 控制器开始执行一条指令;同时 FETCH 信号还将控制地址多路器输出指令地址和数据地址。clk 信号用作指令寄存器、累加器、状态控制器的时钟信号。ALU_ENA 则用于控制算术逻辑运算单元的操作。图 17.2 为时钟发生器原理图。时钟发生器 clkgen 的波形如图 17.3 所示。

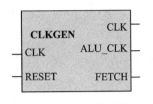

图 17.2 时钟发生器

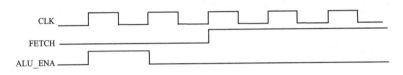

图 17.3 时钟发生器 CLKGEN 的波形

其 VerilogHDL 程序见下面的模块:

```
//-------------clk_gen.v 的开始---------------
`timescale 1ns/1ns
module clk_gen (clk,reset,fetch,alu_ena);
    input clk,reset;
    output fetch,alu_ena;
    wire clk,reset;
    reg fetch,alu_ena;
    reg[7:0] state;
    parameter    S1 = 8'b00000001,
                 S2 = 8'b00000010,
                 S3 = 8'b00000100,
                 S4 = 8'b00001000,
                 S5 = 8'b00010000,
                 S6 = 8'b00100000,
                 S7 = 8'b01000000,
                 S8 = 8'b10000000,
                 idle = 8'b00000000;

    always @(posedge clk)
        if(reset)
            begin
                fetch <= 0;
                alu_ena<= 0;
```

```verilog
                    state <= idle;
                end
        else
            begin
                case(state)
                    S1:
                        begin
                            alu_ena<=1;
                            state <= S2;
                        end
                    S2:
                        begin
                            alu_ena<=0;
                            state <= S3;
                        end
                    S3:
                        begin
                            fetch<=1;
                            state <= S4;
                        end
                    S4:
                        begin
                            state <= S5;
                        end
                    S5:  state <= S6;
                    S6:  state <= S7;
                    S7:  begin
                            fetch<=0;
                            state <=S8;
                         end
                    S8:  begin
                            state <= S1;
                         end
                    idle:     state <= S1;
                    default:  state <= idle;
                endcase
            end
endmodule
```

-------------------------clk_gen.v 的结束-------------------------------------

由于在时钟发生器的设计中采用了同步状态机的设计方法，不但使 clk_gen 模块的源程序可以被各种综合器综合，也使得由其生成的 fetch,alu_ena 在同步性能上有明显的提高，为整个系统的性能提高打下了良好的基础。

17.3.2 指令寄存器

顾名思义,指令寄存器用于寄存指令,如图 17.4 所示。

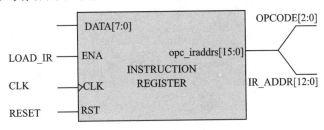

图 17.4 指令寄存器结构

指令寄存器的触发时钟是 clk,在 clk 的正沿触发下,寄存器将数据总线送来的指令存入高 8 位或低 8 位寄存器中。但并不是每个 clk 的上升沿都寄存数据总线的数据,因为数据总线上有时传输指令,有时传输数据。什么时候寄存,什么时候不寄存由 CPU 状态控制器的 load_ir 信号控制。load_ir 信号通过 ena 口输入到指令寄存器,复位后,指令寄存器被清为零。

每条指令为两个字节,即 16 位。高 3 位是操作码,低 13 位是地址(CPU 的地址总线为 13 位,寻址空间为 8K 字节)。本设计的数据总线为 8 位,所以每条指令需取两次。先取高 8 位,后取低 8 位。而当前取的是高 8 位还是低 8 位,由变量 state 记录。state 为 0 表示取的是高 8 位,存入高 8 位寄存器,同时将变量 state 置为 1。下次再寄存时,由于 state 为 1,可知取的是低 8 位,存入低 8 位寄存器中。

其 VerilogHDL 程序见下面的模块:

```verilog
`timescale 1ns/1ns
module register(opc_iraddr,data,ena,clk,rst);
output [15:0] opc_iraddr;
input [7:0] data;
input ena, clk, rst;
reg [15:0] opc_iraddr;
reg    state;

always @(posedge clk)
begin
    if(rst)
        begin
            opc_iraddr<=16'b0000_0000_0000_0000;
            state<=1'b0;
        end
    else
        begin
            if(ena)                    //如果加载指令寄存器信号 load_ir 到来
                begin                  //分两个时钟,每次 8 位加载指令寄存器
```

```verilog
                    casex(state)        //先高字节,后低字节
                        1'b0: begin
                                opc_iraddr[15:8]<=data;
                                state<=1;
                              end
                        1'b1: begin
                                opc_iraddr[7:0]<=data;
                                state<=0;
                              end
                        default: begin
                                    opc_iraddr[15:0]<=16'bxxxxxxxxxxxxxxxx;
                                    state<=1'bx;
                                 end
                    endcase
                end
            else
                state<=1'b0;
        end
end
endmodule
```
//--

17.3.3 累加器

累加器用于存放当前的结果,它也是双目运算中的一个数据来源(见图 17.5)。复位后,累加器的值是零。当累加器通过 ena 口收到来自 CPU 状态控制器 load_acc 信号时,在 clk1 时钟正跳沿时就收到来自于数据总线的数据。

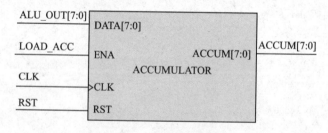

图 17.5 累加器结构

其 VerilogHDL 程序见下面的模块:

```verilog
//------------------------------------------------------------------
module accum( accum, data, ena, clk, rst);
    output[7:0] accum;
    input[7:0]  data;
    input ena,clk,rst;
    reg[7:0]  accum;
```

```verilog
always@(posedge clk)
  begin
    if(rst)
      accum<=8'b0000_0000;         //Reset
    else
      if(ena)                       //CPU 状态控制器发出 load_acc 信号
        accum<=data;                //Accumulate
  end

endmodule
```

17.3.4 算术运算器

算术逻辑运算单元如图 17.6 所示。它根据输入的 8 种不同操作码分别实现相应的加、与、异或、跳转等基本操作运算。利用这几种基本运算可以实现很多种其他运算以及逻辑判断等操作。

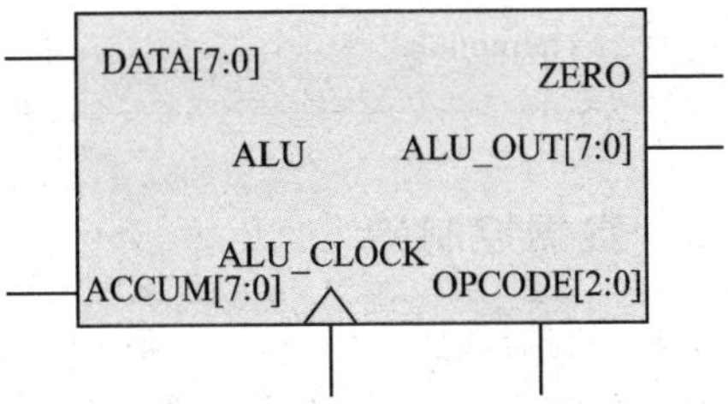

其 VerilogHDL 程序见下面的模块：

图 17.6 算术运算器结构

```verilog
'timescale 1ns/1ns
module alu (alu_out, zero, data, accum, alu_ena, opcode);
output [7:0]alu_out;
output zero;
input [7:0] data, accum;
input [2:0] opcode;
input alu_ena;
reg [7:0] alu_out;

    parameter    HLT   =3'b000,
                 SKZ   =3'b001,
                 ADD   =3'b010,
                 ANDD  =3'b011,
                 XORR  =3'b100,
                 LDA   =3'b101,
                 STO   =3'b110,
                 JMP   =3'b111;

assign zero = ! accum;
always @(posedge  clk)
    if(alu_ena)
```

```verilog
    begin    //操作码来自指令寄存器的输出 opc_iaddr<15..0>的低 3 位
        casex(opcode)
            HLT: alu_out<=accum;
            SKZ: alu_out<=accum;
            ADD: alu_out<=data+accum;
            ANDD: alu_out<=data&accum;
            XORR: alu_out<=data^accum;
            LDA: alu_out<=data;
            STO: alu_out<=accum;
            JMP: alu_out<=accum;
            default: alu_out<=8'bxxxx_xxxx;
        endcase
    end
endmodule
//-----------------------------------------------------------------
```

17.3.5 数据控制器

数据控制器如图 17.7 所示。其作用是控制累加器的数据输出,由于数据总线是各种操作时传送数据的公共通道,不同情况下传送不同的内容。有时要传输指令,有时要传送 RAM 区或接口的数据。累加器的数据只有在需要往 RAM 区或端口写时才允许输出,否则应呈现高阻态,以允许其他部件使用数据总线。所以任何部件往总线上输出数据时,都需要一控制信号。而此控制信号的启、停则由 CPU 状态控制器输出的各信号控制决定。数据控制器何时输出累加器的数据则由状态控制器输出的控制信号 datactl_ena 决定。

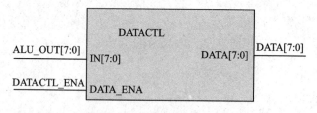

图 17.7 数据控制器结构

其 Verilog HDL 程序见下面的模块:

```verilog
//-----------------------------------------------------------------
module datactl (data,in,data_ena);
    output [7:0]data;
    input [7:0]in;
    input data_ena;

    assign  data = (data_ena)? in : 8'bzzzz_zzzz;

endmodule
//-----------------------------------------------------------------
```

17.3.6 地址多路器

地址多路器如图 17.8 所示。它用于选择输出的地址是 PC(程序计数)地址还是数据/端口地址。每个指令周期的前 4 个时钟周期用于从 ROM 中读取指令,输出的应是 PC 地址;后 4 个时钟周期用于对 RAM 或端口的读写,该地址由指令给出。地址的选择输出信号由时钟信号的 8 分频信号 fetch 提供。

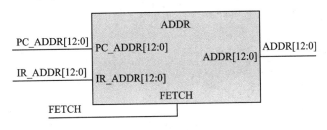

图 17.8 地址多路器结构

其 VerilogHDL 程序见下面的模块:

```
//------------------------------------------------------------
    module adr(addr,fetch,ir_addr,pc_addr);
        output [12:0] addr;
        input [12:0] ir_addr, pc_addr;
        input  fetch;

        assign  addr = fetch?  pc_addr : ir_addr;

    endmodule
//------------------------------------------------------------
```

17.3.7 程序计数器

程序计数器如图 17.9 所示。它用于提供指令地址,以便读取指令。指令按地址顺序存放在存储器中。有两种途径可形成指令地址:其一是顺序执行的情况,其二是遇到要改变顺序执行程序的情况,例如执行 JMP 指令后,需要形成新的指令地址。下面就来详细说明 PC 地址是如何建立的。

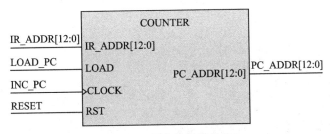

图 17.9 程序计数器结构

复位后,指令指针为零,即每次 CPU 重新启动将从 ROM 的零地址开始读取指令并执行。

每条指令执行完需两个时钟,这时 pc_addr 已被增 2,指向下一条指令(因为每条指令占两个字节)。如果正在执行的指令是跳转语句,这时 CPU 状态控制器将会输出 load_pc 信号,通过 load 口进入程序计数器。程序计数器(pc_addr)将装入目标地址(ir_addr),而不是增 2。

其 Verilog HDL 程序见下面的模块:

```verilog
//--------------------------------------------------------------
module counter ( pc_addr, ir_addr, load, clock, rst);
    output [12:0] pc_addr;
    input [12:0] ir_addr;
    input load, clock, rst;
    reg [12:0] pc_addr;

    always @( posedge clock or posedge rst )
      begin
        if(rst)
          pc_addr<=13'b0_0000_0000_0000;
        else
          if(load)
          pc_addr<=ir_addr;
          else
            pc_addr <= pc_addr + 1;
      end
endmodule
//--------------------------------------------------------------
```

17.3.8 状态控制器

状态控制器如图 17.10 所示。它由两部分组成:
(1) 状态机(图中的 MACHINE 部分);
(2) 状态控制器(图中的 MACHINECTL 部分)。

状态机控制器接收复位信号 RST,当 RST 有效时,通过信号 ena 使其为 0,输入到状态机中,以停止状态机的工作。

状态控制器的 Verilog HDL 程序见下面模块:

```verilog
//--------------------------------------------------------------
`timescale 1ns/1ns
module machinectl( ena, fetch, rst,clk);
    input  fetch, rst,clk;
    output  ena;
    reg ena;
    reg state;

    always @(posedge clk)
      begin
```

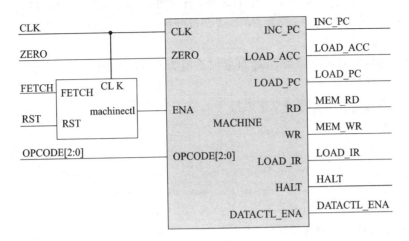

图 17.10 状态控制器

```
            if(rst)
                begin
                    ena<=0;
                end
            else
                if(fetch)
                    begin
                        ena<=1;
                    end
        end
    end
endmodule
//----------------------------------------------------------------
```

状态机是 CPU 的控制核心,用于产生一系列的控制信号,启动或停止某些部件。CPU 何时进行读指令来读写 I/O 端口及 RAM 区等操作,都是由状态机来控制的。状态机的当前状态,由变量 state 记录,state 的值就是当前这个指令周期中已经过的时钟数(从零计起)。

指令周期是由 8 个时钟周期组成,每个时钟周期都要完成固定的操作,即

(1) 第 0 个时钟,CPU 状态控制器的输出 rd 和 load_ir 为高电平,其余均为低电平。指令寄存器寄存由 ROM 送来的高 8 位指令代码。

(2) 第 1 个时钟,与上一时钟相比只是 inc_pc 从 0 变为 1,故 PC 增 1,ROM 送来低 8 位指令代码,指令寄存器寄存该 8 位代码。

(3) 第 2 个时钟,空操作。

(4) 第 3 个时钟,PC 增 1,指向下一条指令。若操作符为 HLT,则输出信号 HLT 为高。如果操作符不为 HLT,除了 PC 增一外(指向下一条指令),其他各控制线输出为零。

(5) 第 4 个时钟,若操作符为 AND,ADD,XOR 或 LDA,读相应地址的数据;若为 JMP,将目的地址送给程序计数器;若为 STO,输出累加器数据。

(6) 第 5 个时钟,若操作符为 ANDD,ADD 或 XORR,算术运算器就进行相应的运算;若

为 LDA,就把数据通过算术运算器送给累加器;若为 SKZ,先判断累加器的值是否为 0,如果为 0,PC 就增 1,否则保持原值;若为 JMP,锁存目的地址;若为 STO,将数据写入地址处。

(7) 第 6 个时钟,空操作。

(8) 第 7 个时钟,若操作符为 SKZ 且累加器值为 0,则 PC 值再增 1,跳过一条指令,否则 PC 无变化。

状态机的 Verilog HDL 程序见下面模块:

```verilog
//------------------------------------------------------------------
`timescale 1ns/1ns
module machine( inc_pc, load_acc, load_pc, rd,wr, load_ir,
                datactl_ena, halt, clk, zero, ena, opcode );
    output inc_pc, load_acc, load_pc, rd, wr, load_ir;
    output datactl_ena, halt;
    input clk, zero, ena;
    input [2:0] opcode;
    reg inc_pc, load_acc, load_pc, rd, wr, load_ir;
    reg datactl_ena, halt;
    reg [2:0] state;

    parameter   HLT  = 3'b000,
                SKZ  = 3'b001,
                ADD  = 3'b010,
                ANDD = 3'b011,
                XORR = 3'b100,
                LDA  = 3'b101,
                STO  = 3'b110,
                JMP  = 3'b111;

    always @( negedge clk)
      begin
        if( ! ena )                      //接收到复位信号 RST,进行复位操作
          begin
            state<=3'b000;
            {inc_pc,load_acc,load_pc,rd}<=4'b0000;
            {wr,load_ir,datactl_ena,halt}<=4'b0000;
          end
        else
          ctl_cycle;
      end
//----------------begin of task ctl_cycle--------
    task ctl_cycle;
    begin
    casex(state)
```

```verilog
3'b000:                            //load high 8bits in struction
         begin
            {inc_pc,load_acc,load_pc,rd}<=4'b0001;
            {wr,load_ir,datactl_ena,halt}<=4'b0100;
            state<=3'b001;
         end
3'b001:       //pc increased by one then load low 8bits instruction
         begin
            {inc_pc,load_acc,load_pc,rd}<=4'b1001;
            {wr,load_ir,datactl_ena,halt}<=4'b0100;
            state<=3'b010;
         end
3'b010:       //idle
         begin
            {inc_pc,load_acc,load_pc,rd}<=4'b0000;
            {wr,load_ir,datactl_ena,halt}<=4'b0000;
            state<=3'b011;
         end

3'b011:       //next instruction address setup 分析指令从这里开始
         begin
            if(opcode==HLT)          //指令为暂停 HLT
              begin
                {inc_pc,load_acc,load_pc,rd}<=4'b1000;
                {wr,load_ir,datactl_ena,halt}<=4'b0001;
              end
            else
              begin
                {inc_pc,load_acc,load_pc,rd}<=4'b1000;
                {wr,load_ir,datactl_ena,halt}<=4'b0000;
              end
            state<=3'b100;
         end
3'b100:                            //fetch oprand
         begin
            if(opcode==JMP)
              begin
                {inc_pc,load_acc,load_pc,rd}<=4'b0010;
                {wr,load_ir,datactl_ena,halt}<=4'b0000;
              end
            else
              if( opcode==ADD || opcode==ANDD ||
                  opcode==XORR || opcode==LDA)
```

```verilog
                    begin
                        {inc_pc,load_acc,load_pc,rd}<=4'b0001;
                        {wr,load_ir,datactl_ena,halt}<=4'b0000;
                    end
                else
                    if(opcode==STO)
                        begin
                            {inc_pc,load_acc,load_pc,rd}<=4'b0000;
                            {wr,load_ir,datactl_ena,halt}<=4'b0010;
                        end
                    else
                        begin
                            {inc_pc,load_acc,load_pc,rd}<=4'b0000;
                            {wr,load_ir,datactl_ena,halt}<=4'b0000;
                        end
                state<=3'b101;
            end
        3'b101:            //operation
            begin
                if ( opcode==ADD||opcode==ANDD||
                     opcode==XORR||opcode==LDA )
                    begin                    //过一个时钟后与累加器的内容进行运算
                        {inc_pc,load_acc,load_pc,rd}<=4'b0101;
                        {wr,load_ir,datactl_ena,halt}<=4'b0000;
                    end
                else
                    if( opcode==SKZ && zero==1)
                        begin
                            {inc_pc,load_acc,load_pc,rd}<=4'b1000;
                            {wr,load_ir,datactl_ena,halt}<=4'b0000;
                        end
                    else
                        if(opcode==JMP)
                            begin
                                {inc_pc,load_acc,load_pc,rd}<=4'b1010;
                                {wr,load_ir,datactl_ena,halt}<=4'b0000;
                            end
                        else
                            if(opcode==STO)
                                begin
                                    //过一个时钟后把 wr 变 1 就可写到 RAM 中
                                    {inc_pc,load_acc,load_pc,rd}<=4'b0000;
                                    {wr,load_ir,datactl_ena,halt}<=4'b1010;
```

```
                              end
                            else
                              begin
                                {inc_pc,load_acc,load_pc,rd}<=4'b0000;
                                {wr,load_ir,datactl_ena,halt}<=4'b0000;
                              end
                        state<=3'b110;
                    end
3'b110:          //idle
                    begin
                        if ( opcode==STO )
                            begin
                                {inc_pc,load_acc,load_pc,rd}<=4'b0000;
                                {wr,load_ir,datactl_ena,halt}<=4'b0010;
                            end
                        else
                            if ( opcode==ADD||opcode==ANDD||
                                opcode==XORR||opcode==LDA)
                                begin
                                    {inc_pc,load_acc,load_pc,rd}<=4'b0001;
                                    {wr,load_ir,datactl_ena,halt}<=4'b0000;
                                end
                            else
                                begin
                                    {inc_pc,load_acc,load_pc,rd}<=4'b0000;
                                    {wr,load_ir,datactl_ena,halt}<=4'b0000;
                                end
                        state<=3'b111;
                    end

3'b111:          //
                    begin
                        if( opcode==SKZ && zero==1 )
                            begin
                                {inc_pc,load_acc,load_pc,rd}<=4'b1000;
                                {wr,load_ir,datactl_ena,halt}<=4'b0000;
                            end
                        else
                            begin
                                {inc_pc,load_acc,load_pc,rd}<=4'b0000;
                                {wr,load_ir,datactl_ena,halt}<=4'b0000;
                            end
                        state<=3'b000;
```

```verilog
                    end
        default:
                    begin
                        {inc_pc,load_acc,load_pc,rd}<=4'b0000;
                        {wr,load_ir,datactl_ena,halt}<=4'b0000;
                        state<=3'b000;
                    end
                endcase
            end
        endtask
//-----------------end of task ctl_cycle---------

endmodule
//------------------------------------------------------------------------
```

状态机和状态机控制器组成了状态控制器,它们之间的连接关系很简单,见本小节的图17.10。

17.3.9 外围模块

为了对 RISC_CPU 进行测试,需要有存储测试程序的 ROM 和装载数据的 RAM、地址译码器。下面来简单介绍一下:

1. 地址译码器

```verilog
module addr_decode( addr, rom_sel, ram_sel);
    output rom_sel, ram_sel;
    input [12:0] addr;
    reg rom_sel, ram_sel;

    always @( addr )
    begin
      casex(addr)
        13'b1_1xxx_xxxx_xxxx:{rom_sel,ram_sel}<=2'b01;
        13'b0_xxxx_xxxx_xxxx:{rom_sel,ram_sel}<=2'b10;
        13'b1_0xxx_xxxx_xxxx:{rom_sel,ram_sel}<=2'b10;
        default:{rom_sel,ram_sel}<=2'b00;
      endcase
    end
endmodule
```

地址译码器用于产生选通信号,选通 ROM 或 RAM。

1FFFH ---1800H RAM
17FFH ---0000H ROM

2. RAM 和 ROM

```
module ram( data, addr, ena, read, write );
    inout [7:0] data;
    input [9:0] addr;
    input ena;
    input read, write;
    reg [7:0] ram [10'h3ff:0];

    assign data = ( read && ena )?   ram[addr] : 8'hzz;

    always @(posedge write)
        begin
            ram[addr]<=data;
        end
endmodule


module rom( data, addr, read, ena );
    output [7:0] data;
    input [12:0] addr;
    input read, ena;
    reg [7:0] memory [13'h1fff:0];
    wire [7:0] data;

    assign data= ( read && ena )? memory[addr] : 8'bzzzzzzzz;

endmodule
```

ROM 用于装载测试程序,可读不可写;而 RAM 用于存放数据,可读可写。

17.4 RISC_CPU 操作和时序

一个微机系统为了完成自身的功能,需要 CPU 执行许多操作。以下是 RISC_CPU 的主要操作:
(1) 系统的复位和启动操作;
(2) 总线读操作;
(3) 总线写操作。
下面详细介绍每个操作,即系统的复位与启动,总线的读与写等操作。

17.4.1 系统的复位和启动操作

RISC_CPU 的复位和启动操作是通过 reset 引脚的信号触发执行的。当 reset 信号一进入高电平,RISC_CPU 就会结束现行操作,并且只要 reset 停留在高电平状态,CPU 就维持在复位状态。在复位状态,CPU 各内部寄存器都被设为初值,全部为零。数据总线为高阻态,地址总线为 0000H,所有控制信号均为无效状态。reset 回到低电平后,接着到来的第一个 fetch 上升沿将启动 RISC_CPU 开始工作,从 ROM 的 000 处开始读取指令并执行相应操作。波形见图 17.11,虚线标志处为 RISC_CPU 启动工作的时刻。

图 17.11 为 RISC_CPU 的复位和启动操作波形图,虚线标志处为 RISC_CPD 启动工作的时刻。

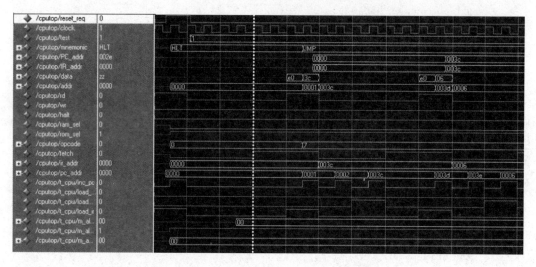

图 17.11 RISC_CPU 的复位和启动操作波形

17.4.2 总线读操作

每个指令周期的前 0~3 个时钟周期用于读指令,在状态控制器一节中已详细讲述,这里就不再重复;第 3.5 个周期处,存储器或端口地址就输出到地址总线上;第 4~6 个时钟周期,读信号 rd 有效,数据送到数据总线上,以备累加器锁存,或参与算术、逻辑运算;第 7 个时钟周期,读信号无效,第 7.5 个时钟周期,地址总线输出 PC 地址,为下一个指令做好准备。图 17.12 为 CPU 从存储器或端口读取数据的时序。

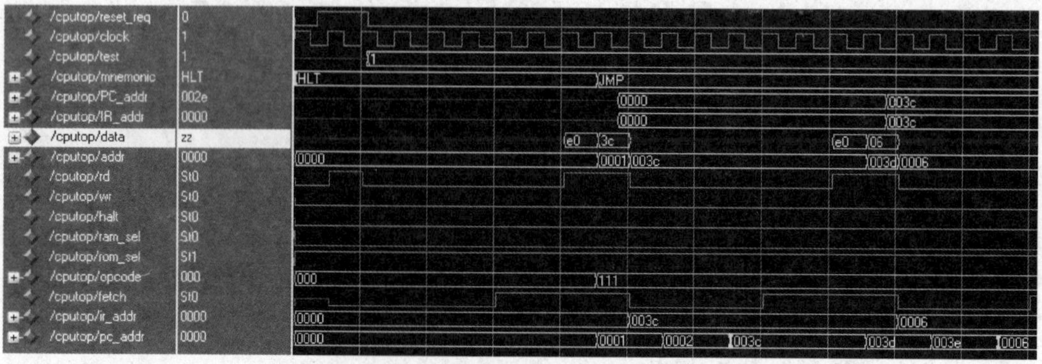

图 17.12 CPU 从存储器或端口读取数据的时序

17.4.3 总线写操作

每个指令周期的第 3.5 个时钟周期处,写的地址就建立了;第 4 个时钟周期输出数据;第 5 个时钟周期输出写信号;至第 6 个时钟结束,数据无效;第 7.5 个时钟地址输出为 PC 地址,为下一个指令周期做好准备。图 17.13 为 CPU 对存储器或端口写数据的时序。

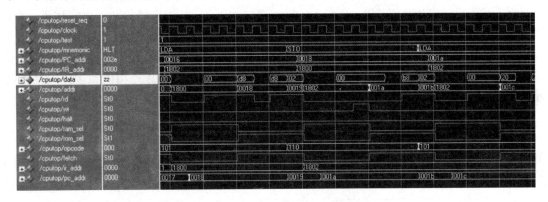

图 17.13 CPU 对存储器或端口写数据的时序

17.5 RISC_CPU 寻址方式和指令系统

RISC_CPU 的指令格式一律为:

它的指令系统仅由 8 条指令组成。

(1) HLT:停机操作。该操作将空一个指令周期,即 8 个时钟周期。

(2) SKZ:为零跳过下一条语句。该操作先判断当前 alu 中的结果是否为零,若是零就跳过下一条语句,否则继续执行。

(3) ADD 相加:该操作将累加器中的值与地址所指的存储器或端口的数据相加,结果仍送回累加器中。

(4) AND 相与:该操作将累加器的值与地址所指的存储器或端口的数据相与,结果仍送回累加器中。

(5) XOR 异或:该操作将累加器的值与指令中给出地址的数据异或,结果仍送回累加器中。

(6) LDA 读数据:该操作将指令中给出地址的数据放入累加器。

(7) STO 写数据:该操作将累加器的数据放入指令中给出的地址。

(8) JMP 无条件跳转语句:该操作将跳转至指令给出的目的地址,继续执行。

RISC_CPU 是 8 位微处理器,一律采用直接寻址方式,即数据总是放在存储器中,寻址单元的地址由指令直接给出。这是最简单的寻址方式。

17.6 RISC_CPU 模块的调试

17.6.1 RISC_CPU 模块的前仿真

为了对所设计的 RISC_CPU 模块进行验证,需要把 RISC_CPU 包装在一个模块下,这样其内部连线就隐蔽起来,从系统的角度看就显得简洁,见图 17.14。还需要建立一些必要的外围器件模型,例如储存程序用的 ROM 模型、储存数据用的 RAM 和地址译码器等。这些模型都可以用 Verilog HDL 描述。由于不需要综合成具体的电路,只要保证功能和接口信号正确就能用于仿真。也就是说,用虚拟器件来代替真实的器件对所设计的 RISC_CPU 模块进行验证,检查各条指令是否执行正确,与外围电路的数据交换是否正常。这种模块是很容易编写的,上面 17.3.9 节中的 ROM 和 RAM 模块就是简化的虚拟器件的例子,可在下面的仿真中来代替真实的器件,用于验证 RISC_CPU 模块是否能正确地运行装入 ROM 和 RAM 的程序。在 RISC_CPU 的电路图上加上这些外围电路把有关的电路接通,如图 17.14 所示;也可以用 Verilog HDL 模块调用的方法把这些外围电路的模块连接上,这跟用真实的电路器件调试情况很类似。

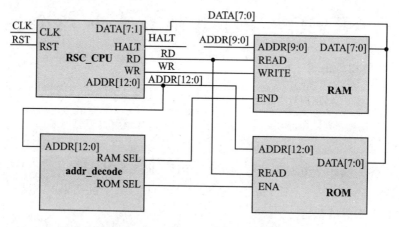

图 17.14 RISC_CPU 及其外围电路

下面介绍的是在 modelsim 6.1 下进行调试的仿真测试程序 cputop.v。可用于对以上所设计的 RISC_CPU 进行仿真测试。下面是前仿真的测试程序 cputop.v。它的作用是按模块的要求执行仿真,并显示仿真的结果,测试模块 cputop.v 中的 $display 和 $monitor 等系统调用能在计算机的显示屏幕上显示部分测试结果,可以同时用波形观察器观察有关信号的波形。

```
//------------------------------- cputop.v 文件的开始-------------------------------
/*********************************************************************************
***     模块功能:cputop模块通过运行3个不同的汇编程序对cpu模块进行完整的逻辑测试
***             和验证。仿真程序在加载后会自动执行,运行的结果在人机交互式显示屏上
***             显示。本模块是不可综合的行为模块,用于对CPU模块进行RTL级和门级
***             逻辑功能的全面仿真验证。本测试模块也可以为布线后仿真,只需要将代码
```

```verilog
  ***              的第一句`include"cpu.v"改写为`include"cpu.vo"即可。
*********************************************************************/
`include "cpu.v"              //若改为`include "cpu.vo"便可做布线后仿真
`include "ram.v"
`include "rom.v"
`include "addr_decode.v"
/*********************************************************************
`timescale 1ns / 1 ns
`define PERIOD 100            // matches clk_gen.v
module cputop;
  reg reset_req,clock;
  integer test;
  reg [(3*8):0] mnemonic;     //array that holds 3 8bit ASCII characters
  reg [12:0] PC_addr,IR_addr;
  wire [7:0] data;
  wire [12:0] addr;
  wire rd,wr,halt,ram_sel,rom_sel;
  wire [2:0] opcode;          //为布线后仿真做的专门添加的CPU内部信号线
  wire fetch;                 //为布线后仿真做的专门添加的CPU内部信号线
  wire [12:0] ir_addr, pc_addr; //为布线后仿真做的专门添加的CPU内部信号线

//----------------------- CPU 模块与地址译码器和 ROM,RAM 的连接部分---------------------
cpu     t_cpu (.clk(clock),.reset(reset_req),.halt(halt),.rd(rd),
               .wr(wr),.addr(addr),.data(data),.opcode(opcode),.fetch(fetch),
               .ir_addr(ir_addr),.pc_addr(pc_addr));

ram     t_ram (.addr(addr[9:0]),.read(rd),.write(wr),.ena(ram_sel),.data(data));

rom     t_rom (.addr(addr),.read(rd),.ena(rom_sel),.data(data));

addr_decode  t_addr_decode (.addr(addr),.ram_sel(ram_sel),.rom_sel(rom_sel));

//---------------------- CPU 模块与地址译码器和 ROM、RAM 的连接部分结束-------------------
initial
  begin
    clock=1;
    //display time in nanoseconds
    $timeformat ( -9, 1, "ns", 12);
    display_debug_message;
    sys_reset;
    test1;
    $stop;
    test2;
```

```verilog
        $stop;
        test3;
        $finish;           //simulation is finished here.
end
    task display_debug_message;
        begin
            $display("\n******************************************************");
                $display(" *    THE FOLLOWING DEBUG TASK ARE AVAILABLE: * ");
                $display(" *    \"test1: \" to load the 1st diagnostic progran. * ");
                $display(" *    \"test2: \" to load the 2nd diagnostic program. * ");
                $display(" *    \"test3: \" to load the Fibonacci program.       * ");
                $display(" *******************************************\n");
        end
    endtask
    task test1;
        begin
            test = 0;
            disable MONITOR;
            $readmemb("test1.pro", t_rom.memory);
            $display("rom loaded   successfully!");
            $readmemb("test1.dat", t_ram.ram);
            $display("ram loaded   successfully!");
            #1 test = 1;
            #14800 ;
            sys_reset;
        end
    endtask

    task test2;
        begin
            test = 0;
            disable MONITOR;
            $readmemb("test2.pro", t_rom.memory);
            $display("rom loaded   successfully!");
            $readmemb("test2.dat", t_ram.ram);
            $display("ram loaded   successfully!");
            #1 test = 2;
            #11600;
            sys_reset;
        end
    endtask

        task test3;
```

```verilog
  begin
    test = 0;
    disable MONITOR;
    $readmemb("test3.pro",t_rom.memory);
    $display("rom loaded   successfully!");
    $readmemb("test3.dat",t_ram.ram);
    $display("ram loaded   successfully!");
    #1 test = 3;
    #94000;
    sys_reset;
  end
endtask

task sys_reset;
  begin
    reset_req = 0;
    #(`PERIOD * 0.7) reset_req = 1;
    #(1.5 * `PERIOD) reset_req = 0;
  end
endtask

always @(test)
  begin: MONITOR
    case (test)
    1: begin                        //display results when running test 1
      $display("\n *** RUNNING CPUtest1 — The Basic CPU Diagnostic Program ***");
      $display("\n     TIME        PC      INSTR       ADDR      DATA   ");
      $display("      ------------    ------   ----------    ---------   -----------  ");
      while (test == 1)
              @(t_cpu.pc_addr)//fixed
                if ((t_cpu.pc_addr%2 == 1)&&(t_cpu.fetch == 1))//fixed
              begin
                #60    PC_addr <= t_cpu.pc_addr -1 ;
                       IR_addr <= t_cpu.ir_addr;
                #340   $strobe("%t    %h      %s     %h   %h", $time, PC_addr,
                            mnemonic, IR_addr,data);
                    //HERE DATA HAS BEEN CHANGED T-CPU-M-REGISTER.DATA
              end

        end

    2: begin
      $display("\n *** RUNNING CPUtest2-The Advanced CPU Diagnostic Program ***");
```

```verilog
                    $display("\n        TIME        PC      INSTR       ADDR      DATA     ");
                    $display("("        ------------   ------   -----------   ---------   -----------   ");
                 while (test == 2)
                     @(t_cpu.pc_addr)
                 if ((t_cpu.pc_addr%2 == 1) && (t_cpu.fetch == 1))
                 begin
                     #60      PC_addr    <= t_cpu.pc_addr - 1;
                              IR_addr    <= t_cpu.ir_addr;
                     #340     $strobe("%t   %h   %s   %h   %h", $time, PC_addr,
                                              mnemonic, IR_addr, data);
                 end

              end

         3: begin
                $display("\n*** RUNNING CPUtest3 - An Executable Program  ***");
                $display(" * * * This program should calculate the fibonacci   * * *");
                $display("\n        TIME       FIBONACCI NUMBER");
                $display(   "     ------------    ------------------------");
                while (test == 3)
                   begin
                       wait ( t_cpu.opcode == 3'h1) //display Fib. No. at end of program loop
                       $strobe("%t      %d", $time, t_ram.ram[10'h2]);
                       wait ( t_cpu.opcode != 3'h1);
                   end
              end
         endcase

       end
//----------------------------------------------------------------
    always @(posedge halt)         //STOP when HALT instruction decoded
       begin
         #500
           $display("\n************************************************");
           $display(  " ** A HALT INSTRUCTION WAS PROCESSED !!!   **");
           $display(  " ************************************************\n");
       end
    always #(`PERIOD/2) clock=~clock;
    always   @(t_cpu.opcode)
         //get an ASCII mnemonic for each opcode
      case(t_cpu.opcode)
        3'b000   : mnemonic = "HLT";
        3'h1     : mnemonic = "SKZ";
```

```verilog
            3'b010 : mnemonic = "ADD";
            3'b011 : mnemonic = "AND";
            3'b100 : mnemonic = "XOR";
            3'b101 : mnemonic = "LDA";
            3'b110 : mnemonic = "STO";
            3'b111 : mnemonic = "JMP;
            default : mnemonic = "???";
        endcase

endmodule
//------------------------------------ cputop.v 文件的结束------------------------------------
```

针对程序做如下说明:测试程序中用宏指令 `include"模块文件"名包含了 rom.v,ram.v 和 addrdecode.v3 个外部模块。它们都是检测 RISC_CPU 时必不可少的虚拟部件却代表了 RAM、ROM 和地址译码器;对于 RISC_CPU 需要综合成电路的部分,则已通过 CPU.v 程序将它组合成一个独立的 CPU 模块。具体程序如下:

```verilog
//------------------------------------ cpu.v 文件的开始 ------------------------------------
/***********************************************************************
模块功能:CPU 模块是本讲所设计的 RISC_CPU 的核心,共有 10 个可综合模块的
        连接组成。它本身是可综合的模块,已经过门级后仿真验证。
***********************************************************************/
`include "clk_gen.v"
`include "accum.v"
`include "adr.v"
`include "alu.v"
`include "machine.v"
`include "counter.v"
`include "machinect1.v"
`include "register.v"
`include "datact1.v"
//*********************************************************************

`timescale 1ns/1ns
module cpu(clk,reset,halt,rd,wr,addr,data,opcode,fetch,ir_addr,pc_addr);
    input clk,reset;
    output rd,wr,halt;
    output[12:0]addr;
    output[2:0]opcode;
    output fetch;
    output[12:0]ir_addr,pc_addr;
    inout[7:0]data;
    wire clk,reset,halt;
    wire [7:0]  data;
    wire [12:0] addr;
```

```
    wire rd,wr;
    wire clk,fetch,alu_ena;
    wire [2:0] opcode;
    wire [12:0] ir_addr,pc_addr;
    wire [7:0] alu_out,accum;
    wire zero,inc_pc,load_acc,load_pc,load_ir,data_ena,contr_ena;

    clk_gen   m_clk_gen (.clk(clk),.reset(rest),.fetch(fetch),.alu_ena(alu_ena));

    register  m_register (.data(data),.ena(load_ir),.rst(reset),
                          .clk(clk),.opc_iraddr({opcode,ir_addr}));

    accum     m_accum    (.data(alu_out),.ena(load_acc),
                          .clk(clk),.rst(reset),.accum(accum));

    alu       m_alu      (.data(data),.accum(accum),.clk(clk);alu_ena(aln_ena)),
                          .opcode(opcode),.alu_out(alu_out),.zero(zero));

    machinect1 m_machinec1(clk(clk),.rst(reset),.fetch(fetck),.ena(control_ena));
    machine   m_machine   (.inc_pc(inc_pc),.load_acc(load_acc),.load_pc(load_pc),
                          .rd(rd), .wr(wr), .load_ir(load_ir), .clk(clk),
                          .datactl_ena(data_ena), .halt(halt), .zero(zero),
                          .ena(contr_ena),.opcode(opcode));

    datactl   m_datactl   (.in(alu_out),.data_ena(data_ena),.data(data));

    adr       m_adr (.fetch(fetch),.ir_addr(ir_addr),.pc_addr(pc_addr),.addr(addr));

    counter   m_counter   (.clock(inc_pc),.rst(reset),.ir_addr(ir_addr),.load(load_pc)),
                          .pc_addr(pc_addr));

    endmodule
    //--------------------------------------- cpu.v 文件的结束 ---------------------------------------
```

其中 contr_ena 用于 machinect1 与 machine 之间的 ena 的连接。cputop.v 中用到下面两条语句需要解释一下：

```
    $readmemb ( "test1.pro",t_rom_.memory );
    $readmemb ( "test1.dat",t_ram_.ram);
```

即可把编译好的汇编机器码装入虚拟 ROM，把需要参加运算的数据装入虚拟 RAM 就可以开始仿真。上面语句中的第一项为打开的文件名，后一项为系统层次管理下的 ROM 模块和 RAM 模块中的存储器 memory 和 ram。

下面清单所列出的是用于测试 RISC_CPU 基本功能而分别装入虚拟 ROM 和 RAM 的机

器码和数据文件,其文件名分别为 test1.pro,test1.dat,test2.pro,test2.dat,test3.pro,test3.pro,还有调用这些测试程序进行仿真的程序 cputop.v 文件。

```
//---------------------------------------- 文件   test1.pro ----------------------------------------
/************************************************************
 ***  Test1 程序是用于验证 RISC_ CPU 逻辑功能的机器代码,是根据汇编语言由人工编译的。
 ***  本汇编程序用于测试 RISC_ CPU 的基本指令集,如果 RISC_ CPU 的各条指令执行正确,
 ***  它应在地址为 2E(hex)处,在执行 HLT 时停止运行。如果该程序在任何其他地址暂停
 ***  运行,则必有一条指令运行出错,可参照注释找到出错的指令。
 ***  @符号后的十六进制数表示存储器的地址,以下的二进制数为机器码。
 ***  每行//符号后表示自己为 RISC_CPU 设计的汇编程序和程序注释。
 ***********************************************************/

//----------------------------------------test1.pro 的开始----------------------------------------
机器码           地  址       汇编助记符         注   释


@00
//address statement
    111_00000     // 00       BEGIN:   JMP  TST_JMP
    0011_1100
    000_00000     // 02                HLT    //JMP did not work at all
    0000_0000
    000_00000     // 04                HLT    //JMP did not load PC, it skipped
    0000_0000
    101_11000     // 06       JMP_OK:  LDA   DATA_1
    0000_0000
    001_00000     // 08                SKZ
    0000_0000
    000_00000     // 0a                HLT    //SKZ or LDA did not work
    0000_0000
    101_11000     // 0c                LDA   DATA_2
    0000_0001
    001_00000     // 0e                SKZ
    0000_0000
    111_00000     // 10                JMP   SKZ_OK
    0001_0100
    000_00000     // 12                HLT    //SKZ or LDA did not work
    0000_0000
    110_11000     // 14       SKZ_OK:  STO TEMP   //store non-zero value in TEMP
    0000_0010
    101_11000     // 16                LDA   DATA_1
    0000_0000
    110_11000     // 18                STO   TEMP   //store zero value in TEMP
    0000_0010
```

```
    101_11000       // 1a              LDA TEMP
    0000_0010
    001_00000       // 1c              SKZ    //check to see if STO worked
    0000_0000
    000_00000       // 1e              HLT    //STO did not work
    0000_0000
    100_11000       // 20              XOR DATA_2
    0000_0001
    001_00000       // 22              SKZ    //check to see if XOR worked
    0000_0000
    111_00000       // 24              JMP XOR_OK
    0010_1000
    000_00000       // 26              HLT    //XOR did not work at all
    0000_0000
    100_11000       // 28       XOR_OK：XOR DATA_2
    0000_0001
    001_00000       // 2a              SKZ
    0000_0000
    000_00000       // 2c              HLT    //XOR did not switch all bits
    0000_0000
    000_00000       // 2e       END：   HLT    //CONGRATULATIONS-TEST1 PASSED!
    0000_0000
    111_00000       // 30              JMP BEGIN   //run test again
    0000_0000

@3c
    111_00000       // 3c       TST_JMP：JMP JMP_OK
    0000_0110
    000_00000       // 3e              HLT    //JMP is broken
//------------------------------test1.pro 的结束------------------------------

/********************************************************************
下面文件中的数据在仿真时需要用系统任务 $readmemb 读入 RAM,才能被上面的汇编程序
test1.pro 使用。
********************************************************************/
//------------------------------test1.dat 开始------------------------------
@00                  //address statement at RAM
    00000000         //1800   DATA_1：   //constant 00(hex)
    11111111         //1801   DATA_2：   //constant FF(hex)
    10101010         //1802   TEMP：     //variable — starts with AA(hex)
//------------------------------test1.dat 的结束------------------------------
/********************************************************************
    * Test 2 程序是用于验证 RISC_ CPU 的功能,是设计工作的重要环节。
```

第 17 章 简化的 RISC_CPU 设计

```
* 本程序测试 RISC_ CPU 的高级指令集,如果 RISC_ CPU 的各条指令执行正确,
* 它应在地址为 20(hex)处,在执行 HLT 时停止运行。
* 如果该程序在任何其他地址暂停运行,则必有一条指令运行出错。
* 可参照注释找到出错的指令。
* 注意:必须先在 RISC_ CPU 上运行 test1 程序成功后,才可运行本程序。
***********************************************************/
```

//------------------------------------test2.pro 开始------------------------------------

| 机器码 | 地址 | 汇编助记符 | 注释 |

@00

```
    101_11000        // 00     BEGIN: LDA DATA_2
    0000_0001
    011_11000        // 02            AND DATA_3
    0000_0010
    100_11000        // 04            XOR DATA_2
    0000_0001
    001_00000        // 06            SKZ
    0000_0000
    000_00000        // 08            HLT             //AND doesn't work
    0000_0000
    010_11000        // 0a            ADD DATA_1
    0000_0000
    001_00000        // 0c            SKZ
    0000_0000
    111_00000        // 0e            JMP ADD_OK
    0001_0010
    000_00000        // 10            HLT             //ADD doesn't work
    0000_0000
    100_11000        // 12     ADD_OK: XOR DATA_3
    0000_0010
    010_11000        // 14            ADD DATA_1      //FF plus 1 makes -1
    0000_0000
    110_11000        // 16            STO TEMP
    0000_0011
    101_11000        // 18            LDA DATA_1
    0000_0000
    010_11000        // 1a            ADD TEMP        //-1 plus 1 should make zero
    0000_0011
    001_00000        // 1c            SKZ
    0000_0000
    000_00000        // 1e            HLT             //ADD Doesn't work
    0000_0000
```

000_00000 0000_0000	//20	END: HLT	//CONGRATULATIONS -TEST2 PASSED!
111_00000 0000_0000	//22	JMP BEGIN	//run test again

//--test2.pro 结束--

/ **

下面文件中的数据在仿真时需要用系统任务 $readmemb 读入 RAM,才能被上面的汇编程序 test2.pro 使用。

**/

//--test2.dat 开始--

@00

00000001	//1800	DATA_1:	//constant 1(hex)
10101010	//1801	DATA_2:	//constant AA(hex)
11111111	//1802	DATA_3:	//constant FF(hex)
00000000	//1803	TEMP:	

//--test2.dat 结束 .--

/**

* Test 3 程序是一个计算从 0~144 的 Fibonacci 序列的程序,用于验证 RISC_ CPU 的功能。

* 所谓 Fibonacci 序列就是一系列数,其中每一个数都是它前面两个数的和(如:0,1,1,2,3,5,

* 8,13,21,…)。这种序列常用于财务分析。

* 注意:必须在成功地运行前两个测试程序后才运行本程序,否则很难发现问题所在。

**/

//--test3.pro 开始--

机器码	地 址	汇编助记符	注 释

@00

101_11000 0000_0001	//00	LOOP: LDA FN2	//load value in FN2 into accum
110_11000 0000_0010	// 02	STO TEMP	//store accumulator in TEMP
010_11000 0000_0000	// 04	ADD FN1	//add value in FN1 to accumulator
110_11000 0000_0001	// 06	STO FN2	//store result in FN2
101_11000 0000_0010	// 08	VLDA TEMP	//load TEMP into the accumulator
110_11000 0000_0000	// 0a	STO FN1	//store accumulator in FN1
100_11000 0000_0011	// 0c	XOR LIMIT	//compare accumulator to LIMIT

```
            001_00000       // 0e          SKZ                    //if accum = 0, skip to DONE
            0000_0000
            111_00000       // 10          JMP LOOP               //jump to address of LOOP
            0000_0000
            000_00000       // 12          DONE: HLT              //end of program
            0000_0000
//----------------------------test3.pro 结束----------------------------------

/ *****************************************************************
下面文件中的数据在仿真时需要用系统任务 $readmemb 读入 RAM,才能被上面的汇编程序
test3.pro 使用。
***************************************************************** /
//----------------------------test3.dat 开始----------------------------------

@00
            00000001        // 1800        FN1:                   //data storage for 1st Fib. No.
            00000000        // 1801        FN2:                   //data storage for 2nd Fib. No.
            00000000        // 1802        TEMP:                  //temproray data storage
            10010000        // 1803        LIMIT:                 //max value to calculate 144(dec)
//----------------------------test3.pro 结束----------------------------------
```

  以下介绍前仿真的步骤,首先按照表示各模块之间连线的电路图编制测试文件,即定义 Verilog 的 wire 变量作为连线,连接各功能模块之间的引脚,并将输入信号引入,输出信号引出。如若需要,可加入必要的语句显示提示信息。例如,risc_cpu 的测试文件就是 cputop.v。其次,使用仿真软件进行仿真,由于不同的软件使用方法可能有较大的差异,以下只简单的介绍 modelsim6.1 的使用。

  (1) 建一个目录存放编写的设计代码文件,注意所有 Verilog 设计代码都必须用扩展名为.v 的文本型文件存档(注意:在计算机环境中将.v 扩展名文件的打开方式设置为 Modelsim)。

  (2) 双击 cputop.v 便能自动地启动 modelsim 6.1 进入文件所在的目录。

  (3) 单击 modelsim 6.1 台头菜单:File→New→Library 弹出一个配置框,给新的 Library 命名,例如键入 work,单击 OK,在 Transcript 框内出现一些文字告诉操作者所在的目录和处理的文件和新建立的 Library 的名字,这次编译的很多信息将储存在这个由用户起名的 Library 中。

  (4) 单击 modelsim 6.1 台头菜单上类似多层文件的图标,弹出配置框,可设置 Library,并可以把需要编译的文件选中进行编译。

  (5) 编译成功后,用户将在 workspace 的框内发现用户命名的 Library 下面出现了编译通过的文件名,如果设计仿真所需要的所有文件已经编译成功,就可以加载仿真代码。只需要双击 cputop 即可,如果加载成功,Modesim 自动地进入可以仿真的状态,只要配置好需要观察波形的信号,就可以单击台头菜单上的开始仿真的图标。至于如何配置需要观察的信号,不同的版本有些差别,试验几次就可以明白,这里就不再一一赘述。由于 cputop.v 编写了很好的输

出显示,所以在 Transcript 框内将显示以下信息,这些信息说明仿真工作正确无误。

仿真结果如下:

```
run-all
#
# **************************************************
# *   THE FOLLOWING DEBUG TASK ARE AVAILABLE:
# *   "test1;" to load the 1st diagnostic progran.
# *   "test2;" to load the 2nd diagnostic program.
# *   "test3;" to load the Fibonacci program.
# **************************************************
#
# rom loaded    successfully!
# ram loaded    successfully!
#
# ***RUNNING CPUtest1 — The Basic CPU Diagnostic Program ***
#
#      TIME         PC        INSTR       ADDR        DATA
#      ----------   ------    ----------  ----------  ----------
#      1200.0 ns    0000      JMP         003c        zz
#      2000.0 ns    003c      JMP         0006        zz
#      2800.0 ns    0006      LDA         1800        00
#      3600.0 ns    0008      SKZ         0000        zz
#      4400.0 ns    000c      LDA         1801        ff
#      5200.0 ns    000e      SKZ         0000        zz
#      6000.0 ns    0010      JMP         0014        zz
#      6800.0 ns    0014      STO         1802        ff
#      7600.0 ns    0016      LDA         1800        00
#      8400.0 ns    0018      STO         1802        00
#      9200.0 ns    001a      LDA         1802        00
#      10000.0 ns   001c      SKZ         0000        zz
#      10800.0 ns   0020      XOR         1801        ff
#      11600.0 ns   0022      SKZ         0000        zz
#      12400.0 ns   0024      JMP         0028        zz
#      13200.0 ns   0028      XOR         1801        ff
#      14000.0 ns   002a      SKZ         0000        zz
#      14800.0 ns   002e      HLT         0000        zz
#
# **************************************************
# *   A HALT INSTRUCTION WAS PROCESSED   !!!      *
# **************************************************
#
# Break at H:/seda/w/Cputop.v line 109
```

```
   run-continue
# rom loaded   successfully!
# ram loaded   successfully!
#
# * * RUNNING CPUtest2 — The Advanced CPU Diagnostic Program  *
#
#     TIME         PC       INSTR     ADDR      DATA
#    ----------   -------   -------   -------   -------
#   16200.0 ns    0000      LDA       1801      aa
#   17000.0 ns    0002      AND       1802      ff
#   17800.0 ns    0004      XOR       1801      aa
#   18600.0 ns    0006      SKZ       0000      zz
#   19400.0 ns    000a      ADD       1800      01
#   20200.0 ns    000c      SKZ       0000      zz
#   21000.0 ns    000e      JMP       0012      zz
#   21800.0 ns    0012      XOR       1802      ff
#   22600.0 ns    0014      ADD       1800      01
#   23400.0 ns    0016      STO       1803      ff
#   24200.0 ns    0018      LDA       1800      01
#   25000.0 ns    001a      ADD       1803      ff
#   25800.0 ns    001c      SKZ       0000      zz
#   26600.0 ns    0020      HLT       0000      zz
#
# ****************************************************************
# *    A HALT INSTRUCTION WAS PROCESSED   !!!    *
# ****************************************************************
#
# Break at H:/seda/w/cputop.v line 111
   run-continue
# rom loaded   successfully!
# ram loaded   successfully!
#
# *** RUNNING CPUtest3 — An Executable Program      ***
# *** This program should calculate the fibonacci   ***
#
#     TIME         FIBONACCI NUMBER
#    ----------   ------------------
#   33250.0 ns           0
#   40450.0 ns           1
#   47650.0 ns           1
#   54850.0 ns           2
#   62050.0 ns           3
#   69250.0 ns           5
```

```
#      76450.0 ns                   8
#      83650.0 ns                  13
#      90850.0 ns                  21
#      98050.0 ns                  34
#     105250.0 ns                  55
#     112450.0 ns                  89
#     119650.0 ns                 144
#
# ***************************************************************
# *     A HALT INSTRUCTION WAS PROCESSED    !!!       *
# ***************************************************************
#
# Break at H:/seda/w/cputop.v line 112
```

在运行了以上程序后,如仿真程序运行的结果正确,RTL 仿真(即布局布线前的仿真)可告结束。

17.6.2　RISC_CPU 模块的综合

在对所设计的 RISC_CPU 模型进行验证后,如没有发现问题就可开始做下一步的工作即综合。综合工作往往要分阶段来进行,这样便于发现问题。

所谓分阶段是指:

第一阶段:先对构成 RISC_CPU 模型的各个子模块,如状态控制机模块(包括 machine 模块、machinectl 模块)、指令寄存器模块(register 模块)、算术逻辑运算单元模块(alu 模块)等,分别加以综合以检查其可综合性。综合后及时进行后仿真,这样便于及时发现错误,及时改进。

第二阶段:把要综合的模块从仿真测试信号模块和虚拟外围电路模块(如 ROM 模块、RAM 模块、显示部件模块等)中分离出来,组成一个独立的模块,其中包括了所有需要综合的模块。然后给这个大模块起一个名字,如本章中的例子。我们要综合的只是 RISC_CPU,并不包括虚拟外围电路,可以给这一模块起一个名字,例如称它为 CPUC.v 模块。见前面测试程序解释时介绍的 CPU.v 模块。如用电路图描述的话,还需给它的引脚加上标准的引脚部件并加标记,如图 17.15 所示。

第三阶段:把需要的综合的模块加载到综合器,本例所使用的综合器是独立的 Synplify 8.1,选定的 FPGA 是 Altera Stratixii,针对它的库进行综合。

也可以使用 QuartusII 或其他综合工具进行综合。综合器综合的结果会产生一系列的文件,其中有一个文件报告用了所使用的基本单元,各部件的时间参数以及综合的过程。下面的报告就是综合 cpu.v 时生成的综合报告,综合所用的库为 Altera Stratixii 系列的 FPGA 库,约定的时钟频率为 80 MHz。

```
//------------------------- RISC_CPU 芯片综合结果报告开始-------------------------
# Program: Synplify Pro 8.1
# OS: Windows_NT
```

第 17 章 简化的 RISC_CPU 设计

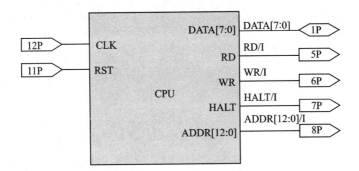

图 17.15 用于综合的 RISC_CPU 模块(CPU.v)

$ Start of Compile
♯ Wed May 23 17:02:14 2007

Synplicity Verilog Compiler，version 3.1.0，Build 049R，built May　3 2005
Copyright (C) 1994—2005，Synplicity Inc.　All Rights Reserved

@I::"C:\Program Files\Synplicity\fpga_81\lib\altera\altera.v"
@I::"C:\Program Files\Synplicity\fpga_81\lib\altera\altera_mf.v"
@I::"C:\Program Files\Synplicity\fpga_81\lib\altera\altera_lpm.v"
@I::"C:\vlogexe\ex17_2\cpu.v"
@I:"C:\vlogexe\ex17_2\cpu.v":"C:\vlogexe\ex17_2\clk_gen.v"
@I:"C:\vlogexe\ex17_2\cpu.v":"C:\vlogexe\ex17_2\accum.v"
…………………………
…………………………
Verilog syntax check successful!

Compiler output is up to date.　No re-compile necessary

Selecting top level module cpu
@N:"C:\vlogexe\ex17_2\clk_gen.v":2:7:2:13|Synthesizing module clk_gen

@N: CL201 :"C:\vlogexe\ex17_2\clk_gen.v":18:0:18:5|Trying to extract state machine for register state
Extracted state machine for register state
State machine has 9 reachable states with original encodings of：
　　00000000
　　00000001
　　00000010
　　…………
　　…………
@N:"C:\vlogexe\ex17_2\register.v":4:7:4:14|Synthesizing module register
…………
…………
@N: CL201 :"C:\vlogexe\ex17_2\machine.v":44:0:44:5|Trying to extract state machine for

register state
Extracted state machine for register state
State machine has 8 reachable states with original encodings of:
   000
   001
   010
   …

@N:"C:\vlogexe\ex17_2\datactl.v":11:7:11:13|Synthesizing module datactl

@N:"C:\vlogexe\ex17_2\adr.v":10:8:10:10|Synthesizing module adr
…………
…………
@END
Process took 0h:00m:01s realtime, 0h:00m:01s cputime
Wed May 23 17:02:14 2007

###[
Version 8.1
Synplicity Altera Technology Mapper, Version 8.1.0, Build 539R, Built May 6 2005
Copyright (C) 1994—2005, Synplicity Inc.   All Rights Reserved

Automatic dissolve at startup in view:work.cpu(verilog) of m_counter(counter)
Automatic dissolve at startup in view:work.cpu(verilog) of m_adr(adr)
…………
…………
RTL optimization done.
@N:"c:\vlogexe\ex17_2\counter.v":19:0:19:5|Found counter in view:work.cpu(verilog) inst m_counter.pc_addr[12:0]
Encoding state machine work.clk_gen(verilog)—state[8:0]
original code —> new code
   00000000 —> 000000000
   00000001 —> 000000011
   …………
Encoding state machine work.machine_synplcty(verilog)—state[7:0]
original code —> new code
   000 —> 00000000
   001 —> 00000011
   …………

Writing Analyst data base C:\vlogexe\ex17_2\rev_1\cpu.srm
Writing Verilog Netlist and constraint files
Writing .vqm output for Quartus
Writing Cross reference file for Quartus to C:\vlogexe\ex17_2\rev_1\cpu.xrf
Writing Verilog Simulation files
Found clock cpu|clk with period 12.50ns

Found clock machine|inc_pc_derived_clock with period 12.50ns

START OF TIMING REPORT
Timing Report written on Wed May 23 17:02:16 2007

Top view: cpu
Requested Frequency: 80.0 MHz
Wire load mode: top
Paths requested: 5
Constraint File(s):
@N: MT195 |This timing report estimates place and route data. Please look at the place and route timing report for final timing..

@N: MT197 |Clock constraints cover only FF-to-FF paths associated with the clock..

Performance Summary
****
Worst slack in design: 10.158

Starting Clock	Requested Frequency	Estimated Frequency	Requested Period	Estimate Period	Slack	Clock Type	Clock Group
cpu|clk	80.0 MHz	427.0 MHz	12.500	2.342	10.158	inferred	Inferred_clkgroup_0
machine|inc_pc_derived_clock	80.0 MHz	427.0 MHz	12.500	2.342	10.661	derived	Inferred_clkgroup_0

Clock Relationships
****
....
....

Detailed Report for Clock: cpu|clk

Starting Points with Worst Slack
****

Instance	Starting Reference Clock	Type	Pin	Net	Arrival Time	Slack
m_accum.accum[0]	cpu|clk	stratixii_lcell_ff	regout	accum_0	0.095	10.158
m_accum.accum[1]	cpu|clk	stratixii_lcell_ff	regout	accum_1	0.095	10.194
....						
....						

Ending Points with Worst Slack

```
******************************
..........
..........
Worst Path Information
******************************
```

Path information for path number 1:
    Requested Period: 12.500
    − Setup time: 0.403
    = Required time: 12.097

    − Propagation time: 1.939
    = Slack (critical):   10.158

Number of logic level(s):   9
Starting point: m_accum.accum[0] / regout
Ending point: m_alu.alu_out[7] / adatasdata
The start point is clocked by   cpu|clk [rising] on pin clk
The end   point is clocked by   cpu|clk [rising] on pin clk

Instance/Net Name	Type	Pin Name	Pin Dir	Delay	Arrival Time	No. of Fan Out(s)
m_accum.accum[0]	stratixii_lcell_ff	regout	Out	0.095	0.095	—
accum_0	Net	—	—	0.621	—	4
m_alu.un2_alu_out_carry_0	stratixii_lcell_comb	dataf	In	—	0.716	
m_alu.un2_alu_out_carry_0	stratixii_lcell_comb	cout	Out	0.312	1.028	—
un2_alu_out_carry_0	Net	—	—	0.000	—	1
m_alu.un2_alu_out_carry_1	stratixii_lcell_comb	cin	In	—	1.028	—
....						
....						

Total path delay (propagation time + setup) of 2.342 is 1.307(55.8%) logic and 1.035(44.2%) route.

Detailed Report for Clock: machine_synplcty|inc_pc_derived_clock

Starting Points with Worst Slack
```
******************************
```

Instance	Starting Reference Clock	Type	Pin	Net	Arrival Time	Slack
m_counter.pc_addr[0]	inc_pc_clock	stratixii_lcell_ff	regout	pc_addr_c_0	0.095	10.661
m_counter.pc_addr[1]	inc_pc_clock	stratixii_lcell_ff	regout	pc_addr_c_1	0.095	10.697
....						

....

Ending Points with Worst Slack
****
....
....

Path information for path number 1:
    Requested Period: 12.500
    — Setup time: 0.247
    = Required time: 12.253

    — Propagation time: 1.592
    = Slack (non—critical) :   10.661

    Number of logic level(s):   13
    Starting point: m_counter.pc_addr[0] / regout
    Ending point: m_counter.pc_addr[12] / datain
    The start point is clocked by   machine_synplcty|inc_pc_derived_clock [rising] on pin clk
    The end point is clocked by   machine_synplcty|inc_pc_derived_clock [rising] on pin clk

Instance / Net Name	Type	Pin Name	Pin Dir	Delay	Arrival Time	No. of Fan Out(s)
m_counter.pc_addr[0]	stratixii_lcell_ff	regout	Out	0.095	0.095	—
pc_addr_c_0	Net	—	—	—	0.621	3
m_counter.pc_addr_c0	stratixii_lcell_comb	datad	In	—	0.716	—
m_counter.pc_addr_c0	stratixii_lcell_comb	cout	Out	0.354	1.070	—
pc_addr_c0_cout	Net	—	—	—	0.000	1

....
....

Total path delay (propagation time + setup) of 1.839 is 1.218(66.2%) logic and 0.621(33.8%) route.

END OF TIMING REPORT

START OF AREA REPORT
Design view: work.cpu(verilog)
Selecting part EP2S15F484C3
@N: FA174 | The following device usage report estimates place and route data. Please look at the place and route report for final resource usage..

Total combinational functions 76
    ALUT usage by number of inputs
        7 input functions   0
        6 input functions   8
        5 input functions   7
        4 input functions   6

```
            <=3 input functions       55
    ALUTs by mode
            normal mode               55
            extended LUT mode          0

Found clock clk with period 100ns
Found clock alu_clk with period 100ns
Found clock fetch with period 100ns
Found clock inc_pc with period 100ns
Enabling timing driven placement for new ACF file.
All Constraints processed!
Mapper successful!
Process took 7.03 seconds realtime, 7.1 seconds cputime
```

//--------------------------------RISC_CPU 芯片综合结果报告结束--------------------------------

在以上的报告文件中，揭示了综合器对综合过程和结果的分析，有极其重要的意义。它能帮助设计者了解系统运行的最高时钟、关键路径的最大延迟，使用的逻辑部件的种类和数目。当出现问题时会提示人们：Verilog 源代码的哪个模块第几行有错误或警告。这些资料的熟练应用和分析是很重要的。它能提高设计的工作效率，使综合器综合出更加合理的电路。关于如何利用综合器能处理的综合指令，作者将在高级教程中介绍。综合指令和属性是 Verilog 源代码中的一种符合特殊规定的注释行，仿真工具不处理这样的注释行，而综合器却能识别这些符合特殊要求的注释行，根据设计者通过综合指令提出的要求，使综合器综合出更好的符合设计者要求的电路结构。

17.6.3 RISC_CPU 模块的优化和布局布线

选定元件库后就可以对所设计的 RISC_CPU 模型进行综合，综合工作是把 Verilog RTL 代码通过综合工具，产生一系列由现存元件的逻辑网表组成的文件。在综合工具上通过选择项可以配置生成逻辑网表文件的格式。逻辑网表文件可以是：Verilog Netlist、VHDL Netlist 或者电子设计交换格式(Electronic Design Interchange Format)，也就是在电路设计工业界常说的 EDIF 格式文件。在产生了这些文件之后，就可以进行综合后的网表仿真。网表仿真的 Verilog 模型只是对应库逻辑元件的行为模型，并不涉及器件和布局布线的连接线延迟，因此与实际电路的行为还存在着差异，这种仿真模型没有明显的延迟。为了知道实现电路真实的带延迟的行为，还必须进行布局布线操作，以便生成实际电路和连接线带延迟的行为模型。

下面将介绍如何用 Altera QuartusII 进行综合和布局布线，由 RTL 代码产生由对应元件库(Altera StritixII)Verilog 网表组成的仿真模型以及该网表所提取的延迟参数文件。用 QuartusII 进行综合和布线布线的步骤如下：

（1）双击 QuartusII 图标，启动 QuartusII 工具。

（2）在 QuartusII 主窗口的台头工具栏中选择 File→New Project Wizard…，随即弹出对话框，在相应的空格栏选取或者填入工作目录名、项目名和被综合模块组的顶层模块名。

（3）单击 Next，随即弹出另外一个对话框，在相应的空格栏中选取或者填入希望被综合的文件名，单击 ADD，添加该文件进入综合环境；

（4）单击 Next，随即又弹出一个对话框，在相应的空格栏中选取或者填入实现逻辑的器件型号。

（5）单击Next，随即又弹出一个对话框，选取EDA仿真工具，在出现的空格框内选取ModelSim和Verilog格式。

（6）单击Next，仔细阅读设计者已经配置环境的情况，然后再单击finish，结束综合环境的配置过程。

（7）在QuartusII主窗口的台头工具栏中选择Processing→start compilation，或者直接单击三角形的图标随即开始编译过程。

（8）在工作目录中会出现一个新的名为simulation的目录打开这个目录，可以看到一个名为Modelsim的目录，再打开这个目录，可以看到3个文件，分别为xxx.vo，xxx_modelsim.xrf和xxx_v.sdo。

（9）将xxx.vo和xxx_v.sdo复制到工作目录，将xxx.vo文件替换原来的xxx.v文件再进行一次仿真就能将xxx_v.sdo的延迟信息带入，得到布局布线后的仿真结果。

（10）需要注意的是布局布线后的仿真还必须有已经选择库的仿真模型才能进行。这些库究竟在哪里呢？我们可以在Altera QuartusII的安装目录里寻找。如果Altera QuartusII安装在硬盘C上，则在C:\altera\61\quartus\eda\sim_lib目录下可以看到许多型号FPGA的元件库的仿真模型，如果用的是Verilog模型，只需要在扩展名为.v的文件中寻找即可，把相应型号的FPGA库元件的仿真模型复制到自己的工作目录进行编译就能进行布局布线后的仿真了。

综合和布局布线完成后得到两个文件cpu.vo，cpu_v.sdo和cpu_modelsim.xrf。cpu.vo是所设计的RISC_CPU的门级结构，即利用Verilog语法描述的用stratixii型号FPGA库中的基本逻辑电路元件构成的复杂电路连线网络，而cpu_v.sdo是布局布线的延迟参数文件，stratixii_atoms.v是cpu.vo所引用的Verilog门级模型的库文件，包含了各种基本逻辑电路的门级模型，它们的参数与真实器件完全一致，包括如延迟等参数。

需要注意的是：必须在布线工具的相关界面上选取生成输出文件的格式为Verilog后，cpu.vo和cpu_v.sdo这两个文件才会产生。将这两个文件和stratixii_atoms.v包含在cputop.v中，来代替原来的RTL模块cpu.v。其他外围测试行为模块相同，用仿真器再进行一次仿真，此时称为布局布线后仿真。实际上，后仿真与前仿真的根本区别在于测试文件所包含模型的结构不同。前仿真使用的是RTL级模型，如cpu.v，而后仿真使用的是真实的门级结构模型，其中不但有逻辑关系，还包含实际门级电路和布线的延迟，还有驱动能力的问题。仔细观察后仿真波形就会发现与前仿真有一些不同，各信号的变化与时钟沿之间存在着延迟，这些仿真信息在前仿真时并未反映出来，后仿真波形如图17.16所示。

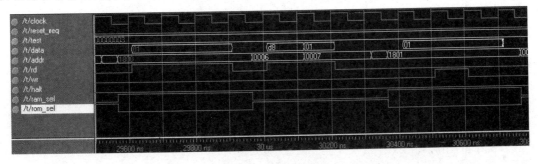

图17.16　后仿真波形

下面的 Verilog 程序是由布局布线工具生成的，分别命名为 cpu.vo 和 cpu_v.sdo。由于 cpu.vo 是门级描述，共有上千行，而 cpu_v.sdo 是延迟参数文件，也有几百行。而 stratixii_atoms.v 是库元件，包含的逻辑元件非常多，也无法在课本上列出其全部程序，只能从中截取一小片段供同学参考。有兴趣的同学可以查看生成的代码并参考 Verilog 语法手册中有关门级描述和用户自定义源语（UDP）来理解这些代码。由于这些代码是 Verilog 的门级模型，又有布线的延迟，所以可以来验证电路结构是否符合设计要求。下面列出了这三个可用于布局布线后仿真的，用来代替 RTL 描述的 cpu.v 的 Verilog 文件片段供同学参考，帮助同学理解布线后门级仿真的原理。

```verilog
/******************** cpu.vo 开始 ************************
// Copyright (C) 1991 - 2006 Altera Corporation
// Your use of Altera Corporation's design tools, logic functions
..............
..............

// VENDOR "Altera"
// PROGRAM "Quartus II"
// VERSION "Version 6.1 Build 201 11/27/2006 SJ Full Version"

// DATE "05/20/2007 14:15:10"

// Device: Altera EP2S15F484C3 Package FBGA484

// This Verilog file should be used for ModelSim (Verilog) only

`timescale 1 ps/ 1 ps

module cpu (
    clk,
    reset,
    halt,
    rd,
    wr,
    addr,
    data,
    opcode,
    fetch,
    ir_addr,
    pc_addr);
input    clk;
input    reset;
output   halt;
output   rd;
output   wr;
output   [12:0] addr;
```

```verilog
    inout       [7:0] data;
    output      [2:0] opcode;
    output      fetch;
    output      [12:0] ir_addr;
    output      [12:0] pc_addr;

    wire gnd = 1'b0;
    wire vcc = 1'b1;

    tri1 devclrn;
    tri1 devpor;
    tri1 devoe;
    // synopsys translate_off
    initial $sdf_annotate("cpu_v.sdo");
    // synopsys translate_on

    wire \m_machine|inc_pc ;
    wire \m_machine|always0~73 ;
    wire \m_machine|always0~74 ;
    …………
    …………
    // atom is at LCFF_X21_Y13_N27
    stratixii_lcell_ff \m_machine|inc_pc~I (
        .clk(\clk~clkctrl ),
        .datain(\m_machine|Selector0~168 ),
        .adatasdata(gnd),
        .aclr(gnd),
        .aload(gnd),
        .sclr(! \m_machinecl|ena ),
        .sload(gnd),
        .ena(vcc),
        .devclrn(devclrn),
        .devpor(devpor),
        .regout(\m_machine|inc_pc ));


    …………
    …………

    // atom is at PIN_C11
    stratixii_io \pc_addr[12]~I (
        .datain(\m_counter|pc_addr [12]),
        .ddiodatain(gnd),
        .oe(vcc),
        .outclk(gnd),
```

```
            .outclkena(vcc),
            .inclk(gnd),
            .inclkena(vcc),
            .areset(gnd),
            …………
            …………);
// synopsys translate_off
defparam \pc_addr[12]~I .ddio_mode = "none";
defparam \pc_addr[12]~I .ddioinclk_input = "negated_inclk";
…………
…………
// synopsys translate_on

endmodule
/********************cpu.vo 结束*******************

/********************cpu_v.sdo 开始********************
// Copyright (C) 1991 - 2006 Altera Corporation
// Your use of Altera Corporation's design tools, logic functions
……………
……………
// Device: Altera EP2S15F484C3 Package FBGA484

// This SDF file should be used for ModelSim (Verilog) only

(DELAYFILE
  (SDFVERSION "2.1")
  (DESIGN "cpu")
  (DATE "05/20/2007 14:15:10")
  (VENDOR "Altera")
  (PROGRAM "Quartus II")
  (VERSION "Version 6.1 Build 201 11/27/2006 SJ Full Version")
  (DIVIDER .)
  (TIMESCALE 1 ps)

  (CELL
    (CELLTYPE "stratixii_lcell_ff")
    (INSTANCE m_machine\|inc_pc\~I)
    (DELAY
      (ABSOLUTE
        (PORT clk (1240:1240:1240) (1285:1285:1285))
        (PORT datain (155:155:155) (155:155:155))
        (PORT sclr (1174:1174:1174) (1124:1124:1124))
        (IOPATH (posedge clk) regout (94:94:94) (94:94:94))
      )
```

)
    (TIMINGCHECK
      (SETUP datain (posedge clk) (90:90:90))
      (SETUP sclr (posedge clk) (90:90:90))
      (HOLD datain (posedge clk) (149:149:149))
      (HOLD sclr (posedge clk) (149:149:149))
)
)
  (CELL
    (CELLTYPE "stratixii_lcell_comb")
    (INSTANCE m_machine\|always0\~73_I)
    (DELAY
      (ABSOLUTE
        (PORT dataa (279:279:279) (282:282:282))
              ....
        (IOPATH dataa combout (366:366:366) (366:366:366))
              ....
)
)
)
....
....
....
  (CELL
    (CELLTYPE "stratixii_asynch_io")
    (INSTANCE pc_addr\[12\]\~I.inst1)
    (DELAY
      (ABSOLUTE
        (PORT datain (1606:1606:1606) (1956:1956:1956))
        (IOPATH datain padio (1998:1998:1998) (1998:1998:1998))
)
)
)
)
//-------------------------- cpu_v.sdo 的结束--------------------------

//--------------------------stratixii_atom.v 的开始 --------------------------
// Copyright (C) 1991－2006 Altera Corporation
....
....

// **********PRIMITIVE DEFINITIONS **********

` timescale 1 ps/1 ps

// *****DFFE

```verilog
primitive STRATIXII_PRIM_DFFE (Q, ENA, D, CLK, CLRN, PRN, notifier);
    input D;
    input CLRN;
    input PRN;
    input CLK;
    input ENA;
    input notifier;
    output Q; reg Q;

    initial Q = 1'b0;

    table

//  ENA   D    CLK   CLRN  PRN  notifier  :  Qt  :  Qt+1
    (??)  ?    ?     1     1    ?         :  ?   :  -;  // pessimism
    x     ?    ?     1     1    ?         :  ?   :  -;  // pessimism
    1     1    (01)  1     1    ?         :  ?   :  1;  // clocked data
    ................
    ................
    endtable

endprimitive

module stratixii_dffe ( Q, CLK, ENA, D, CLRN, PRN );
    input D;
    input CLK;
    input CLRN;
    input PRN;
    input ENA;
    output Q;

    wire D_ipd;
    wire ENA_ipd;
    wire CLK_ipd;
    wire PRN_ipd;
    wire CLRN_ipd;

    buf (D_ipd, D);
    buf (ENA_ipd, ENA);
    buf (CLK_ipd, CLK);
    buf (PRN_ipd, PRN);
    buf (CLRN_ipd, CLRN);
```

```verilog
    wire     legal;
    reg      viol_notifier;

    STRATIXII_PRIM_DFFE ( Q, ENA_ipd, D_ipd, CLK_ipd, CLRN_ipd, PRN_ipd, viol_notifier );
    and(legal, ENA_ipd, CLRN_ipd, PRN_ipd);

specify

    specparam TREG = 0;
    specparam TREN = 0;
    specparam TRSU = 0;
    specparam TRH  = 0;
    specparam TRPR = 0;
    specparam TRCL = 0;

    $setup  ( D, posedge CLK &&& legal, TRSU, viol_notifier ) ;
    $hold   ( posedge CLK &&& legal, D, TRH, viol_notifier ) ;
    $setup  ( ENA, posedge CLK &&& legal, TREN, viol_notifier ) ;
    $hold   ( posedge CLK &&& legal, ENA, 0, viol_notifier ) ;

    ( negedge CLRN => (Q +: 1'b0)) = ( TRCL, TRCL) ;
    ( negedge PRN  => (Q +: 1'b1)) = ( TRPR, TRPR) ;
    ( posedge CLK  => (Q +: D))  = ( TREG, TREG) ;

    endspecify
endmodule

..........


//---------------------------------------------------------------------


`timescale 1 ps/1 ps

module stratixii_termination (
    rup,
    rdn,
    terminationclock,
    terminationclear,
    ......
    ......);

    input         rup;
    input         rdn;
    input         terminationclock;
```

```verilog
    input              terminationclear;
    ................
    ................;

    parameter runtime_control = "false";
    parameter use_core_control = "false";
    ................
    ................

    // BUFFERED BUS INPUTS
    wire        rup_in;
    wire        rdn_in;
    wire        clock_in;
    ............
    ............

    // TMP OUTPUTS
    wire        incrup_out;
    wire        incrdn_out;
    wire [13:0] control_out;
    ............
    ............

    // FUNCTIONS


    // INTERNAL NETS AND VARIABLES

    // TIMING HOOKS
    buf (rup_in, rup);
    buf (rdn_in, rdn);
    buf (clock_in, terminationclock);
    ............

    specify
        (posedge terminationclock => (terminationcontrol +: control_out)) = (0,0);
        (posedge terminationclock => (terminationcontrolprobe +: controlprobe_out)) = (0,0);
    endspecify

    // output driver
    buf buf_ctrl_out [13:0] (terminationcontrol, control_out);
    buf buf_ctrlprobe_out [6:0] (terminationcontrolprobe, controlprobe_out);


    // MODEL
```

```verilog
        assign incrup = incrup_out;
        assign incrdn = incrdn_out;
        assign incrup_out = (power_down == "true") ? (enable_in & rup_in) : rup_in;
...........
...........

        stratixii_termination_digital rup_block(
            .rin(incrup_out),
            .clk(clock_in),
            .clr(clear_in),
            .ena(ena1),
            .padder(pulldown_in),
            .devpor(devpor),
            .devclrn(devclrn),

            .ctrlout(rup_control_out)
        );
        defparam rup_block.runtime_control = runtime_control;
        defparam rup_block.use_core_control = use_core_control;
...........
...........

        stratixii_termination_digital rdn_block(
            .rin(incrdn_out),
            .clk(clock_in),
            .clr(clear_in),
            .ena(ena1),
            .padder(pullup_in),
            .devpor(devpor),
            .devclrn(devclrn),

            .ctrlout(rdn_control_out)
        );
        defparam rdn_block.runtime_control = runtime_control;
        defparam rdn_block.use_core_control = use_core_control;
...........

        endmodule


        //----------------------------------------------------------------
        // Module Name : stratixii_routing_wire
        // Description : Simulation model for a simple routing wire
        //----------------------------------------------------------------

        `timescale 1ps / 1ps
```

```verilog
module stratixii_routing_wire (datain, dataout);
    // INPUT PORTS
    input datain;
    // OUTPUT PORTS
    output dataout;
    // INTERNAL VARIABLES
    wire dataout_tmp;

    specify

        (datain => dataout) = (0, 0);

    endspecify

    assign dataout_tmp = datain;

    and (dataout, dataout_tmp, 1'b1);

endmodule // stratixii_routing_wire
```

////------------------------------------stratixii_atom.v 的结束-------------------------------

从上面提供的带门延迟的布局布线门级网表,可以了解布局布线后产生的带 .vo 扩展名的网表的实质。从本质上说,这是一种比综合器产生的更接近实际电路结构的 Verilog 门级和源语基础部件级的源代码。这种代码有自己的仿真行为,但也有确定的电路制造参数与之对应,所以是可以实现的,上面列出的代码明确地说明了这个问题。对于源语基础部件级 Verilog 语法的深入了解是微电子工艺师和电路系统设计师都必须了解和掌握的,但苦于时间和篇幅的问题,我们将在高级教程里作深入的讲解。

不同的 FPGA 厂家的布局布线工具提供不同的后仿真解决方法,所以很难用一句话作全面的介绍,读者应阅读 FPGA 厂家的布局布线工具的说明书中有关章节,选用正确的 Verilog 门级结构的后仿真解决方案。如后仿真正确无误,就可以把布局布线后生成的一系列文件送 ASIC 厂家或加载到 FPGA 器件的编码工具,使其变为专用的电路芯片。如后仿真中发现有错误,可先降低测试信号模块的主时钟频率,如该问题解决了,则需要找到造成问题的关键路径,下一次在布局布线时应先布关键的路径(即在约束文件中注明该路径是关键路径后,再重做自动布局布线)。若还有问题则需检查各模块中是否有个别模块没有按照同步设计的原则。若是,则需改写有关的 VerilogHDL 模块。重复以上工作,直到后仿真正确无误。以上所述的就是用 Verilog HDL 设计一个复杂数字电路系统的步骤。读者可以参考以上步骤,自己来设计一个可在 FPGA 上实现的小型 RISC_CPU 系统。

小　　结

从上面的例子可以看到,复杂的 RISC_CPU 设计其实是一个从抽象到具体的逐步接近的分析和实现过程。一个大型的设计先从概念出发，用 Verilog 写出抽象的功能块描述，把许多复杂的细节掩盖起来。然后，从行为级分析功能块之间的关系，通过仿真逐步验证，发现问题，改动模块代码使其逐步趋向合理，并最后可以用 RTL 级 Verilog 源代码模块来表示。接下去就可以通过自动综合工具把 RTL 级 Verilog 源代码模块综合成电路网表，再通过布局布线工具让它们更具体化。在基础器件源语级基础上的系统精确仿真结果正确，可以使系统电路芯片的制作有 90% 以上的一次流片成功把握。这就是我们为什么要学习 Verilog 高层次先进设计方法的原因。

思 考 题

1. 请叙述设计一个复杂数字系统的步骤。
2. 综合一个大型的数字系统需要注意什么？
3. 改进本章中的 RISC_CPU 系统，把指令数增至 16，寻址空间降为 4 KB，并书写设计报告，实现三个层次的仿真运行。
4. 什么叫软硬件联合仿真？为什么说 Verilog 语言支持软硬件联合设计？

第18章 虚拟器件/接口、IP和基于平台的设计方法及其在大型数字系统设计中的作用

概 述

在现代数字系统芯片设计制造技术中最重要的基本概念之一是采取什么手段能确保如此复杂系统设计能赶上瞬息万变的市场变化和逻辑设计的精确,并提高一次流片的成功率,以降低设计和制造成本。商业化的软核和硬核、宏单元、虚拟器件和接口的应用普及,大大提高了设计制造效率,降低了设计和生产成本。推广知识产权模块(即 IP)重用技术,学习编写可以被国际电子工商业界认可的 IP 代码是我国电子工业起飞的关键之一。本章通过实例介绍这些已经被国际同行所公认的基本概念,希望同学们在日后在工作中积极学习和应用。

18.1 软核和硬核、宏单元、虚拟器件、设计和验证 IP 以及基于平台的设计方法

宏组件(Macrocells 或 Megacells)或核(Cores)是预先设计好的,其功能经过验证的、由总数超过 5000 个门构成的一体化的电路模块,这个模块可以是以软件为基础的,也可以是以硬件为基础的。这就是我们在第 1 章中曾经讨论过的软核和硬核,这种具有知识产权的模块在集成电路设计行业常被称为 IP(intellectual property),IP 通常分为设计和验证 IP。所谓设计 IP,即虚拟组件/芯片(Virtual Chips)可以是用软核/硬核构成的器件,即用 RTL/Netlist 级 Verilog 或 VHDL 语言描述的电路模型。通过参数配置可以将该模型转换成系列化的具体电路组件。 在新系统的研制过程中,借助 EDA 综合工具,虚拟组件(即宏组件)可以很容易地调整或改变参数,也能很容易地与其他外部逻辑结合为一体,并加以验证,从而大大扩展了设计者可选用的资源范围。掌握 IP 的重用技术可大大缩短设计周期,加快高技术新芯片的投产和上市 。而所谓验证 IP 则是用系统级 Verilog 或 VHDL 语言描述的常用大规模集成电路(如 ROM 和 RAM)、总线接口和 CPU 的行为模型等,往往是不可综合的,也没有必要综合成具体电路(其电路制造版图需要申请,得到许可后才允许使用),但其所有对外的性能与真实的器件或接口完全一致,在仿真时可用来代替真实的部件,用以验证所设计的电路(必须综合的部分)是否正确。

在美国和电子工业先进的国家,各种微处理器芯片(如 8051,ARM 系列 CPU 等)、通用串行接口芯件(如 8251 等)、中断控制器(如 8259 等)、并行输入输出接口(如 PIO 等)、直接存储器存取(如 DMA 控制器等)、数字信号处理器(DSP)、SDRAM、NAND Flash、USB 控制器以及 PCI 总线控制接口等都有其相对应的商品化的软/硬设计 IP 和验证 IP 可供选用。有的 IP 核能免费提供门级网表和 RTL 级的 Verilog HDL 或 VHDL 源代码,而大多数只提供行为模

型，而虚拟接口模型往往只提供系统级行为代码。这是因为门级和 RTL 级的 Verilog 或 VHDL 是可综合的，它与具体的逻辑电路有着精确的对应关系，往往需要申请使用许可证，并付一定费用，签订合同后，才能提供 RTL 级源代码或者仿真用代码。在 FPGA 工具中也有许多宏组件可以用，有些是免费的，有些需要付费才能使用。

近年来，在现代数字系统设计领域中发展最快的一个部门就是提供虚拟器件和虚拟接口模型的设计和服务。目前国际上有一个称为虚拟接口联盟(VSIA)的组织，它是协调虚拟器件和虚拟接口模型的设计标准和服务工作的国际组织。该组织认为虚拟器件和虚拟接口模型必须符合通用的工业标准和达到一定的质量水准，才能发布。这对选用虚拟器件和虚拟接口模型来设计复杂系统的工程师们无疑有很大的帮助。若采用虚拟器件和虚拟接口模型技术来设计复杂的数字系统，则必将大大缩短设计周期并提高设计的质量，也为千万门级 SoC 芯片的实现铺平了道路。在 Quartus II 6.1 中可以通过主窗口菜单 Tools→MegaWizard Plug-In Manager…弹出对话框，做适当选择后便可以进入一个选择菜单。设计者可以在 Installed Plug-Ins 和 IP MegaStore 之间做选择，前者是一些常用的规模不很大的 IP，后者包括了嵌入式处理器 IP、复杂接口和外围电路 IP、复杂 DSP 和通信 IP。几乎包括了所有设计者可以想到的各种知识产权的模块。但绝大部分必须付费后才能得到。究竟是自己独立开发还是利用现成的 IP，取决于系统设计者可以利用的财务资源和设计工作的进度要求，不同的设计项目有不同的应对策略。

进入 21 世纪后，国际上还成立了一个系统寄存器语言(Register Description Language)联盟，该组织为 SoC 芯片的设计提供了一种 SystemRDL 语言，该语言的配置空间寄存器(Configuration Space Registers，英文缩写为 CSR's)可以用来储存定义 IP 核或者芯片操作的成千上万个关键参数。经过 SystemRDL 语言处理的 IP 可允许系统架构工程师、软件开发人员、硬件设计师和验证工程师利用计算机可识别的共同的 CSR's 格式，正确地布置电路结构，并行地实施 SoC 芯片的开发流程，大大加快了 SoC 芯片的开发过程，降低了开发成本。

国际上，系统芯片(SoC)的设计方法学经历了以时序为主导的设计(Time Driven Design，简称 TDD)和基于块的设计(Block-Based Design，简称 BBD)的前两个发展阶段，编写行为的和可综合的 Verilog HDL 模块是这两个发展阶段中的主要工作，工作范围也只局限于公司内部。而进入 21 世纪以来，SoC 设计方法学开始进入了基于平台的设计方法。基于平台的设计(Platform－Based Design，简称 PBD)方法学，要求我们把尽可能多的优秀的可重复使用的设计资源(IP 核)集中到一个统一的平台上，供设计人员选用。只有依赖这样一个设计平台，才能高效率、低成本地完成现代复杂 SoC 系统的设计、验证、分析和优化，为 SoC 的成功投片提供保障。而目前我国大陆的设计公司大多数正处在 TDD 阶段，少数开始进入 BBD 的发展阶段。

以上这些设计方法的改变对于有经验的系统工程师而言只是实现手段略有改变而已。新的 PBD 设计方法从本质而言，只是又回归到基于处理器的利用现成集成电路块的实现方式，而不再需要专门设计很多定制电路。之所以能实现这样的回归，是因为利用计算机平台可以根据应用系统的需求，对处理器核进行必要的配置，并利用已积累的各种可重用可配置的 IP 核，自动生成远比由通用处理器芯片和通用外围集成电路电路芯片构成的线路板性能/价格比更好的 SoC 芯片。

特别需要指出的是：在国际高档电子消费品市场上，采用落后设计手段设计的产品是绝对不可能赢得竞争胜利的。现代高档次消费类电子产品必须采用 PBD 方法来设计系统芯片（SoC），才有可能在国际市场中取得一席之地，在市场竞争中赢得胜利。

18.2 设计和验证 IP 供应商

在这一节中列出几个在 SoC 设计行业有良好声誉的设计和验证 IP 供应服务商的网页地址（见表 8.1），并简单介绍它们所能提供的产品和服务，供读者参考。

类似的 IP 设计服务公司可以通过这几个公司的合作伙伴找到，现代高性能复杂 SoC 芯片的设计离不开各具特色的公司之间的合作。我国电子设计工作者为了更快地跟上国际的设计水平，必须注意开展国际合作，同时注意保持自己的产品特色和市场方向。

表 18.1 虚构器件和接口公司简介

公司名	公司简介	提供的 IP 和服务特色
Denali 网页： http://www.denali.com	主要业务是为电子工业宽带通信、网络和其他部门提供高级储存器系统设计关键技术和软件设计服务。该公司推出的"存储器建模器-高级验证"（MMAV）已经成为电子行业存储器元件建模和仿真的工业标准	PCI Express IP； DDR DRAM 控制器 IP； NAND Flash 存储器控制器 IP； NAND Flash 文件系统 IP MMAV 存储器接口功能验证 IPs ......
ARC International 网页： http://www.arc.com	世界领先的嵌入式专用高性能 32 位 RISC/DSP 处理器 IP 核开发公司，并提供一体化的开发工具、实时操作系统和软件。该公司提供的 IP 解决方案，可以帮助用户迅速地开发下一代无线、网络和高级消费电子产品，降低完全依靠自己开发 SoC 芯片的风险	微处理器：ARC 700 系列 　　　　　ARC 600 系列 子系统：ARC 游戏机子系统 　　　　ARC 高级音响子系统 　　　　ARC 视频子系统 ......
Artisan Components, Inc 网页： http://www.artisan.com/	是 ARM 公司为用户提供 IP 解决方案的部门。该公司可为用户提供下一代电子产品所需要的处理器 IP 核、物理 IP 核、高速缓存和 SoC 设计、专用的标准产品、有关的软件和开发工具等设计和咨询服务	为基于 ARM 核的系统设计提供技术支持和咨询；派遣有经验的 SoC 工程师帮助用户集成带 ARM IP 核的 SoC 芯片；以用户指定的工艺将 ARM 软核和库中的 RAM 和外围 IP 等制成 ASIC 电路；ARM 硬核设计移植树到用户指定的工艺；多 ARM CPU 核和 AMBA™ 多层结构总线子系统和专用 SoC 芯片的开发支持。高级验证服务，包括 AMBA 兼容的测试平台环境的支持。评价板和 FPGA 的开发；第三方 IP 与 AMBA 总线的接口；操作系统的移植 Windows CE, Linux 和其他主要的实时操作系统

续表 18.1

公司名	公司简介	提供的 IP 和服务特色
Virage logic Coporation 网页： www.viragelogic.com	该公司为复杂集成电路设计提供高级的存储器 IP，无论在技术上还是在市场占有率上，该公司在全世界都是领先的。目前在半导体行业，该公司的 IP 已经得到同行的认可和信任。在嵌入式存储器、逻辑和 I/O 接口等领域，成为全球 IP 平台的领袖。公司提供的各种不同的 IP，其性能更高、功耗更低、密度更大，针对不同的制造工艺，对 IP 的设计进行了优化，无论在消费电子产品，还是在通信、网络手持设备和计算机市场上，该公司的 IP 都已得到了广泛的认可	Virage Logic 公司的逻辑 IPs 针对不同的市场应用，用手工进行优化，以满足最高的质量和性能标准。该公司提供的 ASAP 逻辑单元库基于公司专利的布线方法学和单元结构，已在 2 500 多个产品的设计中得到了验证。许多消费类芯片的产量很大。每个 ASAP 逻辑结构都是针对特定目标工艺开发的，无论电路设计、布线、功耗和面积都经过手工优化。硅片电路的性能是有保障的 其金属可编程单元库可提供价格低廉的掩膜。适用于高速、高密度结构，对专用的标准部件、电路功能的快速实现、芯片产量规模中等或者较小的应用方案非常合适 其标准单元库的部件布线已经过改进，性能、面积和功耗均比传统的标准单元库有显著的改进，用户可以根据不同的应用目标选择高密度、超高密度和超低功耗的标准单元结构
Rambus 网页： www.rambus.com	该公司掌握芯片与芯片接口产品和服务的领先技术和工程专业知识，可以帮助 SoC 公司解决棘手的 I/O 接口问题，将工业界领先的 SoC 芯片和系统推向市场。该公司的产品可以在无数的高性能计算、消费电子产品和网络产品中找到	整体储存器解决方案：XDR™；目前世界上最快的处理器总线 FlexIO™ 数据率高达 12.5 Gbps 的高速 SerDes 解决方案 Advanced Backplane

18.3　虚拟模块的设计

我国大陆地区由于复杂芯片的设计工作开展较晚，经费也比较少，目前许多单位有还不能及时得到商业化的虚拟模块和接口，因此就有必要自己来设计虚拟接口模型。下面的例子说明了怎样根据数据手册和波形图来编写虚拟接口模型，从而完成与商业芯片的接口设计。

[例 18.1]　模数转换器 AD7886 仿真模型（虚拟模块）的设计。

下面介绍的名为 ADC 的 Verilog 模块在设计中可以用来模拟实际的模数转换器（下面简称 A/D）AD7886。因此，该仿真模型的输入与各输出信号间的逻辑关系，必须严格按照数据手册描述的波形编写，信号间的时间关系也必须完全符合手册要求，这样才能起到虚拟模块的作用。只有这样在设计电路的测试中才能用它来代替实际器件。同时，虚拟模块还应具备实际电路所没有的功能，即对于不符合要求的输入信号还能产生错误提示。在实际的电路中，我们很难控制 A/D 的输出数据，然而在该设计中，可以编写数据文件，得到想要的各种类型的数据来测试后续电路的功能,并可以随时根据测试要求更改数据,非常方便。虚拟模块的编写是Verilog语言应用的重要方面。它为ASIC设计投片一次成功提供了可能。

在实际电路中,A/D包括模拟部分和许多必要的控制和参考电平输入。为了简单和说明问题起见,只介绍A/D模块有关数字接口的一部分功能,把这部分功能编写成虚拟模块。其中只包括了A/D控制信号的输入、数据总线和"忙"信号的输出。为了进一步简化还假设选片信号$\overline{CS}$和读信号$\overline{RD}$总是为低电平(有效)。因此,该模型实际上是为教学目的而编写的简化虚拟模块,在仿真时仅能代替真实A/D的一部分功能。它类似一个数据发生器,根据输入控制信号和A/D自身的特性输出一个字节(8位)数据和"忙"信号。同时根据手册规定,不断检测输入信号是否符合要求。虚拟模型的精确与否,直接影响到设计是否能够一次投片成功。因此在ASIC系统芯片的设计中应予以充分的重视。

AD7886是具有一个高速的8位三态数据输出接口的模数转换器,转换的过程由输入信号$\overline{CONVST}$控制,数据的存取由选片信号$\overline{CS}$和读信号$\overline{RD}$输入信号控制(低电平有效)。下面的Verilog源代码描述了该A/D的转换启动和数据读出功能(假设$\overline{CS}$和$\overline{RD}$都为低电平),根据手册的说明,输入和输出波形如图18.1所示。

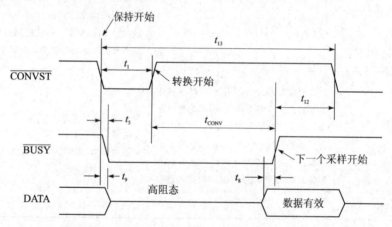

图18.1 A/D转换启动和数据读出时序($\overline{CS}=\overline{RD}=0$)

为使所设计的虚拟模块对输入信号有检测功能,还在模块中加入了提示输入信号有错的语句。输出的8位数据可以根据要求自己编制,从数据文件AD.DATA中读取。下面是一个名为ADC.V的文件,描述了该A/D转换器波形所示的这一部分功能。其仿真模块的具体源代码如下:

```
//++++++++++++++++++++++++++++++++++++++++++++++++++++++
`timescale 100ps/100ps        //定义时间单位和时间分辨度
module      adc (nconvst, nbusy, data);
input       nconvst;           // A/D启动脉冲ST,见图18.1中
output      nbusy;             // A/D工作标志,见图18.1中
output      data;              //数据总线,从AD.DATA文件中读取数据后经端口输出
reg[7:0]    databuf,i;         //内部寄存器
reg         nbusy;
wire[7:0]   data;
```

第18章 虚拟器件/接口、IP 和基于平台的设计方法及其在大型数字系统设计中的作用

```verilog
reg[7:0]    data_mem[0:255];
reg         link_bus;
integer     tconv,
            t5,
            t8,
            t9,
            t12;
integer     wideth1,
            wideth2,
            wideth;
//时间参数定义(依据 AD7886 手册):
always @(negedge nconvst)
    begin
        t_conv = 9500+{$random}%500;  //(type 950 ns, max 1 000 ns)Conversion Time
        t_5 = {$random}%1000;         //(max 100ns)   CONVST to BUSY Propagation Dlay
                                      // CL = 10pF
        t_8 = 200;      //(min 20)   CL=20pF  Data Setup Time Prior to BUSY
                        //(min 10)   CL=100pF
        t_9 = 100+{$random}%900;  //(min 10ns, max 100ns) Bus Relinquish Time After
                                  //CONVST
        t_12 = 2500;    //(type) BUSY High to CONVST Low, SHA Acquisition Time
    end

initial
    begin
        $readmemh("adc.data",data_mem);    //从数据文件 adc.data 中读取数据
        i = 0;
        nbusy = 1;
        link_bus = 0;
    end

assign data = link_bus? databuf:8'bzz;      //三态总线

/*------------------------------------------------------------------
在信号 nconvst 的负跳降沿到来后,隔 t_5 s nbusy 信号置为低,t_conv 是 AD 将模拟信号转换为数字信
号的时间,在信号 nconvst 的正跳降沿到来后经过 t_conv 时间后,输出 nbusy 信号变为高。
-------------------------------------------------------------- */
always @(negedge nconvst)
    fork
        #t_5  nbusy =0;
        @(posedge nconvst)
            begin
                #t_conv  nbusy=1;
```

```
            end
        join
/*----------------------------------------------------------------
nconvst 信号的下降沿触发,经过 $t_9$ 延时后,把数据总线输出关闭置为高阻态。
nconvst 信号的上升沿到来后,经过($t_{conv} - t_8$)时间,输出一个字节(8位数据)到 databuf,该数据来自
于 data_mem。而 data_mem 中的数据是初始化时从数据文件 AD.DATA 中读取的。此时应启动总
线的三态输出。
----------------------------------------------------------------*/
always @(negedge nconvst)
    begin
        @(posedge nconvst)
            begin
                #($t_{conv} - t_8$)    databuf = data_mem[i];
            end

        if(wideth < 10000 && wideth > 500)
            begin
                if(i == 255) i = 0;
                else i = i+1;
            end
        else    i = i;
    end
//在模数转换期间关闭三态输出,转换结束时启动三态输出
always @(negedge nconvst)
    fork
        #$t_9$ link_bus = 1'b0;        //关闭三态输出,不允许总线输出
        @(posedge nconvst)
            begin
                #(tconv - t8)    link_bus = 1'b1;
            end
    join
/*----------------------------------------------------------------
当 nconvst 输入信号的下一个转换的下降沿与 nbusy 信号上升沿之间时间延迟小于 $t_{12}$ 时,将会出现
警告信息,通知设计者请求转换的输入信号频率太快,A/D 器件转换速度跟不上。
仿真模型不仅能够实现硬件电路的输出功能,同时能够对输入信号进行检测。当输入信号不符合
手册要求时,显示警告信息。
----------------------------------------------------------------*/

//检查 A/D 启动信号的频率是否太快
    always @(posedge nbusy)
        begin
            #t12;
            if(! nconvst)
```

```verilog
            begin
                $display("Warning!    SHA Acquisition Time is too short!");
            end
    //      else    $display(" SHA Acquisition Time is enough! ");
        end
//检查 A/D 启动信号的负脉冲宽度是否足够和太宽

    always @(negedge nconvst)
        begin
            wideth= $time;
            @(posedge nconvst)   wideth= $time-wideth;
            if (wideth<=500 || wideth > 10000)
                begin

                    $display("nCONVST Pulse Width = %d",wideth);
                    $display("Warning! nCONVST Pulse Width is too narrow or too wide!");
                    // $stop;
                end
        end

endmodule
```

//++

对商业化的虚拟模块有着严格的要求,不但要求在系统设计的仿真中能完全来代替真实的器件,而且还希望能提示产生错误的原因。虚拟模块的精确与否,直接决定设计的成败。ASIC 的投片成本很高,编写虚拟模块时任何小的疏忽都有可能造成投片的失败,造成大量资金的浪费。因此编写这样的模块是一件复杂而细致的工作,需要极其认真的工作态度和作风,必须认真对待。为了简单起见,本节介绍的模块只具有 AD7886 的一部分功能,所以还不能称为 AD7886 完整的虚拟模块。

通过上述简单的例子能了解虚拟模块是如何设计的,对大多数的电路系统工程师来说,应该尽量利用商业化的虚拟模块来设计自己的电路系统。只有在没有办法得到商业化的虚拟模块时,才利用器件手册来编写虚拟模块,因为编写精确的虚拟模块需要花费很多时间和精力。

18.4 虚拟接口模块的实例

下面介绍两个常用的大规模集成芯片:通用串行收发控制器 USART8251 和 Intel8085 微处理器 CPU 的虚拟接口模块。这两个用 Verilog HDL 描述的虚拟接口的行为模块是由 Verilog 语言的创始人 P.R.Moorby 和 D.E. Thomas 合作编写的(这是我们从 Internet 网络上下载得到的)。

因为商品化的虚拟器件和虚拟接口模型是知识产权(简称 IP),必须保证设计所需的参数绝对正确,因此价格非常昂贵,不可能免费得到。下面的模块从严格意义上说来并非是真正的虚拟接口模型,因为它们并不对用户设计的成败负责。把它们列在这里只是拿它们作为学习编写较复杂的Verilog HDL行为模块的样本而已。

[例18.2] "商业化"的虚拟模块之一:Intel USART 8251A(通用串行异步收发器芯片)

为节省篇幅本书再版中省略了这段代码。感兴趣的读者可以自己在网址上寻找通用串行异步收发器8251或其他智能接口的Verilog HDL行为代码。

[例18.3] "商业化"的虚拟模块之二:Intel 8085a微处理器的行为描述模块。

为节省篇幅本书再版中省略了这段代码。感兴趣的读者可以自己在网络上寻找Intel8085a或者其他处理器的Verilog HDL行为代码。

上面两个例子是常用的微处理机CPU和外围芯片。在系统芯片的设计中,可以用虚拟模型来代替真实的器件对自己所设计的电路功能进行仿真,全面精确地验证自己所设计的部分是否正确。在ASIC的制造过程中可以利用现存的与之对应的门级结构的电路实体来实现电路的功能。这样就能用较快的速度把许多人的劳动成果集合在一起,把一个极其复杂的数字系统集成在一个很小的硅片上。上面两个例子的代码也可从本见第一版中查阅而得。

小 结

推广商业化IP模块的编写,普及IP重用技术,推广基于平台的设计(PBD)方法学对于提高我国微电子产品的档次,降低设计成本将会产生重大影响。在IP模块的编写中对接口指标的描述和处理特别重要。只有对这一点有深刻的理解才可能编写出有实用价值的硬核虚拟模块和RTL级的软核模块,因为系统芯片其设计和验证过程已经变得非常复杂,设计质量的控制必须分级加以管理,这样接口就成为系统验证的瓶颈。当接口信号连接时出现问题能清晰地报告和说明故障所在的IP模块才有使用价值。要做到这一点不但需要设计师有高度的工作责任性还需要有复杂的质量管理体系的保证,设计这个质量保证系统的管理者必须是很有经验的高级系统设计师。我国目前还缺少这样的人才,需要借鉴国外的经验加速培养。

思 考 题

1. 为什么要设计虚拟模块?
2. 虚拟模块有几种类型?
3. 为什么在ASIC设计中要尽量利用商业化的虚拟模块和IP技术?
4. 为什么说编写完整精确的虚拟模块,编写者不但需要全面熟练地掌握Verilog语言,还需要有高度的责任性,并且需要有一个严格的质量保证体系来确保与工艺的电路的一致性?
5. 什么是基于平台的设计方法学,为什么该设计方法具有最高的设计效率?

第三部分 Verilog 数字设计示范与实验练习

概 述

在第一部分和第二部分学习的基础上,通过 Verilog 设计教程第三部分实践篇——设计示范和上机习题之 12 个阶段练习,一定能逐步掌握 Verilog HDL 设计的要点。可以先理解设计示范模块中每一条语句的作用,进行功能仿真来加深理解;然后对示范模块进行综合;再分别进行生成的逻辑网表和布线后生成的带布线延迟的门级器网表时序仿真,以加深印象和深入理解。在此基础上再独立完成每一阶段规定的练习。当 12 个阶段的练习做完后,便可以设计一些简单的逻辑电路和系统。最好利用一个月的集中训练时间,能很快过渡到设计相当复杂的数字逻辑系统。当然,复杂的数字系统的设计和验证,不但需要系统结构知识和丰富经验的积累,还需要了解更多的语法现象和掌握高级的 Verilog HDL 系统任务,以及与 C 语言模块接口的方法(即 PLI),这些已超出本书的范围。有兴趣的同学可以阅读 Verilog 硬件描述语言参考资料和有关文献,开始自学。

练习一　简单的组合逻辑设计

目　的：
(1) 掌握基本组合逻辑电路的实现方法；
(2) 初步了解两种基本组合逻辑电路的生成方法；
(3) 学习测试模块的编写；
(4) 通过综合和布局布线了解不同层次仿真的物理意义。

下面的模块描述了一个可综合的数据比较器。从语句可以很容易地看出，其功能是比较数据 a 与数据 b 的结果，如果两个数据相同，则给出结果 1，否则给出结果 0。在 Verilog HDL 中，描述组合逻辑时常用的 assign 结构。注意 equal=(a==b)? 1:0，这是一种在组合逻辑实现分支判断时常用的格式。

模块源代码的方法之一：
```
//------------------------文件名 compare.v------------------------
module compare(equal,a,b);
    input a,b;
    output equal;
    assign   equal = (a==b)? 1 : 0;
    //a 等于 b 时，equal 输出为 1；a 不等于 b 时，equal 输出为 0
endmodule
```

模块源代码的方法之二：
```
module compare(equal,a,b);
    input a,b;
    output equal;
    reg equal;
    always @(a or b)
      if(a==b)          //a 等于 b 时，equal 输出为 1
        equal =1;
      else              //a 不等于 b 时，equal 输出为 0
        equal = 0;      //思考：如果不写 else 部分会产生什么逻辑

endmodule
```

测试模块用于检测模块设计是否正确。它给出模块的输入信号，观察模块的内部信号和输出信号，如果发现结果与预期有偏差，则需要对设计模块进行修改。

测试模块源代码的方法之一：
```
`timescale 1ns/1ns        //定义时间单位
`include    "./compare.v"  //包含模块文件，在有的仿真调试环境中并不需要此语句，而
                           //需要从调试环境的菜单中键入有关模块文件的路径和名称
module t;
```

```
        reg a,b;
        wire equal;
        initial                         //initial 常用于仿真时信号的给出
          begin
            a=0;
            b=0;
          #100    a=0; b=1;
          #100    a=1; b=1;
          #100    a=1; b=0;
          #100    a=0; b=0;
          #100    $stop;                //系统任务,暂停仿真以便观察仿真波形
          end

        compare  m(.equal(equal),.a(a),.b(b));    //调用被测试模块 t.m

     endmodule
```

综合就是把 compare.v 文件送到 Synplify 或其他综合器处理,在选定实现器件和选取生成 Verilog 网表的前提下,启动综合器的编译。综合器会自动生成一系列文件,向操作者报告综合的结果。其中生成的 Verilog Netlist 文件(扩展名为.vm),表示自动生成的门级逻辑结构网表,仍然用 Verilog 语句表示,但比输入的源文件更具体,可以用测试模块调用它做同样的仿真,运行的结果更接近实际器件。

布局布线就是把综合后生成的另一种文件(EDIF),在布线工具控制下进行处理,启动布线工具的编译。布局布线工具会自动生成一系列文件,向操作者报告布局布线的结果。其中生成的 Verilog Netlist 文件(扩展名为.vo),表示自动生成的具体基本门级结构和连接的延迟,仍然用 Verilog 基本部件结构语句和连接线的延迟参数的重新定义表示,库中的基本部件也更进一步具体化了,比综合后的扩展名为.vm 的文件更具体。可以用同一个测试模块调用它做同样的仿真,运行结果与实际器件运行结果几乎完全一致。

组合逻辑仿真波形部分如实验图 1 所示。

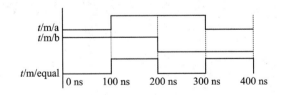

实验图 1　组合逻辑仿真波形

测试模块源代码的方法之二:

```
     `timescale 1ns/1ns         //定义时间单位
     `include  "./compare.v"    //包含模块文件。在有的仿真调试环境中并不需要此语句
                                //而需要从调试环境的菜单中键入有关模块文件的路径和名称
     module t;
        reg a,b;
```

```verilog
        reg clock;
        wire equal;
        initial                      // initial 常用于仿真时信号的给出
          begin
            a=0;
            b=0;
            clock = 0;        //定义一个时钟变量
          end
        always #50 clock = ~clock;        //产生周期性的时钟
        always @ (posedge clock)          //在每次时钟正跳变沿时刻产生不同的a和b
          begin
            a = { $ random}%2;        //每次a是0还是1是随机的
            b = { $ random}%2;        //每次b是0还是1是随机的
          end
        initial
          begin   #100000   $ stop;  end   //系统任务,暂停仿真以便观察仿真波形

        compare  m(.equal(equal),.a(a),.b(b));   //调用被测试模块 t.m

     endmodule
```

【练习题 1】 设计一个字节(8位)的比较器。

要求:比较两个字节的大小,如 a[7:0]大于 b[7:0],则输出高电平,否则输出低电平;并改写测试模型,使其能进行比较全面的测试。观测 RTL 级仿真、综合后门级仿真和布线后仿真有什么不同,并说明这些不同的原因。从文件系统中查阅自动生成的 compare.vm、compare.vo 文件和 compare.v 做比较,说出它们的不同点和相同点。

【思考题 1】 在测试方法二中,第二个 initial 块有什么用?它与第一个 initial 块有什么关系?如果在第二个 initial 块中,没有写#100000 或者 $ stop,仿真会如何进行?比较两种测试方法,哪一种测试方法更全面?

练习二 简单分频时序逻辑电路的设计

目的:
(1) 掌握最基本时序电路的实现方法;
(2) 学习时序电路测试模块的编写;
(3) 学习综合和不同层次的仿真。

在 Verilog HDL 中,相对于组合逻辑电路,可综合成具体电路结构的时序逻辑电路也有标准的表述方式。在可综合的 Verilog HDL 模型,通常使用 always 块和 @(posedge clk)或@(negedge clk)的结构来表述时序逻辑。下面是一个 1/2 分频器的可综合模型。

```verilog
        //--------------------- 文件名:half_clk.v ---------------------
        module half_clk(reset,clk_in,clk_out);
          input clk_in,reset;
```

```
    output clk_out;
    reg clk_out;

    always @(posedge clk_in)
      begin
        if(! reset)   clk_out=0;
        else          clk_out=~clk_out;
      end
    endmodule
```

在 always 块中，被赋值的信号都必须定义为 reg 型，这是由时序逻辑电路的特点所决定的。对于 reg 型数据，如果未对它进行赋值，仿真工具会认为它是不定态。为了能正确地观察到仿真结果，并确定时序电路的起始相位，在可综合风格的模块中，通常定义一个复位信号 reset，当 reset 为低电平时，对电路中的寄存器进行复位。

测试模块的源代码：

```
//------------------------ 文件名 top.v ------------------------
`timescale 1ns/100 ps
`define clk_cycle 50
module top;
reg clk,reset;
wire clk_out;

always  #`clk_cycle  clk = ~clk;   //产生测试时钟

initial
  begin
        clk = 0;
        reset = 1;
    #10 reset = 0;
    #110 reset = 1;
    #100000 $stop;
  end

  half_clk m0(.reset(reset),.clk_in(clk),.clk_out(clk_out));
endmodule
```

简单的分频时序仿真波形如实验图 2 所示。

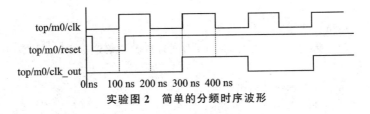

实验图 2 简单的分频时序波形

【练习题2】 依然作 clk_in 的 2 分频 clk_out,要求输出时钟的相位与上面的 1/2 分频器的输出正好相反。编写测试模块,给出仿真波形。改变输入时钟的频率,观测 RTL 级仿真、综合后门级仿真和布线后仿真的不同,并写出报告。

【思考题2】 如果没有 reset 信号,能否控制 2 分频 clk_out 信号的相位?只用 clk 时钟沿的触发(即不用 2 分频产生的时钟沿)如何直接产生 4 分频、8 分频或者 16 分频的时钟?如何只用 clk 时钟沿的触发(不用 2 分频产生的时钟沿)直接产生占空比不同的分频时钟?

练习三 利用条件语句实现计数分频时序电路

目的:

(1) 掌握条件语句在简单时序模块设计中的使用;
(2) 学习在 Verilog 模块中应用计数器;
(3) 学习测试模块的编写、综合和不同层次的仿真。

与常用的高级程序语言一样,为了描述较为复杂的时序关系,Verilog HDL 提供了条件语句供分支判断时使用。在可综合风格的 Verilog HDL 模型中,常用的条件语句有 if…else 和 case…endcase 两种结构,用法和 C 程序语言中类似。两者相比,if…else 用于不很复杂的分支关系,实际编写可综合风格的模块,特别是用状态机构成的模块时,更常用的是 case…endcase 风格的代码。这一节给的是有关 if…else 的范例,有关 case…endcase 结构的代码以后会经常用到。

下面给出的范例也是一个可综合风格的分频器,可将 10 MHz 的时钟分频为 500 kHz 的时钟。基本原理与 1/2 分频器是一样的,但是需要定义一个计数器,以便准确获得 1/20 分频。

模块源代码:

```verilog
// ----------------------- fdivision.v -----------------------
module fdivision(RESET,F10M,F500K);
    input F10M,RESET;
    output F500K;
    reg F500K;
    reg [7:0]j;
    always @(posedge F10M)
      if(! RESET)                //低电平复位
        begin
          F500K <= 0;
          j <= 0;
        end
      else
        begin
          if(j==19)              //对计数器进行判断,以确定 F500K 信号是否反转
            begin
              j <= 0;
              F500K <= ~F500K;
```

```
          end
        else
          j <= j+1;
      end
    endmodule
```

测试模块源代码：

```verilog
//----------------------- fdivision_Top.v -----------------------

`timescale 1ns/100ps
`define clk_cycle 50

module division_Top;

reg F10M,RESET;

wire F500K_clk;

always # `clk_cycle   F10M_clk = ~ F10M_clk;

initial
  begin
    RESET=1;
    F10M=0;
    #100 RESET=0;
    #100 RESET=1;
    #10000 $stop;
  end

fdivision fdivision(.RESET(RESET),.F10MB(F10M),.F500K(F500K_clk));

endmodule
```

计数分频器的仿真波形如实验图 3 所示。

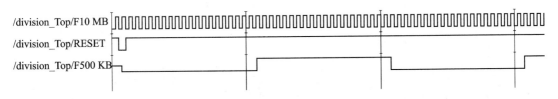

实验图 3　计数分频器波形

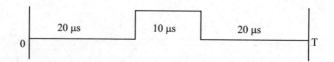

【练习题3】 利用10 MHz的时钟，设计一个单周期形状的周期波形。

练习四　阻塞赋值与非阻塞赋值的区别

目　的：
(1) 通过实验,掌握阻塞赋值与非阻塞赋值的概念和区别;
(2) 了解非阻塞和阻塞赋值的不同使用场合;
(3) 学习测试模块的编写、综合和不同层次的仿真。

阻塞赋值与非阻塞赋值,在教材中已经了解了它们之间在语法上的区别以及综合后所得到的电路结构上的区别。在 always 块中,阻塞赋值可以理解为赋值语句是顺序执行的,而非阻塞赋值可以理解为赋值语句是并发执行的。时序逻辑设计中,通常都使用非阻塞赋值语句,而在实现组合逻辑的 assign 结构中,或者 always 块结构中都必须采用阻塞赋值语句。

下例两个模块(blocking.v 和 non_blocking.v)分别采用阻塞赋值语句和非阻塞赋值语句编写,看上去,但两者的含义存在重要区别。

模块源代码：

```verilog
// ---------------------- blocking.v ------------------------
module blocking(clk,a,b,c);
   output [3:0] b,c;
   input  [3:0] a;
   input        clk;
   reg    [3:0] b,c;
   always @(posedge clk)
   begin
     b = a;
     c = b;
     $display("Blocking: a = %d, b = %d, c = %d.",a,b,c);
   end
endmodule

//---------------------- non_blocking.v ---------------------
module non_blocking(clk,a,b,c);
   output [3:0] b,c;
   input  [3:0] a;
   input        clk;
   reg    [3:0] b,c;
```

练习四 阻塞赋值与非阻塞赋值的区别

```verilog
always @(posedge clk)
begin
  b <= a;
  c <= b;
  $display("Non_Blocking: a = %d, b = %d, c = %d.",a,b,c);
end

endmodule
```

测试模块源代码：

```verilog
//------------------------ compareTop.v ------------------------

`timescale 1 ns/100 ps
`include "./blocking.v"
`include "./non_blocking.v"

module compareTop;

  wire [3:0] b1,c1,b2,c2;
  reg  [3:0] a;
  reg        clk;

  initial
  begin
    clk = 0;
    forever #50 clk = ~clk;   //思考:如果在本句后还有语句,能否执行? 为什么?
  end

  initial
  begin
    a = 4'h3;
    $display("_____");
    #100 a = 4'h7;
    $display("_____");
    #100 a = 4'hf;
    $display("_____");
    #100 a = 4'ha;
    $display("_____");
    #100 a = 4'h2;
    $display("_____");
    #100 $display("_____");
    $stop;
  end
```

```
non_blocking  non_blocking(clk,a,b2,c2);
blocking      blocking(clk,a,b1,c1);

endmodule
```

阻塞值与非阻塞值的仿真波形(部分)如实验图 4 所示。

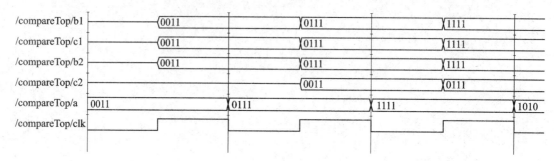

实验图 4   阻塞值与非阻塞值的仿真波形

【思考题 3】　在 blocking 模块中按如下两种写法,仿真与综合的结果会有什么样的变化? 作出仿真波形,分析综合结果。

(1) always @(posedge clk)
　　begin
　　　c= b;
　　　 b= a;
　　end
(2) always @(posedge clk) b=a;
　　 always @(posedge clk) c=b;

练习五　用 always 块实现较复杂的组合逻辑电路

目　的:
(1) 掌握用 always 实现较大组合逻辑电路的方法;
(2) 进一步了解 assign 与 always 两种组合电路实现方法的区别和注意点;
(3) 学习测试模块中随机数的产生和应用;
(4) 学习综合不同层次的仿真,并比较结果。

使用 assign 结构来实现组合逻辑电路,如果逻辑关系比较复杂,不容易理解语句的功能。而适当地采用 always 来设计组合逻辑,使源代码语句的功能容易理解。

下面是一个简单的指令译码电路的设计示例。该电路通过对指令的判断,对输入数据执行相应的操作,包括加、减、与、或和求反,并且无论是指令作用的数据还是指令本身发生变化,结果都要作出及时的反应。显然,这是一个较为复杂的组合逻辑电路,如果采用 assign 语句,表达起来非常复杂。示例中使用了电平敏感的 always 块,所谓电平敏感的触发条件,是指在 @后的括号内电平列表中的任何一个电平发生变化(与时序逻辑不同,它在 @后的括号内没有沿敏感关键词,如 posedge 或 negedge),就能触发 always 块的动作,并且运用了 case 结构来进行分支判断,不但设计思想得到直观的体现,而且代码看起来非常整齐、便于理解。

```verilog
//------------------------文件名   alu.v ------------------------
`define plus      3'd0
`define minus     3'd1
`define band      3'd2
`define bor       3'd3
`define unegate   3'd4

module   alu(out,opcode,a,b);
   output[7:0] out;
   reg[7:0]    out;
   input[2:0] opcode;
   input[7:0] a,b;                    //操作数

   always@(opcode or a or b)          //电平敏感的always块
   begin
        case(opcode)
            `plus:    out = a+b;      //加操作
            `minus:   out = a-b;      //减操作
            `band:    out = a&b;      //求  与
            `bor:     out = a|b;      //求  或
            `unegate: out = ~a;       //求  反
            default:  out = 8'hx;     //未收到指令时,输出任意态
        endcase
   end
endmodule
```

同一组合逻辑电路分别用 always 块和连续赋值语句 assign 描述时,代码的形式大相径庭,但是在 always 中,若适当运用 default(在 case 结构中)和 else(在 if…else 结构中)语句时,通常可以综合为纯组合逻辑,尽管被赋值的变量一定要定义为 reg 型;若不使用 default 或 else 对默认项进行说明,则易生成意想不到的锁存器,这一点一定要加以注意。

指令译码器的测试模块源代码:

```verilog
//------------------------ alutest.v ------------------------
`timescale 1ns/1ns
`include  "./alu.v"
module  alutest;
   wire[7:0] out;
   reg[7:0]  a,b;
   reg[2:0]  opcode;
   parameter   times=5;
   initial
   begin
```

```
            a={$random}%256;         //Give a radom number blongs to [0,255].
            b={$random}%256;         //Give a radom number blongs to [0,255].
            opcode=3'h0;
            repeat(times)
              begin
              #100    a={$random}%256;   //Give a radom number.
                      b={$random}%256;   //Give a radom number.
                      opcode=opcode+1;
              end

            #100   $stop;

        end

        alu    alu1(out,opcode,a,b);

        endmodule
```

复杂组合逻辑电路的仿真波形(部分)如实验图 5 所示。

/alutest/out	a5	a6	0d	77
/alutest/a	24	09	0d	65
/alutest/b	81	63	8d	12
/alutest/opcode	0	1	2	3

实验图 5　复杂组合逻辑电路波形

【练习题 4】 运用 always 块设计一个 8 路数据选择器。要求：每路输入数据与输出数据均为 4 位 2 进制数，当选择开关(至少 3 位)或输入数据发生变化时，输出数据也相应地变化。

练习六　在 Verilog HDL 中使用函数

目　的：
(1) 了解函数的定义和在模块设计中的使用；
(2) 了解函数的可综合性问题；
(3) 了解许多综合器不能综合复杂的算术运算。

与一般的程序设计语言一样，Veirlog HDL 也可使用函数以适应对不同变量采取同一运算的操作。Veirlog HDL 函数在综合时被理解成具有独立运算功能的电路，每调用一次函数相当于改变这部分电路的输入以得到相应的计算结果。

下例是函数调用的一个简单示范。它采用同步时钟触发运算的执行，每个 clk 时钟周期都会执行一次运算，并且在测试模块中，通过调用系统任务 $display 及在时钟的下降沿显示每次计算的结果。

练习六 在 Verilog HDL 中使用函数

模块源代码：
```verilog
//----------------------- 文件名 tryfunct.v -----------------------
module tryfunct(clk,n,result,reset);
  output[31:0] result;
  input[3:0]   n;
  input reset,clk;
  reg[31:0] result;

    always @(posedge clk)              //clk 的上升沿触发同步运算
      begin
           if(!reset)                  //reset 为低时复位
                result<=0;
           else
                begin
                  result <= n * factorial(n)/((n*2)+1);
                end                    //verilog 在整数除法运算结果中不考虑余数
       end

    function [31:0] factorial;         //函数定义,返回的是一个 32 位的数
      input    [3:0]  operand;         //输入只有一个 4 位的操作数
      reg      [3:0]  index;           //函数内部计数用中间变量
      begin
        factorial = operand ? 1:0;     //先定义操作数为零时函数的输出为零,不为零时为 1
        for(index = 2; index <= operand; index = index + 1)
        factorial = index * factorial; //表示阶乘的算术迭代运算
      end
    endfunction

endmodule
```

测试模块源代码：
```verilog
`include "./tryfunct.v"
`timescale 1ns/100 ps
`define clk_cycle 50

module tryfuctTop;

reg[3:0] n,i;
reg reset,clk;

wire[31:0] result;

initial
```

```
begin
   clk=0;
   n=0;
   reset=1;
   #100 reset=0;              //产生复位信号的负跳变沿
   #100 reset=1;              //复位信号恢复高电平后才开始输入 n
   for(i=0;i<=15;i=i+1)
     begin
        #200 n=i;
     end
   #100 $stop;
end

always # `clk_cycle clk=~clk;

tryfunct m(.clk(clk),.n(n),.result(result),.reset(reset));

endmodule
```

上例中函数 factorial(n) 实际上就是阶乘运算。必须提醒大家注意的是，许多综合器不能综合 tryfunct.v 模块。因此，在实际可综合电路结构的设计中，要尽量避免复杂的算术运算，把复杂的运算拆分成几个步骤，通过寄存器存储中间数据，在几个时钟周期内完成。

函数调用仿真波形(部分)如实验图 6 所示。

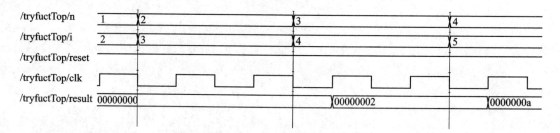

实验图 6　函数调用仿真波形

【**练习题 5**】　设计一个带控制端的逻辑运算电路，分别完成正整数的平方、立方和最大数为 5 的阶乘的运算，要求可综合。编写测试模块，并给出各种层次的仿真波形，比较它们的不同。

练习七　在 Verilog HDL 中使用任务(task)

目　的：

(1) 掌握任务在 Verilog 模块设计中的应用；

(2) 学会在电平敏感列表的 always 中使用拼接操作、任务和阻塞赋值等语句，并生成复杂组合逻辑的高级方法。

仅有函数并不能完全满足 Veirlog HDL 中的运算需求。当我们希望能够将一些信号进行运算并输出多个结果时，采用函数结构就显得非常不方便，而任务结构在这方面的优势则十分突出。任务本身并不返回计算值，但它通过类似 C 语言中的形参与实参的数据交换，非常容易地实现运算结果的调用。此外，还常常利用任务来包装模块设计中的许多复杂的过程，将许多复杂的操作步骤用一个命名清晰易懂的任务隐藏起来，大大提高了程序的可读性。

下面介绍一个实例，它巧妙地利用电平敏感的 always 块和一个比较两变量大小排序的任务，设计出 4 个(4 位)并行输入数的高速排序组合逻辑。可以看到，利用 task 非常方便地实现了两个数据之间的交换排序，通过在电平敏感的 always 块中的多次调用，实现了 4 变量的高速排序。是用函数无法实现相同的功能；另外，task 也避免了直接用一般语句来描述所引起的不易理解和综合时产生冗余逻辑等问题。

模块源代码：

```verilog
//------------------------文件名 sort4.v------------------------
module sort4(ra,rb,rc,rd,a,b,c,d);
  output[3:0] ra,rb,rc,rd;
  input[3:0] a,b,c,d;
  reg[3:0] ra,rb,rc,rd;
  reg[3:0] va,vb,vc,vd;

  always @ (a or b or c or d)
    begin
      {va,vb,vc,vd}={a,b,c,d};
      sort2(va,vc);              //va 与 vc 互换
      sort2(vb,vd);              //vb 与 vd 互换
      sort2(va,vb);              //va 与 vb 互换
      sort2(vc,vd);              //vc 与 vd 互换
      sort2(vb,vc);              //vb 与 vc 互换
      {ra,rb,rc,rd}={va,vb,vc,vd};
    end

  task sort2;
    inout[3:0] x,y;
    reg[3:0] tmp;
    if(x>y)
      begin
        tmp=x;          //x 与 y 变量的内容互换，要求顺序执行，则采用阻塞赋值方式
        x=y;
        y=tmp;
      end
  endtask
```

endmodule

值得注意的是,task 中的变量定义与模块中的变量定义不尽相同,它们并不受输入输出类型的限制。如上例,x 与 y 对于 task sort2 来说虽然是 inout 型,但实际上它们对应的是 always 块中变量,属于 reg 型变量。

测试模块源代码:

```verilog
`timescale 1ns/100 ps
`include "sort4.v"

module task_Top;
    reg[3:0] a,b,c,d;
    wire[3:0] ra,rb,rc,rd;

    initial
      begin
        a=0;b=0;c=0;d=0;
        repeat(50)
        begin
            #100    a = {$random}%15;
                    b = {$random}%15;
                    c = {$random}%15;
                    d = {$random}%15;
        end

        #100 $stop;

    sort4 sort4 (.a(a),.b(b),.c(c),.d(d), .ra(ra),.rb(rb),.rc(rc),.rd(rd));

endmodule
```

使用任务后的仿真波形(部分)如实验图 7 所示。

/task_Top/a	0000	1000	1100	0110
/task_Top/b	0000	1100	0010	0100
/task_Top/c	0000	0111	0101	0011
/task_Top/d	0000	0010	0111	0010
/task_Top/ra	0000	0010		
/task_Top/rb	0000	0111	0101	0011
/task_Top/rc	0000	1000	0111	0100
/task_Top/rd	0000	1100		0110

实验图 7 task 的仿真波形

【练习题 6】 用两种不同的方法设计一个功能相同的模块,该模块能完成四个 8 位 2 进制输入数据的冒泡排序。第一种,模仿上面的例子用纯组合逻辑实现;第二种,假设 8 位数据是按照时钟节拍串行输入的,要求用时钟触发任务的执行法,每个时钟周期完成一次数据交换的操作。比较两种不同方法的运行速度和消耗资源的不同。

练习八　利用有限状态机进行时序逻辑的设计

目　的:
(1) 掌握利用有限状态机实现一般时序逻辑分析的方法;
(2) 掌握用 Verilog 编写可综合的有限状态机的标准模板;
(3) 掌握用 Verilog 编写状态机模块的测试文件的一般方法。

在数字电路中已经学习过通过建立有限状态机来进行数字逻辑的设计,而在 Verilog HDL 硬件描述语言中,这种设计方法得到进一步的发展。通过 Verilog HDL 提供的语句,可以直观地设计出更为复杂的时序逻辑电路。关于有限状态机的设计方法在教材中已经作了较为详细的阐述,在此就不赘述了。

下例是一个简单的状态机设计,功能是检测一个 5 位二进制序列"10010"。考虑到序列重叠的可能,有限状态机共提供 8 个状态(包括初始状态 IDLE)。

模块源代码:
```
//------------------------ 文件名 seqdet.v ------------------------
module seqdet(x,z,clk,rst,state);
   input    x,clk,rst;
   output z;
   output[2:0] state;
   reg[2:0] state;
   wire z;

   parameter IDLE='d0,   A='d1,   B='d2,
                        C='d3,   D='d4,
                        E='d5,   F='d6,
                        G='d7;

   assign   z = ( state==E && x==0 )? 1 : 0;
   //当 x 序列 10010 最后一个 0 刚到时刻,时钟沿立刻将状态变为 E,此时 z 应该变为高
   always @(posedge clk)
      if(! rst)
              begin
                 state<= IDLE;
              end
      else
              casex(state)
                 IDLE : if(x==1)                          //第一个码位对,记状态 A
```

```
                          begin
                              state <= A;
                          end
         A: if(x==0)                       //第二个码位对,记状态 B
                  begin
                      state <= B;
                  end
         B: if(x==0)                       //第三个码位对,记状态 C
                  begin
                      state <= C;
                  end
              else                          //第三个码位不对,前功尽弃,记状态为 F
                  begin
                      state <= F;
                  end
         C: if(x==1)                       //第四个码位对
                  begin
                      state <= D;
                  end
              else                          //第四个码位不对,前功尽弃,记状态为 G
                  begin
                      state <= G;
                  end
         D: if(x==0)                       //第五个码位对,记状态 E
                  begin
                      state <= E;          //此时开始应有 z 的输出
                  end
              else
//第五个码位不对,前功尽弃,只有刚进入的 1 位有用,回到第一个码位对状态,记状态 A
                  begin
                      state <= A;
                  end
         E: if(x==0)
//连着前面已经输入的 x 序列,考虑 10010,又输入了 0 码位可以认为第三个码位已对,记状态 C
                  begin
                      state <= C;
                  end
              else                          //前功尽弃,只有刚输入的 1 码位对,记状态为 A
                  begin
                      state <= A;
                  end
         F: if(x==1)                       //只有刚输入的 1 码位对,记状态为 A
                  begin
```

```
                        state <= A;
                    end
                else
                    begin
                        state <= B;              //又有1码位对,记状态为B
                    end
            G:      if(x==1)                    //只有刚输入的1码位对,记状态为A
                    begin
                        state <= F;
                    end
            default: state=IDLE;                 //默认状态为初始状态
        endcase
endmodule
```

测试模块源代码:

```
//------------------------文件名 seqdet.v------------------------
`timescale 1ns/1ns
`include "./seqdet.v"
module seqdet_Top;
  reg clk,rst;
  reg[23:0] data;
  wire[2:0] state;
  wire z,x;
  assign x=data[23];
  always  #10 clk = ~clk;
  always @(posedge clk)
        data={data[22:0],data[23]};   //形成数据向左移环行流,最高位与x连接

  initial
    begin
      clk=0;
      rst=1;
      #2 rst=0;
      #30 rst=1;
      data ='b1100_1001_0000_1001_0100;
      #500 $stop;
    end

  seqdet  m(x,z,clk,rst,state);

endmodule
```

状态机设计的仿真波形如实验图8所示。

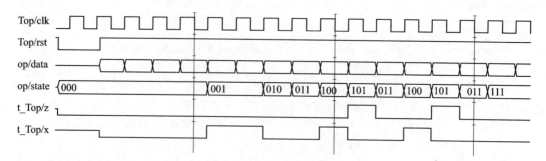

实验图 8 状态机设计的仿真波形

【练习题 7】 设计一个串行数据检测器。要求是：连续 4 个或 4 个以上为 1 时输出为 1，其他输入情况下为 0。编写测试模块对设计的模块进行各种层次的仿真，并观察波形，编写实验报告。

练习九 利用状态机实现比较复杂的接口设计

目的：

(1) 学习运用由状态机控制的逻辑开关，设计出一个比较复杂的接口逻辑；
(2) 在复杂设计中使用任务(task)结构，以提高程序的可读性；
(3) 加深对可综合风格模块的认识。

在练习八的示范题中，学习了如何使用状态机的实例。实际上，单个有限状态机控制整个系统逻辑电路的运转，这在实际设计中是不多见的。一般情况下，往往是状态机套用状态机，从而形成复杂的控制流。下面将提供这样的一个示例，供大家学习。

该例是一个并行数据转换为串行位流的变换器，利用双向总线输出。事实上，它是 EPROM 读写器设计中实现写功能的部分程序经删节得到的。为了帮助读者的理解做了许多简化，去除了 EPROM 的启动、结束和 EPROM 控制字的写入等功能，只具备这样一个简单的并串转换功能。因而本设计无任何实用价值，只是为了教学目的。电路工作的步骤是：

(1) 把并行地址存入寄存器；
(2) 把并行数据存入寄存器；
(3) 连接串行单总线；
(4) 地址的串行输出；
(5) 数据的串行输出；
(6) 挂起串行单总线；
(7) 给信号源应答；
(8) 让信号源给出下一个操作对象；
(9) 结束写操作。

通过基本时钟的运行，使得并行数据一位一位地输出。

模块源代码：
```
module writing(reset,clk,address,data,sda,ack);
  input reset,clk;
```

```verilog
input[7:0] data,address;

inout sda;                      //串行数据的输出或者输入接口
output ack;                     //模块给出的应答信号
reg link_write;                 //link_write 决定何时输出
reg[3:0] state;                 //主状态机的状态字
reg[4:0] sh8out_state;          //从状态机的状态字
reg[7:0] sh8out_buf;            //输入数据缓冲
reg finish_F;                   //用以判断是否处理完一个操作对象
reg ack;

parameter
    idle=0,addr_write=1,data_write=2,stop_ack=3;
parameter
    bit0=1,bit1=2,bit2=3,bit3=4,bit4=5,bit5=6,bit6=7,bit7=8;

assign   sda = link_write? sh8out_buf[7] : 1'bz;

always @(posedge clk)
  begin
    if(! reset)                         //复位
        begin
            link_write      <= 0;       //挂起串行单总线
            state           <= idle;
            finish_F        <= 0;       //结束标志清零
            sh8out_state    <= idle;
            ack             <= 0;
            sh8out_buf      <= 0;
        end
    else
      case(state)

        idle:
          begin
            link_write      <= 0;       //断开串行单总线
            finish_F        <= 0;
            sh8out_state    <= idle;
            ack             <= 0;
            sh8out_buf      <= address; //并行地址存入寄存器
            state           <= addr_write; //进入下一个状态
          end

        addr_write:                     //地址的输入
```

```verilog
            begin
                if(finish_F==0)
                   begin   shift8_out; end         //地址的串行输出
                else
                   begin
                       sh8out_state <= idle;
                       sh8out_buf <= data;         //并行数据存入寄存器
                            state <= data_write;
                           finish_F <= 0;
                   end
            end

          data_write:                              //数据的写入
            begin
             if(finish_F==0)
                begin   shift8_out; end            //数据的串行输出
                else
                   begin
                        link_write <= 0;
                            state <= stop_ack;
                         finish_F <= 0;
                            ack <= 1;              //向信号源发出应答
                   end
            end

          stop_ack:                                //向信号源发出应答结束
            begin
              ack <= 0;
              state <= idle;
            end

        endcase
    end

   task shift8_out;                                // 地址和数据的串行输出
     begin
        case(sh8out_state)
          idle:
            begin
                link_write <= 1;                   //连接串行单总线,立即输出地址或数据
                                                   //的最高位(MSB)
                sh8out_state <= bit7;
            end
```

```verilog
    bit7:
      begin
         link_write <= 1;                    //连接串行单总线
        sh8out_state <= bit6;
           sh8out_buf <= sh8out_buf<<1;      //输出地址或数据的次高位(bit6)
      end

    bit6:
      begin
        sh8out_state <= bit5;
        sh8out_buf <= sh8out_buf<<1;
      end

    bit5:
      begin
        sh8out_state <= bit4;
        sh8out_buf <= sh8out_buf<<1;
      end

    bit4:
      begin
        sh8out_state <= bit3;
        sh8out_buf <= sh8out_buf<<1;
      end

    bit3:
      begin
        sh8out_state <= bit2;
        sh8out_buf <= sh8out_buf<<1;
      end

    bit2:
      begin
        sh8out_state <= bit1;
        sh8out_buf <= sh8out_buf<<1;
      end

    bit1:
      begin
        sh8out_state <= bit0;
        sh8out_buf <= sh8out_buf<<1;         //输出地址或数据的最低位(LSB)
      end

    bit0:
```

```verilog
                begin
                    link_write <= 0;                //挂起串行单总线
                    finish_F <= 1;                  //建立结束标志
                end
        endcase
    end
endtask
endmodule
```

测试模块源代码：
```verilog
`timescale 1ns/100ps
`define clk_cycle 50
module writingTop;
    reg reset,clk;
    reg[7:0] data,address;
    wire ack,sda;

    always #`clk_cycle clk = ~clk;

    initial
      begin
            clk=0;
            reset=1;
            data=0;
            address=0;
            #(2*`clk_cycle) reset=0;
            #(2*`clk_cycle) reset=1;
            #(100*`clk_cycle) $stop;
      end

    always @(posedge ack)               //接收到应答信号后,给出下一个处理对象
      begin
            data=data+1;
            address=address+1;
      end
    writing writing(.reset(reset),.clk(clk),.data(data),
                    .address(address),.ack(ack),.sda(sda));
endmodule
```

复杂接口设计的状态仿真波形如实验图 9 所示。在这里波形图内的长黑块为双向单总线 sda 的高阻状态。

【练习题 8】 彻底搞清楚上例,参考第二部分的第 16 章的实际例子,独立编写一个能实现 EEPROM 全部读写功能的并行转换为 I^2C 串行总线读写信号的模块。编写完整的符合工程要求的测试模块,进行各种层次的仿真,并观察波形。

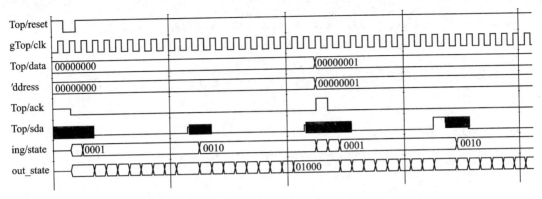

实验图 9 复杂接口设计的状态机仿真波形

【练习题 9】 参考第二部分的第 15 章中的[例 15.2],编写可综合模块能把符合 I^2C 串行总线要求的地址和数据信号,在只有 sda 和 scl 两个信号的前提下转换为并行的数据和地址信号。

练习十 通过模块实例调用实现大型系统的设计

目 的:
(1) 学习和掌握状态机的嵌套和模块实例的连接方法;
(2) 了解大型系统设计的层次化、结构化解决办法的技术基础;
(3) 学习数据总线在模块设计中的应用和控制,掌握复杂接口模块设计的基本技术;
(4) 学习和掌握用工程概念来编写较完整的测试模块,做到接近真实的完整测试。

现代硬件系统的设计过程与软件系统的开发相似,设计一个大规模的集成电路,往往由模块经多层次引用和组合构成。层次化、结构化的设计过程,能使复杂的系统变得容易控制和调试。在 Verilog 模块设计中,上层模块引用下层模块,这与 C 语言中的程序调用有些类似,被引用的子模块在综合时作为其父模块的一部分被综合,形成相应的电路结构。在进行模块实例引用时,必须注意的是模块之间对应的端口,即子模块的端口与父模块的内部信号必须明确无误地一一对应,否则容易产生意想不到的后果。

下面的例子是根据工程设计中遇到的具体问题的一部分总结而成,并进行了许多简化,以适用于教学的目的,在例子中突出同学们在接口设计方面容易犯的错误。原来这部分模块的功能是将并行数据转为串行数据送入外部电路编码,然后将编码后得到的串行数据转换为并行数据再交由 CPU 处理。为了简化起见,省去了编码部分以及与计算机的接口,只留下 CPU 数据总线作为并行数据的出入通道。这实际上是两个独立的逻辑功能模块,一个是并行数据流转换为串行位流,另一个是将该串行位流又转换为并行数据,分别设计成两个独立的模块,然后再合并为一个模块,共享同一条并行数据总线和时钟。假设从并行数据总线上输入到模块的数据其到达的时间,有一定的随机性,测试模块如何来表达这些问题,如何设计出能保证可靠接收和发送的接口是需要有经验的。本例简要地说明了这个问题,对同学的设计技术的提高有很大的帮助。

//-------------------- 文件名 P_S.v --------------------
/***
***   模块功能:把在 nGet_AD_data 负跳变沿时刻后能维持约三个时钟周期   ***
***   的并行字节数据取入模块,在时钟节拍下转换为字   ***
***   节的位流,并产生相应字节位流的有效信号   ***
***/
`define YES 1
`define NO 0
module   P_S(Dbit_out,link_S_out,data,nGet_AD_data,clk);
    input clk;   //主时钟节拍
    input nGet_AD_data;   //负电平有效时取并行数据控制信号线
    input [7:0] data;   //并行输入的数据端口
    output Dbit_out;   //串行位流的输出
    output link_S_out;   //允许串行位流输出的控制信号

    reg [3:0] state;   //状态变量寄存器
    reg[7:0] data_buf;   //并行数据缓存器
    reg link_S_out;   //串行位流输出的控制信号寄存器
    reg d_buf;   //位缓存器
    reg finish_flag;   //字节处理结束标志

    assign   Dbit_out = (link_S_out)? d_buf:0;//给出串行数据

        always @(posedge clk or negedge nGet_AD_data)
                    // nGet_AD_data 下降沿置数,寄存器清零,clk 上跳沿送出位流
        if(! nGet_AD_data)
            begin
                finish_flag <=0;
                state <= 9;
                link_S_out <= `NO;
                d_buf <= 0;
                data_buf <=0;
            end
        else
            case(state)
            9: begin
                    data_buf <= data;
                    state <=10;
                    link_S_out <= `NO;
                end
            10: begin
                    data_buf <= data;
                    state <=0;
                    link_S_out <= `NO;
                end

```verilog
        0: begin
               link_S_out <= `YES;
               d_buf     <= data_buf[7];
               state     <= 1;
           end
        1: begin
               d_buf <= data_buf[6];
               state <= 2;
           end
        2: begin
               d_buf <= data_buf[5];
               state <= 3;
           end
        3: begin
               d_buf <= data_buf[4];
               state <= 4;
           end
        4: begin
               d_buf <= data_buf[3];
               state <= 5;
           end
        5: begin
               d_buf <= data_buf[2];
               state <= 6;
           end
        6: begin
               d_buf <= data_buf[1];
               state <= 7;
           end
        7: begin
               d_buf <= data_buf[0];
               state <= 8;
           end
        8: begin
               link_S_out <= `NO;
               state      <= 4'b1111;    //do nothing state
               finish_flag <= 1;
           end
        default: begin
               link_S_out <= `NO;
               state      <= 4'b1111;    //do nothing state
           end
        endcase

endmodule
```

```verilog
//————————————文件名 S_P.v ————————————————
/************************************************************************
***       模块功能:把在位流有效信号控制下的字节位流读入模块,在时钟节拍控制    ***
***              下转换为并行的字节数据,输出到并行数据口                    ***
************************************************************************/
`timescale 1ns/1ns
`define YES  1
`define NO   0
module S_P(data, Dbit_in, Dbit_ena, clk);
    output [7:0] data;          //并行数据输出口
    input   Dbit_in, clk;       //字节位流输入口
    input   Dbit_ena;           //字节位流使能输入口

    reg [7:0] data_buf;
    reg [3:0] state;            //状态变量寄存器
    reg  p_out_link;            //并行输出控制寄存器

    assign  data = (p_out_link==`YES) ? data_buf : 8'bz;

    always@(negedge clk)
      if(Dbit_ena )
            case(state)
            0: begin
                    p_out_link   <=`NO;
                    data_buf[7]  <= Dbit_in;
                        state    <=1;
                end
            1: begin
                    data_buf[6]  <= Dbit_in;
                        state    <=2;
                end
            2: begin
                    data_buf[5]  <= Dbit_in;
                        state    <=3;
                end
            3: begin
                    data_buf[4]  <= Dbit_in;
                        state    <=4;
                end
            4: begin
                    data_buf[3]  <= Dbit_in;
                        state    <=5;
                end
            5: begin
                    data_buf[2]  <= Dbit_in;
```

```verilog
                                    state <= 6;
                            end
                    6: begin
                            data_buf[1] <= Dbit_in;
                                    state <= 7;
                            end
                    7: begin
                            data_buf[0] <= Dbit_in;
                                    state <= 8;
                            end
                    8: begin
                            p_out_link <= `YES;
                                    state <= 4'b1111;
                            end
            default: state <= 0;
            endcase
        else begin
                p_out_link <= `YES;
                state <= 0;
            end

endmodule
//-------------------- 文件名 sys.v --------------------------------------
/*********************************************************************
***     模块的功能:把两个独立的逻辑模块(P_S和S_P)合并到一个可综合的模块中, ***
***             共用一条并行总线,配合有关信号,分时进行输入/输出         ***
***     模块的目的:学习如何把两个单向输入/输出的实例模块,连接在一起,共享一条 ***
***             总线                                                 ***
***             本模块是完全可综合模块,已经通过综合和布线后仿真         ***
*********************************************************************/
`include "./P_S.v"
`include "./S_P.v"
module sys(databus,use_p_in_bus,Dbit_out,Dbit_ena,nGet_AD_data,clk);
    input nGet_AD_data;         //取并行数据的控制信号
    input use_p_in_bus;         // 并行总线用于输入数据的控制信号
    input clk;                  //主时钟
    inout [7:0] databus;        //双向并行数据总线
    output Dbit_out;            //字节位流输出
    output Dbit_ena;            //字节位流输出使能

    wire clk;
    wire nGet_AD_data;
    wire Dbit_out;
    wire Dbit_ena;
    wire [7:0] data;
```

```verilog
    assign databus = (! use_p_in_bus)? data : 8'bzzzz_zzzz;

    P_S  m0(.Dbit_out(Dbit_out), .link_S_out(Dbit_ena), .data(databus),
            .nGet_AD_data(nGet_AD_data), .clk(clk));
    S_P  m1(.data(data), .Dbit_in(Dbit_out), .Dbit_ena(Dbit_ena), .clk(clk));

endmodule
//-------------------- 文件名 Top.v --------------------
/******************************************************************
 ***    模块的功能:对合并在一起的可综合的 sys 模块进行测试验证。其测试信号尽可  ***
 ***              能地与实际情况一致,用随机数系统任务对数据的到来和时钟沿的    ***
 ***              抖动都进行了模拟仿真。本模块无任何工程价值,只有学习价值。    ***
 ******************************************************************/
`timescale 1ns/1ns
`include "./sys.v"                    //改用不同级别的 Verilog 网表文件可进行不同层次的仿真
module Top;
    reg clk;
    reg[7:0] data_buf;
    reg nGet_AD_data;
    reg D_Pin_ena;                    //并行数据输入 sys 模块的使能信号寄存器
    wire [7:0] data;
    wire clk2;
    wire Dbit_ena;

    assign  data = (D_Pin_ena)? data_buf : 8'bz;

initial
  begin
    clk = 0;
    nGet_AD_data =1;                  //置取数据控制信号初始值为高电平
    data_buf = 8'b1001_1001;          //假设数据缓存器的初始值,可用于模拟并行数据的变化
    D_Pin_ena = 0;
  end

initial
  begin
    repeat(100)
    begin
      #(100*14+{$random}%23) nGet_AD_data = 0;    //取并行数据开始
      #(112+{$random}%12)  nGet_AD_data = 1;      //保持一定时间低电平后恢复高电平
      #({$random}%50) D_Pin_ena = 1;              //并行数据输入 sys 模块的使能信号有效
      #(100*3 + {$random}%5) D_Pin_ena = 0;       //保持三个时钟周期后让出总线
      # 333  data_buf = data_buf+1;               //假设数据变化,可为下次取得不同的数据
      #(100*11 + {$random}%1000);
    end
```

```
            end
    always   #(50+$random%2)   clk = ~clk;   //主时钟的产生

    sys ms(.databus(data),
           .use_p_in_bus(D_Pin_ena),
           .Dbit_out(Dbit_out),
           .Dbit_ena(Dbit_ena),
           .nGet_AD_data(nGet_AD_data),
           .clk(clk));
    endmodule
```

布线后仿真波形如实验图 10 所示。

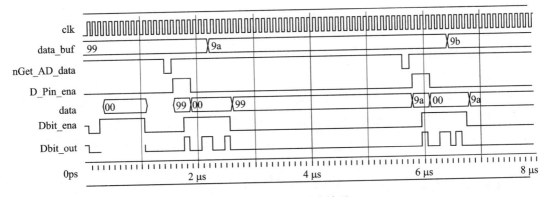

实验图 10　布线后仿真波形

【练习题 10】　模仿示范题,编写一个通过申请 CPU 中断后取得数据进行处理,并把处理的结果通过同一条数据总线返回 CPU 的模块。要求具体时序参数与 CPU 中断的响应时间和读写时序完全一致。并考虑尽量减少资源消耗,并提高处理速度。

练习十一　简单卷积器的设计

目　的：
(1) 学习和掌握高速计算逻辑状态机的基本控制方法；
(2) 了解计算逻辑与存储器和 AD 模块的接口设计技术基础；
(3) 进一部掌握数据总线在模块设计中的应用和控制；
(4) 熟悉用工程概念来编写较完整的测试模块,做到接近真实的完整测试。

下面我们将共同来完成有一个实际接口器件背景的小型设计——"简单卷积器的设计",这个设计是根据真实工程设计简化而来的,专门用于教学的目的。希望通过这个设计,使读者建立起专用数字计算系统设计的基本概念。设计分成许多步骤进行,具体过程排列如下。

1. 明确设计任务

在设计之前必须明确设计的具体内容。卷积器是数字信号处理系统中常用的部件,它首先对模拟输入信号实时采样,得到数字信号序列。然后对数字信号进行卷积运算,再将卷积结果存入 RAM 中。对模拟信号的采样由 A/D 转换器来完成,而卷积过程由卷积器来实现。为了设计卷积器,首先要设计 RAM 和 A/D 转换器的 Verilog HDL 模型。在电子工业发达的国家,可以通过商业渠道得到非常准确的外围器件的虚拟模型。如果没有外围器件的虚拟模型,就需要仔细地阅读和分析 RAM 和 A/D 转换器的器件说明书自行编写。因为 RAM 和 A/D 转换器不是设计的硬件对象,所以需要的只是它们的行为模型,精确的行为模型需要认真细致地编写,并不比可综合模块容易编写。它们与实际器件的吻合程度直接影响设计的成功。在这里可把重点放在卷积器的设计上,直接给出 RAM 和 A/D 转换器的 Verilog HDL 模型和它们的器件参数(见附录),读者可以对照器件手册,认真阅读 RAM 和 A/D 转换器的 Verilog HDL 模型。对 RAM 和 A/D 转换器的 Verilog HDL 模型的详细了解对卷积器的设计是十分必要的。

到目前为止,对设计模块要完成的功能比较明确了。总结如下:首先它要控制 A/D 变换器进行 AD 变换,从 A/D 变换器得到变换后的数字序列,然后对数字序列进行卷积,最后将结果存入 RAM。

2. 卷积器的设计

通过前面的练习已经知道,用高层次的设计方法来设计复杂的时序逻辑,重点是把时序逻辑抽象为有限状态机,并用可综合风格的 Verilog HDL 把状态机描述出来。下面通过注释来介绍整个程序的设计过程。选择 8 位输入总线,输出到 RAM 的数据总线也选择 8 位,卷积值为 16 位,分高、低字节分别写到两个 RAM 中,地址总线为 11 位。为了理解卷积器设计中的状态机,必须对 A/D 转换器和 RAM 的行为模块有深入的理解。

```verilog
`timescale 100 ps/100 ps
module  con1(address,indata,outdata,wr,nconvst,nbusy,enout1,enout2,CLK,reset,start);

    input   clk            //采用 10 MHz 的时钟
            reset,         //复位信号
            start,         //因为 RAM 的空间是有限的,当 RAM 存满后采样和卷积都会停止
                           //此时给一个 start 的高电平脉冲将会开始下一次的卷积
            nbusy;         //从 A/D 转换器来的信号表示转换器的忙或闲
    output  wr,            //RAM 写控制信号
            enout1,enout2, //enout1 是存储卷积低字节结果 RAM 的片选信号
                           //enout2 是存储卷积高字节结果 RAM 的片选信号
            nconvst,       //给出 A/D 转换器的控制信号,命令转换器开始工作,低电平有效
            address;       //地址输出

    input [7:0]  indata;   //从 A/D 转换器来的数据总线
    output[7:0]  outdata;  //写到 RAM 去的数据总线

    wire    nbusy;
    reg     wr;
    reg     nconvst,
            enout1,
```

练习十一 简单卷积器的设计

```verilog
                enout2;
    reg[7:0]    outdata;

    reg[10:0]   address;
    reg[8:0]    state;
    reg[15:0]   result;
    reg[23:0]   line;
    reg[11:0]   counter;
    reg         high;
    reg[4:0]    j;
    reg         EOC;
    parameter   h1=1, h2=2, h3=3;          //假设的系统系数
    parameter   IDLE=9'b000000001,   START=9'b000000010,   NCONVST=9'b000000100,
                READ=9'b000001000,   CALCU=9'b000010000,   WRREADY=9'b000100000,
                WR=9'b001000000,     WREND=9'b010000000,   WAITFOR=9'b100000000;

    parameter   FMAX=20;    //因为 A/D 转换的时间是随机的,为保证按一定的频率采样,A/D
                            //转换控制信号应以一定频率给出。这里的采样频率可通过 FMAX 控制,
                            //并设为 500 kHz

    always @(posedge CLK)
        if(!reset)
            begin
                state <= IDLE;
                nconvst <= 1'b1;
                enout1 <= 1;
                enout2 <= 1;
                counter <= 12'b0;
                high <= 0;
                wr <= 1;
                line <= 24'b0;
                address <= 11'b0;
            end
        else
            case(state)
                IDLE: if(start==1)
                    begin
                        counter <= 0;           //counter 是一个计数器,记录已
                                                //用的 RAM 空间
                        line <= 24'b0;
                        state <= START;
                    end
```

```verilog
                    else
                        state <= IDLE;
//START 状态控制 A/D 开始转换
    START: if(EOC)
                begin
                    nconvst <= 0;
                    high <= 0;
                    state <= NCONVST;
                end
            else
                state <= START;
//NCONVST 状态是 A/D 转换保持阶段
    NCONVST: begin
                nconvst <= 1;
                state <= READ;
            end

        //READ 状态读取 A/D 转换结果,计算卷积结果
    READ: begin
            if(EOC)
                begin
                    line <= {line[15:0],indata};
                    state <= CALCU;
                end
            else
                state <= READ;
        end

    CALCU: begin
            result <= line[7:0] * h1 + line[15:8] * h2 + line[23:16] * h3;
            state <= WRREADY;
        end
//将卷积结果写入 RAM 时,先写入低字节,再写入高字节
//WRREADY 状态是写 RAM 准备状态,建立地址和数据信号
    WRREADY: begin
                address <= counter;
                if(! high)    outdata <= result[7:0];
                else          outdata <= result[15:8];
                state <= WR;
            end
//WR 状态产生片选和写脉冲
    WR: begin
            if(! high)   enout1 <= 0;
```

```
                    else        enout2<=0;
                    wr<=0;
                    state<=WREND;
                end
//WREND 状态结束一次写操作,若还未写入高字节则转到 WRREADY 状
// 态开始高字节写入
            WREND:begin
                        wr<=1;
                        enout1<=1;
                        enout2<=1;
                        if(! high)
                           begin
                                high<=1;
                                state<=WRREADY;
                           end
                        else    state<=WAITFOR;
                end
//WAITFOR 状态控制采样频率并判断 RAM 是否已被写满
            WAITFOR:begin
                            if(j==FMAX-1)
                               begin
                                    counter<=counter+1;
                                    if(! counter[11])    state<=START;
                                    else
                                       begin
                                            state<=IDLE;
                                            $display($time,"The ram is used up.");
                                            $stop;
                                       end
                               end
                            else        state<=WAITFOR;
                end
            default:state<=IDLE;
        endcase
// assign rd=1;       //RAM 的读信号始终保持高电平
//记录时钟,与 FMAX 共同控制采样频率,由于直接用 CLK 的上升沿对 nbusy 判断,以决
//定某些操作是否运行时,会因为两个信号的跳变沿相隔太近而令状态机不能正常工作,
//因此利用 CLK 的下降沿建立 EOC 信号与 nbusy 同步,相位相差 180°,然后用 CLK 的上升
//沿判断操作是否进行
always @(negedge CLK )
    begin
        EOC <= nbusy;
```

```
                if(! reset||state==START)
                        j<=1;
                else
                        j<=j+1;
        end

endmodule
```

3. 前仿真及后仿真

程序写完后首先用仿真器(如 ModelSim SE/EE PLUS 5.4)做前仿真,然后为检查编写的程序,需要编写测试程序,测试程序应尽可能检测出各种极限情况。这里给出一个测试程序供参考。

```
//-------------------------- testcon1.v -------------------
`timescale 100 ps/100 ps
module  testcon1;
    wire   wr,
           enin,
           enout1,
           enout2;
    wire[10:0] address;
    reg    rd,
           CLK,
           reset,
           start;
    wire   nbusy;
    wire nconvst;
    wire[7:0] indata;
    wire[7:0] outdata;
    integer i;

    parameter HALF_PERIOD=1000;

    //产生 10 kHz 的时钟
    initial
      begin
            rd=1;
            i=0;
            CLK=1;
            forever #HALF_PERIOD CLK=~CLK;
      end
    //产生置位信号
    initial
      begin
            reset=1;
```

```
            #(HALF_PERIOD*2+50) reset=0;
            #(HALF_PERIOD*3) reset=1;
        end
//产生开始卷积控制信号
initial
    begin
        start=0;
        #(HALF_PERIOD*7+20) start=1;
        #(HALF_PERIOD*2) start=0;
        #(HALF_PERIOD*1000) start=1;
        #(HALF_PERIOD*2)    start=0;
    end

assign enin =1;

con1 con(.address(address),.indata(indata),.outdata(outdata),.wr(wr),
         .nconvst(nconvst),.nbusy(nbusy),.enout1(enout1),
         .enout2(enout2),.CLK(CLK),.reset(reset),.start(start));

sram ramlow(.Address(address),.Data(outdata),.SRW(wr),.SRG(rd),.SRE(enout1));
adc  adc(.nconvst(nconvst),.nbusy(nbusy),. data(indata));

endmodule
```

因测试程序已经包括了各模块,只须编译测试程序并运行它。通过仿真器中的菜单,如 ModelSim 仿真器中功能列表中 view 的下拉菜单选择 structure,signal 和 wave,可以根据需要看到各种信号的波形,由此来检测程序。

实验图 11 是一个参考波形图,由此可以看清整个程序的时序。

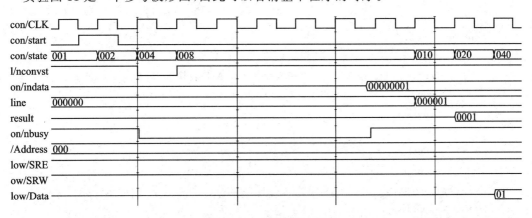

实验图 11 参考波形图

如果前仿真通过了,则可以做后仿真了。后仿真考虑了器件的延时,更具可靠性。首先用综合器(如:Synplify)进行综合。在综合时应注意选择器件库,如 Altera FLEX10K 系列

FPGA 或其他类型的 FPGA。综合完后生成了与原程序名相应的一个扩展名为 edf 的文件。然后用布线工具(如:MAX+PLUS II ver. 9.3)对刚才得到的扩展名为 edf 的文件进行编译。如果编译不出错就可得到扩展名为 vo 的两个文件;一个文件名与原文件名相同,另一个文件名为 alt_max2.vo。

用仿真器(如 ModelSim)来做后仿真的步骤与前仿真一样,对于 Altera 系列的 FPGA 只须将 con1.vo 和 alt_max2.vo 两个文件重新编译,取代原先用 con1.v 编译的模型就可以了,不同的 FPGA 具体方法有些不同,但原理都是一样的。这时将后仿真波形与前仿真波形比较就会发现后仿真把器件的延时考虑进去了。看波形,检查结果是否正确,若不正确则改动原程序,重新进行上述步骤。

4. 卷积器的改进

人们希望设计出快速高效的卷积器,而对上面设计的卷积器仿真波形的分析不难发现,有很多时间被浪费在等待 A/D 转换器上;同时因 A/D 转换、计算卷积和写入 RAM 是串行工作的,效率很低。为提高效率可以采用 3 片 A/D 转换器同时工作,并将采样过程和计算、写入 RAM 的控制改为并行工作。以下就是改进后的程序。原采样频率为 500 kHz,改进后采样频率为 2.22 MHz,为原采样频率的 4 倍多。

```verilog
//---------------------- con3ad.v ------------------------------------
`timescale 1ns/100 ps
module
con3ad(indata,outdata,address,CLK,reset,start,nconvst1,nconvst2,nconvst3,
             nbusy1,nbusy2,nbusy3,wr,enout1,enout2);
    input indata,
          CLK,
          reset,
          start,
          nbusy1,
          nbusy2,
          nbusy3;
    output outdata,
           address,
           nconvst1,      //采用 3 根控制线控制 3 片 A/D 转换器
           nconvst2,
           nconvst3,
           wr,
           enout1,
           enout2;
    wire[7:0] indata;
    wire      CLK,
              reset,
              start,
              nbusy1,
              nbusy2,
```

练习十一 简单卷积器的设计

```verilog
                    nbusy3;
reg[7:0]    outdata;
reg[10:0]   address;
reg         nconvst1,
            nconvst2,
            nconvst3,
            wr,
            enout1,
            enout2;
reg[6:0]    state;
reg[5:0]    i;
reg[1:0]    j;
reg[11:0]   counter;
reg[23:0]   line;
reg[15:0]   result;
reg high;
reg  k;
reg EOC1,EOC2,EOC3;

parameter h1=1,h2=2,h3=3;
parameter     IDLE    = 7'b0000001,      READ_PRE = 7'b0000010,
              READ    = 7'b0000100,      CALCU    = 7'b0001000,
              WRREADY = 7'b0010000,      WR       = 7'b0100000,
              WREND   = 7'b1000000;

always @(posedge CLK)
    begin
        if(! reset)
            begin
                state   <=IDLE;
                counter <=12'b0;
                wr      <=1;
                enout1  <=1;
                enout2  <=1;
                outdata <=8'bz;
                address <=11'bz;
                line    <=24'b0;
                result  <=16'b0;
                high    <=0;
            end       // end of "if"
        else
            begin
                case(state)
```

```verilog
IDLE: if(start)
        begin
            counter <= 0;
            state <= READ_PRE;
        end
    else    state <= IDLE;

READ_PRE: if(EOC1||EOC2||EOC3)   //由于频率相对改进前的卷积器
                                 //大大提高,所以加入 READ_PRE
                                 //状态对取数操作
                                 //加以缓冲
            state <= READ;
        else
            state <= READ_PRE;

READ: begin
        high <= 0;
        enout2 <= 1;
        wr <= 1;
        if(j==1)
            begin
                if(EOC1)
                    begin
                        line <= {line[15:0],indata};
                        state <= CALCU;
                    end
                else    state <= READ_PRE;
            end
        else if(j==2 && counter!=0)
            begin
                if(EOC2)
                    begin
                        line <= {line[15:0],indata};
                        state <= CALCU;
                    end
                else    state <= READ_PRE;
            end
        else if(j==3 && counter!=0)
            begin
                if(EOC3)
                    begin
                        line <= {line[15:0],indata};
                        state <= CALCU;
```

```verilog
                    end
                else    state <= READ_PRE;
            end
        else    state <= READ;
    end

CALCU: begin
        result <= line[7:0] * h1 + line[15:8] * h2 + line[23:16] * h;
        state <= WRREADY;
    end

WRREADY: begin
            wr <= 1;
            address <= counter;
            if(k==1) state <= WR;
            else    state <= WRREADY;
        end
WR: begin
        if(!high)   enout1 <= 0;
        else        enout2 <= 0;
        wr <= 0;
        if(!high)   outdata <= result[7:0];
        else        outdata <= result[15:8];
        if(k==1)    state <= WREND;
        else        state <= WR;
    end
WREND: begin
            wr <= 1;
            enout1 <= 1;
            enout2 <= 1;
            if(k==1)
              if(!high)
                begin
                    high <= 1;
                    state <= WRREADY;
                end
              else
                begin
                    counter <= counter+1;
                    if(counter[11] && counter[0])
                        state <= IDLE;
                    else    state <= READ_PRE;
                end
```

```verilog
                    else    state <= WREND;
                end
            default: state <= IDLE;
        endcase  //end of the case
    end    // end of "else"
end    // end of "always"

//计数器 i 用来记录时间
always @(posedge CLK)
    begin
        if(! reset)   i <= 0;
        else
            begin
                if(i==44) i <= 0;
                else      i <= i+1;
            end
    end

//j 是控制信号,协调卷积器轮流从 3 片 A/D 上读取数据
always @(posedge CLK)
    begin
        if(i==4) j <= 2;
        else if(i==10) j <= 0;
        else if(i==19) j <= 3;
        else if(i==25) j <= 0;
        else if(i==34) j <= 1;
        else if(i==40) j <= 0;
    end

//k 是计数器,用以控制写操作信号
always @(posedge CLK)
    begin
        if(state==WRREADY||state==WR||state==WREND)
            if(k==1)   k <= 0;
            else       k <= 1;
        else   k <= 0;
    end

//根据计数器 i 控制 3 片 A/D 转换信号 NCONVST1,NCONVST2,NCONVST3
always @(posedge CLK)
    begin
        if(! reset) nconvst1 <= 1;
        else if(i==0) nconvst1 <= 0;
            else if(i==3) nconvst1 <= 1;
```

```verilog
        end

    always @(posedge CLK)
        begin
            if(! reset) nconvst2 <= 1;
            else if(i==15) nconvst2 <= 0;
            else if(i==18) nconvst2 <= 1;
        end

    always @(posedge CLK)
        begin
            if(! reset) nconvst3 <= 1;
            else if(i==30)  nconvst3 <= 0;
            else if(i==33)  nconvst3 <= 1;
        end

    always @(negedge CLK)
        begin
            EOC1 <= nbusy1;
            EOC2 <= nbusy2;
            EOC3 <= nbusy3;
        end

endmodule
```

测试程序如下:

```verilog
`timescale 1 ns/100 ps

module testcon3ad;
    wire   wr,
           enin,
           enout1,
           enout2;
    wire[10:0] address;
    reg    clk,
           reset,
           start;
           rd;
    wire   nbusy1,
           nbusy2,
           nbusy3;

    wire nconvst1,
         nconvst2,
         nconvst3;
```

```verilog
        wire[7:0] indata;
    wire[7:0] outdata;

    parameter HALF_PERIOD=15;//时钟周期为 30 ns

        initial
          begin
                clk=1;
                forever #HALF_PERIOD clk=~clk;
          end

        initial
          begin
                reset=1;
                #110 reset=0;
                #140 reset=1;
          end
        initial
          begin
                start=0;
                rd=1;
                #420 start=1;
                #120 start=0;
                #107600 start=1;
                #150    start=0;
          end

        assign enin=1;

        con3ad con3ad(.indata(indata),.outdata(outdata),.address(address),
                    .CLK(clk),.reset(reset),.start(start),
                    .nconvst1(nconvst1),.nconvst2(nconvst2),.nconvst3(nconvst3),
                    .nbusy1(nbusy1),.nbusy2(nbusy2),.nbusy3(nbusy3),
                    .wr(wr),.enout1(enout1),.enout2(enout2));

        sram ramlow(.Address(address),.Data(outdata),.SRW(wr),.SRG(rd),.SRE(enout1));

        adc  ad_1(.nconvst(nconvst1),.nbusy(nbusy1),..data(indata));
        adc  ad_2(.nconvst(nconvst2),.nbusy(nbusy2),..data(indata));
        adc  ad_3(.nconvst(nconvst3),.nbusy(nbusy3),..data(indata));
    endmodule
```

  与前面一样,给出部分仿真波形供大家参考,如实验图 12 所示。
  经过前仿真确定的设计在逻辑上成立后,同样可以对这个改进后的卷积器使用合适的器件库进行后仿真,步骤与前面讲述的完全一样,在这里就不再赘述了。

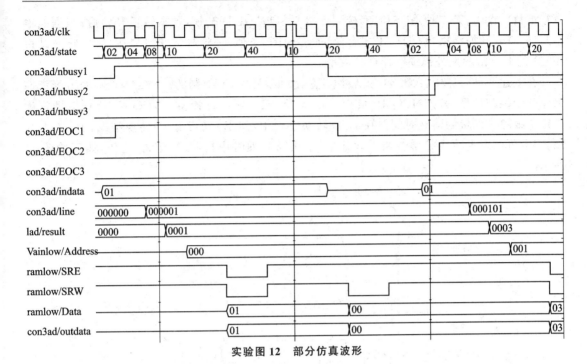

实验图 12 部分仿真波形

附录一　A/D 转换器的 Verilog HDL 模型机所需要的技术参数

这里所采用 A/D 转换器 AD7886,其功能图如实验图 13 所示。

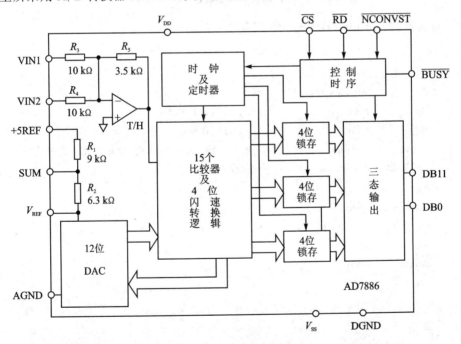

实验图 13 AD7886 的功能图

AD7886 的时序控制有两种方法:第一种是 $\overline{CS}$ 和 $\overline{RD}$ 输入信号控制 AD7886 的三态输出(如图中所示),但 A/D 转换中三态输出封锁,这种方法适合微处理器在 AD7886 转换结束后直接把数据读出；第二种是$\overline{CS}$和$\overline{RD}$接到低电平，启动 A/D 转换，数据转换开始后，数据线输出封锁，直到转换结束，数据输出才有效，如实验图 14 所示，这种方法可以用 A/D 转换结束$\overline{BUSY}$的上升沿触发外部锁存器锁存数据。

在上述两种时序中，AD7886 的转换都是由 NCONVST 控制的。$\overline{NCONVST}$的下降沿使采保开始跟踪信号，直到 NCONVST 上升沿来了，ADC才进行转换。$\overline{NCONVST}$低脉冲宽度决定了跟踪—保持的建立时间。在 A/D 转换过程中，$\overline{BUSY}$输出低位；转换结束，$\overline{BUSY}$变为高，表示可以取走转换结果。在本设计中，采用第二种时序控制 AD7886 工作，如实验图 14 所示。

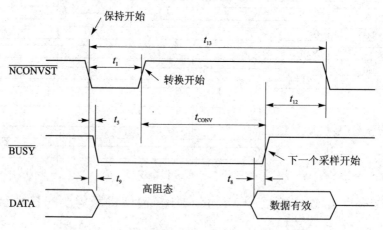

实验图 14　A/D 转换启动和数据读出时序($\overline{CS}=\overline{RD}=0$)

A/D 转换器的 Verilog HDL 行为模型如下：

```
//------------------ adc.v ------------------
`timescale 100 ps/100 ps
module      adc (nconvst, nbusy, data);
    input       nconvst;            // A/D 启动脉冲 ST
    output      nbusy;              // A/D 工作标志
    output      data;               //数据总线，从 AD.DATA 文件中读取数据后经端口输出
    reg[7:0]    databuf, i;         //内部寄存器
    reg         nbusy;
    wire[7:0]   data;
    reg[7:0]    data_mem[0:255];
    reg         link_bus;
    integer     tconv,
                t5,
                t8,
                t9,
                t12;
    integer     wideth1,
                wideth2,
                wideth;
```

//时间参数定义(依据 AD7886 手册)：
```
always @(negedge nconvst)
    begin
        tconv = 9500+{$random}%500;  //(type 950, max 1000ns)Conversion Time
        t5 = {$random}%1000;    //(max 100 ns)    CONVST to BUSY Propagation Dlay
                                // CL = 10 pf
        t8 = 200;       //(min 20 ns)   CL=20pF   Data Setup Time Prior to BUSY
                        //(min 10 ns)   CL=100pF
        t9 = 100+{$random}%900;
                        //(min 10ns, max 100ns) Bus Relinquish Time After CONVST

        t12 = 2500;     //(type) BUSY High to CONVST Low, SHA Acquisition Time
    end

initial
    begin
      $readmemh("adc.data",data_mem);   //从数据文件 adc.data 中读取数据
      i = 0;
      nbusy = 1;
        link_bus = 0;
    end

assign data = link_bus? databuf:8'bzz; //三态总线
```
/* --
在信号 NCONYST 的负跳降沿到来后,隔 t_5 秒后,使 NBUSY 信号置为低,t_{conv} 是 AD 将模拟信号转换为数字信号的时间,在信号 NCONVST 的正跳降沿到来后经过 t_{conv} 时间后,输出 NBUSY 信号由低变为高。
-- */
```
always @(negedge nconvst)
    fork
        #t5   nbusy = 0;
        @(posedge nconvst)
            begin
                #tconv   nbusy=1;
            end
    join
```
/* --
NCONVST 信号的下降沿触发,经过 t_9 延时后,把数据总线输出关闭并置为高阻态,如图中所示。NCONVST 信号的上升沿到来后,经过($t_{conv} - t_8$)时间后,输出一个字节(8 位数据)到数据缓冲器 databuf,该数据来自于 data_mem。而 data_mem 中的数据是初始化时从数据文件 AD.DATA 中读取的,此时应启动总线的三态输出。

```
                                                                              */
    always @(negedge nconvst)
        begin
            @(posedge nconvst)
                begin
                    #(tconv-t8)   databuf=data_mem[i];
                end

            if(wideth<10000  && wideth>500)
                begin
                    if(i==255) i=0;
                    else i=i+1;
                end
            else   i = i;

        end

//在模数转换期间关闭三态输出,转换结束时启动三态输出
always @(negedge nconvst)
    fork
        #t9 link_bus = 1'b0;         //关闭三态输出,不允许总线输出
        @(posedge nconvst)
            begin
                #(tconv-t8)    link_bus=1'b1;
            end
    join

/*--------------------------------------------------------------------------
当 NCONVST 输入信号的下一个转换的下降沿与 NBUSY 信号上升沿之间时间延迟小于
$t_{12}$时,出现警告信息,通知设计者请求转换的输入信号频率太快,A/D 器件转换速度跟不上。
仿真模型不仅能够实现硬件电路的输出功能,同时能够对输入信号进行检测,当输入信号不
符合手册要求时,显示警告信息。
-------------------------------------------------------------------------- */

//检查 A/D 启动信号的频率是否太快
    always @(posedge nbusy)
        begin
            #t12;
            if (! nconvst)
                begin
                    $display("Warning!    SHA Acquisition Time is too short!");
                end
            //else   $display(" SHA Acquisition Time is enough! ");
```

```
            end

// 检查 A/D 启动信号的负脉冲宽度是否足够和太宽
    always @(negedge nconvst)
        begin
            wideth = $time;
            @(posedge nconvst)    wideth = $time-wideth;
            if (wideth<=500 || wideth > 10 000)
                begin
                    $display("nCONVST Pulse Width = %d",wideth);
                    $display("Warning! nCONVST Pulse Width is too narrow or too wide!");
                    // $stop;
                end
        end

endmodule
```

附录二   2K*8位 异步 CMOS 静态 RAM HM-65162 模型

```
/**************************************************************************
*    File Name               : sram.v                                     *
*    Function                : 2K*8bit Asynchronous CMOS Static   RAM    *
**************************************************************************/
/**************************************************************************
*    Module Name             : sram                                       *
*    Description             : 2K*8bit Asynchronous CMOS Static   RAM    *
*    Reference               : HM-65162    reference book                 *
**************************************************************************/
/**************************************************************************
*  sram is a Verilog HDL model for HM-65162,2K*8bit Asynchronous CMOS Static *
*  RAM. It is used in simulation to substitute the real RAM to verify whether *
*  the writing or reading of the RAM is OK. This module is a behavioral model *
*  for simulation only, not synthesizable. It's writing and reading function *
*  are verified.                                                          *
**************************************************************************/
//------------------------------ sram.v ------------------------------
module sram(Address, Data, SRG,    SRE, SRW);
    input [10:0]    Address;

    input           SRG,        // Output enable
                    SRE,        // Chip enable
                    SRW;        // Write enable
```

```verilog
    inout  [7:0]   Data;           // Bus

    wire   [10:0]  Addr = Address;
    reg    [7:0]   RdData;
    reg    [7:0]   SramMem [0:'h7ff];
    reg            RdSramDly, RdFlip;
    wire   [7:0]   FlpData, Data;
    reg            WR_flag;  //To judge the signals according to the specification of HM-65162
    integer        i;

    wire           RdSram = ~SRG & ~SRE;
    wire           WrSram = ~SRW & ~SRE;
    reg    [10:0]  DelayAddr;
    reg    [7:0]   DelayData;
    reg            WrSramDly;

    integer file;

    assign FlpData = (RdFlip) ? ~RdData : RdData;
    assign Data    = (RdSramDly) ? FlpData : 'hz;
/*************************parameters of read circle ****************************/
              //参数序号、最大或最小、参数含义
parameter TAVQV=90,   //2     (max)      Address access time
          TELQV=90,   //3     (max)      Chip enable access time
          TELQX=5,    //4     (min)      Chip enable output enable time
          TGLQV=65,   //5     (max)      Output enable access time
          TGLQX=5,    //6     (min)      Output inable output enable time
          TEHQZ=50,   //7     (max)      Chip enable output disable time
          TGHQZ=40,   //8     (max)      Output enable output disable time
          TAVQX=5;    //9     (min)      Output hold from address change

/*************************parameters of write circle ****************************/
parameter TAVWL=10,   //12    (min)      Address setup     time,
          TWLWH=55,   //13    (min)      Chip enable pulse setup time,
                                         //write enable pluse width,
          TWHAX=15,   //14    (min10)    Write enable read setup time,
                                         //读上升沿后地址保留时间
          TWLQZ=50,   //16    (max)      Write enable output disable time
          TDVWH=30,   //17    (min)      Data setup time
          TWHDX=20,   //18    (min15)    Data hold time
          TWHQX=20,   //19    (min0)     Write enable output enable time,0
          TWLEH=55,   //20    (min)      Write enable pulse setup time
          TDVEH=30,   //21    (min)      Chip enable data setup time
```

```verilog
            TAVWH=70;     //22   (min65)   Address valid to end of write

initial
   begin
        file = $fopen("ramlow.txt");
        if(! file)
     begin
            $display("Could not open the file.");
            $stop;
      end
   end

initial
   begin
      for(i=0 ; i<'h7ff ; i=i+1)
         SramMem[i] = i;
//     $monitor($time,,"DelayAddr=%h,DelayData=%h",DelayAddr,DelayData);
   end

initial      RdSramDly = 0;
initial      WR_flag=1;

/*********************************READ   CIRCLE***********************/
always @(posedge RdSram)      #TGLQX   RdSramDly = RdSram;
always @(posedge SRW)         #TWHQX   RdSramDly = RdSram;
always @(Addr)
      begin
      #TAVQX;
      RdFlip = 1;
      #(TGLQV - TAVQX);              //address access time
      if (RdSram)    RdFlip = 0;
      end

always @(posedge RdSram)
      begin
      RdFlip = 1;
      #TAVQV;     // Output enable access time
      if (RdSram) RdFlip = 0;
      end

always @(Addr)         #TAVQX   RdFlip = 1;

always @(posedge SRG)   #TEHQZ    RdSramDly = RdSram;
```

```verilog
        always @(posedge SRE)      #TGHQZ    RdSramDly = RdSram;
        always @(negedge SRW)      #TWLQZ    RdSramDly = 0;

        always @(negedge WrSramDly or posedge RdSramDly)   RdData = SramMem[Addr];

/****************************** WRITE CIRCLE ************************/
        always @(Addr)        #TAVWL DelayAddr = Addr;     //Address setup
        always @(Data)        #TDVWH DelayData = Data;     //Data setup
        always @(WrSram)      #5 WrSramDly = WrSram;
        always @(Addr or Data or WrSram)   WR_flag=1;

        always @(negedge SRW )
             begin
                #TWLWH;         //Write enable pulse width
                if (SRW)
                  begin
                     WR_flag=0;
                     $display("ERROR! Can't write!
                              Write enable time (W) is too short!");
                  end
             end

        always @(negedge SRW )
             begin
                #TWLEH;         //Write enable pulse setup time
                if (SRE)
                  begin
                     WR_flag=0;
                     $display("ERROR! Can't write! Write enable
                              pulse setup time (E) is too short!");
                  end
             end

        always @(posedge SRW )
             begin
                #TWHAX;         //Write enable read setup time
                if(DelayAddr !== Addr)
                   begin
                     WR_flag=0;
                     $display("ERROR! Can't write!
                              Write enable read setup time is too short!");
                   end
             end
```

```
always @(Data)
  if (WrSram)
    begin
        #TDVEH;            //Chip enable data setup time
        if (SRE)
          begin
              WR_flag=0;
              $display("ERROR! Can't write!
                      Chip enable Data setup time is too short!");
          end
    end

always @(Data)
  if (WrSram)
    begin
        #TDVEH;
        if (SRW)
          begin
              WR_flag=0;
              $display("ERROR! Can't write!
                      Chip enable Data setup time is too short!");
          end
    end

always @(posedge SRW )
  begin
        #TWHDX;            //Data hold time
        if(DelayData ! == Data)
          $display("Warning!   Data hold time is too short!");
  end

always @(DelayAddr or DelayData or WrSramDly)
  if (WrSram && WR_flag)
    begin
        if(! Addr[5])
          begin
              #15 SramMem[Addr]=Data;
              // $display("mem[%h]=%h",Addr,Data);
              $fwrite(file,"mem[%h]=%h",Addr,Data);
              if(Addr[0]&&Addr[1])   $fwrite(file,"\n");
          end
        else
```

```
            begin
                $fclose(file);
                $display("Please check the txt.");
                $stop;
            end
        end

endmodule
```

【练习题 11】 参考另外一种 AD 变换器手册,模仿本示范题的 AD 虚拟模块,编写该 AD 变换器全功能的虚拟模块;参考另一种静态 RAM 手册,编写完整的静态 RAM 虚拟模块;根据这两种新器件的时序设计符合工程要求的卷积器。

练习十二 利用 SRAM 设计一个 FIFO

目 的:
(1) 学习和掌握存取队列管理的状态机设计的基本方法;
(2) 了解并掌握用存储器构成 FIFO 的接口设计的基本技术;
(3) 用工程概念来编写完整的测试模块,达到完整测试覆盖。

在本练习中,要求大家利用练习十一中提供的 SRAM 模型,设计 SRAM 读写控制逻辑,使 SRAM 的行为对用户表现为一个 FIFO(先进先出存储器)。

1. 设计要求

本练习要求同学设计的 FIFO 为同步 FIFO,即对 FIFO 的读/写使用同一个时钟。该 FIFO 应当提供用户读使能(fiford)和写使能(fifowr)输入控制信号,并输出指示 FIFO 状态的非空(nempty)和非满(nfull)信号,FIFO 的输入、输出数据使用各自的数据总线:in_data 和 out_data。实验图 15 为 FIFO 接口示意图。

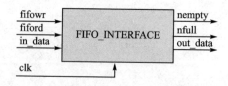

实验图 15 FIFO 接口示意

2. FIFO 接口的设计思路

FIFO 的数据读写操作与 SRAM 的数据读写操作基本上相同,只是 FIFO 没有地址。所以用 SRAM 实现 FIFO 的关键点是如何产生正确的 SRAM 地址。

我们可以借用软件中的方法,将 FIFO 抽象为环形数组,并用两个指针,即读指针(fifo_rp)和写指针(fifo_wp)控制对该环形数组的读写。其中,读指针 fifo_rp 指向下一次读操作所要读取的单元,并且每完成一次读操作,fifo_rp 加一;写指针 fifo_wp 则指向下一次写操作时存放数据的单元,并且每完成一次写操作,fifo_wp 加一。由 fifo_rp 和 fifo_wp 的定义可知,当 FIFO 被读空或写满后,fifo_rp 和 fifo_wp 将指向同一单元,但在读空和写满之前 FIFO 的状态是不同的,所以如果能区分这两种状态,再通过比较 fifo_rp 和 fifo_wp 就可以得到 nempty

和 nfull 信号了。实验图 16 为 FIFO 工作状态的示意。

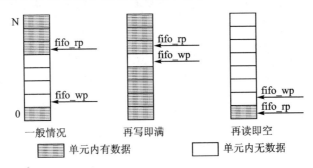

实验图 16　FIFO 的工作状态

在得到 nfull 和 nempty 信号后,就需要考虑如何应用这两个信号来控制 FIFO 的读写,使 FIFO 在被写满后不能再写入,从而防止覆盖原有数据,并且在被读空后也不能再进行读操作,防止读取无效数据。

此外,在进行 SRAM 的读写操作时,应该注意建立地址、数据和控制信号的先后顺序。一般情况下,实验图 17 为 SRA 读写时序波形图。

在写 SRAM 时,先建立地址和数据,然后置写使能信号 WR,使其有效。在 WR 保持一定时间的有效后,先复位 WR,再释放地址总线和数据总线。而读取 SRAM 时,则先建立地址,然后置读使能信号 RD 有效,在 RD 维持一定时间有效后,复位 RD;同时读取数据总线上的值,然后再释放地址总线。在进行 FIFO 操作时,用户一般希望除了没有地址外,其他三个信号的时序关系能保持不变。在设计 FIFO 控制信号与 SRAM 控制信号间的逻辑关系时应注意这一点。

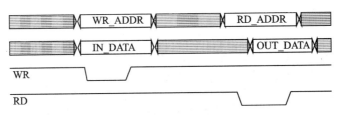

实验图 17　SRAM 读写波形时序

3. FIFO 接口的测试

在完成一个设计后,需要进行测试以确认设计的正确性和完整性。而要进行测试,就需要编写测试激励和结果检查程序,即测试平台(testbench)。在某些情况下,如果设计的接口能够预先确定,测试平台的编写也可以在设计完成之前就进行,这样做的好处是在设计测试平台的同时也在更进一步深入了解设计要求,有助于理清设计思路,及时发现设计方案的错误。

编写测试激励时,除了注意对实际可能存在的各种情况的覆盖外,还要有意针对非正常情况下的操作进行测试。在本练习中,就应当进行在 FIFO 读空后继续读取,FIFO 写满后继续写入和 FIFO 复位后马上读取等操作的测试。

测试激励中通常会有一些复杂操作需要反复进行,如本练习中对 FIFO 的读写操作。这时可以将这些复杂操作纳入到几个 task 中,即减小了激励编写的工作量,也使得程序的可读性更好。

下面的测试程序给读者作为参考,希望先用这段程序测试所设计的 FIFO 接口,然后编写更全面的测试程序。

```verilog
//--------------------------- 文件名:t.v ---------------------------
`define FIFO_SIZE 8
`include "sram.v"           //所有的仿真工具不需要加这句,只要 sram.v 模块编译就可以了
`timescale 1ns/1ns

module t;

    reg [7:0]       in_data;            //FIFO 数据总线
    reg             fiford, fifowr;     //FIFO 控制信号

    wire [7:0]      out_data;
    wire            nfull, nempty;      //FIFO 状态信号

    reg             clk, rst;

    wire [7:0]      sram_data;          //SRAM 数据总线
    wire [10:0]     address;            //SRAM 地址总线
    wire            rd, wr;             //SRAM 读写控制信号

    reg [7:0]       data_buf[`FIFO_SIZE:0];  //数据缓存,用于结果检查
    integer         index;              //用于读写 data_buf 的指针

//系统时钟
initial   clk=0;
always    #25 clk=~clk;

//测试激励序列
initial
    begin
        fiford=1;
        fifowr=1;
        rst=1;
        #40 rst=0;
        #42 rst=1;

        if(nempty) $display($time,"Error: FIFO be empty, nempty should be low.\n");

        //----------- 连续写 FIFO -----------------
        index = 0;
        repeat(`FIFO_SIZE)
```

```verilog
            begin
                data_buf[index] = $random;
                write_fifo(data_buf[index]);
              index = index + 1;
            end

        if (nfull)    $display($time,"Error: FIFO full, nfull should be low.\n");
        repeat(2)    write_fifo($random);
        #200

        //---------连续读 FIFO-------------
        index=0;
        read_fifo_compare(data_buf[index]);
        if (~nfull) $display($time,"Error: FIFO not full, nfull should be high.\n");

        repeat(`FIFO_SIZE-1)
            begin
                index = index + 1;
                read_fifo_compare(data_buf[index]);
            end

        if (nempty) $display($time,"Error: FIFO be empty, nempty should be low.\n");

        repeat(2)    read_fifo_compare(8'bx);

        reset_fifo;

        //------写后读 FIFO------
        repeat(`FIFO_SIZE * 2)
        begin
            data_buf[0] = $random;
            write_fifo(data_buf[0]);
            read_fifo_compare(data_buf[0]);
        end

        //-------- 异常操作-----------
        reset_fifo;
        read_fifo_compare(8'bx);
        write_fifo(data_buf[0]);
        read_fifo_compare(data_buf[0]);

        $stop;
    end
```

```verilog
            fifo_interface fifo_mk (.in_data(in_data),
                           .out_data(out_data),
                           .fiford(fiford),
                           .fifowr(fifowr),
                           .nfull(nfull),
                           .nempty(nempty),
                           .address(address),
                           .sram_data(sram_data),
                           .rd (rd),.wr(wr),
                           .clk(clk),.rst(rst) );

            sram m1 ( .Address (address),
                       .Data (sram_data),
                       .SRG (rd),              //SRAM 读使能
                       .SRE (1'b0),            //SRAM 片选,低有效
                       .SRW (wr) );            //SRAM 写使能

        task write_fifo;
        input [7:0] data;
        begin
                in_data=data;
            #50    fifowr=0;
            #200   fifowr=1;                   //往 SRAM 中写数
            #50;
        end
        endtask


        task read_fifo_compare;
        input [7:0] data;
        begin
            #50    fiford=0;                   //从 SRAM 中读数
            #200   fiford=1;
                if (out_data ! = data)
                    $display( $time,"Error: Data retrieved (%h) not match the one stored (%h). \n",
out_data, data);

            #50;
        end
        endtask


        task reset_fifo;
        begin
```

```
            #40 rst=0;
            #40 rst=1;
        end
    endtask

endmodule
```

4. FIFO 接口的参考设计

FIFO 接口的实现有多种方案,下面给出的参考设计只是其中一种。希望读者在完成自己的设计后,并参考设计做一下比较。

```
`define SRAM_SIZE 8    //为减小对 FIFO 控制器的测试工作量,置 SRAM 空间为 8 字节
`timescale 1ns/1ns

module fifo_interface(
            in_data,              //用户的输入数据总线
            out_data,             //用户的输出数据总线
            fiford,               //FIFO 读控制信号,低电平有效
            fifowr,               //FIFO 写控制信号,低电平有效
            nfull,
            nempty,
            address,              //到 SRAM 的地址总线
            sram_data,            //到 SRAM 的双向数据总线
            rd,                   //SRAM 读使能,低电平有效
            wr,                   //SRAM 写使能,低电平有效
            clk,                  //系统时钟信号
            rst );                //全局复位信号,低电平有效

    //来自用户的控制输入信号
    input           fiford, fifowr, clk, rst;

    //来自用户的数据信号
    input[7:0]      in_data;
    output[7:0]     out_data;
    reg[7:0]        in_data_buf,       //输入数据缓冲区
                    out_data_buf;      //输出数据缓冲区

    //输出到用户的状态指示信号
    output          nfull, nempty;
    reg             nfull, nempty;

    //输出到 SRAM 的控制信号
    output          rd, wr;
```

```verilog
//到SRAM的双向数据总线
inout[7:0]      sram_data;

//输出到SRAM的地址总线
output[10:0]    address;
reg[10:0]       address;

//Internal Register
reg[10:0]       fifo_wp,                //FIFO写指针
                fifo_rp;                //FIFO读指针

reg[10:0]       fifo_wp_next,           //fifo_wp的下一个值
                fifo_rp_next;           //fifo_rp的下一个值

reg             near_full, near_empty;

reg[3:0]        state;                  //SRAM操作状态机寄存器

parameter       idle=       'b0000,
                read_ready= 'b0100,
                read=       'b0101,
                read_over=  'b0111,
                write_ready='b1000,
                write=      'b1001,
                write_over= 'b1011;

//SRAM操作状态机
always @(posedge clk or negedge rst)
   if(~rst)
       state <= idle;
   else
     case(state)
       idle:                                    //等待FIFO的操作控制信号
               if(fifowr==0 && nfull)           //用户发出写FIFO申请,且FIFO未满
                   state <= write_ready;
               else if(fiford==0 && nempty)     //用户发出读FIFO申请,且FIFO未空
                   state <= read_ready;
               else                             //没有对FIFO操作的申请
                   state <= idle;

       read_ready:                              //建立SRAM操作所需地址和数据
               state <= read;
```

```verilog
        read:                           //等待用户结束当前读操作
            if (fiford == 1)
                state <= read_over;
            else
                state <= read;

        read_over:                      //继续给出 SRAM 地址以保证数据稳定
            state <= idle;

        write_ready:                    //建立 SRAM 操作所需地址和数据
            state <= write;

        write:                          //等待用户结束当前写操作
            if (fifowr == 1)
                state <= write_over;
            else
                state <= write;

        write_over:                     //继续给出 SRAM 地址和写入数据以保证数据稳定
            state <= idle;

        default: state<=idle;
    endcase

//产生 SRAM 操作相关信号
assign rd = ~state[2];                  //state 为 read_ready 或 read 或 read_over
assign wr = (state == write) ? fifowr : 1'b1;

always @(posedge clk)
    if (~fifowr)
        in_data_buf <= in_data;

assign sram_data = (state[3]) ?         //state 为 write_ready 或 write 或 write_over
                   in_data_buf : 8'hzz;


always @(state or fiford or fifowr or fifo_wp or fifo_rp)
    if (state[2] || ~fiford)
        address = fifo_rp;
    else if (state[3] || ~fifowr)
        address = fifo_wp;
    else
        address = 'bz;
```

```verilog
//产生FIFO数据
assign out_data = (state[2]) ?
                     sram_data : 8'bz;

always @(posedge clk)
   if (state == read)
      out_data_buf <= sram_data;

//计算FIFO读写指针
always @(posedge clk or negedge rst)
   if (~rst)
      fifo_rp <= 0;
   else if (state == read_over)
      fifo_rp <= fifo_rp_next;

always @(fifo_rp)
   if (fifo_rp == `SRAM_SIZE-1)
      fifo_rp_next = 0;
   else
      fifo_rp_next = fifo_rp + 1;

always @(posedge clk or negedge rst)
   if (~rst)
      fifo_wp <= 0;
   else if (state == write_over)
      fifo_wp <= fifo_wp_next;

always @(fifo_wp)
   if (fifo_wp == `SRAM_SIZE-1)
      fifo_wp_next = 0;
   else
      fifo_wp_next = fifo_wp + 1;

always @(posedge clk or negedge rst)
   if (~rst)
      near_empty <= 1'b0;
   else if (fifo_wp == fifo_rp_next)
      near_empty <= 1'b1;
   else
      near_empty <= 1'b0;

always @(posedge clk or negedge rst)
```

```
                if (~rst)
            nempty <= 1'b0;
        else if (near_empty && state == read)
            nempty <= 1'b0;
        else if (state == write)
            nempty <= 1'b1;

    always @(posedge clk or negedge rst)
        if (~rst)
            near_full <= 1'b0;
        else if (fifo_rp == fifo_wp_next)
            near_full <= 1'b1;
        else
            near_full <= 1'b0;

    always @(posedge clk or negedge rst)
        if (~rst)
            nfull <= 1'b1;
        else if (near_full && state == write)
            nfull <= 1'b0;
        else if (state == read)
            nfull <= 1'b1;

endmodule
```

【练习题 12】 模仿上题的设计思路和方法，设计一个利用同类静态 RAM 的堆栈，即实现最大可达 1 024 个字节的 LIFO (Last In First Out) 堆栈。

第四部分 Verilog 简明语法

语法篇1 关于 Verilog HDL 的说明

一、关于 IEEE 1364 标准

本 Verilog 硬件描述语言参考手册是根据 IEEE 的标准"Verilog 硬件描述语言参考手册 1364—1995"编写的。OVI（Open Verilog International）根据 Cadence 公司推出的 Verilog LRM(1.6 版)编写了 Verilog 参考手册 1.0 和 2.0 版；OVI 又根据以上两个版本制定了 IEEE1364—1995 Verilog 标准。在推出 Verilog 标准前，由于 Cadence 公司的 Verilog - XL 仿真器被广泛使用，它所提供的 Verilog LRM 成了事实上的语言标准。许多第三方厂商的仿真器都努力向这一已成事实的标准靠拢。

Verilog 语言标准化的目的是将现存的通过 Verilog - XL 仿真器体现的 Verilog 语言标准化。IEEE 的 Verilog 标准与事实上的标准有一些区别。因此，仿真器有可能不完全支持以下的一些功能。

(1) 在 UDP(用户自定义原语)和模块实例中使用数组(见 Instantiation 说明)。
(2) 含参数的宏定义(见 `define)。
(3) `undef 的使用。
(4) IEEE 标准不支持用数字表示的强度值(见编译预处理命令)。
(5) 有许多 Verilog—XL 支持的系统任务、系统函数和编译处理命令在 IEEE 标准中不支持。
(6) 若在模块中，Net 类型或寄存类型变量只有一个驱动，IEEE 标准允许在一个指定块中，延迟路径的最终节点可以是一个寄存器或 Net 类型的变量。而在此标准推出之前，对最终节点的类型有着严格的要求(见 Specify 说明)。
(7) 指定路径的延迟表达式最多可以达到 12 个，表达式之间需用逗号隔开。而在此标准推出之前，最多只允许 6 个表达式(见 Specify 说明)。
(8) 在 Net 类型变量的定义中，标量保留字 scalared 与矢量保留字 vectored 的位置也做了改动。原先，保留字位于矢量范围的前面，在 IEEE 标准中，它应位于 Net 类型的后面(见 Net 说明)。
(9) 在最小—典型—最大常量表达式中，对于最小、典型与最大值的相对大小并无限制；而原先最小值必须小于或等于典型值，典型值必须小于或等于最大值。

(10) 在 IEEE 标准中,表示延迟的最小—典型—最大表达式不必括在括号里,而原先必须括在括号里。

二、Verilog 简介

在 Verilog HDL 中,可通过高层模块调用低层和基本元件模块,再通过线路连接(即下文中的 Net),把这些具体的模块连接在一起,来描述一个极其复杂的数字逻辑电路的结构。所谓基本元件模块就是各种逻辑门和用户定义的原语模块(即下文中的 UDP),而所谓 Net 实质上就是表示电路连线或总线的网络。端口连接列表用来把外部 Net 连接到模块的端口(即引脚)上。寄存器可以作为输入信号连接到某个具体模块的输入口。Net 和寄存器的值可取逻辑值 0,1,x(不确定)和 z(高阻)。除了逻辑值外,Net 还需要有一个强度(Strength)值。在开关级模型中,当 Net 的驱动器不止一个时,还需要使用强度值来表示。逻辑电路的行为可以用 initial 和 always 的结构和连续赋值语句,并结合设计层次树上各种层次的模块直到最底层的模块(即 UDP 及门)来描述。

模块中的每个 initial 块、always 块、连续赋值、UDP 和各逻辑门结构块都是并行执行的。而 initial 及 always 块内的语句与软件编程语言中的语句在许多方面非常类似,这些语句根据安排好的定时控制(如时延控制)和事件控制执行。在 begin-end 块内的语句按顺序执行,而在 fork-join 块中的语句则并行执行。连续赋值语句只可用于改变 Net 的值,寄存器类型变量的值只能在 initial 及 always 块中修改。initial 及 always 块可以被分解为一些特定的任务和函数。PLI(即可编程语言接口的英语缩写)是完整的 Verilog 语言体系的一个组成部分,利用 PLI 便可如同调用系统任务和函数一样来调用 C 语言编写的各种函数。

Verilog 的原代码通常键入到计算机的一个或多个文本文件上,然后把这些文本文件交给 Verilog 编译器或解释器处理,编译器或解释器就会创建用于仿真和综合必需的数据文件。有时候,编译完了马上就能进行仿真,没有必要创建中间数据文件。

三、语法总结

1. 典型的 Verilog 模块结构

```
module M (P1, P2, P3, P4);
    input P1, P2;
    output [7:0] P3;
    inout P4;
    reg [7:0] R1, M1[1:1024];
    wire W1, W2, W3, W4;
    parameter C1 = "This is a string";
    initial
        begin : 块名
            // 声明语句

        end
```

```
            always@(触发事件)
                begin
                    //声明语句

                end
    // 连续赋值语句
    assign W1 = Expression;
    wire (Strong1, Weak0) [3:0] #(2,3) W2 = Expression;
    // 模块实例引用
        COMP U1 (W3, W4);
        COMP U2 (.P1(W3), .P2(W4));

        task T1;                    //任务定义
            input A1;
            inout A2;
            output A3;
            begin
                        // 声明语句

            end
        endtask

        function [7:0] F1;          //函数定义
            input A1;
            begin
                        // 声明语句
                F1 = 表达式;
            end
        endfunction

    endmodule                       //模块结束
```

2. 声明语句

```
    #delay
    wait (Expression)
    @(A or B or C)
    @(posedge Clk)


    Reg= Expression;
    Reg <= Expression;


VectorReg[Bit] = Expression;
VectorReg[MSB:LSB] = Expression;
Memory[Address] = Expression;
assign Reg = Expression
```

```
    deassign Reg;

  TaskEnable(…);
  disable TaskOrBlock;
EventName;

    if (Condition)
        ⋮
    else if (Condition)
        ⋮
    else
        ⋮

    case (Selection)
      Choice1:
          ⋮
      Choice2, Choice3:
          ⋮
      default:
          ⋮
    endcase

    for (I=0; I<MAX; I=I+1)
        ⋮
        repeat (8)
        ⋮

    while (Condition)
        ⋮

    forever
        ⋮
```

上面的简要语法总结可供读者快速查找，应注意其语法表示方法与本手册中其他地方的不同。

四、编写 Verilog HDL 源代码的标准

编写 Verilog HDL 源代码应按标准进行，其标准可分成两种类别。第一种是语汇代码的编写标准，规定了文本布局、命名和注释的约定，其目的是为了提高源代码的可读性和可维护性。第二种是综合代码的编写标准，规定了 Verilog 风格，其目的是为了避免常见的不能综合和综合结果存在缺陷的问题，也为了在设计流程中及时发现综合中会存在的错误。

下面列出的代码编写标准可根据所选择的工具和个人的爱好自行做一些必要的改动。

1. 语汇代码的编写标准

（1）每一个 Verilog 源文件中只准编写一个模块,也不要把一个模块分成几部分或写在几个源文件中。

（2）源文件的名字应与文件内容有关,最好一致(例 ModuleName.v)。

（3）每行只写一个声明语句或说明。

（4）如上面的许多例子所示,用一层层缩进的格式来写。

（5）用户定义变量名的大小写应自始至终一致(例如,变量名第一个字母大写)。

（6）用户定义变量名应该是有意义的,而且含有一定的有关信息。而局部变量名(例如循环变量)可以是简单扼要的。

（7）通过注释对 Verilog 源代码作必要的说明,当然没有必要把 Verilog 源代码已能说明的再注释一遍,而对接口(例如模块参数、端口、任务、函数变量)做必要的注释很重要。

（8）尽可能多地使用参数和宏定义,而不要在源代码的语句中直接使用字母、数字和字符串。

2. 可综合代码的编写标准

（1）把设计分割成较小的功能块,每一块用行为风格去设计这些块。除了设计中对速度响应要求比较临界的部分外,都应避免使用门级描述。

（2）应建立一个定义得很好的时钟策略,并在 Verilog 源代码中清晰地体现该策略(例如采用单时钟、多相位时钟、经过门产生的时钟和多时钟域等)。保证在 Verilog 源代码中的时钟和复位信号是干净的(即不是由组合逻辑或没有考虑到的门产生的)。

（3）要建立一个定义得很好的测试(制造)策略,并认真编写其 Verilog 代码,使所有的触发器都是可复位的,使测试能通过外部引脚进行,又没有冗余的功能等。

（4）每个 Verilog 源代码都必须遵守并符合在 Always 声明语句中介绍过的某一种可综合标准模板。

（5）描述组合和锁存逻辑的 always 块,必须在 always 块开头的控制事件列表中列出所有的输入信号。

（6）描述组合逻辑的 always 块一定不能有不完全赋值,也就是说所有的输出变量必须被各输入值的组合值赋值,不能有例外。

（7）描述组合和锁存逻辑的 always 块一定不能包含反馈,也就是说在 always 块中已被定义为输出的寄存器变量绝对不能再在该 always 块中读进来作为输入信号。

（8）时钟沿触发的 always 块必须是单时钟的,并且任何异步控制输入(通常是复位或置位信号)必须在控制事件列表中列出。

（9）避免生成不想要的锁存器。在无时钟的 always 块中,由于有的输出变量被赋予某个信号的变量值,而该信号变量没在该 always 块的电平敏感控制事件中列出,这会在综合中生成不想要的锁存器。

（10）避免不想要的触发器。在时钟沿触发的 always 块中,用非阻塞的赋值语句对寄存器类型的变量赋值,综合后会生成触发器;或者当寄存器类型的变量在时钟沿触发的 always 块中经过多次循环其值仍保持不变,综合后也会生成触发器。

（11）所有内部状态寄存器必须是可复位的,这是为了使 RTL 级和门级描述能够被复位成同一个已知的状态以便进行门级逻辑验证,但这并不适用于流水线或同步寄存器。

(12) 对存在无效状态的有限状态机和其他时序电路(例如,四位十进制计数器有六个无效状态),如果想要在这些无效状态下,硬件的行为也能够完全被控制,那么必须用 Verilog 明确地描述所有的 2 的 n 次幂种状态下的行为,当然也包括无效状态。只有这样才能综合出安全可靠的状态机。

(13) 一般情况下,在赋值语句中不能使用延迟,使用延迟的赋值语句是不可综合的,而在 Verilog 的 RTL 级描述中需要解决零延迟时钟的倾斜问题是个例外。

(14) 不要使用整型和 time 型寄存器,否则将分别综合成 32 位和 64 位的总线。

(15) 仔细检查 Verilog 代码中使用动态指针(例如用指针或地址变量检索的位选择或存储单元)、循环声明或算术运算部分,因为这类代码在综合后会生成大量的门,而且很难进行优化。

五、设计流程

用 Verilog 和综合工具设计 ASIC 或复杂 FPGA 的基本流程是:围绕着设计流程作多次反复是必要的,但下面的流程没有对此加以说明。而且设计流程必须根据所设计的器件和特定的应用做必要的改动。其基本流程如下:

(1) 系统分析和指标的确定。
(2) 系统划分:
- 顶级模块;
- 模块大小估计;
- 预布局。

(3) 模块级设计,即对每一模块:
- 写 RTL 级 Verilog;
- 综合代码检查;
- 写 Verilog 测试文件;
- Verilog 仿真;
- 写综合约束、边界条件和层次;
- 预综合以分析门的数量和延时。

(4) 芯片综合:
- 写 Verilog 测试文件;
- Verilog 仿真;
- 综合;
- 门级仿真。

(5) 测试:
- 修改门级网表以便进行测试;
- 产生测试矢量;
- 对可测试网表进行仿真。

(6) 布局布线以使设计的逻辑电路能放入芯片。
(7) 布局布线后仿真、故障覆盖仿真和定时分析。

语法篇 2　Verilog 硬件描述语言参考手册

一、Verilog HDL 语句与常用标志符（按字母顺序排列）

1. always 声明语句

包含一个或一个以上的声明语句(如:进程赋值语句、任务启动、条件语句、case 语句和循环),在仿真运行的全过程中,在定时控制下被反复执行。

语　法:
　　always
　　声明语句

在程序中所处位置:
　　module-＜here＞-endmodule

规　则:

在 always 块中被赋值的只能是寄存器类型的变量,如 reg,integer,real,time,realtime。每个 always 在仿真一开始便开始执行,在仿真的过程中不断地执行,当执行完 always 块中的最后一个语句后,继续从 always 的开头执行。

注　意:

如果 always 块中包含有一个以上的语句,则这些语句必须放在 begin_end 或 fork_join 块中。如果 always 中没有时间控制,将会无限循环。

可综合性问题:

always 声明语句是用于综合过程的最有用的 Verilog 声明语句之一,然而 always 语句经常是不可综合的。为了得到最好的综合结果,always 块的 Verilog 程序应严格按以下的模板来编写。

模板 1:
```
always @（Inputs）          // 所有的输入信号都必须列出,在它们之间插入逻辑关系词 or
begin
  ⋮                        // 组合逻辑关系
end
```

模板 2:
```
always @(Inputs)           // 所有的输入信号都必须列出,在它们之间插入逻辑关系词 or
if (Enable)
begin
  ⋮                        //锁存动作
end
```

模板 3:

```
always @(posedge Clock)           // Clock only
begin
    ⋮                             // 同步动作
end
```

模板 4:

```
always @(posedge Clock or negedge Reset)
// Clock and Reset only
begin
    if (! Reset)                  //测试异步复位电平是否有效
        ⋮                         // 异步动作
    else
        ⋮                         // 同步动作
end                               // 可产生触发器和组合逻辑
```

举例说明:

(1) 寄存器级 always 实例:

```
always @(posedge Clock or negedge Reset)
    begin
        if (! Reset)              // Asynchronous reset
            Count <= 0;
        else
        if (! Load)               // Synchronous load
            Count <= Data;
        else
            Count <= Count + 1;
    end
```

(2) 描述组合逻辑电路的 always 块实例:

```
always @(A or B or C or D)
    begin
            R = {A, B, C, D}
            F = 0;
        begin : Loop
            integer I;
            for (I = 0; I < 4; I = I + 1)
                if (R[I])
                    begin
                        F = I;
                        disable Loop;
                    end
        end // Loop
```

end

参阅 Begin，Fork，Initial，Statement 和 Timing Control 声明语句的说明。

2. assign 连续赋值声明语句

每当表达式中 Net（即连线）或寄存器类型变量的值发生变化时，使用连续赋值声明语句就可在一个或更多电路连接中创建事件。

语　法：

　　{either}
　　assign [Strength] [Delay] NetLValue = Expression,
　　NetLValue = Expression,
　　…;
　　NetType [Expansion] [Strength] [Range] [Delay]
　　NetName = Expression,
　　NetName = Expression,
　　…;{See Net}

　　NetLValue = {either}
　　NetName
　　NetName[ConstantExpression]
　　NetName[ConstantExpression：ConstantExpression]
　　{ NetLValue,… }

在程序中所处位置：

　　module—＜here＞—endmodule

规　则：

两种形式的连续赋值语句效果相同。

在连续赋值声明语句之前，赋值语句左边的 Net（即连线类型的变量）必须明确声明。

注　意：

连续赋值并不等同于进程连续赋值语句，虽然它们相似。确保把 assign 放在正确的地方。连续赋值语句必须放在任何 initial 和 always 块外；进程连续赋值语句可放在该语句被允许放的位置执行（在 initial,always,task,function 等块内部）。

可综合性问题：

（1）综合工具不能处理连续赋值语句中的延迟和强度，在综合中被忽略。用综合工具指定的定时约束来代替。

（2）连续赋值语句将被综合成为组合逻辑电路。

提　示：

用连续赋值语句去描述那些用简洁的表达式就能够很容易表达的组合逻辑电路。函数能够用来构建表示式。在描述较复杂的组合逻辑电路方面，用 always 块比用许多句分开的连续赋值语句更好，而且仿真的速度更快一些。当 Verilog 需要电路连线时，可用连续赋值语句把寄存器的值传送到电路连线上（即 Net 上）。例如，把一个 initial 块中产生的测试激励信号加到一个实例模块的输入输出端口。

  举例说明：

    wire cout, cin;
    wire [31:0] sum, a, b;
     assign {cout, sum} = a + b + cin;

    wire enable;
    reg [7:0] data;
    wire [7:0]　#(3,4) f = enable ? data : 8'bz;

  参阅 Net，Force 进程连续赋值语句的说明。

3. begin 声明语句

  用于把多个声明语句组合起来成为一个语句，而其中每个声明语句是按顺序执行。Verilog 语法经常严格要求只有一个声明语句，例如 always 就是这样。如果 always 需要有多个声明语句，那么这些声明语句必须被包含在一个 begin-end 块中。

  语　　法：

    begin [: Label
      [Declarations…]]
      Statements…
    end

    Declaration = {either} Register Parameter Event

  在程序中所处位置：

    参阅 Statement 声明语句的说明。

  规　　则：

  begin-end 块必须包含至少一个声明语句，声明语句在 begin-end 块中被顺序执行。定时控制是相对于前一声明语句的。当最后的声明语句执行完毕后，begin-end 块便结束。begin-end 和 fork-join 块可以自我嵌套或互相嵌套。如果 begin-end 块包含局部声明，则它必须被命名（即必须有一个标识）。如果要禁止（disable）某个 begin-end 块，那么被禁止的 begin-end 块必须有名字。

  注　　意：

  Verilog LRM 允许 begin-end 块在仿真时被交替执行。这就是说，如果 begin-end 块包含两个相邻且其间没有时间控制的声明语句时，仿真器仍有可能在同一时刻在这两个语句之间执行另一个进程的部分语句（例如另一个 always 块中的语句）。这就是 Verilog 语言如果不加约束的话，便不能与硬件有确定对应关系的原因。

  提　　示：

  甚至在并不需要局部声明，也不想禁止 begin-end 块时，也可以对该 begin-end 块加标识命名，以提高其可读性。给不用在别处的寄存器作局部声明，能使声明的意图变得更清楚。

  举例说明：

```
initial
  begin : GenerateInputs
    integer I;
    for (I = 0; I < 8; I = I + 1)
      #Period {A, B, C} = I;
  end

initial
  begin
    Load = 0;              // Time 0
    Enable = 0;
    Reset = 0;
    #10 Reset = 1;         // Time 10
    #25 Enable = 1;        // Time 35
    #100 Load = 1;         // Time 135
  end
```

参阅 Fork，Disable，Statement 声明语句的说明。

4. case 声明语句

如果 case 控制表达式与标号分支表达式相等，则执行该分支的声明语句。

语　法：

```
CaseKeyword ( Expression)
    Expression,… : Statement {Expression may be variable}
    Expression,… : Statement
              … {Any number of cases}
  [default [:] Statement] {Need not be at the end}
endcase
```

    CaseKeyword = {either} case casex casez

在程序中所处位置：

    参阅 Statement 声明语句的说明。

规　则：

(1) 不确定值(Xs)和高阻值(Zs)在 caseX 声明语句中，以及(Zs)在 casez 声明语句的表达式匹配中都意味着"不必考虑"。

(2) 在 Case 声明语句中最多只允许有一个 default 项。当没有一个分支标号表达式能与 case 表达式的值相等时，便执行 default 项。标号是位于冒号左边的一个表达式或用逗号隔开的几个表达式，标号也可以是保留字 default，在其后面可以跟冒号也可以不跟冒号。

(3) 如果某标号用逗号隔开两个或两个以上表达式时，只要其中任何一个表达式与 case 表达式的值相等，就可执行该标号的操作。

(4) 如果没有一个标号表达式与 case 表达式的值相等，又没有 default 声明语句，该 case

声明语句没有任何作用。

注 意：

(1) 如果在标号分支中有一个以上的声明语句,这些声明语句必须放在一个 begin-end 或 fork-join 块中。

(2) 只有第一个与 case 表达式的值相等的标号分支才被执行。case 语句的标号并不一定是互斥的,所以当错误地重复使用相同的标号时,Verilog 编译器不会提示出错。

(3) casex 或 casez 声明语句的语法是用保留字 endcase 作为结束,而不是用 endcasex 或 endcasez 来结束。

(4) 在 Casex 声明语句的表达式中,x(不定值)或 z(高阻值)可以和任何值相等,casez 中的 z 也是如此。这有可能会给仿真结果带来混乱。

可综合性问题：

case 声明语句中的赋值语句通常被综合成多路器。如果变量(如寄存器或 Net 类型)被用做 case 语句的标号,它就会被综合成优先编码器(priority encoders)。

在一个无时钟触发的 always 块中,如有不完整的赋值(即对某些输入信号的变化其输出仍保持不变,未能及时赋值),它将被综合成透明锁存器。

在一个有时钟触发的 always 块中,如有不完整的赋值,它将被综合成循环移位寄存器。

提 示：

(1) 为了使仿真能顺利进行,常常用 default 作为 case 声明的最后一个分支,以控制无法与标号匹配的 Case 变量。

(2) 通常情况下用 casez 比用 casex 更好一些,因为 x 的存在可能会导致仿真并出现令人误解和混乱的结果。

(3) 在 casex 和 casez 声明的标号中用"?"来代替"z"比较好,因为这样做比较清楚,是一个无关项,而不是一个高阻项。

举例说明：

```
case (Address)
    0 : A <= 1;                  // Select a single Address value
    1 : begin                    // Execute more than one statement
            A <= 1;
            B <= 1;
        end
    2, 3, 4 :  C <= 1;           // Pick out several Address values
    default :                    // Mop up the rest
            $display("Illegal Address value %h in %m at %t", Address, $realtime);
endcase

caseX (Instruction)
    8'b000xxxxx : Valid <= 1;
    8'b1xxxxxxx : Neg <= 1;
    default
        begin
```

```
            Valid <= 0;
            Neg <= 0;
        end
    endcase

    casez ({A, B, C, D, E[3:0]})
        8'b1??????? : Op <= 2'b00;
        8'b010????? : Op <= 2'b01;
        8'b001??? 00 : Op <= 2'b10;
            default : Op <= 2'bxx;
    endcase
```

参阅 IF 条件声明语句的说明。

5. comment 注释语句

注释语句应该位于 Verillog 源代码文件中。

语　法：

单行注释
//
多行注释
/* … */

在程序中所处位置：

可以放在源代码的几乎任何地方,但是注意不能把运算符、数字、字符串、变量名和关键字分开。

规　则：

单行注释以两个斜杠符开始,结束于该行的末尾;多行注释以"/*"符开始,中间可能有多行,结束于"*/"符;多行注释不能嵌套,但是,在多行注释中可以有单行注释,在这里它没有别的特殊含义。

注　意：

/* … /* … */ … */——这样的注释会出现语法错误,要注意注释符的匹配。

提　示：

建议在源代码文件中自始至终用单行注释。只有在必须注释一大段的地方才用多行注释,例如在代码的开发和调试阶段,常需要详细地注释。

举例说明：

```
    // This is a comment
    /*
        So is this — across three lines
    */
        module ALU /* 8-bit ALU */ (A, B, Opcode, F);
```

参阅 Coding Standard 编码标准的说明。

6. defparam 定义参数声明语句

编译时可重新定义参数值。如果是分层次命名的参数,可以在该设计层次内或外的任何地方重新定义参数。

语　法:

  Defparam ParameterName = Constant Expression
  ParameterName = ConstantExpression,
  …;

在程序中所处位置:

  module-<HERE>-endmodule

可综合性问题:

一般情况下是不可综合的。

提　示:

不要使用 defparam 声明语句。该声明语句过去常用于布线后的时延参数反标中,但现在时延参数反标一般用指定模块和编程语言接口(PLI)来做。在模块的实例引用时可用"#"号后跟参数的语法来重新定义参数。

举例说明:

```
`timescale 1ns / 1ps
module LayoutDelays;
    defparam Design.U1.T_f = 2.7;
    defparam Design.U2.T_f = 3.1;
        ⋮
endmodule
module Design (…);
        ⋮
    and_gate U1 (f, a, b);
    and_gate U2 (f, a, b);
        ⋮
endmodule

module and_gate (f, a, b);
    output f;
    nput a, b;
    parameter T_f = 2;
    and #(T_f) (f,a,b);
endmodule
```

参阅 Name, Instantiation, Parameter 声明语句的说明。

7. delay 时延

可以为 UDP 和门的实例指定时延,也可以为连续赋值语句和线路连接指定时延。时延是在网表中线路连接和元件传输时延的模型。

语　法:

```
{either}
# DelayValue
#( DelayValue[, DelayValue[, DelayValue]]) {Rise,Fall,Turn-Off}
DelayValue = {either}
UnsignedNumber
ParameterName
ConstantMinTypMaxExpression
```

在程序中所处位置:

参照连续赋值语句、实例引用、线路连接声明语句的说明。

规　则:

(1) 如果只给出一个延迟,则它既表示上升延迟也表示下降延迟(即从 0 转变到 1 或从 1 转变到 0 的时延),并且还表示关闭延迟(如果电路中有这样开关)。

(2) 如果给出两个延迟值,则第一个表示上升延迟,第二个表示下降延迟,除了 tranif0、tranif1、rtranif0 和 rtranif1 外,第一个值也可表示接通延迟,第二个表示关闭延迟。

(3) 如果给出三个延迟,第三个延迟表示关闭延迟(转变到高阻),除了三态电路外,第三个延迟表示电荷衰减时间。

(4) 延迟到 X 表示最小的指定延迟。

(5) 对于矢量,从非零到零的转变被看作下降,转变到高阻被看作关闭,其余的变化被看作是上升。

注　意:

许多工具要求 MinTypMax 延迟表达式必须用括号括起来。例如 #(1:2:3) 是合法的,而 #1:2:3 是非法的。

可综合性问题:

一般综合工具不考虑延迟。综合后网表中的延迟是由综合工具的命令项强制生成的,如在综合工具中可设置本次设计综合生成的门级电路所允许的最高时钟频率。

提　示:

指定块的延迟(即线路路径延迟)通常是一种更加精确的延迟建模方法,可提供延迟计算机制和布线后反标信息。

参阅线路连接、实例引用、连续赋值,Specify、定时控制等声明语句的说明。

8. disable 禁止

在运行激活的任务或命名的块时,Disable 能使在所在块执行完以前,终止该块的执行。

语　法:

```
disable BlockOrTaskName;
```

在程序中所处位置：
参照 Statement 语句的说明。
规　则：
（1）禁止(disable)命名块（即定义了名称的 begin-end 或 fork-join 块）或任务便禁止了所有由该块或该任务激活的任务，直达该块或该任务层次树的底层。然后继续执行禁止（块或任务）语句后的声明语句。
（2）命名块或任务可以通过其内部的禁止声明语句实现自我禁止。
（3）当一个任务被禁止时，以下内容未被指定。任何一个输出值或输入/输出值内容；尚未起作用的非阻塞赋值语句、赋值和强制声明语句所预定的事件。
（4）函数不能被禁止。
注　意：
如果一个任务被自我禁止，这跟任务返回不一样，因为输出未定义。
可综合性问题：
只有当命名块或任务自我禁止时，禁止才是可综合的，一般情况下是不可综合的。
提　示：
用禁止作为一种及早跳出任务的方法，用来跳出循环或继续下一步循环。
举例说明：

```
    begin：Break              //命名 Break 块
        forever
            begin：Continue   //命名 Continue 块
                ⋮
                disable Continue;  // Continue with next iteration
                ⋮
                disable Break;     // Exit the forever loop
                ⋮
            end                    // Continue
    end                            // Break
```

9. errors 错误

下面列出的是编写 Verilog 源代码时最常见的错误。前面的 5 个错误大约占所有错误的 50%。

最容易出现的 5 个错误：
（1）进程赋值语句的左侧变量没有声明时为寄存器类型。
（2）begin-end 声明语句忘了匹配。
（3）写二进制数时忘了标明数基（即 'b）。这样，在编译时会把它们当作十进制数来处理。
（4）编译引导语句用了错误的撇号，应该用向后的撇号也就是用表示重音的撇号；而表示数基的撇号，应该是普通的撇号，也就是反向的逗号。
（5）在声明语句的末尾忘了写上分号。

其他常见的错误：

(1) 在定义任务或函数时，试图在任务或函数名后用括号来定义变量。
(2) 在调试时，忘了在测试文件中引用实例模块。
(3) 使用进程连续赋值语句而没有使用连续赋值语句(即赋值语句用错了地方)。
(4) 把保留字作为标识符(例如用 xor 做标识符)。
(5) Always 块忘了声明定时控制(导致无休止的循环)。
(6) 在事件控制列表中错误地使用了逻辑或操作符(即||)，而没有使用或保留字 or，例如把 always @(a or b)写成了 always @(a||b)。
(7) 用默认定义的 wire 类型变量来做矢量端口的连线。
(8) 模块实例引用时端口的连接顺序搞错。
(9) 在嵌套的 if-else 语句中，begin-end 配套错误。
(10) 错误地使用等号："＝"用于赋值，"＝＝"用于作数值比较，"＝＝＝"用于需要对 0,1,X,Z 这 4 种逻辑状态作准确比较的场合。

10. event 事件

在行为模型中 Events 可以用来描述通信和同步。

语　　法：

event Name ,…;　　　{Declare the event}
－＞ EventName;　　　{Trigger the event}
事件名,…;　　　(事件声明)
－＞事件名　　　(触发事件)

在程序中所处位置：

　　请参阅为 －＞所做的声明语句的说明。

事件声明语句可以放在下面的地方：

　　module－＜HERE＞－endmodule
　　begin：Label－＜HERE＞－end
　　fork：Label－＜HERE＞－join
　　task－＜HERE＞－endtask
　　function－＜HERE＞－endfunction

规　　则：

事件没有值，也没有延迟，它们仅被事件触发声明所触发，由沿敏感定时控制启动检测。

可综合性问题：通常是不可综合的。

提　　示：

在测试文件和系统级模块中，命名事件可用于同一个模块的不同 always 块间或不同模块(用层次名)的 always 块间传递信息。

举例说明：

　　event StartClock, StopClock;
　　always

```
fork
    begin : ClockGenerator
        Clock = 0;
        @StartClock
            forever
                #HalfPeriod Clock = ! Clock;
    end
    @StopClock disable ClockGenerator;
join

initial
    begin : stimulus
        ⋮
        -> StartClock;
        ⋮
        -> StopClock;
        ⋮
        -> StartClock;
        ⋮
        4-> StopClock;
    end
```

参阅 Timing Control 定时控制语句的说明。

11. Expression 表达式

表达式可以通过一系列的操作符、变量名、数字以及次级表达式来算出一个值。其中常量表达式是一种其值可在编译过程中计算出来的表达式。标量表达式的值是一比特二进制数。时间延迟可以用最小—典型—最大(即 MinTypMax)表达式来表示。

语　法：

Expression = {either}	表达式 ={以下任取其一}
Primary	基本表达式
Operator Primary {unary operator}	运算符　基本表达式{单目运算符}
Expression Operator Expression {binary operator}	表达式　运算符　表达式{双目运算符}
Expression ? Expression : Expression	表达式? 表达式:表达式
String	字符串
Primary = {either}	基本表达式 ={以下任取其一}
Number	数字
Name {of parameter, net, or register}	变量名{参数,网络,或者寄存器的}
Name[Expression] {bit select}	变量名[表达式]{位选择}
Name[Expression : Expression]{part select}	变量名[表达式:表达式]{部分位选择}

```
MemoryName[ Expression ]                        存储器名[表达式]
{ Expression,...} {concatenation}                {表达式,……}{位拼接}
{ Expression{ Expression,...}} {replication}     {表达式{表达式,……}}{复制}
FunctionCall                                     函数调用
( MinTypMaxExpression)                           (MinTypMax 表达式)
{MinTypMax expressions are used for delays}      {MinTypMax 表达式用于延迟}
MinTypMaxExpression = {either}                   MinTypMax 表达式 ={任取其一}
Expression                                       表达式
Expression：Expression：Expression               表达式:表达式:表达式
```

规　　则：

(1) 只有矢量类型的 Net 变量和寄存器、整数及时间类型变量才允许选取某位及某些位。

(2) 某些位的选取必须将高位列在冒号的左侧,低位列在右侧。其中最高位是在 Net 变量或寄存器类型声明中位于冒号左边的数值。

(3) 某位或某些位的选取若其中包含 X 或 Z 的位,或超出位的定义范围,在编译时可能会被认定为是错误的。如果不被认定是错的,编译器会给出一个值为 X 的表达式。

(4) 没有为存储器建立某位或某些位选取的机制。

(5) 当整型常量在表达式中作为操作数时,未标明进制的有符号数(例如－5)与标明进制的有符号数(例如－'d5)是有所区别的。前者被视作一个有符号数,而后者被视作一个无符号数。

注　　意：

许多工具要求在常量 MinTypMax 表达式中必须指定最小、典型和最大延迟值（例如：min<=typ<=max）。

举例说明：

```
    A + B
    ! A
    (A && B) || C
    A[7:0]
    B[1]
    -4'd12/3                // 是一个很大的正数
    "Hello" ! ="Goodbye"    // 此表达式为真(1)
    $realtobits®;           // 系统函数调用
    {A, B, C[1:6]}          // 位拼接(8位)
    1:2:3                   //最小—典型—最大表达式
```

参阅延迟、函数调用、变量名、数字和操作数语句的说明。

12. for 循环声明语句

一般用途的循环语句。允许一条或更多的语句能被重复地执行。

语　　法：

```
    for( RegAssignment;       {initial assignment}
```

```
    Expression;              {loop condition}
    RegAssignment)           {iteration assignment}
    Statement

RegAssignment = RegisterLValue = Expression    寄存器赋值 =寄存器值 =表达式
RegisterLValue = {either}                       寄存器值 = {任取其一}
RegisterName                                    寄存器名
RegisterName[ Expression ]                      寄存器名[表达式]
RegisterName[ ConstantExpression: ConstantExpression]
                                                寄存器名[常量表达式:常量表达式]
Memory[ Expression ]                            存储器[表达式]
{ RegisterLValue,…}                             {寄存器值,……}
```

在程序中所处位置:

参照 Statement 语句的说明。

规　则:

当 for 循环开始执行时,循环计数变量已赋于初始值。在每一次循环执行之前(包括第一次),都必须首先检查表达式的值;如果它为假(即 0,X,或 Z),则立刻退出循环。而在每一次循环重复执行之后,都要对迭代次数寄存器重新赋值。

注　意:

不要使用位宽小的 reg 类型变量作为循环变量。在测试存有负数值的寄存器变量时要格外注意。由于加减操作是可替换的,并且 reg 类型变量被看作是无符号数,所以循环表达式可能永远不会为假,从而导致循环无限止地进行。

```
    reg [2:0] i;                    //i 始终界于 0 至 7 之间
    ⋮
    for ( i= 0; i<8; i=i+1 )        //循环永远不会停止
    ⋮
    for ( i=-4; i<0; i=i+1 )        // 循环不可能执行
    ⋮
```

在以上这些情况中,应将循环变量 i 定义为整型。

可综合性问题:

如果循环的边界是固定的,那么在综合时该循环语句被认为是重复的硬件结构。

举例说明:

```
    V = 0;
    for ( I = 0; I < 4; I = I + 1 )
      begin
          F[I] = A[I] & B[3-I];     // 4 个独立的与门
          V = V ^ A[I];             // 4 个级联的异或门
      end
```

参阅 Forever, Repeat, While 语句的说明。

13. force 强迫赋值

类似于进程连续赋值语句,可对 Net 变量和寄存器类型变量实行强制赋值,常用于调试。

语　法：

{either}	{任取其一}
force NetLValue = Expression ;	force 网络参数值＝表达式；
force RegisterLValue = Expression ;	force 寄存器值＝表达式；
{either}	{任取其一}
release NetLValue;	release 网络参数值；
release RegisterLValue;	release 寄存器值
NetLValue = {either}	网络参数值＝{任取其一}
NetName	网络变量名
{NetName,…}	{网络变量名}
RegisterLValue = {either}	寄存器值＝{任取其一}
RegisterName	寄存器变量名
{RegisterName,…}	{寄存器变量名}

在程序中所处位置：

参阅声明语句的说明。

规　则：

(1) 不能对网络变量或寄存器变量的某位或某些位实行强制赋值或释放。force 具有比进程连续赋值声明语句更高的优先级；force 将会一直发挥作用直到另一个 force 对同一 Net 变量或寄存器变量执行强迫赋值，或者直到这个 Net 变量或寄存器变量被释放。

(2) 当作用在某一寄存器上的 force 被释放时，寄存器并无必要立刻改变其值。如果此时没有进程连续赋值对这个寄存器赋值，则强制赋入的值会一直保留到下一个进程赋值语句的执行。

(3) 当作用在某个 Net 变量上的 force 被释放时，该 Net 变量的值将由它的驱动决定，其值有可能会立刻更新。

可综合性问题：

强迫赋值语句是不可综合的。

提　示：

强迫赋值常用于测试文件的编写，调试时常需要强制对某些变量赋值，不能用于模块的行为建模(此时应使用连续赋值语句)。

举例说明：

force   f = a && b;

…

release f;

参照进程连续赋值语句的说明。

14. forever 声明语句

使一个或一个以上语句无限循环地执行。

语　法：
forever　Statement

在程序中所处位置：
　　参阅 Statement 语句的说明。

注　意：
forever 循环应包括定时控制或能够使其自身停止循环,否则循环将无限进行下去。

可综合性问题：
一般情况下是不可综合的。如果 forever 循环被@(posedge Clock)形式的时间控制打断,则是可综合的。

提　示：
forever 在测试模块中描述时钟时很有用,常用 disable 来跳出循环。

举例说明：

```
initial
    begin : Clocking
        Clock = 0;
        forever
        #10 Clock = ! Clock;
    end

initial
    begin : Stimulus
        ⋮
        disable Clocking; // 停止时钟
    end
```

参阅 For, Repeat, While 和 Disable 语句的说明。

15. fork 声明语句

可将多个语句集合在一个块中,以使它们能被并发地执行。

语　法：

```
fork [ : Label                      fork[:块名
[ Declarations…]]                   [块内声明语句……]]
Statements…                         语句……
join                                join
Declaration = {either}              块内声明语句={任选其一}
Register                            寄存器变量
Parameter                           参　数
Event                               事　件
```

在程序中所处位置：
参照 Statement 语句的说明。

规　则：

fork-join 块必须至少包括一条语句。Fork-join 块里的语句是并发执行的，因此 Fork-join 块内语句的顺序是任意的。时间控制是相对于块的开始时刻的。当 fork-join 块里所有的语句执行完毕后，块也就执行完毕了。Begin-end 和 fork-join 块可以自身嵌套或互相嵌套。如果想在某 fork-join 块内包含块内局部声明语句如果想要禁止某 fork-join 块的运行，则该块必须已命名。那么必须对该块命名(即该块必须有一个标识符号)。

可综合性问题：

fork 语句不可综合。

注　意：

Fork-join 语句在描述并发形式的行为时很有用。

举例说明：

```
initial
    fork : stimulus
        #20 Data = 8'hae;
        #40 Data = 8'hxx;       // 本句最后执行
        Reset = 0;              // 本句最先执行
        #10 Reset = 1;
    join                        // 在第 40 个时间单位时结束
```

参阅 Begin，Disable，Statement 语句的说明。

16. function 函数

用于把多个语句组合在一起，来定义新的数学或逻辑函数。函数是在模块内部定义的，并且通常在本模块中调用，也能根据按模块层次分级命名的函数名从其他模块调用。

语　法：

```
function [ RangeOrType] FunctionName;          function [返回值的类型或范围]函数名；
Declarations…                                   端口声明……
Statement                                       语　句
endfunction                                     endfunction
RangeOrType = {either}                          返回值的类型或范围={任取其一}
    integer                                         整　数
    real                                            实　数
    time                                            时　间
    realtime
    Range
    Range = [ ConstantExpression：ConstantExpression]    范围=[常量表达式：常量表达式]
Declaration = {either}                          端口声明={任取其一}
    input [ Range] Name,…;                          input [范围] 变量名,……;
    Register
    Parameter
    Event
```

在程序中所处位置：
  module -<HERE>- endmodule
规　则：
(1) 函数必须至少含有一个输入变量，不能有任何输出或输入/输出双向变量。
(2) 函数不能包含时间控制语句（如延迟#、事件控制@或等待 wait）。
(3) 函数是通过对函数名赋值的途径返回其值的，就好比是一个寄存器。
(4) 函数不能启动任务。
(5) 函数不能被禁用。
注　意：
(1) 函数的输入变量不能像模块的端口那样列在函数名后的括弧里；在声明输入时把这些输入端口列出即可。
(2) 如果函数包含一条以上的语句，这些语句必须包含在 begin-end 或 fork-join 块中。
可综合性问题：
函数的每一次调用都被综合为一个独立的组合逻辑电路块。
举例说明：
```
function [7:0] ReverseBits;
    input [7:0] Byte;
    integer i;
    begin
      for (i = 0; i < 8; i = i + 1)
      ReverseBits[7-i] = Byte[i];
    end
endfunction
```
参阅 Function Call 和 Task 语句的说明。

17. function Call 函数调用
函数的调用可返回一个供表达式使用的值。
语　法：
Function Name (Expression,…);   函数名(表达式,……);
在程序中所处位置：
参阅 Expression 语句的说明。
规　则：
函数必须至少含有一个输入变量，所以函数调用时总是至少含有一个表达式。
可综合性问题：
函数的每一次调用在综合后都会生成一个独立的组合逻辑电路块。
举例说明：
Byte = ReverseBits (Byte);
参阅 Function，Expression 和 Task Enable 语句的说明。

18. gate 门

Verilog 已有一些建立好的逻辑门和开关的模型。在所设计的模块中,可通过实例引用这些门与开关模型,从而对模块进行结构化的描述。

逻辑门：

    and (Output, Input, …)
    nand (Output, Input, …)
    or (Output, Input, …)
    nor (Output, Input, …)
    xor (Output, Input, …)
    xnor (Output, Input, …)

缓冲器与非门：

    buf (Output, …, Input)
    not (Output, …, Input)

三态门：

    bufif0 (Output, Input, Enable)
    bufif1 (Output, Input, Enable)
    notif0 (Output, Input, Enable)
    notif1 (Output, Input, Enable)

MOS 开关：

    nmos (Output, Input, Enable)
    pmos (Output, Input, Enable)
    rnmos (Output, Input, Enable)
    rpmos (Output, Input, Enable)

CMOS 开关：

    cmos (Output, Input, NEnable, PEnable)
    rcmos (Output, Input, NEnable, PEnable)

双向开关：

    tran (Inout1, Inout2)
    rtran (Inout1, Inout2)

双向可控开关：

    tranif0 (Inout1, Inout2, Control)
    tranif1 (Inout1, Inout2, Control)
    rtarnif0 (Inout1, Inout2, Control)
    rtranif1 (Inout1, Inout2, Control)

上拉源与下拉源：

    pullup (Output)
    pulldown (Output)

真值表：

附表 1 至附表 10 为各种逻辑函数真值表，逻辑值 L 与 H 代表部分未知值。L 表示 0 或 Z，H 表示 1 或 Z。

附表 1　与门真值表

and	0	1	X	Z
0	0	0	0	0
1	0	1	X	X
X	0	X	X	X
Z	0	X	X	X

附表 2　与非门真值表

nand	0	1	X	Z
0	1	1	1	1
1	1	0	X	X
X	1	X	X	X
Z	1	X	X	X

附表 3　或门真值表

or	0	1	X	Z
0	0	1	X	X
1	1	1	1	1
X	X	1	X	X
Z	X	1	X	X

附表 4　或非门真值表

nor	0	1	X	Z
0	1	0	X	X
1	0	0	0	0
X	X	0	X	X
Z	X	0	X	X

附表 5　xor 门真值表

xor	0	1	X	Z
0	0	1	X	X
1	1	0	X	X
X	X	X	X	X
Z	X	X	X	X

附表 6　xnor 真值表

xnor	0	1	X	Z
0	1	0	X	X
1	0	1	X	X
X	X	X	X	X
Z	X	X	X	X

附表 7　缓冲器及与非门真值表

buf		Not	
Input	Output	Input	Output
0	0	0	1
1	1	1	0
X	X	X	X
Z	X	Z	X

缓冲门、非门都可以有多个输出，但这些输出值都是相同的。

附表 8　缓冲器使能端真值表

Bufif0		Enable				Bufif1		Enable			
		0	1	X	Z			0	1	X	Z
DATA	0	0	Z	L	L	DATA	0	Z	0	L	L
	1	1	Z	H	H		1	Z	1	H	H
	X	X	Z	X	X		X	Z	X	X	X
	Z	X	Z	X	X		Z	Z	X	X	X

附表9　缓冲器非门使能端真值表

notif0		Enable				notif1		Enable			
		0	1	X	Z			0	1	X	Z
DATA	0	1	Z	H	H	DATA	0	Z	1	H	H
	1	0	Z	L	L		1	Z	0	L	L
	X	X	Z	X	X		X	Z	X	X	X
	Z	X	Z	X	X		Z	Z	X	X	X

附表10　MOS型控制端真值表

PMOS RPMOS		Control				NMOS RNMOS		Control			
		0	1	X	Z			0	1	X	Z
DATA	0	0	Z	L	L	DATA	0	Z	0	L	L
	1	1	Z	H	H		1	Z	1	H	H
	X	X	Z	X	X		X	Z	X	X	X
	Z	Z	Z	Z	Z		Z	Z	Z	Z	Z

cmos（W，Datain，NControl，PControl）;

等价于：

nmos（W，Datain，NControl）;

pmos（W，Datain，PControl）;

规　则：

（1）当 nmos，pmos，cmos，tran，tranif0 和 tranif1 类型的开关开启时，信号从输入传到输出并不改变其强度。

（2）当有电阻的开关，如 rnmos，rpmos，rcmos，rtran，rtranif0 和 rtranif1 类型的开关，开启时，信号从输入传到输出会按附表11减小其强度。

参阅 UDP（用户自定义原语）和 Instantiation（实例引用）语句的说明。

附表11　强度减弱

Strength	减　至
supply	pull
strong	pull
pull	weak
large	medium
weak	medium
medium	small
small	small
highz	highz

19. if 条件声明语句

根据条件表达式的逻辑值（真/假），执行两条/块语句中的一条/块。

语　法：

if（ Expression）
Statement
［else
Statement］

if(表达式)
语句
[else
语句]

在程序中所处位置：
参阅 Statement 语句的说明。
规　　则：
当表达式的值为非零时被认为是真,当值为零、X 或 Z 时被认为是假。
注　　意：
(1) 如果在 if 或 else 分支中有超过一条的语句需要执行时,则必须用 begin-end 或 fork-join 将其包括。
(2) 在使用嵌套的 if-else 语句时,当 else 分支省略时,要特别注意。else 只与离它最近的前面的那个 if 相关联。Verilog 编译器不能判别源代码中省略的 else 分支。
可综合性问题：
(1) IF 声明语句中的赋值语句通常被综合为多路器。在无时钟的 always 块中,当输入变化时而输出仍能保持不变的那些赋值语句,将被综合为透明锁存器,而在有时钟的 always 块中,它们则被综合为循环锁存器。
(2) 在某些情况下,嵌套的 if 语句会被综合为多层的逻辑。用 case 语句可以避免出现这种情况。
提　　示：
如果对某些条件需要先进行测试,在这种情况下应选用嵌套的 if-else 语句。如果所有的条件优先权一致,则应选用 case 语句。
举例说明：

```
    if (C1 && C2)
    begin
        V = ! V;
        W = 0;
        if (! C3)
            X = A;
        else if (! C4)
            X = B;
        else
            X = C;
    end
```

参阅 Case 和 Operators 语句的说明。

20. initial 声明语句

在仿真一开始就执行并只执行一次的声明语句,可执行只包含一条语句或多条语句组成的块。
语　　法：
initial
　　Statement
在程序中所处位置：
　　module -<HERE>- endmodule

可综合性问题:
initial 语句是不可综合的。
注　意:
包含多个语句的 initial 块需要用 begin-end 或 fork-join 块将这些语句合成一块。
提　示:
在仿真测试文件中可使用 initial 语句来描述激励。
举例说明:
下面的例子给出如何使用 initial 在测试文件中产生矢量:

```
    reg Clock, Enable, Load, Reset;
    reg [7:0] Data;
    parameter HalfPeriod = 5;
      initial
        begin : ClockGenerator
          Clock = 0;
          forever
            #(HalfPeriod) Clock = ! Clock;
        end
      initial
        begin
          Load = 0;
          Enable = 0;
          Reset = 0;
          #20      Reset = 1;
          #100     Enable = 1;
          #100     Data = 8'haa;
                   Load = 1;
          #10 Load = 0;
          #500     disable ClockGenerator;      //停止时钟的产生
    end
```

参阅 Always 语句的说明。

21. instantiation 实例引用

实例(instance)是模块,是 UDP 或门的唯一复制。通过实例的引用可以生成设计的各个层次。设计的行为也能通过引用 UDP、门和其他的模块的实例,并用电路连线(Net)将它们连接起来,从结构上加以描述。
　语　法:

　　{either}　　　　　　　　　　　　　　　　　　{任取其一}
　　ModuleName
　　　　[#(Expression,…)] ModuleInstance,…;　　　模块名[#(表达式,……)]实例模块,……;
　　UDPOrGateName [Strength]

[Delay] PrimitiveInstance,…;	UDP 或门名[强度][延迟]原始实例,……;
ModuleInstance =	实例模块 =
InstanceName [Range]([PortConnections])	实例名[范围]([端口连线])
PrimitiveInstance =	原始实例 =
[InstanceName [Range]](Expression,…)	[实例名[范围]](表达式,……)
Range =	范围 =
[ConstantExpression:ConstantExpression]	[常量表达式:常量表达式]
PortConnections = {either}	端口连线={任取其一}
[Expression] ,… {ordered connection}	[表达式],……{有顺序的连线}
• PortName([Expression]) ,… {named connection}	•端口名([表达式]),……{指定连线}

在程序中所处位置：
    module -＜HERE＞- endmodule

规　　则：

(1) 命名的端口连线只能用于模块实例。

(2) 如果给出端口的连线顺序列表，则在引用实例时其端口必须按顺序与模块或门的端口一一对应。

(3) 如果给出命名的端口连线列表时，则在引用实例时其端口顺序是无关紧要的，但其端口的名字必须与模块的端口名字一致。

(4) 如果给出端口的连线顺序列表，在引用实例时，其端口列表中若有两个邻近的逗号，则会因为没有表达式而导致相应端口未连线。如果给出命名的端口连线列表时，在引用实例时，其端口列表中若没有某端口的名字或虽有端口的名字但在括号内没有表达式，也会导致该端口未连线。

(5) 任何表达式都可用来与输入端口相连，但输出端口只能与 Net(线路)、一位或多位的连线或这些位的拼接线相连。输入表达式生成隐含的连续赋值。

(6) 如果在模块实例定义时给出了范围，其含义是定义了一个含有同种的多个子实例的实例模块。如果端口表达式的位长与定义的实例模块相应端口位长(即多个同种 UDP 或门端口位数的总和)一致时，整个表达式都将与每个子实例的端口相连。如果位长不一致、太多或太少，都会出错误。

(7) "♯"符号有两种不同的用途。它既可用来强制修正实例模块中的一个或多个参量，也可用于为 UDP 或门实例指定延迟。对于实例模块，"♯"符号后的第一个表达式替代模块中声明的第一个参量，第二个表达式替代模块中声明的第二个参量，依次类推。

(8) 实例引用 pullup,pulldown,tran 和 rtran 这些类型的门时不允许有延迟。

(9) 对于 nmos,pmos,cmos,rnmos,rpmos,rcmos,tran,rtran,tranif0,tranif1,rtranif0 和 rtranif1 类型的开关不能定义强度。

注　　意：

(1) 在按顺序的端口的列表中很容易不小心将两个端口的顺序弄混。若这些端口的位宽和方向相同，不会报告出错，只有在仿真出现错误结果后，才能找到。这类错误往往很难发现。使用命名的端口连线能避免实例模块引用中出现这类问题。

(2) 多个模块、UDP 或门的成组实例引用的语法是最近才加入 Verilog 语言的标准中，目前还没有工具支持这语法。

可综合性问题：

UDP 和开关的实例引用一般是不能综合的。

提　示：

使用命名的端口连接方式以提高程序的可读性并减少发生错误的可能性（见前文）。
端口表达式只使用位、部分位和位拼接的变量名。如果需要，则应尽量使用独立的连续赋值语句，对实例模块引入信号。

举例说明：

UDP 实例引用 1：Nand2（weak1，pull0）#（3，4）（F，A，B）；
模块实例引用 2：Counter U123（.Clock(Clk)，.Reset(Rst)，.Count(Q)）；
在下面的两个例子中 QB 端口没有连接：
DFF Ff1（.Clk(Clk)，.D(D)，.Q(Q)，.QB()）；
DFF Ff2（Q，，Clk，D）；
下面是端口连线表中使用门表达式的例子：
nor（F，A&&B，C）// 不要这样使用
下面是一个多实例模块引用的例子：

```
module Tristate8 (out, in, ena);
output [7:0] out;
input [7:0] in;
input ena;

bufif1 U1[7:0] (out, in, ena);
/* 上面的一条语句等同下面 8 条语句
bufif1 U1_7 (out[7], in[7], ena);
bufif1 U1_6 (out[6], in[6], ena);
bufif1 U1_5 (out[5], in[5], ena);
bufif1 U1_4 (out[4], in[4], ena);
bufif1 U1_3 (out[3], in[3], ena);
bufif1 U1_2 (out[2], in[2], ena);
bufif1 U1_1 (out[1], in[1], ena);
bufif1 U1_0 (out[0], in[0], ena);
*/
endmodule
```

参阅 Module，User Defined Primitive，Gate 和 Port 语句的说明。

22. module 模块定义

在 Verilog 语言中，模块是层次的基本单元。模块中包括声明语句、功能描述和引用一些现存的硬件部件。有些模块只用来声明可被别的模块调用的参量、任务和函数。在这类模块中没有任何 initial 块、always 块、连续赋值语句和实例引用，因而实际上不存在相应的硬件元件与之对应。

语　法：

　　{either}　　　　　　　　　　　　{任取其一}
　　module ModuleName [(Port,…)];　　module　模块名[(端口,……)];
　　　　ModuleItems…　　　　　　　　　　　　模块条款
　　endmodule　　　　　　　　　　　endmodule

　　macromodule ModuleName [(Port,…)];　macromodule 模块名[(端口,…)];
　　　　ModuleItems…　　　　　　　　　　　　模块条款
　　endmodule　　　　　　　　　　　endmodule

　　ModuleItem ＝ {either}　　　　　模块条款＝{任取其一}
　　Declaration　　　　　　　　　　声　明
　　Defparam　　　　　　　　　　　参数定义
　　ContinuousAssignment　　　　　连续任务
　　Instance　　　　　　　　　　　实例引用
　　Specify　　　　　　　　　　　详细说明块
　　Initial　　　　　　　　　　　初始化块
　　Always　　　　　　　　　　　总是执行块

　　Declaration ＝ {either}　　　　　声明＝{任取其一}
　　Port　　　　　　　　　　　　端　　口
　　Net　　　　　　　　　　　　网　　络
　　Register　　　　　　　　　　寄存器
　　Parameter　　　　　　　　　参　　量
　　Event　　　　　　　　　　　事　　件
　　Task　　　　　　　　　　　任　　务
　　Function　　　　　　　　　　函　　数

在程序中所处位置：

在其他模块或 UDP 除外。

规　则：

（1）几个模块或几个 UDP（或它们的混合）可以在一个文件中进行描述。事实上，一个模块也可以分开，并在两个或更多的文件中描述，但不推荐这种做法。

（2）模块也可使用关键字 macromodule 来定义。其语法与用关键字 module 来定义模块是完全一样的。

（3）Verilog 编译器在编译宏模块时与编译一般模块时有所不同，比如不必为宏模块实例创建层次。这样，从仿真速度或存储介质的开销两方面来说，宏模块的编译更有效率。为了达到这个目的，宏模块的编译可能受实现时的某些特殊条件的限制。如果遇到这种情况，宏模块将被按一般模块编译。

注　意：

模块与宏摸块都以关键字 endmodule 作为结束标志。

可综合性问题:

(1) 每一个模块都被综合为一个独立的分层块,虽然有些工具的默认配置规定把层次展平(为单层),但仍允许用户对综合后生成的网表层次进行控制。

(2) 不是所有的工具都支持宏模块的综合。

提　示:

尽量使每一个文件只包含一个模块。在大型设计中,这样做易于源代码的维护。

举例说明:

```
macromodule nand2 (f, a, b);
output f;
input a, b;
    nand (f, a, b);
endmodule


module PYTHAGORAS (X, Y, Z);
    input [63:0] X, Y;
    output [63:0] Z;
    parameter Epsilon = 1.0E-6;
    real RX, RY, X2Y2, A, B;
        always @(X or Y)
          begin
            RX = $bitstoreal(X);
            RY = $bitstoreal(Y);
            X2Y2 = (RX * RX) + (RY * RY);
            B = X2Y2;
            A = 0.0;
            while ((A - B) > Epsilon || (A - B) < -Epsilon)
              begin
                A = B;
                B = (A + X2Y2 / A) / 2.0;
              end
          end
        assign Z = $realtobits(A);
endmodule
```

参阅 User Defined Primitive, Instantiation 和 Name 语句的说明。

23. name 名字

任何用 Verilog 语言描述的"东西"都通过它的名字来识别。

语　法:

Identifier　　　　　　　　　　　　　　　标识符

\EscapedIdentifier {terminates with white space}　\扩展标识符{空格表示结束}

规　　则：

（1）标识符可由字母、数字、下画线和美元（$）符号构成。第一个字符必须是字母或下画线，而不能是数字或美元（$）符号。

（2）一个扩展标识符用反斜杠引出，用空格结束（空格符、制表符、回车键或换行键），并且可包含除空格外的任何可印刷的字符。反斜杠和空格并不算作标识符的部分，例如，标识符 Fred 与扩展标识符 \ Fred 是相同的。

（3）在 Verilog 中变量名区别大小写，对大小写敏感。

（4）在 Verilog 文件中，一个名字不能有多于一个以上的含义。名字的内部声明（例如在 begin-end 块中的名字）能屏蔽外部声明（例如包含有该命名 begin-end 块的上层模块的变量声明语句）。

24. Hierarchical Names 分级名字

（1）Verilog HDL 中的每个标识符都有唯一的分级名字。这意味着任何 Net、寄存器、事件、参量、任务和函数都能通过使用它的分级名，在标识符的声明块外对它进行访问。

（2）在名字层次的最上层是不需要实例引用的模块名。顶层测试模块就是一个最上层模块的例子（尽管可能会有不止一个顶层模块在同一仿真中运行）。

（3）在每个实例模块、命名块、任务和函数的定义时，便定义了名字层次树上的新层。

（4）Verilog 变量的分级名字是由从顶层模块名字开始直到包含该变量的模块实例名、命名块、任务和函数名构成，其间用小圆点隔开。

25. Upwards Name Referencing 向上索引名

包含两个标识符中间用点号隔开的分级名可能是下列情况中的一种：

（1）当前模块所引用的实例模块中的一项（这是向下引用）。

（2）顶层模块中的一项（这是一个分级名字）。

（3）当前模块的父模块中的引用的实例模块中的一项（这是向上引用。）。

（4）向上引用名字的第一个标识符既可能是一个模块名也可能是一个模块实例的名字。

可综合性问题：

分级名字和向上索引名在一般低档综合工具上是不可综合的。

提　　示：

（1）通常，应选择对读者来说有含义的名字。相对本地名而言，这一点对于全局名显得更为重要。例如，给全局复位信号起名为 G0123，这名字不好，因没有含义，而 I 作为循环变量却是易于接受的。

（2）名字中不要使用扩展字符。如网表生成或综合这一类 EDA 工具，它们具有与 Verilog 不同的命名规则，常留给这些扩展字符某些特殊含义。

（3）分级名字仅用于测试模块或那些无法改用别的合适的名字的高层系统模型中。

（4）避免使用向上索引名，因为它们会导致代码非常难理解，从而给调试和维护带来麻烦。

举例说明:

以下是合法名的例子:

```
A_99_Z
Reset
_54 MHz_Clock $
Module              // 与"module"是不一样的
\ $ %-& * ( )       // 扩展标识符
```

以下是因上述原因而不合法的名字:

```
123a                // 名字不能用数字开始
$ data              // 名字不能用 $ 符号
module              // 名字不能用保留字
```

下面的例子说明了分级名字和向上引用名字:

```
module Separate;
    parameter P = 5;            // Separate.P
endmodule

module Top;
reg R;                          // Top.R
        Bottom U1 ();
Endmodule
Module Bottom;
reg R;                          // Top.U1.R

    task T;                     // Top.U1.T
        reg R;                  // Top.U1.T.R;
            ⋮
    endtask

    initial
      begin : InitialBlock
        reg R;                  // Top.U1.InitialBlock.R;
        $ display(Bottom.R);    // 向上索引名指向 Top.U1.R
        $ display(U1.R);        // 向上索引名指向 Top.U1.R
            ⋮
      end
endmodule                       // end of Bottom module
```

26. Net 线路连接

Net 是结构描述中为线路连接(连线和总线)建立的模型。net 的值是由 net 的驱动器所决定的。驱动器可以是门、UDP、实例模块或者连续赋值语句的输出。

语　法：

　　{either}
　　NetType [Expansion] [Range] [Delay] NetName,…；
　　trireg [Expansion] [Strength] [Range] [Delay]
　　NetName,…；
　　{Net declaration with continuous assignment}　　用连续声明语句对 net 进行声明
　　NetType [Expansion] [Strength] [Range] [Delay]
　　NetAssign,…；
　　NetAssign = NetName = Expression
　　NetType = {either}
　　wire tri {equivalent}
　　wor trior {equivalent}
　　wand triand {equivalent}
　　tri0
　　tri1
　　supply0
　　supply1
　　Expansion = {either}
　　vectored scalared
　　Range = [ConstantExpression：ConstantExpression]

在程序中所处位置：

　　　　module-＜HERE＞-endmodule

规　则：

（1）supply0 和 supply1 类型的 net 变量分别具有逻辑值 0 和 1，并可以为它定义驱动能力（Supply strength）。

（2）tri0 和 tri1 类型的 nets，当没有驱动时，分别具有逻辑值 0 和 1，并可以为它定义驱动能力（Pull strength）。

（3）如果 net 变量的扩展（Expansion）选项选用了关键词 vectored，则不允许对它进行某位和某些位的选择，也不允许对它定义强度，PLI 会认为该 net 变量是不可扩展的；如果扩展选项选用了关键词 scalared，则允许对它进行某位和某些位的选择，也允许对它定义强度，PLI 将会认为该 net 变量是可扩展的，这些关键词是有参考价值的。

（4）除了结构描述中的端口和标量连线不用声明其 net 类型外，其他类型的 net 变量在应用之前必须声明。

Truth Table 真值表

当 Net 具有两个或两个以上驱动时，同时假定其驱动器强度值均相等，附表 12 为 Wire tri，Wand triand，Wor trior，tri0 和 tri1 的真值表则显示输出的结果。如果驱动器强度不相等，则驱动强度大者，驱动该 Net 变量。

注　意：

（1）当 net 变量未被驱动时，对 tri0 或 tri1 类型的 net 变量的连续赋值不影响其值和强度,通常强度(strength)保持为 Pull,逻辑值保持为 0(对 tri0)或 1(对 tri1)。

(2) 在 IEEE 标准和已成事实的 Cadence 公司标准中,扩展可选项的保留字 scalared 或 vectored 的位置有所不同,在 Cadence 标准中,保留字位于范围(range)选项的跟前。

可综合性问题:

(3) Net 类型的变量被综合成线路连接,但是某些线路连接经优化后有可能被删去。

(4) 综合工具只支持 Net 类型中 wire 型的综合,其他的 Net 类型均不支持。

提　示:

(1) 在每个模块的块明确地声明所有的 nets,即使是默认的类型也应该明确地加以说明。通过清楚地说明设计意图,可以提高 Verilog 程序的可读性和可维护性。

(2) 只能用 supply0 和 supply1 来声明地和电源。

附表 12　各种真值表

Wire tri	0	1	X	Z
0	0	X	X	0
1	X	1	X	1
X	X	X	X	X
Z	0	1	X	Z

Wand triand	0	1	X	Z
0	0	0	0	0
1	0	1	X	1
X	0	X	X	X
Z	0	1	X	Z

Wor trior	0	1	X	Z
0	0	1	X	0
1	1	1	1	1
X	X	1	X	X
Z	0	1	X	Z

tri0	0	1	X	Z
0	0	X	X	0
1	X	1	X	1
X	X	X	X	X
Z	0	1	X	0

tri1	0	1	X	Z
0	0	X	X	0
1	X	1	X	1
X	X	X	X	X
Z	0	1	X	1

举例说明:

```
wire Clock;
wire [7:0] Address;
tri1 [31:0] Data, Bus;
trireg (large) C1, C2;
wire f = a && b,
     g = a || b; // 连续赋值
```

参阅连续赋值和寄存器类型语句的说明。

27. Number 数

数指整数或者实数。在 Verilog 中,整数是通过若干位来表示的,其中某些位可以是不定值(X)或高阻态(Z)。

语　法：

　　{either}
　　BinaryNumber　　　　　　　（二进制数）
　　OctalNumber　　　　　　　（八进制数）
　　DecimalNumber　　　　　　（十进制数）
　　HexNumber　　　　　　　　（十六进制数）
　　RealNumber　　　　　　　　（实数）
　　BinaryNumber = [Size] BinaryBase BinaryDigit…
　　OctalNumber = [Size] OctalBase OctalDigit…
　　DecimalNumber = {either}
　　[Sign] Digit…{signed number}
　　[Size] DecimalBase Digit…
　　HexNumber = [Size] HexBase HexDigit…
　　RealNumber = {either}
　　[Sign] Digit…Digit…
　　[Sign] Digit…[. Digit…]e[Sign] Digit…
　　[Sign] Digit…[. Digit…]E[Sign] Digit…
　　BinaryBase = {either} 'b 'B
　　OctalBase = {either} 'o 'O
　　DecimalBase = {either} 'd 'D
　　HexBase = {either} 'h 'H
　　Size = Digit…
　　Sign = {either} +
　　−Digit = {either} _ 0 1 2 3 4 5 6 7 8 9
　　BinaryDigit = {either} _ x X z Z ? 0 1
　　OctalDigit = {either} _ x X z Z ? 0 1 2 3 4 5 6 7
　　HexDigit = {either} _ x X z Z ? 0 1 2 3 4 5 6 7 8 9 a A
　　b B c C d D e E f F
　　UnsignedNumber = Digit…

在程序中所处位置：

参阅 Number 表达式的说明。

规　则：

(1) 表示进制的字母、十六进制数、X 和 Z 在数的表示中是不区分大小写的,字符 Z 和?在数的表示中是等价的。

(2) 数字中不能有空格,但是在表示进制的字母两侧可以出现空格。

(3) 负数表示为其二进制的补数。

(4) 数字的第一个字符不允许出现下画线"_",但标识符可以。为了提高数字的可读性,可用下画线把长的数字分段,但在处理数字时下画线将被忽略。

(5) 位宽指明了数字的准确位数。

(6) 不指明位宽的数字,它的位宽应为 32 位或 32 位以上,这取决于主机字长。

(7) 如果位宽大于实际的二进制位数时,高位部分补 0,但若左边最高位是 X 或 Z,在这种情况下,则补 X 或 Z。

(8) 如果位宽小于实际的二进制数位时,超过位宽的高位(左边)将被舍去。

注　意:

定义了位宽的负数被赋值到寄存器后,它将被认为是无符号的数。

```
reg [7:0] byte;
reg [3:0] nibble;
initial
begin
nibble = -1;            //例如 4'b1111
byte = nibble;          //变为 8'b0000_1111
end
```

当寄存器类型的数或者定义了位宽的数被用在表达式中时,其值通常被当作一个无符号数。

```
integer i;
initial
i = -8'd12 / 3;         // i 变成 81 (即 8'b11110100 / 3)
```

可综合性问题:

(1) 0 和 1 分别被综合成接地和接电源的连线,赋值为 X 的则被认为是无关项。除了使用 casex 语句外,如用其他的条件语句,与 X 的比较都认为是假的。case 等式运算符 === 和 !== 在一般情况下都是不可综合的。

(2) 除了在 caseX 和 caseZ 语句中的 Z 被认为是无关项外,在其他情况下 Z 则被用来表示三态驱动器。

提　示:

(1) 在 case 语句的标号中,通常用 ? 要比用 Z 好。在程序的其他地方不要使用 ? 号,否则会产生混淆。

(2) 用下画线来分隔较长的数字,从而提高可读性。

举例说明:

```
-253                // 有符号的十进制数
'Haf                // 未定义位宽的十六进制数
6'o67               // 位宽为 6 的八进制数
8'bx                // 位宽为 8 的二进制数,其值为不定值
4'bz1               // 位宽为 4 的二进制数,最低位为 1 其余高三位均为高阻值(4'bzzz1)
```

下面所列的数为不合法的数并解释其原因:

```
_23                 // 以_开头
```

8' HFF	// 包含两个非法空格
0ae	// 十进制数中出现十六进制数字
x	// 是名字,不是数字(应用 1'bx)
.17	// 应该是 0.17

参阅表达式和字符串语句的说明。

28. Operators 运算符

在表达式中,使用运算符便可根据操作数(诸如数字、参量以及其他子表示式)计算出表达式的值。Verilog 语言中的运算符和 C 语言很相似。

单目运算符:

+ −	正负号
!	逻辑非
~	按位取反
& ~& | ~| ^ ~^ ^~	缩位运算符(~^ 和 ^~ 等价)

二目运算符:

+ − * /	算术运算符
%	取模运算符
> >= < <=	关系运算符
&& ||	逻辑运算符
== !=	逻辑等式运算符
=== !==	case 等式运算符
& | ^ ^~ ~^	逐位运算符(^~ 和 ~^等价)
<< >>	移位运算符

其他运算符:

A ? B : C	条件运算符
{ A, B, C }	位拼接运算符
{ N{A} }	重复运算符

在程序中所处位置:

参阅运算符表达式的说明。

规　　则:

(1) 逻辑运算符把它的操作数当作布尔变量。例如,非零的操作数被认为是真(1'b1);零被认为是假(1'b0);不确定的值,例如 4'bXX00,因不能判断其值为真还是假,就被认为是不确定的(1'bX)。

(2) 位运算符(~ & \| ^ ^~ ~^)和全等运算符(= = =! = =)把它们操作数的逐位分别进行处理。

(3) 在包含 = = 或! =的逻辑比较式中,如果有任何一个操作数为 X 或 Z,其结果便是不确定的(1'bX)。

(4) 在包含(<　><= >=)的比较式中,如果操作数不确定,其结果为不定值

(1'bX),例如：

  2'b10 > 1'b0X   //结果为真
  2'b11 > 1'b1X   //结果不定(1'bX)

  (5) 缩位运算符(&、~&、|、~|、^、~^、^~)将一个矢量缩减为一个标量。
  (6) 位宽确定的表达式的运算采用溢出的位不计的办法，如：4'b1111+4'b0001=4'b0000。
  (7) 整数作除法运算时，小数部分被截掉。
  (8) 取模运算(%)的结果是第一个操作数被第二个操作数除的余数，符号与第一个操作数一致。
  (9) 只有某些特定的运算符允许出现在实数表达式中，例如单目运算符＋和－、算术运算符、关系运算符、逻辑运算符以及条件运算符。实数逻辑或关系运算符的结果是一个只有一位的值。

  运算符的优先级：

  ＋ － ！ ~   单目(unary)   最高优先级
  * / %
  ＋ －   双目(binary)
  << >>
  < <= > >=
  == != === !==
  & ~&
  ^ ^~
  | ~|
  &&
  ||
  ?:   最低优先级

  注　意：
  (1) 应用 ==、!=、<、>、<=和>=，对某些位不确定的值进行比较的规则并不适用于所有的仿真器，这点请特别注意。
  (2) 注意单目缩位运算符与逐位逻辑运算符之间的区别，运算符本身是相同的，可根据上下文的关系来判断是哪一种，有时必须要用括号才能表达清楚。

  可综合性问题：
  (1) 逻辑运算符、逐位运算符、移位运算符是可综合的，都被综合成逻辑运算。
  (2) 条件运算符是可综合的，被综合成多路器或带使能端的三态门。
  (3) 运算符＋、－、*、<、<=、>、>=、==和!=都是可综合的，被分别综合成加法器、减法器、乘法器和比较器。
  (4) 运算符 / 和%一般是不可综合的，只有当能用移位寄存器来表示运算时才是可综合的。而常量的 / 和%运算是可综合，但结果只能用二进制数表示。其他运算符均不能被任何工具所综合。

提　示：

在写表达式的时候，运用括号要比依靠运算符的优先级要好，这样可预防错误产生，并且使那些不太了解 Verilog 语言的人更容易理解代码的含义。

举例说明：

```
-16'd10                 // 这是表达式,是负运算,不是有符号数
a + b
x % y
Reset && ! Enable       // 与 Reset && (! Enable)相同
a && b || c && d        // 与 (a && b) || (c && d)相同
~4'b1101                // 结果为 4'b0010
&8'hff                  // 结果为 1'b1,即一位的逻辑值 1
```

参阅 Expression 语句的说明。

29. Parameter 参数

参数是为常数命名的一种手段。在 Verilog 代码模块编译时（而不是在仿真期间），可以改写参数的值。使用参数就有可能重新定义 Verilog 代码中的常数，如数组的宽度等。

语　法：

parameter Name = ConstantExpression,
Name = ConstantExpression,
… ;

有些工具支持下列非标准的语法：

parameter [Range] Name = ConstantExpression,
Name = ConstantExpression,
… ;
Range = [ConstantExpression : ConstantExpression]

在程序中所处位置：

module-<HERE>-endmodule
begin : Label-<HERE>-end
fork : Label-<HERE>-join
task-<HERE>-endtask
function-<HERE>-endfunction

规　则：

(1) 参数是常量,在仿真期间更改参数的值是非法的。

(2) 在编译期间用 defparam 或者当包含参数的模块被引用时,可以改写其参数的值。

可综合性问题：

有些综合工具能把含有参数的模块当作模板,一旦读入模板,便能够用不同的参数值多次对该模板进行综合。所有的综合工具都支持不带改动参数的模块实例的综合。

提 示：

尽可能用参数给常数起一个有含义的名字。

举例说明：

下面的例子是一个以 N 位宽度的（可通过参数改变位宽度）移位寄存器。实例引用该参数化移位寄存器时可重新定义不同的位宽。

```
module Shifter (Clock, In, Out, Load, Data);
parameter NBits = 8;
input Clock, In, Load;
input [NBits-1:0] Data;
output Out;
always @(posedge Clock)
if (Load)
ShiftReg <= Data;
else
ShiftReg <= {ShiftReg[NBits-2:0], In};
assign Out = ShiftReg[NBits-1];
endmodule

module TestShifter;
    ⋮
defparam U2.NBits = 10;
Shifter #(16) U1 (…);         // 6 位移位寄存器
Shifter U2 (…);               // 10 位移位寄存器
Endmodule
```

参阅 `define，Defparam，Instantiation 和 Specparam 语句的说明。

30. PATHPULSE $ 路径脉冲参数

（1）在指定块中用指定参数（即用 specparam）对 PATHPULSE $ 参数赋值可控制脉冲的传输。这里所谓的脉冲是指在模块输出端出现的两个跳变沿和它们之间的一段持续时间，其持续时间必须小于信号从模块的输入端直到输出端的延时。

（2）如果使用默认的 PATHPULSE $ 参数值，仿真器将不考虑脉冲，这就是指因为路径脉冲的持续时间比模块传输延时短，故脉冲不能传过该模块，这种效应被称为"时延惯性"。用指定参数（即用 specparam）可给 PATHPULSE $ 参数赋新的值。

语 法：

```
{either}
PATHPULSE $ = ( Limit[, Limit]); {(Reject, Error)}
PATHPULSE $ Input $ Output = ( Limit[, Limit]);
Limit = ConstantMinTypMaxExpression
```

在程序中所处位置：

specify-<HERE>-endspecify

规　则：

(1) 如果 PATHPULSE$ 的第二个极限参数（即 Error）没有给定，它就应该与第一个极限参数（即 reject）相同。

(2) 维持时间比第一个极限参数（即 reject）短的脉冲不会输出。

(3) 维持时间比第一个极限参数（即 reject）长而比第二个极限参数（即 Error）短的脉冲将输出一位的不确定值（即 1'bX）。

(4) 维持时间比第二个极限参数长的脉冲将正常地输送出去。

(5) 用 specparam 对 PATHPULSE$input$output 参数重新赋值将改写常规值。

(6) 在同一个模块中可通过使用 specparam 对 PATHPULSE$ 赋值来描述从输入到输出的延时。

可综合性问题：

综合工具不考虑延时结构，包括指定块的定义。

举例说明：

```
specify
    (clk => q) = 1.2;
    (rst => q) = 0.8;
    specparam PATHPULSE$clk$q = (0.5,1);
    PATHPULSE = (0.5);
endspecify
```

参阅 Specify 和 Specparam 语句的说明。

31. Port 端口

模块的端口是硬件器件的引脚或接口的模型。

语　法：

```
{definition}
{either}
PortExpression {ordered list}
.PortName([ PortExpression ]) {named list}
PortExpression = {either}
PortReference
{ PortReference,…}
PortReference = {either}
Name
Name[ ConstantExpression ]
Name[ ConstantExpression : ConstantExpression ]
{declaration}
{either}
input [ Range ] Name,…; {of port reference}
```

output [Range] Name,…；{of port reference}
inout [Range] Name,…；{of port reference}
Range = [ConstantExpression：ConstantExpression]

{在上述部分位选择(即 Range)选项内,冒号左侧常量表达式表示最高位(即 MSB),冒号右侧常量表达式表示最底位(即 LSB)}

在程序中所处位置：

module (<HERE>)；{definition}
<HERE> {declaration}
    ⋮
endmodule

规　则：

(1) 在端口列表中列出的所有端口必须按顺序排列或按端口名称排列,这两种排列方式是不同的,不能混合使用。

(2) 有端口的名称但没有端口表达式,如 .A( ),则表示在本模块中定义了不与任何东西相连的端口。

(3) 每个端口除了必须在端口列表中列出外,还必须声明该端口是输出(output)、输入(input),还是双向端口(inout)。

(4) 每个端口不但要声明是输出、输入,还是双向端口,而且还要声明是连线(wire)还是寄存器(reg)类型,如果没声明,则会隐含地认为该端口是连线(wire)类型,且其位宽与相应的端口一致。如果某端口已被声明为一矢量,则其端口的方向和类型这两个声明中的位宽必须一致。

(5) 输入和双向端口不能声明为寄存器类型。

(6) 输出端口的类型不能声明为实型(real)或实时型(realtime)。

提　示：

(1) 在测试模块中不要定义端口。

(2) 在模块定义时不建议使用命名的端口的列表,因为很少有人这样来定义模块端口,大家都不了解这种端口的定义形式。

举例说明：

module (A, B[1], C[1:2])；
input A；
input [1:1] B；
output [1:2] C；

module (.A(X), .B(Y[1]), .C(Z[1:2]))；
input X；
input [1:1] Y；
output [1:2] Z；

参阅 Module, User Defined Primitive 和 Instantiation 语句的说明。

32. Procedural Assignment 过程赋值语句

改变寄存器的值,或者安排以后的变化。

语　　法:

　　{Blocking assignment}　　　　　　　　　　　　//阻塞赋值
　　RegisterLValue = [TimingControl] Expression;
　　{Non-blocking assignment}　　　　　　　　　　//非阻塞赋值
　　RegisterLValue<= [TimingControl] Expression;
　　RegisterLValue = {either}
　　RegisterName
　　RegisterName[Expression]
　　RegisterName[ConstantExpression:ConstantExpression]
　　Memory[Expression]
　　{RegisterLValue,…}

在程序中所处位置:

参阅 statement 语句的说明。

规　　则:

(1) 对寄存器的赋值(不包括正负号)。

(2) 对于实型和实时数据类型的寄存器不允许选择某位和某几位。

(3) 当赋值语句执行时,右侧的表达式被计算出值,但是直到定时控制事件或延时(也被称为'内部指定的延时')发生后,左侧的表达式才更新。

(4) 直到左侧的表达式更新后(例如内部定义的延时过后)阻塞赋值语句才算完成。在 begin-end 模块中,只有当前一条语句执行完后,才能执行其后面的一条语句。在 fork-join 模块中,只有当块中所有的阻塞赋值语句结束后,整个块才算结束。

(5) 如果仿真时刻相同,要待所有的阻塞赋值语句执行后,非阻塞赋值语句才执行。

　　A <= #50;
　　A = #51;　　　　//5个时间单位后,A 将变为0,而不是变为1

注　　意:

寄存器变量可以在一个或几个 initial 或 always 语句中赋值。无论何时,寄存器变量的值都是由最近的赋值所决定,与事件的来源无关。这一点与 net 类型的变量不同。net 可以由两个或更多的源驱动,其结果值则取决于 net 变量的类型(wire 型,wand 型等)。

可综合性问题:

(1) 综合工具不考虑延时。

(2) 定时控制或延时是不可综合的。

(3) 同一个寄存器类型变量虽然可以在几个 always 语句中赋值,但只有在一个 always 语句中赋值的才有可能被综合。

(4) 同一个寄存器类型变量不能既用阻塞赋值又用非阻塞赋值。

(5) 在描述组合逻辑的 always 块中,右侧表达式被综合成组合逻辑,左侧的表达式被综合成连线,如有不完整的赋值则综合成锁存器。在描述时序逻辑时用时钟沿触发的 always 块中,非阻塞赋值符的左侧被综合成触发器,阻塞赋值符的左侧则被综合成一个连接,除非它被用在该 always 块之外,或者在赋值之前它的值已被读取。

提 示:

(1) 通常采用非阻塞赋值语句来生成触发器组成的时序逻辑,而阻塞赋值常用于其他方面,这样做可以防止时钟沿触发的 always 块中发生竞争冒险,也可使设计意图更加清晰,又能避免生成不需要的触发器。

(2) 在时钟树的模型已确定的情况下,可用一个简单的内部指定的延时来避免 RTL 时钟沿对不齐的问题。

举例说明:

```
always @(Inputs)
    begin : CountOnes
        integer I;
        f = 0;
        for (I=0; I<8; I=I+1)
            if (Inputs[I])
                f = f + 1;
    end
always @Swap
    fork                    // 交换 a 和 b 的值
        a = #5 b;
        b = #5 a;
    join                    // 延时 5 s 后完成

always @(posedge Clock)
    begin
        c <= b;             // 用旧的 b 值
        b <= a;             // b 被 a 值替换
    end
```

用非阻塞赋值语句时,加一个延时来做输出与时钟沿有些偏移的仿真:

```
always @(posedge Clock)
    Count <= #1 Count + 1;
```

在时钟周期的第 5 个下降沿插入复位信号:

```
initial
    begin
        Reset = repeat(5) @(negedge Clock) 1;
        Reset = @(negedge Clock) 0;
    End
```

参阅 Timing Control 和 Continuous Assignment 语句的说明。

33. Procedural Continuous Assignment 过程连续赋值语句

启动过程连续赋值语句将给一个或多个寄存器赋值,并同时防止一般的过程赋值语句影响已赋值的寄存器。

语　法：
  assign RegisterLValue = Expression;
  deassign RegisterLValue;
  RegisterLValue = {either}
  RegisterName
  RegisterName[Expression]
  RegisterName[ConstantExpression : ConstantExpression]
  MemoryName[Expression]
  { RegisterLValue,⋯}

在程序中所处位置:
参阅 Statement 语句的说明。

规　则:
(1) 过程连续赋值语句执行后,会对指定的寄存器(组)强制地维持过程连续赋值直到解除赋值(deassign)语句的执行,或直到另一个过程连续赋值语句又对该寄存器(组)赋值。

(2) 用 force(强制)语句可以改写已由过程连续赋值语句赋值的寄存器类型变量,直到 release 语句的执行,此时强制赋值被解除而原过程连续赋值对该寄存器类型变量的作用又重新恢复。

注　意:
连续赋值语句与过程连续赋值语句尽管很相似,但并不是完全一致。在编写程序时,应确认将 assign 写在正确的位置。过程连续赋值语句可以写在声明语句允许出现的位置(在 initial, always, task, function 等内部),而连续赋值语句则必须写在任何 initial 或 always 块之外。

可综合性问题:
无论用什么综合工具,过程连续赋值语句是都不能综合的。

提　示:
过程连续赋值语句可以用来为异步复位和中断建立仿真模型。

举例说明:
```
    always @(posedge Clock)
        Count = Count + 1;            //受下面 always 块控制的计时钟个数的计数器

    always @(Reset) // 异步复位
        if(Reset)
            assign Count = 0;         // 当 Reset 为高时,使 Count 为 0,不计数
        else
            deassign Count;           // 当 Reset 为低时,解除 Count 为 0
                                      //于是下一个时钟的上升沿又重新开始计数
```

参阅 Continuous Assignment 和 Force 语句的说明。

34. Programming Language Interface 编程语言接口

Verilog 编程语言接口(PLI)为用户提供了在 Verilog 模块中调用 C 语言编写的函数的方法。这些函数可以动态地访问和修改被引用的 Verilog 数据结构中的数据，用 PLI 编写的系统任务使上述功能变得容易使用。通过调用用户定义的系统任务和函数可以启动 PLI，用户编写自己的 PLI 模块的目的是扩大系统任务和函数的内容。用户自定义的系统任务和函数在调用时都用以 $ 字符开头的任务和函数名。这与 Verilog 语言提供的系统任务和函数库名一致。如用户自定义的系统任务和函数名与原系统任务或函数名相同时，则执行用户自定义的系统任务和函数。

下面列举的是 PLI 在某些方面的应用：
(1) 延迟计数；
(2) 测试矢量读入；
(3) 波形演示；
(4) 源代码调试。

接口模型可用 C 语言或其他语言(例如 VHDL 或硬件建模工具)编写或生成。对于 PLI 的全面讨论超出了本参考手册的范围，可参阅其他参考资料。

35. Register 寄存器

寄存器可存储在 initial，always，task 和 function 块中所赋的值，广泛地应用在行为建模中。

语　法：

```
{either}
reg [ Range ] RegisterOrMemory,…;
integer RegisterOrMemory,…;
time RegisterOrMemory,…;
real RegisterName,…;
realtime RegisterName,…;
RegisterOrMemory = {either}
RegisterName
MemoryName Range
Range = [ ConstantExpression : ConstantExpression ]
```

在程序中所处位置：

```
module-<HERE>-endmodule
begin : Label-<HERE>-end
fork : Label-<HERE>-join
task-<HERE>-endtask
function-<HERE>-endfunction
```

规　则：

(1) 寄存器类型变量只能用过程赋值语句赋值。

(2) 在具体实现时，整数(integer)类型的变量至小用 32 位，时间(time)类型的变量至小用 64 位寄存器。

(3) integer 或 time 类型的寄存器变量与位数相同的 reg 类型的寄存器变量行为是相同的。Integer 和 time 型的寄存器变量也可像 reg 类型的寄存器变量一样对某位或某些位操作。而在表达式中，整数类型的值被当作有符号值，而 reg，time 类型的值被当作无符号值。

(4) 存储器类型数组中的每个元素作为整体可以进行读或写操作，如果要单独访问数组中某个元素的个别位，则必须先把这个元素的内容复制到某个位数相同的寄存器变量中才能进行。

注　意：

(1) 虽然 register 这个词指的是硬件寄存器(例如触发器)，而在这里是指软件寄存器(即变量)。Verilog 寄存器常用于组合逻辑电路、锁存器、触发器和接口电路的描述和综合。

(2) realtime 类型寄存器变量是 Verilog 语言新增的变量类型，目前还没有任何工具支持这种类型的变量。

(3) 有符号和无符号值的概念，不同版本的 Verilog 和用不同厂家的仿真器时，并不是完全一致的。因此，当使用位宽大于 32 位的有符号数或矢量时要特别注意。

可综合性问题：

(1) Real，time 和 realtime 类型的寄存器变量是不可综合的。

(2) 在描述组合逻辑的 always 块中，寄存器被综合成 wire 型；如果存在不完整赋值的情况，则被综合成锁存器。在描述时序逻辑的 always 块中，寄存器根据块内语句的内容被综合成连线(wire)或者触发器。

(3) 运用目前的综合工具，整数被综合成 32 位，其值用二进制数表示，负数则用其二进制补码表示。

(4) 根据所用语句，存储器数组会被综合成触发器或连线，而不会被综合成 RAM 或 ROM 的器件。

提　示：

运用 reg 类型变量来描述寄存器逻辑，而 integer 类型变量用于循环变量和计数，real 类型变量用于系统模块，time 和 realtime 类型变量用于测试模块中记录仿真时刻。

举例说明：

```
reg a, b, c;
reg [7:0] mem[1:1024], byte;    // byte 不是数组只是一个 8 位的 reg 类型矢量
integer i, j, k;
time now;
real r;
realtime t;
```

下面的部分显示了 reg 类型和 integer 类型变量的一般用法。

```
integer i;
reg [15:0] V;
```

```
reg Parity;
always @(V)
    for ( i = 0; i <= 15; i = i + 1 )
        Parity = Parity ^ V[i];
```

参阅 Net 语句的说明。

36. repeat 重复执行语句

把一个或多个声明语句重复地执行指定的次数。

语　法：

```
repeat ( Expression )
    Statement
```

在程序中所处位置：

参阅 Statement 语句的说明。

规　则：

重复执行的次数是由表达式的数值所决定的，如果该值为 0, X 或 Z, 则不会有重复。

可综合性问题：

只有部分综合工具可以综合 repeat 语句, 而且只有当该循环中的每个循环的分支都被时钟事件中断, 如被 @(posedge Clock) 所中断时才有可能被综合成电路。

举例说明：

```
initial
    begin
        Clock = 0;
        repeat ( MaxClockCycles )
            begin
                #10 Clock = 1;
                #10 Clock = 0;
            end
    end
```

参阅 For, Forever, While 和 Timing Control 语句的说明。

37. Reserved Words 关键词

下列词汇是 Verilog 语言规定的所有的关键词, 在这里, 千万不要把这些标识符用作自定义的标识符, 除非把它们改写为大写的字符或扩展字符。

And	for	output	strong1
Always	force	parameter	supply0
Assign	forever	pmos	supply1
Begin	fork	posedge	table
Buf	function	primitive	task
bufif0	highz0	pulldown	tran

bufif1	highz1	pullup	tranif0
case	if	pull0	tranif1
casex	ifnone	pull1	time
casez	initial	rcmos	tri
cmos	inout	real	triand
deassign	input	realtime	trior
default	integer	reg	trireg
defparam	join	release	tri0
disable	large	repeat	tri1
edge	macromokule	mmos	vectored
else	medium	rpmos	wait
end	module	rtran	wand
endcase	nand	rtranif0	weak0
endfunction	negedge	rtranif1	weak1
endprimitive	nor	scalared	while
endmodule	not	small	wire
endspecify	notif0	specify	wor
endtable	notif1	specparam	xnor
endtask	nmos	strength	xor
event	or	strong0	

38. Specify 指定的块延时

Specify 块(指定延时块)用于描述从模块的输入到输出的路径延时以及定时约束,例如信号的建立和保持时间。用指定延时块可以在设计时把模块的信号传输延时与行为或结构分开来进行描述。

语　法：

```
specify
    SpecifyItems···
endspecify
SpecifyItem = {either}
    Specparam
    PathDeclaration
    TaskEnable {Timing checks only}
PathDeclaration = {either}
    SimplePath = PathDelay;
    EdgeSensitivePath = PathDelay;
    StateDependentPath = PathDelay;
SimplePath = {either}
    ( Input,··· [ Polarity] *> Output,···)    {full}
    ( Input [ Polarity] => Output)            {parallel}


EdgeSensitivePath = {either}
```

([Edge] Input,… *> Output,… [Polarity]：Expression)
([Edge] Input => Output [Polarity]：Expression)
StateDependentPath = {either}
if (Expression) SimplePath = PathDelay;
if (Expression) EdgeSensitivePath = PathDelay;
ifnone SimplePath = PathDelay;

Input = {either}
InputName
InputName[ConstantExpression]
InputName[ConstantExpression：ConstantExpression]
Output = {either}
OutputName
OutputName[ConstantExpression]
OutputName[ConstantExpression：ConstantExpression]
Edge = {either} posedge negedge
Polarity = {either}
+
—
PathDelay = {either}
ListOfPathDelays
ListOfPathDelays = {either}
t
t,t   {Rise,Fall}
t,t,t   {Rise,Fall,Turn-Off}
t,t,t,t,t,t   {01,10,0Z,Z1,1Z,Z0}
t,t,t,t,t,t,t,t,t,t,t,t {01,10,0Z,Z1,1Z,Z0,0X,X1,1X,X0,XZ,ZX}
t = MinTypMaxExpression

在程序中所处位置：
　　　module—<HERE>—endmodule
规　则：
(1) 路径必须从模块的输入端开始,在该模块的输出端结束,而且在模块内部只能有一个驱动器。
(2) 在路径声明中可使用全连接符(*>)或者并行连接符(=>)来描述。全连接符指所有从输入端到输出端可能的路径,并行连接符指命名的输入端的某些位到命名的输出端的某些位的路径。
(3) 模块路径的极性可选是指路径可以选择正极或者负极,分别指路径是同相的或是反相的(即路径的输入端若是正跳沿,输出端也是正跳沿,则路径是同相的;反之是反相的)。无论选哪一个都不影响仿真,但路径的相位可改变的选项便于时序分析等工具使用。
(4) 跳变沿敏感的路径数据表达式同样也不影响仿真。
(5) 与状态有关的路径延时(SDPD)表达式只跟端口、常量、局部定义的寄存器或者 net 类型

变量有关。只有部分运算符在 SDPD 表达式中是有效的,如逐位计算符(~ & | ^~ ~^)、逻辑运算和逻辑等式运算符(== ! = && ||!)、缩位运算符(& |^~& ~|^~ ~^)、位拼接运算符、重复拼接运算符和条件运算符({} {{}} ?:)。如果条件表达式的值为真(在 SDPD 表达式中 1,X,Z 均被认为是真),路径延时只影响路径。

(6) 如果没有一个 if 条件为真,则用 Ifnone 来定义默认的 SDPD。如果同一条路径既定义为 ifnone 与状态有关的路径延时(SDPD),又定义为简单的路径延时,则是非法的。

(7) 无条件的路径优先于 SDPD 路径。

(8) 对于同一条路径,跳变沿敏感的 SDPD 路径声明必须是唯一的,必须用不同的电平或不同的沿(或者两者)。在每条语句中,必须以同样的方式(整个端口、某一位、某些位)来引用输出端的信号。

(9) 如果模块的延时既包括指定的块延时(specify delays)又包括分布的延时(即由门、UDP、Net 引起的延时),应选用最长的延时作为每条路径的延时。

可综合性问题:

综合工具不能综合指定延时块。指定延时块只用于模块的时延仿真建模。

注　意:

(1) 目前还没有一个仿真工具支持上面语法中列出的 12 种不同跳变参数表示某条路径延时的方法。

(2) 有关路径目的地的规则比当前许多仿真工具所能支持的灵活。

提　示:

(1) 运用指定延时块来描述库中的单元(cell)延时。应注意建立库模型时延时是怎样计算的。以 PLI(编程语言接口)为基础的延时计算,需要依据并访问设计中所有单元的指定延时块中的信息。

(2) 可运用指定延时块来描述"黑匣子"元件的定时特性,但这时还需要借助于支持指定延时块特性的时序验证工具或综合工具。

举例说明:

```
module M (F, G, Q, Qb, W, A, B, D, V, Clk, Rst, X, Z);
    input A, B, D, Clk, Rst, X;
    input [7:0] V;
    output F, G, Q, Qb, Z;
    output [7:0] W;
    reg C;
        // Functional Description …功能描述
        specify
            specparam TLH $ Clk $ Q = 3,
            THL $ Clk $ Q = 4,
            TLH $ Clk $ Qb = 4,
            THL $ Clk $ Qb = 5,
            Tsetup $ Clk $ D = 2.0,
            Thold $ Clk $ D = 1.0;
        // 单一路径,全连接
```

```
              (A, B *> F) = (1.2:2.3:3.1, 1.4:2.0:3.2);
       // 单一路径,并行连接,正极性
              (V + => W) = 3,4,5;
       // 沿敏感路径,带极性
              (posedge Clk *> Q +: D) = (TLH $ Clk $ Q, THL $ Clk $ Q);
              (posedge Clk *> Qb -: D) = (TLH $ Clk $ Qb, THL $ Clk $ Qb);
       // 电平敏感路径
              if (C) (X *> Z) = 5;
              if (! C && V == 8'hff) (X *> Z) = 4;
              ifnone (X *> Z) = 6;  // 默认为 SDPD,从 X(不定值)到 Z(高阻值)
       // 时序检测
              $setuphold(posedge Clk, D, Tsetup $ Clk $ D, Thold $ Clk $ D, Err);
       endspecify
  endmodule
```

参阅 Specparam,PATHPULSE $ 和 $ setup 语句的说明。

39. Specparam 延时参数

类似于 parameter(参数),但只能用在指定延时块中。

语　法:
```
    specparam Name = ConstantExpression,
              Name = ConstantExpression,
              ⋮ ;
```

在程序中所处位置:
```
    specify -<HERE>- endspecify
```

规　则:

(1) Specify 块中的常量表达式可以用数字和 specparam 来定义,但不能用参数(parameter)来定义,specparam 不能用在 Specify 块(即指定延时模块)外。

(2) 利用 defparam 或在模块的实例引用时使用 #,可以改写用 specparam 定义的延时参数值,用编程语言接口(PLI)也可以修改其值。

提　示:

(1) 在 Specify 块中,用 specparam 来定义命名的延时参数比直接用数字要好。

(2) 这些延时参数应有一个命名的规则,这样便于对它们进行修改;如果有必要的话,也可以采用 PLI 的延时计数来进行修改。

举例说明:
```
    specify
       specparam    tRise $ a $ f = 1.0,
                    tFall $ a $ f = 1.0,
                    tRise $ b $ f = 1.0,
                    tFall $ b $ f = 1.0;
```

```
        (a *> f) = (tRise $ a $ f, tFall $ a $ f);
        (b *> f) = (tRise $ b $ f, tFall $ b $ f);
endspecify
```

参阅 PATHPULSE$ 和 Specify 语句的说明。

40. Statement 声明语句

运用声明语句可以描述硬件模块的行为。声明语句在定时控制的(延时、控制程序、等待)时刻执行。若两个或两个以上的语句是一起的,必须把它们写在 begin-end 或 fork-join 块中。在 begin-end 块中每条语句是顺序执行的,在 fork-join 块中,它们是并行执行的。initial 或 always 块中的语句是同其他 initial 或 always 块中的语句是同时执行的。

语　法:

```
{either}
    ;                                              {Null statement}
    TimingControl Statement {Statement may be Null}
    Begin
    Fork
    ProceduralAssignment
    ProceduralContinuousAssignment
    Force
    If
    Case
    For
    Forever
    Repeat
    While
    Disable
    -> EventName; {Event trigger}
    TaskEnable
```

在程序中所处位置:

```
initial-<HERE>
always-<HERE>
begin-<HERE>-end
fork-<HERE>-join
task-<HERE>-endtask {Null allowed}
function-<HERE>-endfunction
if()-<HERE>-else-<HERE> {Null allowed}
case- label:-<HERE>-endcase {Null allowed}
for(<HERE>)-<HERE>
forever-<HERE>
repeat()-<HERE>
```

while() <HERE>

参阅 Timing Control 语句的说明。

41. Strength 强度

除了逻辑值外，Net 类型的变量还可以定义强度，因而可以更精确地建模。Net 的强度来自于动态 Net 驱动器的强度。在开关级仿真时，当 Net 由多个驱动器驱动且其值互相矛盾时，可常用强度(Strength)的概念来描述这种逻辑行为。

语　法：

```
{either}
( Strength0, Strength1)
( Strength1, Strength0)
( Strength0)              {pulldown primitives only}
( Strength1)              {pullup primitives only}
( ChargeStrength)         {trireg nets only}
Strength0 = {either}
supply0
strong0
pull0
weak0
highz0
Strength1 = {either}
supply1
strong1
pull1
weak1
highz1
ChargeStrength = {either}
large
medium
small
```

在程序中所处位置：

参照 Net，Instantiation 和 Continuous Assignment 语句的说明。

规　则：

(1) 关键词 Strength0 和 Strength1 用于定义 Net 的驱动器强度。其中 Strength 表示强度，与紧跟着的 0 和 1 连起来分别表示输出逻辑值为 0 和 1 时的强度。

(2) 在强度声明中可选择不同的强度关键字来代替 strength，但 highz0，highz1 和 highz1，highz0 这两种强度定义是不允许的，在 pullup（上拉）和 pulldown（下拉）门的强度声明中 highz0 和 highz1 是不允许的。

(3) 默认的强度定义为 strong0，strong1，但下述情况除外：

对于 pullup and pulldown 门，默认强度分别为 pull1 和 pull0。

对于 trireg 的 Net，默认强度为 medium。

强度定义为 supply0 和 supply1 的 Net，总是能提供强度。

（4）在仿真期间，Net 的强度来自于 Net 上的主驱动强度（即具有最大强度值的实例或连续赋值语句）。如果 Net 未被驱动，它会呈现高阻值，但以下情况除外：

tri0 和 tri1 类型的 net 分别具有逻辑值 0 和 1，并为 pull 强度。

trireg 类型的 net 保持它们最后的驱动值。

强度为 supply0 和 supply1 的 nets 分别具有逻辑值 0 和 1，并能提供驱动能力。

（5）强度值有强弱顺序，可从 supply（最强的）依次减弱并排列到 highz（最弱的）。当需要确定 Net 的确实逻辑值和强度时，或者当 Net 由多个驱动器驱动而且驱动相互间出现冲突时，出现冲突的两个强度值在强弱顺序表中的相对位置就会对该 Net 的真实逻辑值起作用。强度值强弱顺序排列如右列表所示。

可综合性问题：

不可综合。

提　　示：

可以在 $display 和 $monitor 等中用特定的格式控制符 %V 显示其强度值。

| Supply |
| Strong |
| Pull |
| Large |
| Weak |
| Medium |
| Small |
| Highz |

举例说明：

  assign（weak1,weak0）f= a + b;
  trireg(large) c1,c2;
  and（strong1,weak0）u1(x,y,z);

参阅 Continous Assignment，Instantiation，Net 和 $display 语句的说明。

42. String 字符串

字符串能够用在系统任务（诸如 $display 和 $monitor 等）中作为变量，字符串的值可以像数字一样储存在寄存器中，也可以像对数字一样对字符串进行赋值、比较和拼接。

语　　法：

见"string"语句的说明。

在程序中所处位置：

参见 Expression 语句的说明。

规　　则：

（1）一条字符串不能占源代码的多行。

（2）字符串可以包含右列表中的扩展字符。

（3）诸如 $display 和 $monitor 等系统任务中的打印字符串可以包含特殊的格式控制符，如%b（参见 $display 的说明）。

\n	换　行
\t	Tab 符
\\	反斜杠字符\
\"	双引号字符"
\nnn	八进制的 ASCII 字符
%%	百分号%

（4）当字符串存储于寄存器中，每个字符要占 8 位，字符以 ASCII 代码形式存储。Verilog HDL 语言的字符串的定义和 C 语言不一样。在 C 语言中需要用而在 Verilog HDL 语言中不需要用 ASCII 代码的 0 字符来表示字符串的结束。

注　意：

在表达式中使用字符串时,应注意填加物。对字符串的处理跟对数字的处理方式一样,当字符所占的位数少于寄存器的数目时,则在字符串的左边寄存器中填加 0。

举例说明：

```
reg [23:0] MonthName[1:12];
initial
  begin
      MonthName[1]  = "Jan";
      MonthName[2]  = "Feb";
      MonthName[3]  = "Mar";
      MonthName[4]  = "Apr";
      MonthName[5]  = "May";
      MonthName[6]  = "Jun";
      MonthName[7]  = "Jul";
      MonthName[8]  = "Aug";
      MonthName[9]  = "Sep";
      MonthName[10] = "Oct";
      MonthName[11] = "Nov";
      MonthName[12] = "Dec";
  end
```

参阅 NUMBER 和 $display 语句的说明。

43. Task 任务

任务常用于把模块代码分割成由若干声明语句构成的较大的块,便于模块代码的理解和维护,也可以从模块代码的不同位置执行一个常见的顺序声明语句块。

语　法：

```
task TaskName;
[ Declarations…]
Statement
endtask
Declaration = {either}
input [ Range] Name,…;
output [ Range] Name,…;
inout [ Range] Name,…;
Register
Parameter
Event
Range = [ ConstantExpression:ConstantExpression]
```

规　则：

(1) 若用于任务中的命名变量或参数没有在任务块中声明,则指的是在模块中声明的命名变量或参数。

(2) 任务中的 input,output 和 inout 的个数不受限制(也可以为零个)。

(3) 任务中的变量(包括输入和双向端口(inout))可以声明为寄存器型。如果没有明确地声明,则默认为寄存器型,且其位宽与相应的变量匹配。

(4) 当启动任务时,相应于任务的输入和双向端口(inout)的变量表达式的值被存入相应的变量寄存器中。当任务结束时,输入和双向端口(inout)的变量寄存器中的值又被代入启动任务的语句中相应的表达式。

注　意：

(1) 和模块的端口定义不一样,任务的变量不能在任务名后的括号中定义。

(2) 任务中若包括一句以上的语句,必须要用 begin-end 或 fork-join 将其包含成块。

(3) 任务的输入、双向端口(inout)、输出和局部寄存器的值都是静态储存的。也就是说,即使多次启动任务,也只有一份寄存器的复制。若第一次启动的任务还未完成,则第二次启动该任务,其输入、双向端口(inout)、输出和局部寄存器的值便会被覆盖。

(4) 当被启动的任务运行结束时,输出和双向端口(inout)的值被代入任务中相应的寄存器表达式。如果任务中的输出和双向端口(inout)在赋值后有时间的控制,则相应的寄存器只能在时序控制延迟后才被更新。

(5) 同样,对输出和双向端口(inout)寄存器变量的非阻塞赋值语句也不会起作用,因为当任务返回时,赋值语句可能还未生效。

可综合性问题：

包含时序控制语句的任务是不可综合的。启动的任务往往被综合成组合逻辑。

提　示：

(1) 复杂 RTL 模块通常需要用多个 always 块来构造。建议最好不要采用一个 always 块运行多个任务的方案。

(2) 在测试块中可用任务来产生重复的激励序列。例如,对存储器的数据读写(见以下例说明)序列。

(3) 某任务如果被多个模块引用,可以把它定义为一个独立的模块(只包括该任务),并可用层次命名来引用它。

举例说明：

这个例子表示一个简单的可以综合的 RTL 任务。

```
    task Counter;
        inout [3:0] Count;
        input Reset;
          if (Reset)              // 同步复位
            Count = 0;            // 对 RTL 必须用非阻塞方式赋值
          else
            Count = Count + 1;
    endtask
```

下面这个例子说明如何在测试模块中运用任务。

```verilog
module TestRAM;

    parameter AddrWidth = 5;
    parameter DataWidth = 8;
    parameter MaxAddr = 1 << AddrBits;

    reg [DataWidth-1:0] Addr;
    reg [AddrWidth-1:0] Data;
    wire [DataWidth-1:0] DataBus = Data;
    reg Ce, Read, Write;

    Ram32x8 Uut (.Ce(Ce), .Rd(Read), .Wr(Write),
                 .Data(DataBus), .Addr(Addr));
    initial
    begin : stimulus
        integer NErrors;
        integer i;
    // 错误开始记数
        NErrors = 0;
    // 为每个地址写上地址值
        for ( i=0; i<=MaxAddr; i=i+1 )
            WriteRam(i, i);
    // 读且比较
        for ( i=0; i<=MaxAddr; i=i+1 )
        begin
            ReadRam(i, Data);
            if ( Data !== i )
                RamError(i,i,Data);
        end
    //小结错误个数
        $display(Completed with %0d errors, NErrors);
    end

    task WriteRam;
      input [AddrWidth-1:0] Address;
      input [DataWidth-1:0] RamData;
    begin
        Ce = 0;
        Addr = Address;
        Data = RamData;
        #10 Write = 1;
```

```
        #10 Write = 0;
        Ce = 1;
    end
    endtask

    task ReadRam;
        input [AddrWidth-1:0] Address;
        output [DataWidth-1:0] RamData;
    begin
        Ce = 0;
        Addr = Address;
        Data = RamData;
        Read = 1;
        #10 RamData = DataBus;
        Read = 0;
        Ce = 1;
    end
    endtask

    task RamError;
        input [AddrWidth-1:0] Address;
        input [DataWidth-1:0] Expected;
        input [DataWidth-1:0] Actual;
        if ( Expected !== Actual )
        begin
            $display("Error reading address %h", Address);
            $display(" Actual %b, Expected %b", Actual,
                       Expected);
            NErrors = NErrors + 1;
        end
    endtask

endmodule
```

参阅 Task Enable 和 Function 语句的说明。

44. Task Enable 任务的启动

在模块代码中只需用任务名便可启动任务。当任务启动时,输入值通过任务的端口变量(输入和 inout 变量)传递到任务中。当任务结束时,返回值通过任务的端口寄存器变量(输出和 inout 变量)传出。

语　法:

TaskName[(Expression,…)];

规　则：

(1) 任务可以从 initial 或 always 块或其他任务中启动。任务可以多次调用，但任务不能被函数调用。

(2) 调用任务的语句中，端口表达式的顺序和任务端口变量声明的顺序必须一致。端口的个数必须与任务声明的端口变量的个数一致。

(3) 若任务的端口变量是输入时，则对应的端口变量可以是任何一种表达式；若端口变量为输出和 inout 时，对应的端口变量必须位于进程赋值语句的左边而且必须是有效的。

(4) 当任务启动时，输入和 inout 表达式复制到相应的变量寄存器中。当任务结束时，输出和 inout 寄存器的值会复制到启动任务相应的端口寄存器中。

(5) 可以在任务内部或任务外部把任务禁止(disable)。

注　意：

任务中变量寄存器默认为静态的，所以当一个任务正在执行又启动该任务时，输入和 inout 寄存器的值会被覆盖。

可综合性问题：

若任务不包含定时控制，是有可能被综合的。调用的任务往往被综合成组合逻辑。

举例说明：

```
task Counter;
    inout [3:0] Count;
    input Reset;
        :
endtask

always @(posedge Clock)
    Counter(Count, Reset);
```

参阅 Disable, Task 和 Function Call 语句的说明。

45. Timing control 时序控制

用于延迟语句的执行或安排语句的执行顺序。时序控制可以放在语句的前面，或者在程序的进程赋值语句表达式中的赋值操作符(即 ＝ 或 ＜＝)之间。前一种延迟语句的执行，后一种延迟声明的语句生效。

语　法：

```
{Timing controls before statements}
    {either}
    DelayControl
    EventControl
    WaitControl
{Intra-assignment Timing controls}
    {either}
    DelayControl
```

EventControl
repeat (Expression) EventControl
DelayControl = {either}
♯ UnsignedNumber
♯ ParameterName
♯ ConstantMinTypMaxExpression
♯ (MinTypMaxExpression)
EventControl = {either}
@Name {of Register, Net or Event}
@(EventExpression)
EventExpression = {either}
Expression
Name {of Register, Net or Event}
posedge Expression {01, 0X, 0Z, X1 or Z1}
negedge Expression {10, 1X, 1Z, Z0 or X0}
EventExpression or EventExpression
WaitControl = wait (Expression)

在程序中所处位置：

参阅 statement 和 procedural assignment (for intra-assignment timing control)的说明。

规　则：

(1) 在某声明语句前面插入的事件或延迟控制使原本立刻要执行的该条语句延迟执行。

(2) 当执行到 wait 语句时，如果其表达式为假(0 或 X)，wait 控制只延迟 wait 语句后的下一条语句；当表达式为真(非 0)时，下一条语句才执行。当执行到 wait 语句时，如果表达式为真，下一句不延迟马上执行。

(3) 执行进程赋值语句时，要检查赋值语句右边的表达式。如果没有内部赋值延迟，若用的是阻塞赋值，则左边的寄存器类型变量立即更新；若用的是非阻塞赋值，则在下一个仿真周期更新；如果有内部赋值延迟，左边的寄存器类型变量只有在发生内部赋值延迟后才更新。

(4) 内部赋值延迟必须是常数的，但语句前的延迟可以是常数或变量(即 Net 或 reg 型变量)。

(5) or 列表中的任何一个信号(事件)变化(发生)时，即触发事件控制。

(6) 对于 posedge(上升沿)和 negedge(下降沿)事件触发控制，只测试表达式的最低位，否则表达式的任何变化都会触发事件。

注　意：

对于阻塞赋值语句而言，指定内部赋值延迟为零(♯ 0)与不指定是不一样的，也与没有赋值延迟的非阻塞赋值语句不同。对于阻塞赋值语句而言，指定 ♯0 意味着该语句在所有待定事件完成以后，而在非阻塞赋值完成以前进行(不指定内部赋值延迟和指定内部赋值延迟为零(♯0)的赋值语句是一样的)。

可综合性问题：

(1) 综合时延迟被忽略。

(2) 综合工具不支持 wait 语句和内部赋值延迟以及 repeat(重复)语句。

（3）事件控制用于控制 always 块的执行，从而能确定综合出的逻辑是组合的还是时序的。一般情况下，always 后紧跟着的就是事件控制，这有时也称为敏感列表。

提　示：

在用 RTL(寄存器传输级 HDL 语言)描述电路时，可用内部赋值延迟来描述当触发器的寄存器变量赋值时的时钟偏移现象。

举例说明：

　　#10
　　#(Period/2)
　　#(1.2:3.5:7.1)
　　@Trigger
　　@(a or b or c)
　　@(posedge clock or negedge reset)
　　wait(! Reset)

非阻塞赋值时使用延迟来克服时钟的偏移：

　　always @(posedge Clock)
　　　　Count <= #1 Count + 1;

在周期时钟的第 5 个下降沿复位：

　　initial
　　　　begin
　　　　　　Reset = repeat(5) @(negedge Clock)1;
　　　　　　Reset = @(negedge clock) 0;
　　　　End

参阅 Procedural Assignment，Always 和 Repeat 语句的说明。

46. User Defined Primitive 用户自定义原语

用户自定义原语(UDPs)可以为小型元件建立模型，这是模块的另一种表示方法。可以引用由门构建的实例，并以同样的方式认实例引用用户自定义原语(UDP)。

语　法：

　　primitive UDPName (OutputName, InputName,…);
　　　　UDPPortDeclarations …
　　　　UDPBody
　　endprimitive
　　UDPPortDeclaration = {either}
　　　　output OutputName;
　　　　input InputName,…;
　　　　reg OutputName; {Sequential UDP}
　　UDPBody = {either} CombinationalBody SequentialBody
　　CombinationalBody =
　　　　table

```
            CombinationalEntry…
        endtable
SequentialBody =
        [initial OutputName = InitialValue;]
        table
                SequentialEntry…
            endtable
InitialValue =
        {either} 0 1 1'b0 1'b1 1'bx {not case sensitive}
CombinationalEntry = LevelInputList : OutputSymbol ;
SequentialEntry =
        SequentialInputList : CurrentOutput : NextOutput;
    SequentialInputList = {either}
        LevelInputList
        EdgeInputList
LevelInputList = LevelSymbol…
EdgeInputList =
        [ LevelSymbol…] EdgeIndicator [ LevelSymbol…]
CurrentOutput = LevelSymbol
NextOutput = {either} OutputSymbol
EdgeIndicator = {either}
            ( LevelSymbol LevelSymbol)
            EdgeSymbol
OutputSymbol = {either} 0 1 x {not case sensitive}
LevelSymbol = {either} 0 1 x ? b {not case sensitive}
EdgeSymbol = {either} r f p n * {not case sensitive}
```

规　则：

（1）UDP 只允许有一个输出端，至少允许有一个输入端。具体实施时，对输入端的个数是有限制的，但必须至少允许 10 个输入端口。

（2）如果某 UDP 的输出端定义为 reg 型（寄存器类型）变量，则该 UDP 是时序逻辑的 UDP，否则为组合逻辑的 UDP。

（3）如果已对时序逻辑的 UDP 的输出进行了初始化，则只有待到在仿真开始时，初始值才开始从引用的原语实例的输出传出。

（4）描述时序逻辑的 UDPs 可以是电平敏感的或边沿敏感的。若在真值表中有边沿敏感的指示（至少一个），则该描述时序逻辑的 UDP 为边沿敏感的。

（5）UDP 的行为在表中定义，表的行定义为不同输入条件下的输出。对于描述组合逻辑的 UDP，每一行定义为一个或多个输入的组合逻辑的输出。对于描述时序逻辑的 UDP，每一行都要考虑 reg 类型变量的当前输出值。一行最多只能有一个边沿变化入口。行定义了在指定的边沿发生变化时，由输入值和当前输出值所产生的输出值。

(6) UDP 表中所用的特殊的电平和边沿符号含义如附表 13 所列。

(7) 若组合逻辑的输入值和触发边沿没有明确指定将会导致输出的不确定。

(8) 不支持 Z 值。输入时 Z 看成是 X；输出值不允许设为 X。注意"?"符号的特殊含义，它和在数字中的"?"符号意思不一样，在数字的表示中符号"?"和 z 含义相同。

附表 13 电平与边沿符号之含义

符号	含义
?	0、1 或 x
b or B	0 或 1
—	输出不变
(vw)	由 v 变为 w
r or R	(01)
f of F	(10)
p or P	(01)(0x)或(x1)
n or N	(10)(1x)或(x0)
*	(??)

注　意：

在描述时序逻辑的 UDP 中，若在表中任何地方出现边沿触发条件，则输入信号所有可能的边沿都要认真考虑并列出，因为默认的只是一种边沿的触发的条件，这将导致输出的不确定性。

可综合性问题：

任何一种工具都不能综合 UDP，它只被用来建立基本的门级逻辑器件的逻辑仿真模型。

提　示：

(1) 和行为模块相比较，用 UDP 来做仿真非常有效。为 ASIC 单元库的元件建立模型时应该使用 UDP。

(2) 输出端口在一个以上的元件，应该对每个输出建立独立的 UDP。

(3) 在表的第一行加上注释，指明每一列的含义。

举例说明：

```
primitive Mux2to1 (f,a, b, sel); // 组合 UDP
    output f;
    input a, b, sel;
    table
//  a b sel : f
    0 ? 0 : 0;
    1 ? 0 : 1;
    ? 0 1 : 0;
    ? 1 1 : 1;
    0 0 ? : 0;
    1 1 ? : 1;
    endtable
endprimitive

primitive Latch (Q, D, Ena);
    output Q;
    input D, Ena;
    reg Q; // Level sensitive UDP
    table
```

```
        // DEna :old Q:Q
            0 0:?:0;
            1 0:?:1;
            ? 1: ?:-;          // 保持原值
            0 ?: 0:0;
            1 ?:1:1;
    endtable
endprimitive


primitive DFF (Q, Clk, D);
    output Q;
    input Clk, D;
    reg Q; // Edge sensitive UDP
    initial
       Q = 1;
    table
        // Clk D  : old Q : Q
            r    0  : ?    : 0;    // Clock '0'
            r    1  : ?    : 1;    // Clock '1'
            (0?) 0 : 0    : -;    // Possible Clock
            (0?) 1 : 1    : -;    // " "
            (? 1) 0: 0    : -;    // " "
            (? 1) 1: 1    : -;    // " "
            (? 0) ?: ?    : -;    // Ignore falling clock
            (1?) ? : ?    : -;    // " " "
            ?    *  : -    : -;    // Ignore changes on D
    endtable
endprimitive
```

参阅 Module, Gate 和 Instantiation 的语法说明。

47. While 条件循环语句

只要控制表达式为真(即不为零)，循环语句就重复进行。
语　　法

```
wile {Expression}
    Statement
```

可综合性问题：
只有当循环块有事件控制(即@(posedge Clock))才可综合。
举例说明：

```
reg [15:0]  Word
while (Word)
```

```
begin
    if  (Word[0])
        CountOnes = CountOnes + 1;
    Word = Word >>1;
end
```

参阅 For,Forever,Repeat 语句的说明。

48. Compiler Directives 编译器指示

编译器指示是在源代码中对 Verilog 编译器发出的指令。在编译指示需要用反引号(`)做前导。编译器指示从它在源代码出现的地方开始生效，并一直继续生效到随后运行的所有文件，直到编译器指示结束的地方或一直运行的最后的文件。

下面有 Verilog 编译指示的摘要。摘要后面详细介绍了一些比较重要的编译指示。注意：编译器指示的生效依赖于编译时源代码中所包含文件的执行顺序。

49. Standard Compiler Directives 标准的编译器指示

在 Verilog LRM 中定义了以下编译器指示：

(1) `celldefine 和 `endcelldefine：可用来作为分别加在模块的前面和后面的标记，以表示该模块是一个库单元(cell)。单元可被 PLI 子程序调用来做某种应用，比如延迟的计算。例如：

```
`celldefine
module Nand2 {…};
…
endmodule
`endcelldefine
```

(2) `default_nettype：改变 Net 类型的默认类型。如果没有该声明，默认的 Net 类型是 wire 型。

例如：`default_nettype tri1。

(3) `define 和 `undef：`define 定义一个文本宏，`undef 取消已定义的文本宏定义。

在编译的第一阶段期间，宏(macro)被它所定义的文本字符串取代。宏也可以用来控制条件编译(请参阅 `ifdef)。想要知道关于 `define 应用的更多细节见下面说明。

(4) `ifdef, `else 和 `endif：根据是否定义了特殊的宏，来指示编译器是否要编译这一段 Verilog 源代码。详细细节见下面。

(5) `include：指示编译器读入包含文件的内容，并在 `include 所在的地方编译该文件。

例如：`include "definitions.v"

(6) `resetall：把现行的已启动的所有编译器指示复位到原默认值。该编译指示可以写在每个 Verilog 源文件的第一行，以防止前面别的源文件的编译指示在该源文件编译时产生不需要的结果。

例如：`resetall。

(7) `timescale：定义仿真的时间单位和精度。细节请见下面说明。

(8) `unconnected_drive 和 `nounconnected_drive：`unconnected_drive 编译指示把模块没连接的输入端口设置为上拉 pull up(pull1，即逻辑 1)或为下拉 pull down(pull0，即逻辑 0)。`nounconnected_drive 编译指示把模块没连接输入端口的设置恢复到默认值,即把没连接的输入端口值设置为高阻浮动(Z)。

例如：`unconnected_drive pull0 //或 pull1（即逻辑值为 1）。

50. Non-Standard Compiler Directives 非标准编译器指示

下面的编译指示并不属于 Verilog HDL 语言的 IEEE 标准。但在 Cadence 公司的 Verilog LRM 中提及,并不是所有的 Verilog 工具都支持以下这些编译指示。

(1) `default_decay_time：若未明确给定衰减时间,则由该编译指示将其设置为默认的三态寄存器(trireg)类型的线路连接(Net)的衰减时间。

例如：

```
`default_decay_time    50
`default_decay_time    infinite    //表示无衰减时间
```

(2) `default_trireg_strength：把三态寄存器(trireg)类型的线路连接(Net)的默认强度设置为整数。用整数来表示强度并不符合 IEEE 规定的 Verilog 语言标准,但仍属于 Verilog 语言非标准扩展部分。

例如：

```
`default_trireg_strength    30
```

(3) `delay_mode_distribute、`delay_mode_path、`delay_mode_unit 和 `delay_mode_zero：这些编译指示都会影响延迟的仿真方式。分布式延迟是在原语实例中的延迟、赋值延迟和线路连接延迟。路径延迟是在 Specify(指定)块中定义的延迟。若用单位和零延迟代替分布式延迟和路径延迟将加快仿真的过程,但会丢失真实的延迟信息。在默认情况下,仿真器会自动选择最长的延迟仿真方式,即分布式延迟和路径延迟仿真方式。

(4) `define：`define 定义一个文本宏。宏在编译的第一阶段被由它定义的文本所代替。在用参数和函数表达不适合或不允许的情况下,用宏可以提高 Verilog 源代码的可读性和可维护性。

语法：
 {declaration}
 `define Name[(Argument,…)] Text
 {usage}
 `Name [(Expression,…)]

在程序中所处位置：
宏可以在模块内或模块外定义。

规　则：
① 像所有的编译指示一样,宏定义在整个文件中生效,除非被后面的 `define、`undef 和 `resetall 编译指示改写或清除。宏定义没有范围的限制。

② 若定义的宏内有参数,即在宏文本中用到参数,则当宏调用时,宏的参数被实际的参数表达式所代替。

```
`define add(a , b)    a + b
   f = `add(1, 2);              //f= 1 + 2;
```

③ 宏定义可以用反斜杠(\)跨越几行。新的一行是宏文本中的一部分。
④ 宏文本不允许分下列语言记号:注释、数字、字符串、名称、保留名称和操作符。
⑤ 不能把编译器指示名用作宏名。

注　意:
① 所有的具体电路实现工具都不支持带参数的宏。
② 若定义了宏,则必须把撇号(`)写在宏名的紧前面才能调用该宏。没有撇号(`)打头的名,即使名称与宏名一致,则为独立的标识符与宏定义无关。
③ 要区别撇号(`)和表示数制的前引号(')的不同。
④ 不要用分号来结束宏定义,除非真要在用宏代替分号,否则会引起语法错误。

提　示:
① 通常更喜欢用参数而不是用宏给无含义的字符起一个有含义的名字。
② 仿真时,用带参数的宏要比用同样功能的函数效率高。

举例说明:本例子说明在分层设计中如何用文本宏来选择不同的模块实现。这在综合时很有用,特别是当必须用 RTL 源代码模块和已综合成门级电路的模块做混合仿真时。

```
`define   SUBBLOCK1 subblock1_rtl
`define   SUBBLOCK2 subblock2_rtl
`define   SUBBLOCK3 subblock3_gates
module TopLevel …
   `SUBBLOCK1 sub1_inst (…);
   `SUBBLOCK2 sub2_inst(…);
   `SUBBLOCK3 sub3_inst(…);
   …
endmodule
```

下面的例子说明带参数的文本宏的定义和调用:

```
`define nand (delay)   nand #(delay)
   nand(3)   (f,a,b);
   nand(4)   (g,f,c);
```

参阅`ifdef 语句的说明。

(5) `ifdef:根据是否定义了特定的宏来决定是否编译这部分 Verilog 源代码。

语　法

```
`ifdef MacroName
      VerilogCode…
[  `else
      VerilogCode…]
```

```
`endif
```

规　　则：
① 如果宏名已经用`define 定义,只编译 Verilog 编码的第一块。
② 如果宏名没有定义和`else 指示出现,只编译第二块。
③ 这些编译指示是可以嵌套的。
④ 没被编译的代码仍然必须是有效的 Verilog 代码。

提　　示：
这些编译指示可以用来调试模块。例如,可以在同一个模块的两种形式之间切换(如布线前仿真模块和带布线延迟的门级仿真模块之间),或有选择地开启诊断信息的打印输出。

例如：

```
`define primitiveModel
module Test
...
`ifdef primitiveModel
    Mydesign_primitives  UUT(…);
`else
    Mydesign_RTL UUT(…);
`endif
endmodule
```

参阅`define 语句的说明。

(6) `timescale：定义时间单位和仿真精度。

语　　法：

`timescale TimeUnit / PrecisionUnit

TimeUnit = Time Unit
PrecisionUnit = Time Unit
Time = {either} 1 10 100
Unit = {either} s ms us ns ps fs

规　　则：
① 像所有的编译指示一样,`timescale 影响在该指示后的所有模块,无论位于同一个文件的还是位于独立编译的多个文件中的模块,直到碰到下一个`timescale 或`resetall 指示将其改写或复位到默认为止。
② 精度单位必须小于或等于时间单位。
③ 仿真器运行的精度就是在`timescale 指示中所定义的最小精度单位。所有的延迟时间都以精度单位为准取整。

提　　示：
在每个模块文件的第一句应写上`timescale 指示,即使在模块中没有延迟,也是如此,因为有的仿真器必需要有`timescale 指示才能正常工作。

举例说明：

```
`timescale   10ns / 1ps
```

参阅 $timeformat 语句的说明。

二、系统任务和函数
(System task and function)

Verilog 语言包含一些很有用的系统命令和函数,用户可以像自己定义的函数和任务一样调用它们。所有符合 IEEE 标准的 Verilog 工具中一定都会有这些系统命令和函数。Cadence 公司的 Verilog 工具中还有另外一些常用的系统任务和函数,它们虽不是标准的一部分,但在一些仿真工具中也经常见到。

注意:各种不同的 Veriog 仿真工具可能还会加入一些厂商自己特色的系统任务和函数。用户也可以通过编程语言接口(PLI)把用户自定义的系统任务和函数加进去,以便于仿真和调试。

所有的系统任务和系统函数的名称(包括用户自定义的系统任务),前面都要加"$"以区别于普通的任务和函数。下面是 Verilog 工具中常用的系统任务和系统函数的摘要。详细资料在后面介绍。

1. 标准的系统任务和函数
Verilog HDL 的 IEEE 标准中包括下面的系统任务和函数。

(1) $display,$monitor,$strobe,$write 等

用于把文本送到标准输出和或写入一个或写入多个文件中的系统任务。详细说明在后面介绍。

(2) $fopen 和 $fclose:

$fopen("FileName"); {Return an integer};

$fclose(Mcd);

$fopen 是一个系统函数,它可以打开文件为写文件做准备;而 $fclose 也是一个系统函数,它关闭由 $fopen 打开的文件。有关的详细说明在后面介绍。

(3) $readmemb 和 $readmemh:

$readmemb("File",MemoryName [,StartAddr[,FinishAddr]]);

$readmemh("File",MemoryName [,StartAddr[,FinishAddr]]);

把文本文件中的数据赋值到存储器中。有关的详细说明在后面介绍。

(4) $timeformat[(Units,Precision,Suffix,MinFieldWidth)]:

定义用 $display 等显示仿真时间的格式。有关的详细说明在后面介绍。

(5) $printtimescale:

$printtimescale([ModuleInstanceName]);以如下格式显示一个模块的时间单位和精度:Time scale of (module_name) is unit/precision.

如果没有参数,则显示模块的时间单位和精度。

(6) $stop:

$stop[(N)];   {N is 0,1,2};

暂停仿真;可选的参数决定诊断输出的类型,即 0 输出最少,1 输出多点,2 输出最多。

(7) $finish:

$finish[(N)];　　{N is 0,1,2};

退出仿真,把控制权返回给操作系统。如果给出参数 N,则根据 N 值打印不同的诊断信息,见下面的解释:

① 0——不打印;

② 1——打印仿真时间和地点(默认值);

③ 2——打印仿真时间、地点和仿真所使用的 CPU 时间及内存的统计数据。

(8) $time, $stime 和 $realtime:

$time;

$stime;

$realtime;

系统函数返回仿真的当前时间值,而返回时间值的单位由调用该系统函数语句模块的 `timescale 定义。

① $time 返回一个根据时间单位四舍五入取整的 64 位无符号整数;

② $stime 返回一个截去高位保留低 32 位的无符号整数;

③ $realtime 返回一个实数。

注意:这些系统函数没有输入,与 Verilog 的其他函数不同。

(9) $realtobits 和 $bitstoreal:

$realtobits(RealExpression)　　{return a 64 bit value};

$bitstoreal(BitValueExpression)　　{return a real value};

完成实数和用位(bit)表示的数之间的互相转换。因为模块的端口不允许传输实数,故需要把实数转换为用位表示的数后才能输入/输出模块。参阅 Module 语句的说明。

(10) $rtoi 和 $itor:

$rtoi(RealExpression)　　{return an integer};

$itor(IntegerExpression)　　{rerurn a real number};

完成实数和整数之间的互相转换,即 $rtoi 把实数截断后转换为整数,而 $itor 把整数转换为实数。

2. 随机数产生函数

(1) $random[(Seed)];

(2) $dist_chi_square(Seed, DegreeOfFreedom);

(3) $dist_erlang(Seed, K_stage, Mean);

(4) $dist_exponential(Seed, Mean);

(5) $dist_normal(Seed, Mean, StandardDeviation);

(6) $dist_poisson(Seed, Mean);

(7) $dist_t(Seed, DegreeOfFreedom);

(8) $dist_uniform(Seed, Start, End)。

当重复调用上述函数时,根据不同概率分布的随机数产生函数条件返回其相应的随机数序列。若伪随机序列的源种相同,则伪随机序列也总是一样的。可参考关于概率与统计理论的教科书,详细了解其中分布函数及其应用部分。

3. 指定块内的定时检查系统任务 Specify Block Timing Checks

(1) $ hold(ReferenceEvent, DataEvent, Limit [, Notifier]);
(2) $ nochange(ReferenceEvent, DataEvent, StartEdgeOffset, EndEdgeOffset [, Notifier]);
(3) $ period(ReferenceEvent, Limit [, Notifier]);
(4) $ recovery(ReferenceEvent, DataEvent, Limit [, Notifier]);
(5) $ setup(DataEvent, ReferenceEvent, Limit [, Notifier]);
(6) $ setuphold(ReferenceEvent, DataEvent, SetupLimit, HoldLimit [, Notifier]);
(7) $ skew(ReferenceEvent, DataEvent, Limit [, Notifier]);
(8) $ width(ReferenceEvent, Limit [, Threshold [, Notifier]]).

以上(1)～(8)的 8 个系统任务均为常用的定时检查系统任务。这些专用的系统任务只能在 specify block(指定块)里被调用,详细说明参阅后面的材料。

4. 存储数值变化的系统任务 Value Change Dump Tasks

(1) $ dumpfile("FileName");
(2) $ dumpvars[(Levels, ModuleOrVariable,…)];
(3) $ dumpoff;
(4) $ dumpon;
(5) $ dumpall;
(6) $ dumplimit(FileSize);
(7) $ dumpflush;

以上(1)～(7)的 7 个系统任务用于把数值的变化储存到 VCD 文件中。VCD 文件是把仿真激励或结果传递到另一个程序(例如一个波形显示程序)的一种手段,详见后面资料。

5. 非标准的系统任务和函数(Nonstandard System Task and Funcfion)

以下的系统任务和函数在 Cadence 公司的 Verilog 工具中有,但它们并不属于 IEEE 标准必须包括的范围。其中有部分系统任务和函数与 Verilog 仿真工具操作时的交互方式有关。如果仿真工具支持交互方式的操作,则接受这些系统任务和函数作为其指令。

(1) $ countdrivers:

$ countdrivers (Net, [IsForced, NoOfDrivers, NoOfDriversTo0, NoOfDriversTo1, NoOfDrivrsToX]);

该系统函数能返回某指定的 Net 类型标量或 Net 类型矢量的某个选定位上的驱动器个数。驱动器包括原语的输出和连续赋值语句(强迫(force)启动的除外)。若 Net 含有一个以上的驱动器时,该系统函数($ countdrivers)返回 0;其他情况下返回 1。在该系统任务中除第一个变量外,其余的都返回整型数。若 Net 为 force,则 IsForced 返回 1,否则返回 0。NoOfDrivers 返回驱动器个数,其他变量返回数的总和等于 NoOfDrivers。

(2) $ list:

$list[(ModuleInstance)];

在交互模式中调用此系统函数可列出在本设计中当前(或指定)范围内的源程序。

(3) $input:

$input("FileName");

从某个文本文件中读出交互命令。

(4) $scope 和 $showscopes:

$scope(ModuleInstance);

$showscopes[(N)];

本系统命令用于在交互模式中设置和显示当前范围,若给定 N 并为非零,则还显示下面的范围。

(5) $key, $nokey, $log 和 $nolog:

$key[("FileName")];

$nokey;

$log[("FileName")];

$nolog;

"key"文件记录用交互方式输入的命令,"log"文件记录在仿真期间所有写入标准设备的信息,而运行 $nokey 和 $nolog 系统任务可分别禁止这两项功能。用 $key 和 $log(无参数)可恢复其记录功能。如有参数,则 $key 和 $log 创建新的记录文件。

(6) $reset, $reset_count 和 $reset_value:

$reset[(StopValue[, ResetValue[, DiagnosticsValue]]);

$reset_count; {Returns an integer};

$reset_value; {Returns an integer}.

系统任务 $reset 使仿真器复位,并从头重新开始执行仿真。StopValue 为 0 表示仿真器复位到交互模式,允许用户自己来启动和控制仿真。而非 0 值表示仿真将会自动地从头开始仿真。ResetValue 的值可以通过 $reset_value 系统函数读出。DiagnosticsValue 是指复位前仿真工具所显示信息的类型。$reset_count 返回已调用 $reset 系统任务的次数。$reset_value 返回传给 $reset.系统任务的值。

(7) $save, $restart 和 $incsave:

$save("FileName");

$incsave("FileName");

$restart("FileName")。

$save 将完整的仿真状态保存在文件中,$restart 可以读出保存的文件。$incsave 只保存自上次调用 $save 后的变化。$restart 将仿真复位并把完整的或只记录变化的文件读出。若是 $restart 只记录变化的文件,原先完整的仿真状态记录文件必须存在,记录变化的文件会引用完整的仿真状态文件。

(8) $showvars:

$showvars[(NetOrRegister,…)];

在标准输出设备显示 Net 和寄存器的状态。这个系统任务用于交互模式,所显示的状态信息在 Verilog LRM 工具中未作定义。状态信息可以包括当前的 Net 和寄存器值,Net 和寄存器上的预定事件以及 Net 的驱动器。如果未给出变量表,将显示所有当前范围的 Net 和寄存器。

(9) $getpattern:

$getpattern(MemoryElement);

$getpattern 是一个只能用于连续赋值语句的系统函数,连续赋值语句的左边必须为 Net 类型标量的位拼接。$getpattern 常与 $readmemb 和 $readmemh 一起使用,可从文本文件中提取测试矢量。当有大量的标量需要输入时,$getpattern 能提供快速的处理。

(10) $sreadmemb and $sreadmemh:

$sreadmemb(Memory, StartAddr, FinishAddr, String, …);

$sreadmemh(Memory, StartAddr, FinishAddr, String, …);

这两个任务与 $readmemb 和 $readmemh 类似,只是存储器中的初始数据不是由文件输入,而是由一个或多个字符串输入。字符串格式与 $readmemb 和 $readmemh 系统任务所要求的相应文件格式一致。

(11) $scale:

$scale(DelayName); {Returns realtime}。

将一模块的时间值转换为调用 $scale 系统任务的模块中所定义的时间单位来表示。$scale 可以引用模块层次命名的参数(如延迟值),并将它转换为调用 $scale 的模块中所定义的时间单位来表示。

三、常用系统任务和函数的详细使用说明

1. 标准的系统任务和函数

(1) $display 和 $write:

把格式化文本输出到标准输出设备及仿真器日志或其他文件。

语　法:

　　$display(Argument, …);

　　$fdisplay(Mcd, Argument, …);

　　$write(Argument, …);

　　$fwrite(Mcd, Argument, …);

　　Mcd = Expression {Integer value}

规　则:

$display 与 $write 的唯一区别为前者在输出结束后会自动换行而后者不会自动换行。Arguments 可以是字符串、表达式或空格(,,),字符串内可包含以下格式控制符。若包含格式控制符(%m 除外),则每个字符串后必须有足够的表达式来为字符串中的格式控制符提供数值。

字符串中也可包含以下扩展字符:

- \n　　　　　　　　换行(Newline)
- \t　　　　　　　　制表符(Tab)

- \"   双引号
- \\   反斜杠
- \nnn   用八进制表示的 ASCII 字符

不定值和高阻值这样表示（在这里八进制数的每一个数字代表 3 位,而十制数和十六进制数的每一个数字代表 4 位）；对十进制数而言,若有某个数字为不定值和高阻值则写作 x,z,X,Z。若用大写的 X,Z 表示,则该数字中并非所有位（bit）为不定值和高阻值,若用小写 x,z 表示,则表示该数字中所有位（bit）为不定值和高阻值。若参数表含两相邻逗号,则输出显示或打印一空格。

格式控制符：在字符串中允许出现下面这些格式控制符：

- %b %B   二进制数（Binary）
- %o %O   八进制数（Octal）
- %d %D   十进制数（Decimal）
- %h %H   十六进制数（Hexadecimal）
- %e %E %f %F %g %G   实型数（Real）
- %c %C   字符（Character）
- %s %S   字符串（String）
- %v %V   二进制数和强度（Binary and Strength）
- %t %T   时间类型数（Time）
- %m %M   分级实例名（Hierarchical Instance）

格式控制符 %v 按如下的形式打印出变量的强度值：若强度值为 supply,则打印 Su；若为 strong,则打印 St；若为 Pull,则打印 Pu；若为 Large,则打印 La；若为 Weak,则打印 We；若为 Medium,则打印 Me；若为 Small,则打印 Sm；若为 Highz,则打印 Hi。%v 也能把变量值打印为 H 和 L（这些值若用 %b 格式控制符,则只能打印 X）。% 号后常跟有一个数,该数用于表示打印变量值区域的宽度（例如 %10d,表示至少保留 10 位宽度给要打印的十进制数）。对十进制数,高位不足此值者以空格代替,其他进制以 0 代替,若 % 号后的数为 0,则表示打印变量值区域的宽度随其值的位数自动调节。

Verilog HDL 实型数的格式符（%e,%f and %g）其格式控制功能和 C 语言的格式符完全一样。例如,%10.3g 指至少保留 10 位宽度给要打印的十进制数,小数点后还保留 3 个数字位。若相应的变量未用格式控制符声明,则默认为十进制数。有些系统打印任务有其自己的默认值,如 $displayb,$fwriteo,$displayh 的默认值分别是二进制、八进制和十六进制。

举例说明：

$display ("Illegal opcode %h in %m at %t", Opcode, $realtime);

$writeh("Register values (hex .):", reg1 , , reg2 , , reg3 , , reg4, " \n");

参阅 $monitor 和 $strobe 语句的说明。

（2）$fopen 和 $fclose：

$fopen 是用于打开某个文件并准备写操作的系统任务,而 $fclose 则是关闭文件的系统任务。把文本写入文件还需要用 $fdisplay,$fmonitor 等系统任务。

语　法：

$fopen("FileName"); {Returns an integer}

$fclose(Mcd);

Mcd = Expression {Integer value}

在程序中所处位置：

参阅 Statement 语句的说明。

规　则：

一般情况下一次最多可打开 32 个文件,但若所用的操作系统不同,一次最多可打开的文件数可能不到 32。当调用 $fopen 时,它返回一个 32 位(bit)(与文件有关)的无符号多通道描述符或者返回 0 值,0 值表示文件不能打开。多通道描述符可以被认为是 32 个标志,每个代表 32 个文件中的一个。多通道描述符的第 0 位与标准输出设备有关,第 1 位为第 1 个文件打开的标志位,第 2 位为第 2 个文件的标志位,依次类推。当输出文件的系统任务,如 $fdisplay 被调用时,其第一个参数为多通道描述符,它表示向何处写。文本被写入那些多通道描述符内标志位已设的相应文件中。

举例说明：

```verilog
    integer MessagesFile, DiagnosticsFile, AllFiles;
        initial
          begin
             MessagesFile = $fopen("messages.txt");
             if(! MessagesFile)
                begin
                   $display("Could not open \"messages.txt\"");
                   $finish;
                end
             DiagnosticsFile = $fopen("diagnostics.txt");
             if(! DiagnosticsFile)
                begin
                   $display("Could not open \"diagnostics.txt\"");
                   $finish;
                end

        AllFiles = MessagesFile | DiagnosticsFile | 1;
        $fdisplay(AllFiles, "Starting simulation …");
        $fdisplay(MessagesFile,"Messages from %m");
        $fdisplay(DiagnosticsFile, "Diagnostics from %m");
            ⋮
        $fclose(MessagesFile);
        $fclose(DiagnosticsFile);
    end
```

参阅 $display, $monitor 和 $strobe 语句的说明。

(3) $monitor 等：

当 $monitor 系统任务所指定的参数表中的任何一个或多个 Net,或寄存器类型变量值发生变化时,便立即显示一行文本。此系统任务常用于测试模块中,以监测仿真行为的细节。

语　法:

$monitor(Argument,…);
$fmonitor(Mcd, Argument,…);
$monitoron;　　　　　　{turns monitor flag on}
$monitoroff;　　　　　　{turns monitor flag off}
Mcd = Expression　　　　{Integer value}

规　则:

上面这些系统任务在变量使用的语法上与$display系统任务完全相同。有一点与$display系统任务不同,即只能同时运行一个$monitor系统任务。但$fmonitor系统任务却能同时运行多个。第二次或下一次调用$monitor系统任务时,就把上一次正在执行的$monitor系统任务取消了,用新的$monitor系统任务取而代之。$monitoroff系统任务关闭监视的功能,而$monitoron则恢复监视的功能,它能把现存的$monitor进程所监测到的信号不管其值是否变化立即显示出来。对$fmonitor而言,没有与之对应的$monitoron和$monitoroff系统任务。系统函数$time,$stime和$realtime不会从$monitor或$fmonitor等系统任务触发出一行显示。

提　示:

在测试模块里使用$monitor可以从任何一种Verilog兼容的仿真器获得仿真结果,而用于生成波形图显示的任务往往与仿真器相关。

举例说明:

initial
　$monitor (" %t : a = %b, f = %b ", $realtime, a, f);

参阅$display,$strobe和$fopen语句的说明。

(4) $readmemb 和 $readmemh:

把文本文件中的数据读到存储器阵列中,以对存储器变量进行初始化。此文本文件的内容可以是二进制格式(用 $readmemb)的,也可以是十六进制格式(用$readmemh)的。

语　法:

{System task call}
$readmemb ("File", MemoryName [, StartAddr[, FinishAddr]]);
$readmemh ("File", MemoryName [, StartAddr[, FinishAddr]]);
{Text file}
{either} WhiteSpace DataValue @ Address
WhiteSpace = {either} Space Tab Newline Formfeed
DataValue = {either}
BinaryDigit… { $readmemb}
HexDigit… { $readmemh}
Address = HexDigit…

规　则:

① 第一个参数是ASCII文件名,文件中可以包含空格、Verilog注释语句、十六进制地址

和二进制或十六进制数据。

② 第二个参数是存储器阵列名。

③ 数据的位宽必须与存储器阵列的每个存储单元的位宽相同,而且每个数据之间必须用空格间隔开。数据被一个挨一个地读入连续相邻的存储器阵列中,从存储器阵列的第一个地址(若指定起始地址,则从指定的起始地址)开始,直到数据文件结束或直到存储器阵列的最后一个地址(若指定结束地址,则到指定的结束地址)为止。

④ 地址均用十六进制数字表示且以@符号开头(对 $readmemb 亦然)。当遇到一个地址后,下一个文本数据将被读入这个地址的存储单元。

可综合性问题:

不可综合。综合工具忽略这些系统任务的存在。在可综合的设计里,从存储器阵列导出的触发器不能用这种方法初始化。如果需要上电复位对存储器阵列(RAM)初始化,则必须对其明确地编码。

提 示:

存储器阵列可以储存从文本文件读出的激励源。这是把数据读进 Verilog 仿真器的唯一方式,而无须另外使用编程语言接口(PLI)或非标准语言扩展来做到这一点。

举例说明:

```
module Test;
    reg a,b,c,d;
    parameter NumPatterns = 100;
    integer Pattern;
    reg [3:0] Stimulus[1:NumPatterns];
    MyDesign UUT(a, b, c, d, f);
    initial
      begin
         $readmemb("Stimulus.txt", Stimulus);
         Pattern = 0;
         repeat (NumPatterns)
            begin
               Pattern = Pattern + 1;
               {a,b,c,d} = Stimulus[Pattern];
               #110;
            end
      end
    initial
       $monitor("%t a= %b b= %b c= %b d= %b : f= %b", $realtime, a, b, c, d, f);

endmodule
```

(5) $strobe:

在所有事件都已处理完毕后的时刻打印出一行格式化的文本。

语 法:

$strobe(Argument,…);
$fstrobe(Mcd, Argument,…);
Mcd = Expression {Integer value}

规　　则：

本系统任务（$strobe）有关参数以及文本打印的语法与系统任务 $display 完全一样，但 $strobe 只打印调用此系统任务的时刻且当所有活动事件都已结束后的信息，其中可包括所有阻塞和非阻塞赋值产生的效果。

提　　示：

在写仿真激励模块时，若想打印出仿真结果，应优先考虑使用 $strobe 系统任务。因为与使用 $display 或 $write 比较，系统任务 $strobe 可以保证显示出写入 Net 和寄存器类型变量的是一个稳定的数值。

举例说明：

```
initial
begin
    a = 0;
    $display(a);            // displays 0
    $strobe(a);             // displays 1 …
    a = 1;                  //… because of this statement
end
```

参阅 $display，$monitor 和 $write 语句的说明。

(6) $timeformat：

定义仿真时间的打印格式。系统任务 $timeformat 应配合格式控制符 %t 使用。

语　　法：

$timeformat[(Units, Precision, Suffix, MinFieldWidth)];

规　　则：

① Units(单位)是指打印的时间单位，是一个 0～ －15 之间的整型数，0 表示秒(s)，－3 表示毫秒(ms)，－6 表示微秒(μs)，－9 表示纳秒(ns)，－12 表示皮秒(ps)，－15 表示飞秒(femtosecond)，中间的整数也可用，如 －10 表示 100 皮秒(ps)，依次类推。

② Precision 是指打印的十进制数小数点后保留的位数。

③ Suffix 指打印时间值后跟的字符串。

④ MinFieldWidth 指打印出的字符的最少个数，其中包括前面的空格。若需要打印的字符多，则需要取较大的整数。

⑤ 默认形式，即不指定参数，自动设置为：Units(单位)为仿真的时间精度；Precision(精度)为 0；Suffix 为无；MinFieldWidth 为 20。

提　　示：

在使用 $display，$monitor 或其他显示任务时，应使用 `timescale，$timeformat 和 $realtime（并配合%t）来指定和显示仿真时间。

举例说明：

$timeformat　(－10, 2," x100ps", 20);　　　// 20.12 x100ps

参阅 timescale 和 $display 语句的说明。

2. 随机模型 Stochastic Modelling

Verilog 提供了一整套系统任务和函数,可用来启动随机序列的生成和管理,以支持建立随机模型。

语　法:

　　$q_initialize(q_id, q_type, max_length, status);
　　$q_add(q_id, job_id, inform_id, status);
　　$q_remove(q_id, job_id, inform_id, status);
　　$q_full(q_id, status); {Returns an integer}
　　$q_exam(q_id, q_stat_code, q_stat_value, status);

在程序中所处位置:

参阅 Statement 语句的说明。

概　论:

所有这些系统任务和函数的参数都是整型数。每个系统任务和函数都返回一整数型的状态(status)值,它为下列值之一:

0——OK;
1——队列已满,不能再增加工作($q_add);
2——未定义的 q_id;
3——队列空,不能再删除工作($q_remove);
4——不支持的队列形式,不能创建这个队列($q_initialize);
5——最大长度小于等于0,不能创建这个队列($q_initialize);
6——两个相同的 q_id:,不能创建这个队列($q_initialize);
7——内存不足,不能创建这个队列($q_initialize)。

(1) 系统任务 $q_initialize:

创建一个队列。q_id(输出)是唯一的队列标识符。当程序需要调用多个队列任务和函数时,可用该标识符来区别各个队列。q_type(输入)可为1或2,1表示FIFO(先进先出)队列,2表示LIFO(后进先出)队列。max_length(输入)为队列所允许的最多的输入个数(即最大长度)。

(2) 系统任务 $q_add:

向队列加进一个入口。q_id(输入)表示向哪个队列加输入口。job_id(输入)表示是哪个工作(job),它通常为一整型数,每次向队列加入一个新元素其值加1,这样当队列的某一元素需要移走,可以用 job_id 来识别。inform_id(输入)用于定义与队列入口有关的信息,由用户自己来定义。

(3) 系统任务 $q_remove:

从队列取一个入口。q_id(输入)表示从哪个队列取走该入口。job_id(输出)确定是哪个工作(参阅$q_add 的说明)。inform_id(输出)是由$q_add 储存的数值。

(4) 系统任务 $q_full:

检查队列是否满。若返回值为1则队列满;为0则不满。

(5) 系统任务 $q_exam：

取得队列不同类型的统计信息。下列描述中提及的时间是基于队列元素被何时加入到队列中(到达时间)以及队列元素从加入队列到被删除出去的时间差(等待时间)。时间单位为仿真的时间精度。其中 q_stat_value（输出）参数返回取得的消息，而其中 q_stat_code（输入）参数可以取 1~6。它分别表示要求取得的信息类型：

① 1——当前队列长度；
② 2——平均达到时间间隔；
③ 3——最大队列长度；
④ 4——最短等待时间；
⑤ 5——当前队列中队列元素的最长等待时间；
⑥ 6——本队列的平均等待时间。

举例说明：

```verilog
module Queues;
    parameter Queue = 1;           // Q_id
    parameter Fifo = 1, Lifo = 2;
    parameter QueueMaxLen = 8;
    integer Status, Code, Job, Value, Info;
    reg      IsFull;

task Error;          // Write error message and quit
    ⋮
endtask

    initial
      begin
        // 生成后进先出队列,其标号为1,队列长度为8
          $q_initialize(Queue, Lifo, QueueMaxLen, Status);
            if( Status )
              Error("Couldn't initialize the queue");
        // 向 1 号队列加入从 1~8 号共 8 个工作,每个 job 之间间隔为 10 个单位时间
        // 每次从 1 号队列加入的信息为 job 号加 100
          for (Job = 1; Job <= QueueMaxLen; Job = Job + 1)
            begin
                #10 Info = Job + 100;
              $q_add(Queue, Job, Info, Status);
                if( Status )
                    Error("Couldn't add to the queue");
              $display("Added Job %0d, Info = %0d", Job, Info);
              $write("Statistics:");
        /* *要求取得有关当前队列长度、平均达到时间间隔、最大队列长度、最短等待时间、当前队列中队列元素的最长等待时间和本队列的平均等待时间共 6 种队列信息 * */
```

```
                    for ( Code = 1; Code <= 6; Code = Code + 1 )
                      begin
                           $q_exam(Queue, Code, Value, Status);
                        if ( Status )
                              Error("Couldn't examine the queue");
                           $write("%8d", Value);    //显示 6 种队列信息
                      end
                 $display(" ");
              end
    // 队列此时应是满的
       IsFull = $q_full(Queue, Status);
         if ( Status )
              Error("Couldn't see if queue is full");
         if ( ! IsFull )
              Error("Queue is NOT full");
    // 去除工作
                repeat (10)
                begin
                  #5 $q_remove(Queue, Job, Info, Status);
                  if ( Status )
                       Error ("Couldn't remove from the queue");
                  $display("Removed Job %0d, Info = %0d", Job, Info);
                  $write("Statistics:");
                  for ( Code = 1; Code <= 6; Code = Code + 1 )
                  begin
                        $q_exam(Queue, Code, Value, Status);
                     if ( Status )
                           Error("Couldn't examine the queue");
                        $write("%8d", Value);
                  end
                    $display(" ");
                end
           end
endmodule
```

参阅 $random 和 $dist_chi_square 等系统任务的说明。

3. 时序检查(Timing Checks)

Verilog 提供了一些系统任务,这些系统任务仅能在"specify block"(指定块)里调用,以进行常见的定时检查。

语　法:

　　$hold(ReferenceEvent, DataEvent, Limit [, Notifier]);

```
$ nochange( ReferenceEvent, DataEvent, StartEdgeOffset, EndEdgeOffset [, Notifier]);
$ period( ReferenceEvent, Limit [, Notifier]);
$ recovery( ReferenceEvent, DataEvent, Limit [, Notifier]);
$ setup( DataEvent, ReferenceEvent, Limit [, Notifier]);
$ setuphold( ReferenceEvent, DataEvent, SetupLimit, HoldLimit [, Notifier]);
$ skew( ReferenceEvent, DataEvent, Limit [, Notifier]);
$ width( ReferenceEvent, Limit [, Threshold [, Notifier]]);

ReferenceEvent = EventControl PortName [&&& Condition]
DataEvent = PortName
Limit = {either} ConstantExpression SpecparamName
Threshold = {either} ConstantExpression SpecparamName
EventControl = {either}
    posedge
    negedge
edge [ TransitionPair,… ]
TransitionPair = {either} 01 0x 10 1x x0 x1
Condition = {either}
ScalarExpression
~ ScalarExpression
  ScalarExpression == ScalarConstant
  ScalarExpression === ScalarConstant
  ScalarExpression != ScalarConstant
  ScalarExpression !== ScalarConstant
```

规　则：

(1) 参考事件(ReferenceEvent)的变化提供了定时检查的时间基准,参考事件(ReferenceEvent)必须通过模块的输入口(input)或输入/输出口(inout)引入。

(2) 数据事件(DataEvent)的变化会启动定时检查,数据事件也必须通过模块的输入口(input)或输入/输出口(inout)引入。

(3) 如果参考事件与数据事件同时发生,这时虽不会产生建立违例报告,但会产生保持违例报告。

(4) 对于系统任务 $ width,脉冲如果低于门限(Threshold)参数的设定(若设置了门限),则不会发生违例报告。

(5) 时序检查系统任务中的参考事件(ReferenceEvent)必须是沿触发的,如 $ width,$ period,$ recovery 和 $ nochange。

(6) 系统任务中 ReferenceEvent 参数都可以用关键字 edge,除了 $ recovery 和 $ nochange 这两个系统任务例外,它们的 ReferenceEvent 参数只能用 posedge 和 negedge。

(7) 使用 &&& 做注释的条件,其时序检查仅在条件为真时才执行。

(8) 在系统任务里如果设置了 notifier 参数,则其必须为寄存器类型变量。当违例发生时,寄存器变量数值发生变化:若原为不定值则变为 0,若原为 0 值则变为 1;若原为 1 值则变为 0,若原为高阻值则不变。

注　意：

这些系统任务仅能在 specify（指定）块中调用，而不能用作程序声明语句。参数 ReferenceEvent 和 DataEvent 在系统任务 $setup 里是颠倒的。

提　示：

若条件比较复杂，应在指定块（specify block）外描述条件，而把驱动条件的信号（wire 或 reg 类型）放在指定块内。

举例说明：

```
reg Err, FastClock;            // Notifier registers
specify
    specparam Tsetup = 3.5, Thold = 1.5,
    Trecover = 2.0, Tskew = 2.0,
    Tpulse = 10.5, Tspike = 0.5;
    $hold(posedge Clk, Data, Thold);
    $nochange(posedge Clock, Data, 0, 0 );
    $period(posedge Clk, 20, FastClock)];
    $recovery(posedge Clk, Rst, Trecover);
    $setup(Data, posedge Clk, Tsetup);
    $setuphold(posedge Clk &&& ! Reset, Data, Tsetup, Thold, Err);
    $skew(posedge Clk1, posedge Clk2, Tskew);
    $width(negedge Clk, Tpulse, Tspike);
endspecify
```

参阅 Specify 和 Specparam 语句的说明。

4. 记录数值变化的系统任务（Value Change Dump Tasks）

以下 7 个系统任务用于把数值的变化储存到 VCD 文件中。VCD 文件是把仿真激励或结果传递到另一个程序（例如一个波形显示程序）的一种手段。

语　法：

(1) $dumpfile("FileName");

(2) $dumpvars[(Levels, ModuleOrVariable,…)];

(3) $dumpoff;   {suspend dumping}

(4) $dumpon;   {resume dumping}

(5) $dumpall;   {dump a checkpoint}

(6) $dumplimit   (FileSize);

(7) $dumpflush;   {update the dump file}

在程序中所处位置：

参阅 Statement 语句的说明。

规　则：

(1) 系统任务 $dumpvars 中的参数 Levels 表示想要把指定模块的哪些层次的数值变化记录到 VCD 文件中：若设置为 1 表示仅记录指定层次模块中的变化，0 表示不但记录该层次模块还记录所有与该模块有关的下层模块中的变化。

(2) 如果没有设置任何参数,则设计中所有变量的变化均记录到 VCD 文件。

(3) FileSize 参数是用于设置 VCD 文件可记录的最多字节数。

(4) 在测试程序中可写多个系统任务 $dumpvars 调用,但是每个调用必须在同一时刻(通常在仿真开始时)。

举例声明:

```
module Test;
    ⋮
    initial
      begin
          $dumpfile("results.vcd");
          $dumpvars(1, Test);
      end
    // Perform periodic checkpointing of the design.
    initial
      forever
          #10000 $dumpall;
endmodule
```

四、Command Line Options 命令行的可选项

虽然怎样选用启动 Verilog 仿真器工作的命令行的可选项并不是 Verilog 语法的一部分,大多数有关 Verilog 语法学习参考材料里也不提供这方面的资料,但是为了更快掌握仿真工具还是有必要介绍一些这方面的资料,因为绝大多数仿真器都支持一些常见共同的 Verilog 编译命令选项(尽管有的 Verilog 仿真工具还有自己的一些命令选项),熟练地掌握这些共同的选项能更有效地进行仿真,提高 Verilog 仿真工具的使用效果。

UNIX Verilog 编译命令选项分为两类:一类是一个字符的,前面带有一个减号 −(如 −s);另一类是多个字符的,前面带有一个加号(如 +word)。有些 UNIX Verilog 编译命令选项后还可跟一个值,例如可跟一个文件名,如 −f file。

下面介绍一些最有用和最常见的 Verilog 编译命令选项(注意:并非所有仿真器都支持这些选项):

　　−fCommandFile　除从命令行读入命令选项外,还从命令文件读入更多的命令选项。
　　−k KeyFile　　 在 KeyFile 里记录仿真期间所有键入的交互命令。
　　−l LogFile　　 除了在显示器输出外还把所有仿真信息(包括 $display 等的输出)记录到 LogFile 中。
　　−r SaveFile　　从由非标准的系统任务 $save 生成的文件再次开始仿真。
　　−s　　 在 0 时刻中断仿真器,以便采用交互方式来控制仿真的进行。
　　−u　　 将 Verilog 源代码中的字符都视为大写字符(字符串除外),用此选项时要小心。

-v LibraryFile　在 LibraryFile 中寻找设计文件中缺少的 UDP 或模块。只有那些在设计文件中并未定义但已实例引用的 UDP 或模块编译器才会在 LibraryFile 中寻找。而设计中没有引用在 LibraryFile 中的 UDP 或模块不会进行编译。

-y LibraryDirectory

　　在 LibraryDirectory 中的文件中，寻找设计文件中缺少的 UDP 或模块，期望在该库的目录中有一个文件已定义了一个与其同名的模块。如果给出＋libext＋扩展名的命令行选项，则是指在搜寻文件时将带扩展名搜寻。例如，-y mylib ＋ libext＋.v 是指在 mylib 目录中，在扩展名为.v 的文件范围内搜寻在设计中未定义的同名的模块。

＋define＋ MacroName

　　定义一段文字作宏名（无值），这种零值的宏可以用于`ifdef 中来控制（条件）编译的范围。

＋incdir＋ Directory[＋ Directory…]

　　定义搜索路径，搜索用`include 包含的文件。搜索开始于当前路径，如果没有找到，就去由＋incdir＋定义的搜索路径依次去找。

＋libext＋ Extension

　　定义库文件扩展名，参阅-y 的说明。

＋notimingchecks

　　关闭指定块的定时检查，这样可以加速仿真，或抑制伪定时错误信息，使用此选项时须小心。

＋mindelays，＋typdelays，＋maxdelays

　　这三项分别指仿真时使用最小、典型和最大的延迟，默认为使用典型延迟。仿真时不要混淆以上三种延迟。

注　意：

Verilog 仿真器不能检查出＋号后选项参数的拼写错误，这是因为 Verilog 命令行允许用户自己来定义＋号后的参数，所以一定注意选项的拼写，例如"＋maxdelays"要注意拼写正确。

五、IEEE Verilog 1364 – 2001 标准简介

摘　要　2001 年 3 月 IEEE 正式批准了 Verilog – 2001 标准（即 IEEE 1364 – 2001）。Verilog – 2001 标准在 Verilog – 1995 的基础上有几个重要的改进。新标准有力地支持可配置的 IP 建模，大大提高了深亚微米（DSM）设计的精确性，并对设计管理作了重大改进。这些改进使其更加容易使用；这些改进将会影响每一个 Verilog 用户和 EDA 工具的设计人员。阅读了最近出版的几篇有关英文文献后，作者对 Verilog – 2001 新标准中的若干个改进作了简要的总结和介绍。

关键词　Verilog，HDL，硬件描述语言，EDA。

1. Verilog 语言发展历史回顾

Verilog 硬件描述语言诞生于 1984 年。最初它只用在 Gateway 公司的一个名为 Verilog-XL 的数字逻辑仿真器上。1989 年 Cadence 公司收购了 Gateway 公司。1990 年 Cadence 公布了 Verilog 硬件描述语言和它的编程语言接口（PLI）。不久，Verilog 国际组织 Open Verilog International（简称 OVI）正式成立，其宗旨是规范 Verilog 的公用部分和推广它的应用。OVI 有关 Verilog 1.0 版本的资料最初来自 Cadence 公司的 Verilog-XL 手册。1993 年 OVI 公布了 Verilog 2.0 版本，新版本对 Verilog 作了一些改进。随后，OVI 正式向 IEEE 提出申请要求批准它为标准。不久，IEEE Verilog 标准化工作组成立，并在 1995 年正式批准其为 Verilog 语言的标准，即 IEEE 1364-1995。这是第一个得到 IEEE 官方批准的 Verilog 标准。我们应该注意到 IEEE Verilog 标准化工作组当时并没有对 Verilog 语言做任何本质上的提高。工作组的目标只是把当时应用比较普及的 Verilog 仿真工具所使用的 Verilog 语言标准化，而并没有决心彻底重新编写新标准的文档。因为最初的标准来自于手册，所以 IEEE 1364-1995 和最新推出的 IEEE 1364-2001 标准也与用户使用手册很类似。

2. IEEE 1364-2001 Verilog 标准想要达到的目标

编写 IEEE 1364-2001 Verilog 标准的工作开始于 1997 年 1 月，当时确立了 3 个工作目标：

（1）改进 Verilog，使其有助于深亚微米设计和 IP（知识产权模块）建模问题。

（2）确保上述所有改进既有用，又切实可行，并使得仿真器和综合器厂商能在其产品中支持 Verilog-2001。

（3）纠正 IEEE 1364-1995 Verilog 参考手册中的所有错误，明确那些原来模棱两可的概念。

Verilog-2001 标准化工作组由 20 个成员组成，他们代表了各种不同的 Verilog 用户、仿真器厂商以及综合器厂商等多方的利益。

整个工作组分为三个执行小分队：ASIC 任务小分队，提高了语言的性能以满足超深亚微米设计的时间精确性；行为级任务小分队，提高了行为级和 RTL 级语言建模的性能；PLI 任务小分队，增强了 Verilog 编程语言接口的功能，使其能支持前面两个小分队所做的改进，同时使 PLI 又新增加了一些功能。

3. 新标准使建模性能得到很大提高

本节列出了 21 个改进之处，可以为 Verilog 设计人员提供更强的 Verilog 建模能力。许多改进使得编写可综合 RTL 模型变得更容易也更准确。别的一些改进使得模型的维数可扩展性和可重复利用性更强。本节只是列出了新增加的功能和语法，没有涉及 Verilog-1995 的相关说明。

（1）设计管理——Verilog 配置   Verilog-1995 标准把设计管理工作交给独立的软件工具来承担，设计管理不是语言的一部分。各个仿真器厂商的设计管理工具在处理不同版本的 Verilog 模型时有各自的方法，但是这些和工具有关的方法不能适用不同版本的 Verilog 编写的模型。

而 Verilog-2001 中增加了配置块（configuration block），它属于新版本 Verilog 语言的一部分，可以用它对每一个 Verilog 模型指定其具体版本和其源代码的位置。出于可移植性的考虑，在配置块中，可以使用多个虚拟模型库，还需要配合独立的库映像文件（library map files)指出其具体物理位置。配置块位于模块定义外。配置块的名字和模块名、原语块(primitive)名存在于同一个命名空间中。在 Verilog-2001 中新增加了关键字：config 和 endconfig；其他新增加的关键字：design、instance、cell、use 和 liblist 留给配置块使用。

  本文不想介绍 Verilog 配置块的完整语法和使用规则等方面的内容。下面的例子是一个简单的设计配置。其 Verilog 源代码是典型的，其中测试(test bench)模块包含了设计层次树顶层的实例调用，设计顶层还包括其他模块中的实例。

```
module test;
...
myChip dut (…);        /* instance of design */
...
endmodule
module myChip(…);
...
adder a1 (…);
adder a2 (…);
...
endmodule
```

  配置模块可以指定全部或个别模块实例的源代码的位置。因为配置模块位于 Verilog 模块之外，所以需要重新配置时，Verilog 模型的源代码不需要做任何修改。在下面这个配置例子中，加法器实例 a1 由 RTL 库编译生成，实例 a2 则来自一个门级库。

```
config cfg4                                 /* 给配置块命名 */
design rtlLib.top                           /* 指定从哪里找到顶层模块 */
default liblist rtlLib gateLib;             /* 设置查找实例模块的默认顺序 */
instance test.dut.a2 liblist gateLib;       /* 明确指定模块实例使用哪一个库 */
endconfig
```

  配置模块使用虚拟库来指定 Verilog 模型源代码的位置。使用库映射文件将虚拟库的名字和实际的文件位置联系起来。例如：

```
library rtlLib ./*.v;                       /* RTL 库模型的位置(当前目录) */
library gateLib ./synth_out/*.v;            /* 门级库模型的位置 */
```

  (2) 用 Verilog 生成维数可扩展的模块 Verilog-1995 标准在设计维数可扩展和可重复使用的模块时功能有限。它虽然具有强大的实例阵列结构，但是并不具备真正维数可扩展性和设计复杂结构所需要的灵活性。

  而 Verilog-2001 增加了生成循环(generate loop)，允许生成多个模块和原型的实例，同时生成多个变量、网络、任务、函数、连续赋值、初始化过程块以及 always 过程块。可以使用 if-else 或 case 语句有条件地生成声明语句和实例引用语句。

  Verilog-2001 中定义了四个与此相关的新关键字：generate、endgenerate、genvar 以及 localparam。其中，关键字 genvar 是一种新的数据类型，这个数据类型用于存储正的整型变量；与其他 Verilog 变量不同，它的值可以在编译和详细描述(elaboration)时改变。生成循环中的索引变量必须定义成 genvar 类型。

关键字 Localparam 表示一个常数，和 parameter 类似，但是 Localparam 与 parameter 的不同点在于它不能够使用参数重定义（parameter redifinition）来改变赋值。生成模块（generate block）同样可以通过专门的 Verilog 语句，来控制生成的将是何种对象。这些语句包括：for 循环；if-else 语句以及 case 语句等。

下面的例子说明了使用生成（generate）语句创建维数可扩展的乘法器模块实例。当乘法器的 a 和 b 的位宽参数小于 8，可生成 CLA 乘法器实例；如果 a 和 b 的位宽大于或等于 8，则生成 Wallace 数乘法器。

```verilog
module multiplier (a, b, product);
parameter a_width = 8, b_width = 8;
localparam product_width = a_width+b_width;
input [a_width-1:0] a;
input [b_width-1:0] b;
output [product_width-1:0] product;

generate
if((a_width < 8) || (b_width < 8))
CLA_multiplier #(a_width, b_width)
u1 (a, b, product);
else
WALLACE_multiplier #(a_width, b_width)
u1 (a, b, product);
endgenerate

endmodule
```

下面的例子说明了如何使用 generatefor 循环语句引用原语（primitive）实例和原语实例的内部互联来创建多位宽加法器，其位宽和引用实例数目由可重定义的参数常数指定。

```verilog
module Nbit_adder (co, sum, a, b, ci);
parameter SIZE = 4;
output [SIZE-1:0] sum;
output co;
input [SIZE-1:0] a, b;
input ci;
wire [SIZE:0] c;
genvar i;
assign c[0] = ci;
assign co = c[SIZE];

generate
for(i=0; i<SIZE; i=i+1)
```

```
            begin:addbit
            wire n1,n2,n3; //internal nets
            xor g1 ( n1, a[i], b[i]);
            xor g2 (sum[i],n1, c[i]);
            and g3 ( n2, a[i], b[i]);
            and g4 ( n3, n1, c[i]);
            or g5 (c[i+1],n2, n3);
            end
          endgenerate

        endmodule
```

前面的例子中,每个生成的网络都有一个独立的名字,而且每个生成的原语(primitive)实例也具有独立的名字。该名字由 For 循环中程序块的名字和作为循环变量的 genvar 类型变量值组成。例如 n1 网络中的名字如下:

addbit[0].n1
addbit[1].n1
addbit[2].n1
addbit[3].n1

为第一个 xor 原语(primitive)生成的实例名字如下:

addbit[0].g1
addbit[1].g1
addbit[2].g1
addbit[3].g1

需要注意的是这些生成的名字中包含了方括号,这在用户定义的标识符中是非法的,但是在生成的名字中是合法的。

(3) 常数函数　Verilog 语法规定必须使用数值或常数表达式来定义向量的宽度和阵列的规模。例如:

```
parameter WIDTH = 8;
wire [WIDTH−1:0] data;
```

Verilog - 1995 标准的局限之一是上述表达式必须基于算术操作。使用编程语句定义上述表达式的值是不允许的。

Verilog - 2001 给 Verilog 函数定义了一种新用法,称为常数函数。常数函数的定义和任何 Verilog 函数的定义相同。但是常数函数只能使用这样一种结构,它的具体数值是在编译或详细描述(elaboration)过程中被确定的。

常数函数有助于创建可改变维数和规模的可重用模型。下面的例子定义了一个称为 clogb2 的函数,该函数返回一个整数(即以 2 为底的对数的极限值)。这一常数函数可用于根据 RAM 中的单元数目,以确定 RAM 地址总线必需的宽度。

```
module ram (address_bus, write, select, data);
```

```
parameter SIZE = 1024;
input [clogb2(SIZE)-1:0] address_bus;
…
function integer clogb2 (input integer depth);
begin
for(clogb2=0; depth>0; clogb2=clogb2+1)
depth = depth >> 1;
end
endfunction
…
endmodule
```

（4）选择索引向量的一部分　Verilog-1995 标准中对向量某些位的选择是允许的,但被选择的部分必须是固定的。因此使用变量来选择长字中某个字节是不符合语法的。而 Verilog-2001 中增加了一个新的语法,称为索引的部分选择（indexed part selects）。索引的部分选择由基表达式、宽度表达式和偏移方向三部分组成,其形式如下：

```
[base_expr +: width_expr]          //正偏移
[base_expr -: width_expr]          //负偏移
```

其中,基表达式可以随着仿真过程的运行而变化,但是宽度表达式必须是常数。偏移方向表示选择区间究竟是基表达式加上宽度表达式,还是减去宽度表达式。例如：

```
reg [63:0] word;
reg [3:0] byte_num;  //a value from 0 to 7
wire [7:0] byteN = word[byte_num * 8 +: 8];
```

上例中,如果 byte_num 的值是 4,则把 word[39:32] 赋给 byteN。其中,起始位 32 由基表达式确定,终止位 39 则由基正偏移和宽度确定。

（5）多维矩阵　Verilog-1995 标准只允许一维矩阵变量。Verilog-2001 打破了这一限制,允许使用：

● 多维矩阵；
● 含有变量和网络（net）数据类型的矩阵。

这一改进需要改变矩阵声明和矩阵索引的语法。下例说明了一维矩阵和三维矩阵的声明和索引语法。

Verilog-1995 和 Verilog-2001 标准都支持一维矩阵的描述,下面两条语句表示的是变量为 8 位寄存器组的一维矩阵：

```
reg [7:0] array1 [0:255];                    //变量为 8 位寄存器组的一维矩阵
wire [7:0] out1 = array1[address];           //变量为 8 位的一维矩阵
```

只有 Verilog-2001 标准才支持三维矩阵,用语句表示如下：

```
wire [7:0] array3 [0:255][0:255][0:15];              //变量为 8 位寄存器组的三维矩阵
wire [7:0] out3 = array3[addr1][addr2][addr3];       //变量为 8 位的三维矩阵
```

(6) 选择矩阵内的某位和某几位　Verilog-1995 不允许直接访问矩阵字的某一位或某几位。必须将整个矩阵字复制到一个暂存变量中,从暂存变量中访问。Verilog-2001 去除了这一限制,允许直接访问矩阵字的某一位或某几位。举例说明如下:

```
//选择变量为 32 位的 2 维矩阵中某一单元[100][7]的最高字节[31:24]
reg [31:0] array2 [0:255][0:15];
wire [7:0] out2 = array2[100][7][31:24];
```

(7) 带符号的算术运算的扩展　对于整型算术操作,Verilog 根据操作数的数据类型来决定作无符号运算还是带符号运算。通常(也有例外),只要表达式中有无符号操作数,就执行无符号操作;只有当表达式所有的操作数都是带符号数时,才执行带符号操作。

Verilog-1995 中,整型数据是有符号数,寄存器和网络型数据是无符号数。Verilog-1995 的局限之一是整型数据必须具有固定的矢量位宽,大多数的 Verilog 仿真器将其定义为 32 位。因此,根据 Verilog-1995 标准,有符号的整数算术运算只限于 32 位矢量。对此,Verilog-2001 标准作了五点改进,大大增强了有符号数算术运算的能力:

- 寄存器和网络型数据可以定义为有符号;
- 函数返回值可以定义为有符号;
- 任何进制的整数都可以定义为有符号;
- 操作数可以由无符号变为有符号;
- 可以进行算术移位操作。

Verilog-1995 标准中保留了一个关键字 signed,但是没有用到。Verilog-2001 标准使用了这个关键字,使得寄存器数据类型、网络数据类型、端口以及函数都可以定义成带符号的类型。下面举几个例子说明:

```
reg signed [63:0] data;
wire signed [7:0] vector;
input signed [31:0] a;
function signed [128:0] alu;
```

Verilog-1995 标准中,没有指定基数(进制)的整型数被认为是有符号数,相反,指定了基数(进制)的整型数被认为是无符号数。Verilog-2001 标准增加了一个额外的标识符,字母's'和基数标识符一起指定该数是带符号数。举例说明如下:

```
16'hC501            //16 位十六进制无符号数
16'shC501           //16 位十六进制有符号数
```

除了可以定义有符号数据类型和数值外,Verilog-2001 还增加了两个新的系统函数,即 $signed 和 $unsigned。这两个系统函数可以将无符号数变换为带符号数,或相反。举例说明如下:

```
reg [63:0] a;                    //无符号数据类型
always @(a) begin
result1 = a /2;                  //无符号运算
result2 = $signed(a) / 2;        //有符号运算
```

        end

Verilog-2001标准中,另一个关于带符号数运算的改进是算术移位操作符,右移和左移分别用符号>>>和<<<表示。算术右移操作不改变数值的符号,移位时,用符号位填充空缺位。

例如,如果8位带符号变量D的值为8'b10100011,3位的逻辑右移和算术右移的结果如下:

    D >> 3   //逻辑右移的结果是8'b00010100
    D >>> 3   //算术右移的结果是8'b11110100

(8)幂运算符 **　Verilog-2001标准中增加了幂运算,用符号**表示,实现与C语言中pow()函数相同的功能。两个操作数中只要有一个实型数,函数就返回实型数;如果两个操作数都是整型数,函数才返回整型数。幂运算常常用来计算2^n的值。

举例说明:

    always @(posedge clock)
      result = base ** exponent;

(9)可重入任务和递归函数　Verilog-2001标准中增加了一个新的关键字—automatic。这个关键字可以用于定义可重入(Re-entry)的自动的任务(task)。自动任务中的每一条声明语句,在每次当前任务的调用中,都会进行动态的分配定位。函数(function)也可以定义为自动的,使得函数可以递归调用(函数中的每条声明语句在每次递归调用中都将动态分配定位)。自动任务或函数中的声明语句不能通过层次名调用。

Verilog-2001标准中不用关键字automatic声明的任务或函数是静态的,与Verilog-1995中的任务和函数的表现完全相同。静态任务或函数中的每条声明语句是静态分配定位的,即由该任务或函数的每次调用所共享。下面的例子说明了一个递归调用自己的函数,实现32位无符号整型操作数的n!(阶乘)的功能。

    function automatic [63:0] factorial;
    input [31:0] n;
    if (n == 1)
      factorial = 1;
    else
      factorial = n * factorial(n-1);
    endfunction

(10)组合逻辑的电平敏感符号@*　为了使用Verilog always过程块正确地为组合逻辑建立模型,敏感列表必须包含逻辑块中用到的所有输入信号。编写大型复杂的组合逻辑模块时很容易在敏感列表中遗漏某一个输入信号,从而导致仿真和综合的结果不一致。

Verilog-2001中增加了一个新的符号@*,用于表示组合逻辑的敏感列表。@*表示仿真器和综合工具应该能够自动地对该符号下逻辑块中每条语句中被赋于的值敏感。举例说明:下例中@*符号使得逻辑在sel、a或b变化时,y值能自动地跟着变化。

    always @*   //组合逻辑的敏感性问题

```
if (scl)
   y = a;
else
   y = b;
```

(11) 用逗号分隔的敏感列表　Verilog-2001增加了表示敏感列表的另一种写法,即用逗号而不是or关键字来分隔敏感列表中的各个信号。下例表示了功能完全一致的敏感列表的两种不同的写法：

```
always @(a or b or c or d or sel)
always @(a, b, c, d, sel)
```

用逗号分隔的敏感列表并没有增加新的功能,但是更加直观,与Verilog中的其他信号列表更加一致。

(12) 增强的文件输入输出操作　Verilog-1995标准中,Verilog语言在文件的输入/输出操作方面功能非常有限。因而,文件操作经常是借助于Verilog PLI(编程语言接口),通过与C语言中文件输入/输出库的访问来处理的。Verilog-1995标准规定,可以同时打开的I/O文件数目不能超过31个。

Verilog-2001中增加了新的系统任务和函数,为Verilog语言提供了强大的文件输入/输出操作,而不需要使用PLI。同时,扩展了可以同时打开的文件数目至230。这些新的文件操作任务和函数包括：$ferror、$fgetc、$fgets、$fflush、$fread、$fscanf、$fseek、$fscanf、$ftel、$rewind 和 $ungetc。Verilog-2001还给出了读写字符串的系统任务,包括$sformat、$swrite、$swriteb、$swriteh、$swriteo 和 $sscanf。它们可以用来生成格式化的字符串或从字串中读取信息。

(13) 超过32位宽的自动宽度扩展　Verilog-1995中对于不指定位数的位宽超过32的总线赋高阻时,只会将低32位赋成高阻,高位将赋0。为了将整个总线的所有位都置为高阻态,必须明确指定总线的位数。

举例说明(按照Verilog-1995规定)：

```
parameter WIDTH = 64;
reg [WIDTH-1:0] data;
data = 'bz;              //data ='h00000000zzzzzzzz
data = 64'bz;            //data ='hzzzzzzzzzzzzzzzz
```

Verilog-1995中的填充法则使得难于编写便捷的矢量位宽可变的模型。参数重定义是一种方法,但是必须修改Verilog源代码,改变其赋值语句中的位宽值。

Verilog-2001改变了赋值扩展法则,将高阻或不定态赋给未指定位宽的信号时,可以自动地扩展到信号的整个位宽范围。

举例说明(按照Verilog-2001规定)：

```
parameter WIDTH = 64;
reg [WIDTH-1:0] data;
data ='bz;               // data='hzzzzzzzzzzzzzzzz
```

(14) 使用参数名在线传递参数　Verilog-1995有两种方法实现在模块中重新定义参

数:一是使用 defparam 语句显式地重新定义;二是在模块实体调用时使用 # 符号隐式地重新定义参数。第二种方法更为简洁,但是由于参数的重新定义与声明的位置有关,因而容易出错而且代码的含义不易于理解。

```
module ram (…);
parameter WIDTH = 8;
parameter SIZE = 256;
…
endmodule
module my_chip (…);
…
//用参数名显式地重新定义参数
RAM ram1 (…);
defparam ram1.SIZE = 1023;
//根据位置隐式地重新定义参数
RAM #(8,1023) ram2 (…);
endmodule
```

Verilog-2001 提出了第三种方法:在线显式重新定义。这种新方法允许在线参数值按照任意的顺序排列,并且可以对重新定义的参数加注释。

```
//在线显式参数的重新定义
RAM #(.SIZE(1023)) ram2 (…);
```

(15) 端口声明和数据类型声明结合起来的声明语句　Verilog 语法要求每一个连接到模块输入或输出端口的信号必须声明两点:输入、输出方向和数据类型。Verilog-1995 中这两个声明语句是分开写的。Verilog-2001 提出了更简单的写法,即将两个声明结合在一条语句中。见下例:

```
module mux8 (y, a, b, en);
output reg [7:0] y;
input wire [7:0] a, b;
input wire en;
```

(16) ANSI 风格的输入和输出的声明语句　Verilog—1995 使用早期的 Kernighan 和 Ritchie C 语言的语法来定义模块端口,端口的次序在小圆括号内定义,而端口的声明在小圆括号之后。

Verilog-1995 标准中,任务和函数定义时不用写出圆括号和其内部的端口列表,只需要用输入、输出声明语句的排列次序来定义输入、输出端口的次序。Verilog—2001 改进了模块、任务和函数的输入、输出序列定义,将端口声明语句写在包含输入、输出端口序列的圆括号内,使其更接近于 ANSI C 语言。

```
module mux8 (output reg [7:0] y,
             input wire [7:0] a,
             input wire [7:0] b,
             input    wire en );
```

function [63:0] alu (input [63:0] a, b, input [7:0] opcode);

(17) 寄存器声明时进行初始化赋值　Verilog-2001允许在变量声明时对其进行初始化，可以不需要用专门的变量初始化进程块来对变量进行初始化。采用这种方式进行的变量初始化与在初始化进程块中进行初始化一样，在仿真的0时刻执行。举例说明：

在 Verilog-1995 标准中：

reg clock;
　initial
　　clk = 0;

在 Verilog-2001 标准中可以写为：

reg clock = 0;

这两种表达方式的实际含义是一样的。

(18) 将寄存器改变为变量　自1984年 Verilog 语言诞生以来，register 一词就一直用来描述 Verilog 语言中变量的一种类型。register 并不是一个关键字，只是一种数据类型(reg、integer、time、real 和 realtime)的名称。register 一词的使用通常会给 Verilog 初学者带来困扰，他们通常认为 register 和硬件中的寄存器(flip-flops)概念是一致的。因此，IEEE 1364-2001 Verilog 参考手册中将 register 一词改为 variable。

(19) 对条件编辑的改进　Verilog-1995 支持 `ifdef、`else 和 `endif 等条件编译语句。Verilog-2001 中增加了一些条件编译控制语句，包括 `ifndef 和 `elsif。

(20) 文件和行编译指示　Verilog 工具需要不断地跟踪 Verilog 源代码的行号和文件名。Verilog 的可编程语言接口(PLI)可以取得并利用行号和源文件名信息，显示程序运行的错误信息时，也需要知道这些信息。但是，如果 Verilog 源码经过其他工具的处理，源码的行号和文件名信息可能会丢失。Verilog—2001 中增加了一个 `line 编译指示，用来指定源码的行号和文件名。这样可以使源码文件中的指定位置在经过其他工具的修改(例如增加或删除一行)后，也能够保持不变。

(21) 属性　创建 Verilog 语言的最初目的是建立一种用于数字仿真的硬件描述语言。随着仿真器以外的其他工具采用 Verilog 作为设计输入，这些工具需要 Verilog 语言能够加入跟指定工具有关的信息和命令。在 Verilog-1995 标准中没有这一机制，只能通过一些非标准的方式来实现，例如通过 Verilog 注释语句加入可控制综合器功能的命令。

Verilog-2001 标准中增加了一种机制，可以在 HDL 源代码中指定对象、语句或语句组的属性。这些属性称为 attribute，可以翻译为属性。属性可以由包括仿真器在内的不同工具使用，控制工具的行为和操作。属性包含在两个符号 * 之间。属性可以应用于对象的所有实例调用，也可以只应用于对象的某一个实例调用。属性可以指定为数值(包括字符串)，某对象的每个实例调用可以重新定义其属性值。

Verilog-2001 没有定义任何标准的属性，属性的名字和数值由工具厂商或其他标准定义。

下面是综合工具如何使用属性的例子：

　(* parallel case *) case (1'b1)　　//1位独热码的有限状态机(FSM)

```
state[0]: ...
state[1]: ...
state[2]: ...
endcase
```

4. 提高了 ASIC/FPGA 应用的正确性

Verilog 语言创建于 2 μm 或 5 μm 设计的时代,随着硅工艺水平的进步和设计方法学的演进,Verilog 语言也在发展。Verilog-2001 继续了这一发展,特别针对现在和未来的深亚微米设计作了改进。

(1) 检测脉冲的传播错误 Verilog-1995 标准可以对脚对脚(pin-to-pin)的路径延时提供根据事件(on-event)的脉冲传播错误模型。脉冲是模型路径输入端上的扰动,其维持的时间比它在路径上的延时小。如果使用了 on-event 的脉冲传播模型,输入脉冲的上升沿和下降沿传播到路径的输出端就变成了不定态(即逻辑值 X),其波形(即起始和维持时间内的不定值)看起来像是输入脉冲已经传播到输出。

Verilog-2001 增加了 on-detect 脉冲传播错误模型。当输入信号为干扰脉冲时,设置 on-detect 是一种更保险的将输出设置为不定态的方法。与 on-event 模型相比,on-detect 也是将脉冲从前沿开始变成不定态,到脉冲后沿结束,不同处在于一旦检测到脉冲,前沿立刻变为不定态。在 Verilog 的 specify 块中可以使用两个新的关键字 pulsestyle_onevent 和 pulsestyle_ondetect,来显式地指定脉冲错误传播方式是 On-event 还是 on-detect。On-event 是脉冲传播错误的默认类型。举例说明如下:

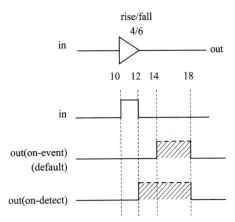

```
specify
pulsestyle_ondetect out;
(in => out) = (4,6);
endspecify
```

(2) 负脉冲检测 当脉冲的下降沿比上升沿先到即为负脉冲。由于路径延时大于脉冲维持时间,输入负脉冲也可能得到不定态(逻辑值为 X)的扰动输出。Verilog-1995 中,负脉冲通常被忽略。Verilog-2001 提供了一种机制,可将不定态传播到输出,表明负脉冲已经产生,增加了两个关键字 showcancelled 和 noshowcancelled,在 specify 块定义时,可以用它们让负脉冲传播功能启动或取消。举例说明如下:

```
specify
showcancelled out;
(a => out) = (2,3);
(b => out) = (4,5);
endspecify
```

（3）新的时序约束检查　Verilog-2001 增加了几个新的时序约束检查，可以建立更精确的深亚微米时序模型。这些新的时序检查系统任务包括 \$removal、\$recrem、\$timeskew 和 \$fullskew。本文不全面介绍和探讨这些时序检查，对细节感兴趣的读者请参阅 IEEE 1364-2001 Verilog 标准。

（4）负时序约束　Verilog-2001 给 \$setuphold 时序约束系统任务增加了 4 个参数，用这些参数可以精确地指定负电平的建立和保持时间。这两个时间参数用于定义沿冲突窗口（相对于参考信号沿）的位置，在这段时间中，数据必须是稳定的。建立和保持时间为正表示这一窗口跨过其参考的信号沿。相反，建立和保持时间为负则意味着时间冲突窗口位移到参考信号沿的前面或后面。这种情形在真实器件中是很可能发生的，因为器件内部时钟和数据信号路径延时的不一致总是有可能存在的。\$setuphold 的新参数可加在 Verilog-1995 所定义的 \$setuphold 参数表的后面。新的参数是可选的。如果不指定这些参数，也没有关系，\$setuphold 的语法仍旧与 Verilog-1995 的规定兼容。

新的时序检查系统任务 \$recrem 是 \$recovery 和 \$removal 两个系统任务的结合，可以处理负值，其语法与 \$setuphold 类似。若想了解如何使用这些时序检查来指定时序约束为负值的细节，可参考 IEEE 1364-2001 Verilog 标准。

（5）提高了对 SDF（标准延时文件）的支持　IEEE 1364-2001 Verilog 语言参考手册增加了一节，详细描述了 SDF 文件中的延时如何与 Verilog 语言中的延时相对应。其内容是建立在最新的 SDF 标准（即 IEEE Std 1497-1999 [3]）基础之上的。

最新的 SDF 标准中包括了延时标签，可以为 Verilog 程序提供延时标注的手段。为了支持 SDF 标签，对 Verilog 语法作了一点改动。Verilog-1995 中，specparam 常数只能在 specify 块（指定块）中定义。而 Verilog-2001 允许在模块层次声明和使用 specparam 常数。

（6）扩展了 VCD 文件　Verilog-1995 标准中定义了一个标准的 4 状态逻辑 VCD（数值变化存储）的文件格式。\$dumpvars 和其他相关的系统任务用于创建和控制 VCD 文件。Verilog-2001 对 VCD 文件格式作了一些扩展，在 Verilog 端口变化、线路连接强度（net strength）变化以及仿真结束时间等方面增加了更多的细节。为此，Verilog-2001 中定义了一些新的系统函数，它们可以用来创建和控制扩展的 VCD 文件，它们是：

\$dumpports、\$dumpportsall、\$dumpportsoff、\$dumpportson、\$dumpportslimit 和 \$dumpportsflush。

5. 编程语言接口（PLI）方面的改进

Verilog-2001 对原 Verilog 编程语言接口（PLI）部分作了大量改进。这些改进可分为三部分：

（1）新 PLI 增加了许多新的功能；
（2）新的 PLI 能支持 Verilog-2001 对 Verilog-1995 的每个改进；
（3）对 Verilog-1995PLI 标准作了全面的清理。

Verilog PLI 标准包括 3 个 C 功能库，即 TF、ACC 以及 VPI。TF 和 ACC 库是 Verilog PLI 的早期版本；新标准为了兼容旧标准（即 IEEE 1364-1995 Verilog）保留了这两个库。VPI 库是最新版 PLI 标准所用的库，与旧库比较有许多优点。

Verilog-2001 清理和更正了旧的 TF 和 ACC 库中的许多定义，但并没有给 TF 和 ACC 库加入任何新的功能。对 Verilog PLI 的所有改进都体现在 VPI 库中。其中包括支持

Verilog 语言的许多新特性,以及提供了 6 个 VPI 新子程序:vpi_control( )、vpi_get_data( )、vpi_put_data( )、vpi_get_userdata( )、vpi_put_userdata( )和 vpi_flush( )。对这些 VPI 新子程序细节感兴趣的读者,可参考 IEEE 1364 – 2001 Verilog 标准。

6. 总　结

　　IEEE 1364 – 2001 Verilog 标准已经编写完毕,并且于 2001 年 3 月得到了 IEEE 官方的正式批准。Verilog – 2001 对 Verilog 语言作了许多重要的改进,提供了强大的结构,可以编写可重复使用的、可升级的模型以及 IP 模型,并可给出精确的深亚微米电路的时序特性。用 Verilog 进行设计的工程师如果使用支持 Verilog—2001 版本的综合和仿真工具将从中得到极大的便利。

第五部分　SystemVerilog 与 UVM 验证篇

由衷地感谢夏宇闻老师给予机会，让我给这本脍炙人口、驰骋江湖 20 余年的 Verilog HDL 蓝宝书增添关于 SystemVerilog 及验证方法学等相关内容，希望能让读者对 RTL 硬件描述语言有一个更深层次的认知与领悟，从而更清晰地明确未来的"攻城狮"之路，更加坚定地寻找自己的立足点和未来。

Verilog HDL 起源于 20 世纪 80 年代，并于 1995 年正式成为 IEEE 标准（Verilog-1995），随后发布了 Verilog-2001 与 Verilog-2005（当前最新）标准。夏老师的书是基于 Verilog-1995 经典标准编写的，后续标准的升级主要是更新验证的子集，以及用于与 SystemVerilog 区分的一些改进，对于 RTL 开发而言已经绰绰有余。

Verilog HDL 是 SystemVerilog 的基础，但 SystemVerilog 的语法远比 Verilog HDL 复杂很多，且需要良好的 C++语言基础，难以在简短的篇幅中将 SystemVerilog 描述清楚。同时，SystemVerilog 属于本书画龙点睛之笔，非核心部分，因此本部分将着重介绍 SystemVerilog 语言的历史与发展，搞清楚整个来龙去脉，并顺理成章地介绍一点 UVM 验证方法学的相关内容，以及如何加速集成电路验证周期的策略等。

至于 SystemVerilog 的语法介绍及设计实例等，由于篇幅限制，这部分没能深入阐述，读者如有兴趣可查阅 SystemVerilog 相关的资料、网站、书籍等，或者夏老师翻译并在北航出版社出版的书籍《SystemVerilog 验证方法学》。

就现今而言，依然采用 Verilog 设计为大多数，采用 SystemVerilog 进行设计仍较少，国内有，国外少见。SystemVerilog 更多的被用于验证，而非设计。不知道未来如何，可能需要一定的时间给于过渡，这部分理解不是很深刻。

一、浅谈 SystemVerilog 的历史与发展

要讲 SystemVerilog,就不得不从 Verilog HDL 说起。SystemVerilog 作为 Verilog HDL 标准的衍生发展,其制定出自同一机构——IEEE。而此标准的由来,就与 IEEE 机构及其合作伙伴 Accellera 密切相关了。既然从宏观的角度分析 SystemVerilog,那么很有必要先解剖一下 IEEE 标准制定机构的历史,以及相关机构的由来(主要是 Accellera),毕竟无论 Verilog HDL 还是 SystemVerilog 的原生标准,都不是 IEEE 制定的,而是 Accellera(虽然最后标准的制定与推广是 IEEE 执行的)。

1.1 IEEE 社团介绍

IEEE 的全称为 Institute of Electrical and Electronics Engineers,即电气和电子工程师学会。图 1.1 为 IEEE 的官网 http://standards.ieee.org/,IEEE 为世界级技术标准(The World of Technological Standards)是从专业协会。

图 1.1　IEEE 官网页面截图

IEEE 成立于 1963 年,协会办公室在美国纽约,操作中心在新泽西州,由美国电气工程师学会(AIEE)和无线电工程师学会(IRE)合并而来。如今,IEEE 已经是世界上最大的技术专业协会,在全球 160 多个国家拥有 42 万成员,其中将有一半居住在美国。图 1.2 为 IEEE 在美国纽约的办公大楼。

综上所述,IEEE 的前身为 AIEE(American Institute of Electrical Enginners,美国电气工程师学会)与 IRE(Institute of Radio Engineers,无线电工程师学会)两个社团的合并。在合并前,AIEE 专注光与能源系统;而 IRE 更多工作则与无线电工程有关,它由 2 个较小的组

图 1.2　IEEE 在纽约市的办公大楼

织——无线电与电报工程社团(the Society of Wireless and Telegraph Engineers)及无线电协会(the Wireless Institute)构成。随着 20 世纪 30 年代电子产品的兴起，很多电子工程师都成了 IRE 的会员；由于电子管技术的应用越来越广泛，使得 IRE 与 AIEE 的界限变得非常难以区分。第二次世界大战后，由于两个组织之间的竞争变得越来越激烈，导致 IRE 与 AIEE 的领导决定合并这两个组织，以利于更好发展这两个社团。于是在 1963 年 1 月 1 日，这两个组织正式合并，改名为 IEEE。

IEEE 的发展历程如图 1.3 所示。该组织后期由两个极其相似的组织 AIEE 与 IRE 合并而成，其成员主要由工程师和科学家们组成，相关的专业人士除了 IEEE 的电气和电子工程核心成员外，还包括了计算机科学家、软件工程师、物理学家、医学博士等。IEEE 致力于推进技术的创新和演进，专注于电子与电气工程、通信、计算基础工程以及相关学科的教育及技术发展。

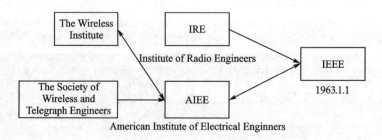

图 1.3　IEEE 历史发展历程

在电子与电气工程、计算机等领域中，IEEE 已经写作了 30% 以上的科学著作，以及 100 多本同行评审期刊。这些期刊的出版内容，以及由 IEEE 发起的几百个学术会议的文件，都可以在 IEEE 网上的数字图书馆、IEEE Xplore(http://ieeexplore.ieee.org/Xplore/home.jsp、学术文献数据库，见图 1.4)订阅访问以及个人购买的出版物中找到。

作为世界上领先的标准制作组织之一，IEEE 标准的制定影响了电力与能源、生物医学、医疗、信息技术、电信、交通、纳米技术、信息安全等行业。截止 2017 年，IEEE 已经拥有超 1 100 个有效的标准，并且还有 600 多个标准正在制定中。其中最值得关注的一个标准是 IEEE 802 LAN/MAN，该标准包括 IEEE 802.3 网络标准，以及 IEEE 802.11 无线网络标准，目前广泛地被相关领域所应用，足已影响了一个时代。

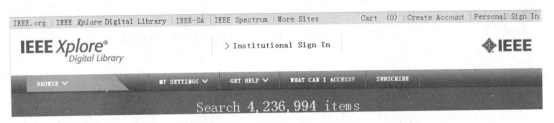

图 1.4 IEEE 学术文献数据库

IEEE 内部由 39 个社团(见图 1.5)负责不同技术领域的发展,每一个社团专注于一个知识方向,同时提供专业出版物、会议、业务网络,以及其他服务等。

- IEEE Aerospace and Electronic Systems Society
- IEEE Antennas & Propagation Society
- IEEE Broadcast Technology Society
- IEEE Circuits and Systems Society
- IEEE Communications Society
- IEEE Components, Packaging & Manufacturing Technology Society
- IEEE Computational Intelligence Society
- IEEE Computer Society
- IEEE Consumer Electronics Society
- IEEE Control Systems Society
- IEEE Dielectrics & Electrical Insulation Society
- IEEE Education Society
- IEEE Electromagnetic Compatibility Society
- IEEE Electron Devices Society
- IEEE Engineering in Medicine and Biology Society
- IEEE Geoscience and Remote Sensing Society
- IEEE Industrial Electronics Society
- IEEE Industry Applications Society
- IEEE Information Theory Society
- IEEE Instrumentation & Measurement Society
- IEEE Intelligent Transportation Systems Society
- IEEE Magnetics Society
- IEEE Microwave Theory and Techniques Society
- IEEE Nuclear and Plasma Sciences Society
- IEEE Oceanic Engineering Society
- IEEE Photonics Society
- IEEE Power Electronics Society
- IEEE Power & Energy Society
- IEEE Product Safety Engineering Society
- IEEE Professional Communication Society
- IEEE Reliability Society
- IEEE Robotics and Automation Society
- IEEE Signal Processing Society
- IEEE Society on Social Implications of Technology
- IEEE Solid-State Circuits Society
- IEEE Systems, Man & Cybernetics Society
- IEEE Ultrasonics, Ferroelectrics & Frequency Control Society
- IEEE Technology and Engineering Management Society
- IEEE Vehicular Technology Society

图 1.5 IEEE 的 39 个不同领域的社团

几十年来,IEEE 一直在为整个行业的标准,扮演着"上帝"的角色,为电气电子行业做出了巨大的贡献。

1.2 Accellera 社团介绍

Accellera 由 Open Verilog International(OVI,开放 Verilog 组织)和 VHDL International(VI,开放 VHDL 组织)于 2000 年合并而成。OVI 和 VI 分别是 Verilog HDL 与 VHDL 的开放标准组织,均于 1991 年成立。图 1.6 为 Accellera 的官网页面 http://accellera.org/。

2009 年,Accellera 与 SPIRIT 社团(另一个专注于 IP 部署与重用的 EDA 标准组织)宣布合并,并 2010 年完成。SPIRIT 社团是一个由供应商及 EDA 工具用户组成的社团,定义了标准的片上 SOC 系统信息交互。SPIRIT 社团定制的标准包括了 IP‑XACT、独立于供应商设计组件描述的 XLM 模式,以及用于在元件中描述寄存器的 SystemRDL。

2011 年 12 月,Accellera 与 Open SystemC Initiative(OSCI,C 联盟组织)合并,并更名为 Accellera Systems Initiative(ASI),继续发展 SystemC 标准。

图 1.6　Accellera 官网页面截屏

2013 年 10 月，Accellera 获得了开放核心协议（OCP）知识产权的国际合作。

Accellera 的成长经历不算悠久，但 10 余年来，Accellera 系统组织已经从最初的 OVI & VI 合并，发展成为一个由公司和用户组建的壮大组织，图 1.7 为这些年的发展历程。Accellera 随后又与 OSCI、OCP 合并或合作，成为了一个由广泛的、开放的，能让全球电子行业受益的标准的成员构成的机构。目前 Accellera 理事会由来自 ASIC 制造商、系统公司以及设计工具厂商的代表组成，它指导该组织的所有运作和活动。Accellera 的生态系统如图 1.8 所示，主要包括了如下 3 个方面：

① 模拟与数字系统的设计；
② 模拟与数字系统的验证；
③ IP 的集成与部署。

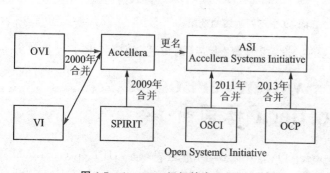

图 1.7　Accellera 组织的发展历程

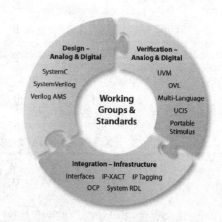

图 1.8　Accellera 生态系统示意图

Accellera 是一个独立的、非营利性质的标准化组织，致力于创建、支持、促进和推动系统级设计、建模和验证标准，供全球电子行业使用。通过不间断地与 IEEE 合作，Accellera 系统设计制定的标准和技术实施，为 IEEE 正式标准化和持续的维护做出贡献。截止目前为止，Accellera 成功制定的多项标准如图 1.9 所示。由图可见目前已有 7 项标准，包括 SystemC、SC-AMS、SystemVerilog、VHDL、PSL、IP-XACT、UPF 等先后成为了 IEEE 正式推广的标准，也有一项（SC-TLM）最后被合并到 IEEE 标准中去了。由此，Accellera 为 IEEE 的标准化和持续的维护做出了巨大的贡献,甚至从一定程度上可以认为,Accellera 是 IEEE 一些标准制定的摇篮。

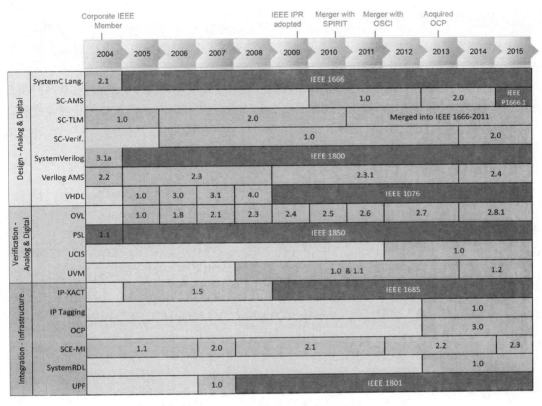

图 1.9 Accellera 发布的标准

作为更先进的标准于 2017 年 2 月,IEEE 已经正式批准了 Accellera 的 UVM 1.2 方法学,作为 IEEE 1800.2-2017 标准发布。也就是说,UVM1.2 也开始被 IEEE 正式推动成为全球电气和电子工程的重要标准,UVM 也将在验证方法学中,发挥更加巨大的作用。

1.3 Verilog 到 SystemVerilog 的发展

图 1.10 为 Verilog 到 SystemVerilog 的发展。

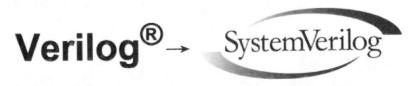

图 1.10 从 Verilog 到 SystemVerilog

Verilog HDL 全称为 Verilog Hardware Description Language,是一门硬件描述语言;SystemVerilog 全称为 Unified Hardware Design, Specification and Verification Language 是一门统一硬件设计、规范与验证的语言。SystemVerilog 并不是一门全新的语言,而是 IEEE

Std 1364™－2001 标准 Verilog HDL 一系列的扩展，因此讲起 SystemVerilog 时很有必要从 Verilog HDL 的历史说起。

1.3.1 Verilog HDL 语言历史追溯

Verilog 这个词是由"Verification"（验证）和"Logic"（逻辑）两个单词组合而成。顾名思义，Verilog 是一门为逻辑设计与验证而生的硬件描述语言。

Verilog HDL 是各阶段电子系统创新的标志，它不仅是人类可读懂的语言，也是一门机器语言。作为硬件描述语言，Verilog HDL 可用于电子系统的建模，目前广泛应用于抽象寄存器传输级数字电路的设计与验证，同时也可以在模拟电路或混合电路（Verilog－AMS）、甚至基因电路设计中应用。

1. Verilog 的起源

Verilog HDL 是当下最流行的硬件描述语言之一，由 GDA（Gateway Design Automation，原名 Automated Integrated Design Systems：自动集成系统设计公司）公司的 Phil Moorby，于 1983 年创建。并在 1984 到 1985 年，Phil Moorby 设计了第一个 Verilog－XL[1][2] 仿真器。1990 年，Cadence 公司收购了 GDA 公司，Cadence 便拥有了 GDA 的 Verilog 和 Verilog－XL 的完整版权，而 HDL－simulator 也成为了未来 10 年逻辑仿真器的标准。

随着 VHDL 持续的成功，Cadence 决定将 Verilog 语言推广成开放的标准，于是在 1990 年，Cadence 成立了 OVI 组织[开放 Verilog 组织，后来与 VI（Open VHDL International，开放 VHDL 组织）合并成为 Accellera]，将 Verilog HDL 公开推广。随后又在 1995 年，将 Verilog HDL 标准提交给 IEEE，制定了 IEEE Std 1364™－1995 标准，即 Verilog－1995。

2. IEEE Std 1364™－2001

为了修正用户在原始 Verilog HDL 标准中发现的不足，Cadence 又提交了 Verilog－1995 的一些扩展与修正，随即在 2001 年 3 月 17 日，IEEE 又发布了 IEEE Std 1364™－2001 标准，即 Verilog－2001。

Verilog－2001 是 Verilog－95 的重大升级。首先，它明确增加了信号网表及变量对 2 的补码的支持。在这之前，代码作者需要使用笨拙的位级操作来表示有符号操作。在 Verilog－2001 中，同样的操作可以通过内置的运算符（＋，－，/，＊，＞＞＞）更加简洁地描述。其次，增加了类似于 VHDL 的 generate/endgenerate 结构，这使得 Verilog－2001 可以通过普通的操作运算符（case/if/else）控制实例和语句实例化。generate/endgenerate 结构的使用，使得 Verilog－2001 可以通过例化实例数组，控制每个实例单元的接口。此外，还增加了几个系统任务，来改善文件的输入输出功能。最后，引入了新的一些语法，以提高代码的可读性。

截至目前，Verilog－2001 仍然是被大部分商业 EDA 软件封装支持的 Verilog HDL 版本。

3. IEEE Std 1364™－2005

随着大规模集成电路的高速发展，萌生了验证复杂及周期长等的复杂逻辑及复杂系统。

---

[1] Verilog－XL：Verilog－XL 是逻辑设计验证工具，交互式仿真器，几乎与 Verilog HDL 同时开发，是 Verilog HDL 仿真器的标准。

[2] NC Verilog：NC Verilog 也是类似于 Verilog－XL 的逻辑仿真器，是在 Verilog－XL 后开发的，但其对设计的仿真与 Verilog－XL 完全相同。

由于 Verilog HDL 验证能力已无法满足设计规模的增长，于是基于 Verilog HDL 扩展的硬件验证语言随着企业与用户的需求开始发展，并在 Accellera 的推动下成为了硬件验证语言新的趋势。这也就是说，Verilog HDL 与 SystemVerilog 在某些设计规范中有一定的重叠与交叉。

因此，为了区分 SystemVerilog 与 Verilog HDL 的语言规范，IEEE 对 Verilog-2001 标准进行了微小的修改以及规范的改进，并增加了一些新的语言特性（比如 uwire 关键字），最终在 2005 年 11 月 8 日，发布了 Verilog-2005（IEEE Std 1364™-2005）标准以及 SystemVerilog 标准（IEEE Std 1800™-2005）。

1.3.2　SystemVerilog 语言历史追溯

Verilog HDL 作为描述硬件仿真和综合方面应用最广泛的语言，逐渐成为了集成电路设计的标准语言。但在 IEEE 标准 Verilog-2001（Verilog-2005 与 SystemVerilog-2005 是同时定稿发布的，因此只能拿 Verilog-2001 作对比）中，只有一些简单的结构用于创建测试，其验证能力无法满足设计规模的增长。摩尔定律指出：集成芯片可容纳的晶体管数目，每隔约 18 个月增加一倍，性能也将提升一倍（此一时，彼一时。在当前，"摩尔定律"正在走向终结，集成电路的未来难以预料）。大规模 SOC 和多核设计等的出现，专用集成芯片设计的复杂度以指数形式增长，这使得验证工作成为了芯片设计中的关键瓶颈。

为了解决验证这一难题，出现了商用的硬件验证语言（HVL，Hardware Verification Language），包括 OpenVera[3]、e 语言[4]和 SystemC[5]等。而那些不愿意购买商用验证工具的公司，只能耗费大量的人力物力，去创建或定制自己的验证工具。同时，验证语言的开发虽然大大加速了设计效率，但另一方面也使得设计人员与验证人员之间的沟通出现了障碍，甚至原则上出现分歧。于是，这场生产能力上的危机催生了 Accellera 组织的成立，一个由公司和用户组成的联盟（前文已经对 Accellera 组织有了详细的介绍）。同时感谢 OpenVera 语言的捐赠，奠定了 Accellera 发展下一代 Verilog HDL——SystemVerilog HVL 的基础。

经过不断地磨合与扩展，逐步形成了硬件验证语言的一定规范与标准。2004 年，Accellera 公布了 SystemVerilog 参考手册，成为了行业的标杆。经典的可以参照 Accellera 发布的 SystemVerilog 3.1a Language Reference Manual（Accellera's Extensions to Verilog®）.pdf 语言参考手册。

《SystemVerilog 3.1a》是 Verilog HDL 标准 IEEE Std 1364™-2001 的一系列扩展，为了帮助创建和验证抽象的架构级模型。该手册是由很多设计验证工程师、EDA 供应商、EDA 公司，以及 IEEE 1364 Verilog 标准组织的成员一起制定的，并由 Accellera 委员会最终定稿。

随后 Accellera 又将 SystemVerilog 提交给了 IEEE，并于 2005 年 IEEE 公开发布了第一

---

　［3］　OpenVera：OpenVera 是一门由 Synopsys 开发与管理的硬件验证语言。OpenVera 是用于测试验证创建的可互操作的、开放的硬件验证语言。OpenVera 被 IEEE Std 1800™ SystemVerilog 标准作为高级验证特性的基础，造福了整个验证社区、半导体公司、系统、IP、EDA 行业及验证服务等。

　［4］　e 语言：e 语言是实现高度灵活和可重用验证测试程序的一门硬件验证语言，在 1992 年由 Yoav Hollander 为其 Specman 软件创建的。在 1995 年创建了 Versity 公司来商业化该软件，并在 1996 年产品被纳入了自动化设计会议，随后被 Cadence 收购。

　［5］　SystemC：SystemC 语言是在 1991 年，由 OSIC（Open SystemC Initiative）开发的，基于 C++语言的验证语言。SystemC 本质上是 C++库，能与 Reference Model 天然共存，实现 RLT 的功能验证。但 SystemC 也由于基于 C++，而又内存管理麻烦，指针混乱等问题。

版 SystemVerilog 标准：IEEE Std 1800™-2005，至此 Accellera 的目标终于达成，广大用户与公司创建了一门非商用的标准化语言。

SystemVerilog 是 Verilog-2005 的一些能够辅助设计验证和设计建模新特性及能力的集合。在 2009 年，SystemVerilog-2005 与 Verilog-2005 又被合并成为一个标准的 IEEE Std 1800™-2009，使得用户可以用同一门语言进行设计与验证。2012 年，IEEE 又更新了 SystemVerilog 标准，即截止目前的最新标准：IEEE Standard 1800™-2012。

SystemVerilog 把设计、测试平台和断言结构集中到一种语言中，这样的好处是：测试平台可以更容易地访问环境的所有部分，而不需要采用专用的 API。硬件验证语言的价值在于它能够创建高层次、高灵活度的测试，而不在于它的循环结构或者声明风格。

纵观 Verilog HDL 到 SystemVerilog 的发展，为了满足电子设计自动化行业的设计与验证工作的开发，从 Verilog HDL 的创建，到各大组织的合并/收购/重组，最后 SystemVerilog 应运而生，整个演变基线如下所示：

① 1983 年，GDA 公司与 Phil Moorby 创建 Verilog HDL；
② 1990 年，GDA 公司被 Cadence 收购；
③ 1990 年，Cadence 公开发布 Verilog HDL，并成立 OVI 组织维护；
④ 1995 年，OVI 提交 Verilog HDL 标准给 IEEE 公司，制定 Verilog-1995；
⑤ 2000 年，OVI 与 VI 合并为 Accellera，继续维护 Verilog HDL 与 VHDL；
⑥ 2001 年，更新 Verilog-2001 标准，增加了部分扩展；
⑦ 2005 年，Superlog 和 Vera 将相关验证积累捐赠给 Accellera，随后 Accellera 发展了 SystemVerilog 规范，并提交给 IEEE 并正式发布了 SystemVerilog-2005 标准；
⑧ 2005 年，更新 Verilog-2005 标准，修订部分语法防止与 SystemVerilog 的混淆，增加部分新的特性；
⑨ 2009 年，SystemVerilog-2009 将 Verilog-2005 与 SystemVerilog-2005 合并到同一个标准中，使得用户可以参照同一个 LRM 或采用同一门语言进行设计验证；
⑩ 2012 年，IEEE 更新 SystemVerilog-2012 标准，SystemVerilog 正式成为一门统一的硬件设计、规范与验证的语言。

总结了 IEEE 发布的 Verilog HDL 与 SystemVerilog 的标准发布历程，如表 1.1 所列。

表 1.1 Verilog HDL 与 SystemVerilog 标准发布汇总表

序号	语言	日期	标准	描述
1	Verilog-1995	1995.12.12	IEEE Std 1364™-1995	Verilog HDL 标准
2	Verilog-2001	2001.03.17	IEEE Std 1364™-2001	Verilog HDL 标准更新
3	Verilog-2005	2005.11.08	IEEE Std 1364™-2005	Verilog HDL 标准最终版
4	SystemVerilog	2005.11.08	IEEE Std 1800™-2005	Verilog HDL 往系统与验证扩展
5	SystemVerilog	2009.11.11	IEEE Std 1800™-2009	合并 Verilog HDL 与 SystemVerilog
6	SystemVerilog	2012.12.05	IEEE Std 1800™-2012	SystemVerilog 标准再次更新

一个有趣的事实是，Verilog HDL 最终标准版本的发布，与 SystemVerilog 第一版本的发布，都是在 2005.11.08，因此，IEEE 组织为了 Verilog HDL 的定格，以及 SystemVerilog 的开

篇工作上，做了大量的完善、区分及衍生扩展工作，以至于在同一天能够发布 2 个重大的标准。历史验证，在 2009 年，两门语言被合并到同一个标准中去了。

综上所述，Verilog HDL 与 SystemVerilog 的发展，笔者又勾勒了一幅最初以"验证"＋"逻辑"Verilog HDL 创建的初衷，到当前最新 SystemVerilog2012 标准公布（2017 年又在 SystemVerilog 基础上发展并发布了 IEEE Std 1800.2™ – 2017 UVM 标准），SystemVerilog 在验证行业改变格局发展的流程图可见图 1.11。从最初"验证"与"逻辑"结合的开始，到最后设计定格 Verilog – 2005，而验证基于 SystemVerilog – 2012，两门语言各有所长又相辅相成，完整了整个 EDA 工业或集成电路设计的需求。

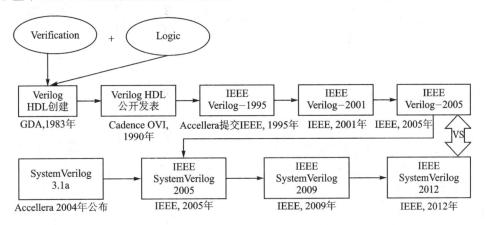

图 1.11 从 Verilog HDL 到 SystemVerilog 标准发展历程

1.4 SystemVerilog 语言介绍及标准分析

SystemVerilog 全称 Unified Hardware Design, Specification and Verification Language，是一门统一硬件设计、规范与验证的语言。

从 SystemVerilog – 2005 标准起，IEEE 目前已经陆续发布了 3 个版本的 SystemVerilog 标准，语言的规范与定义也逐渐从模糊到清晰，甚至逐渐融合了 Verilog HDL，最终使设计与验证得以一体化，这将是未来发展的趋势。

SystemVerilog 使得设计者可以使用一门统一的语言去实现抽象与具体的设计规范、断言规范、覆盖率、基于人工或自动化的测试验证方法。SystemVerilog 给覆盖率、断言提供了 API（application programming interfaces）接口，同时提供了 DPI（direct programming interface）接口来访问专用功能。当有必要利用现有设计或 IP 时，SystemVerilog 提供了可以允许用户继续采用原先设计语言的方式。该项目给 VLSI 工程师提供了更好的 IEEE 标准，该标准不仅满足设计与验证的需求，同时也会给生产力带来跳跃性的增长。同时该项目也将给 EDA 产业提供一个可以坚持的标准，以至于可以在各领域提供解决方案。

1.4.1 SystemVerilog 标准的发展

1. IEEE Std 1800™ – 2005

SystemVerilog – 2005 中讲到，SystemVerilog 是 IEEE 1364™ Verilog 硬件描述语言的

一系列扩展,是因抽象描述级模型的创新与验证而生的一门语言。该标准有效促进了设计与验证、覆盖率设计、仿真、形式断言验证流程的发展。

追溯历史,可见 IEEE 在 2005 年同一天发布了 Verilog‐2005(IEEE Std 1364™‐2005)标准和 SystemVerilog‐2005(IEEE Std 1800™‐2005)标准,一方面是确定了硬件描述语言 Verilog HDL 的最终标准,统一了用户与各家综合器的选择;另一方面发布了 SystemVerilog‐2005 第一版本,并在 Verilog HDL 的基础上做了一定的扩展与升级,相信 SystemVerilog 会是未来 IC 设计和验证的走向。

SystemVerilog—2005 标准是 Verilog‐2005 标准是为了模型的高级抽象化,以及采用 Verilog HDL 进行验证而进行的一系列扩展,而将 Verilog 扩展到系统及验证领域。SystemVerilog 就是在 Verilog IEEE Std 1364™‐2001 的标准上建立的。该标准包括了设计建模、嵌入式断言,包括覆盖率及断言 API/DPI 的测试语言等。这两个标准的制定,使得用户可以使用一门语言,既将 Verilog 语言与 SystemVerilog 语言扩展到同一个标准中,使得用户可以在同一个文档中找到所有的语法与规范。

2. IEEE Std 1800™‐2009

该标准是 Verilog HDL 标准(IEEE Std 1364™‐2005)与 SystemVerilog 标准(IEEE Std 1800™‐2005)的一个合并,使得两个标准可以采用同一门语言进行设计,也方便用户可以参照同一个标准进行开发与验证。

3. IEEE Std 1800™‐2012

为了满足硬件设计、验证等需求的高速发展,在 SystemVerilog‐2009 的基础上,IEEE 针对 SystemVerilog 的再一次修正与升级,于是发布了 SystemVerilog‐2012 标准。相对于 IEEE Std™ 1800‐2009 标准,该版本矫正了一些错误,同时提供了一些能够简化设计、改善验证,以及增加交互式预言的一些增强型特性。

1.4.2 SystemVerilog‐2012 标准介绍

IEEE 的该标准提供了 IEEE 1800™ SystemVerilog 的语法与规范,该语言是一种统一的硬件设计、规范及验证语言。该标准包括支持硬件级行为建模、寄存器传输级、门级电路抽象层次,以及用于覆盖率、断言、面向对象编程和约束化随机测试。该标准同时也提供了其他编程语言的 API 接口,比如 C 语言、C++语言的应用程序接口。

该版本是 SystemVerilog 语言截止目前 IEEE 发布最新的、描述最为完整的规范,主要包括了以下的一些内容与特性:

① 正式提出所有 SystemVerilog 结构的语法及规范;
② 增加了仿真系统任务及系统功能,比如通过 display 命令输出文本;
③ 编译程序指令,比如测试替代宏以及仿真时间的扩展;
④ 可编程语言接口机制(PLI);
⑤ SystemVerilog 应用程序接口(API)的最新的语法与规范;
⑥ VPI 中没有包含的覆盖率统计;
⑦ 与 C 语言交互的直接编程接口(DPI);
⑧ VPI、API、DPI 头文件;

⑨ 正式确认并发式断言的语法；
⑩ 标准延迟格式（SDF）结构的正式语法与规范；
⑪ 信息有用的例子。

在上一版本中，IEEE Std 1800™-2009 标准是由 IEEE Std 1364™-2005 与 IEEE Std 1800™-2005 的结合产生的。在更早的标准中，Verilog HDL 是一门基础语言并拥有独立的标准。虽然 SystemVerilog 是 Verilog HDL 的一系列扩展，但在 IEEE Std 1800™-2005 中 SystemVerilog 并没有成为独立的标准。IEEE Std 1800™-2005 参考并依赖 IEEE Std 1364™-2005。从 SystemVerilog-2009 开始，这两个标准被设计为使用同一种语言，即将 Verilog HDL 语言合并到 SystemVerilog 标准中，使得用户可以在同一个文档中找到所有的语法与定义，或采用同一门语言进行设计验证。

1.5 验证语言发展分析

验证起源于设计，在最初并没有专门的验证，验证与设计合二为一。

设计需要利于方便测试，即 Design for test，而验证是为设计服务的，两者相辅相成。随着集成电路的迅速发展，半导体工艺已超出摩尔定律，逻辑电路设计的规模也变得越来越庞大，RTL 功能的充分验证与系统的覆盖率等可靠性测试变得尤为重要。

最初用于集成电路验证的设计语言主要有 Verilog HDL 与 VHDL 两种，Verilog HDL 由于其类 C、灵活性强、易用性高，目前占据主流地位，而 VHDL 由于其严谨的特征，在军工领域用得较多，而其他通用设计和民用领域开始用得越来越少。当时基于 Verilog HDL 的验证语言，主要有如下三种。

1. Verilog HDL

起源于 20 世纪 80 年代起，1995 正式成为 IEEE 标准，随后陆续发布 Verilog-2001 和 Verilog-2005 标准。在最初没有单独的验证，开发者在设计时同时进行验证开发，即验证与设计合二为一。但是 Verilog HDL 在验证上的最大问题在于功能模块化、随机化验证的不足，因此直接测试用例带来了很大的工作量，这也就是 SystemVerilog 应运而生的原因。

2. SystemC

随着集成电路系统的越来越庞大，晶体管也变得越来越复杂，单纯的 Verilog HDL 验证已难以满足验证的需求，于是在 1999 年 OSCI 成立并开始致力于 SystemC 的开发。SystemC 最大的优势在于其基于 C++开发，可以结合参考模型（Reference Model，一般用 C、C++编写），与 RTL 运行结果进行对比验证。但 SystemC 的劣势在于 C++需用户管理内存、指针、内存泄漏等问题，由此使得验证事倍功半，因此很多用户慢慢向 SystemVerilog 转移，SystemC 也慢慢被淘汰了。

3. SystemVerilog

SystemVerilog 是 Verilog HDL 的一个扩展，完全兼容 Verilog HDL，起源于 2002 年，并在 2005 年成为 IEEE 的标准，随后又发布了 2 个版本，当前最新版是 IEEE 1800™-2012。SystemVerilog 继承了 Verilog HDL 与 SystemC 的优点，并解决了验证上的不足，主要有如下：

① 完全兼容 Verilog HDL，使用 Verilog HDL 的用户可以快速上手；

② 具有所有面向对象语言的特性：封装、继承和多态等；
③ 具有验证独有的特性，如约束、功能覆盖率等；
④ 提供 DPI 接口，可直接将 C/C++ 函数导入 SystemVerilog 中（与 SystemC 类似）；
⑤ 相对 SystemC，提供内存管理机制，不用担心内存泄露问题；
⑥ 支持 \$System 系统函数，可直接调用外部可执行程序。

无论针对算法或者非算法（通信、控制等）类的 RTL 设计，SystemVerilog 都能轻松地应付。SystemVerilog 比 SystemC 更受欢迎，同时也弥补了 Verilog HDL 直接进行验证的所有不足，这也是集成电路 RTL 验证设计的首选。

二、UVM 验证方法学探讨

2.1 UVM 顺势而生

图 2.1 为目前 IC 集成电路前端设计的基本流程图。一个项目,通常从用户需求开始,由研发产品担任需求分析的角色,由算法工程师、RTL 开发工程师与验证工程师等确认具体的硬件实现架构、Pipeline、验证列表等。当硬件架构敲定后,由算法工程师开发相关算法 C 模型,开发人员采用 Verilog HDL(至今 VHDL 很少用)从顶层到底层实现相应的 RTL 模块(包括算法的硬件化等),同时验证人员根据芯片整体构架与算法 C 模型,搭建验证平台,并配合 RTL 开发工程师一起进行系统功能验证。当 RTL 模块与算法 C 模型验证完全匹配,即已完全遍历规划的用例,前端设计流程即前仿的结束;反之开发人员与验证人员相互分析原因,排查 bug,直到所有用例回归完毕,结束前端设计。

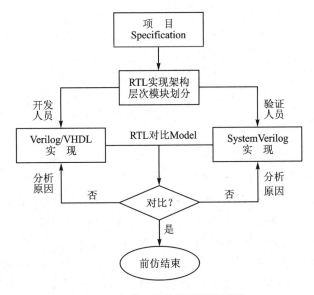

图 2.1 集成电路前端设计流程图

Verilog HDL 属于硬件描述语言,而 testbench 属于软件测试激励范畴,两者原则上是有差别的,尤其当系统庞大了之后,两者之间的衔接更会产生更多的问题。而 SystemVerilog 具备面向对象的编程特性,解决了设计人员与验证人员原则上的分歧,是 SOC 系统验证的首选,也正是目前使用最广泛的 RTL 验证语言。

但目前仍然存在一个问题,即当工程师有了更灵活的语言,但是怎么用这种语言来搭建验证平台却是没有明确规范的,即缺乏一种统一的标准。UVM 就是提供一套基于 SystemVerilog 的类,验证工程师以其中预定义的类作为起点,就可以建立起具有标准结构的验证平台。

2.2 UVM 方法学介绍

UVM，全称 Universal Verification Methodology，即一门通用验证方法学，是一个以 SystemVerilog 为主题的验证平台开发框架，验证工程师可以利用其可重用组件构建标准化层次结构和接口的功能验证环境。

2.2.1 UVM 的发展

为了实现验证方法学的标准化，早在 2009 年 12 月，Accellera 内部就通过投票，决定以之前的开放验证方法学 2.1.1(OVM[6]，最新版本为 2011.1 发布的 OVM 2.1.2)版为基础，构建一个新的功能验证方法学。2011 年 2 月，Accellera 通过了通用验证方法学 1.0 版，并得到了三大厂商(Cadence、Synopsys 和 Mentor Graphics)的共同支持。此后，Accellera 陆续推出了 UVM1.1,1.1a,1.1b,1.1c 和 1.1d 这几个版本。2015 年 10 月 8 日，Accellera 又推出了通用验证方法学 1.2 版(UVM 1.2，Universal Verification Methodology(UVM) 1.2 User's Guide)，是目前的最新版本。

随后 Accellera 将 UVM 验证方法学的基础提交给了 IEEE，并于 2017 年 2 月 14 日，IEEE 正式公开发布了第一版 UVM 语言标准：IEEE Std 1800.2™-2017，即 IEEE Standard for Universal Verification Methodology Language Reference Manual，再次将 UVM 通用验证方法学的标准，推向了整个电子工业领域。

如今验证已经发展成为一个复杂的项目，以至于经常需要跨越团队内部甚至外部，但是团队间由于各自拥有多个不同且不兼容的方法，间断的沟通会限制彼此的生产力。UVM 标准为公司内部或整个电子行业中，不管是新手和高级团队，针对验证复杂度与互操作性提供了一致性。此外，UVM 有效地改善了互操作性，降低了在新项目或 EDA 工具中使用 IP 的成本，使得开发者更容易重用验证的相关组件。总的来说，采用 UVM 标准降低了整个行业的验证成本，并且一定程度上提高了设计的质量。

作为第一个标准化的验证方法，UVM 是一个变革，同时也是 OVM 的一个进化[UVM 是基于 OVM(Open Verification Methodology，开源验证方法)创建的]。OVM 结合了 AVM(Advanced Verification Methodology，高级验证方法)与 URM(Universal Reuse Methodology，通用重用方法，它的概念来源于 eRM(e Reuse Methodology，e 重用语言)。此外，UVM 还注入了 VMM(Verification Methodology Manual，验证方法手册)的相关概念及代码，同时还有 300 多名 Accellera 的 UVM 工作组成员收集的经验和知识来帮助标准化验证方法。最后，UVM 中的 TLM(传输级模型)模型是基于 OSCI(Open SystemC Initiative，开源 SystemC 组织)创建的 SystemC 语言。总的来说，UVM 从 eRM、URM 开始，最后发展到标准的衍生图，如图 2.2 所示。

---

[6] OVM：OVM，即 Open Verification Methodology，是一个已完备的支持半导体芯片验证结构单元库的方法。OVM 1.0 在 2008 年 1 月发布，随后为了扩展其功能更新了多个版本，当前最新的版本为 2011 年 1 月发布的 OVM 2.1.2。RVM：RVM，即 Resue Verification Language，是一门可重用的验证语言。

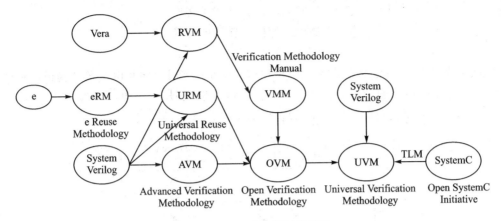

图 2.2 UVM 衍生发展路径图

2.2.2 UVM 测试架构简介

UVM 类库提供了通用的程序，如组件层次结构，传输级模型（TLM），以及配置数据库等，这使得用户可以为 testbench 创建任何想要的结构。典型的 UVM 测试架构，如图 2.3 所示。

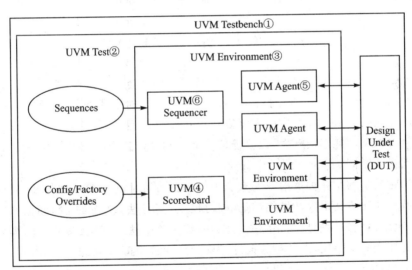

图 2.3 典型的 UVM 测试架构

UVM 测试架构由测试环境、激励、计分板等组成，相关的模块功能介绍如下：

① UVM Testbench：为 DUT(Design Under Test)、UVM Test class，以及配置两者之间的链接。

② UVM Test：为 UVM Testbench 中的顶层元件，主要包括三个功能：实例化顶层环境、配置环境、通过调用 UVM Sequences 提供 DUT 激励。

③ UVM Environment：所有其他相互关联的其他验证元件的集合。

④ UVM Scoreboard：记分板，检测某个 DUT 的行为，即从 UVM Agent 分析接口捕获 DUT 的输入与输出，并根据输入运行参考模型以得到预期的结果，与实际的输出进行对比。

⑤ UVM Agent：处理特定 DUT 接口的验证元件之集合。
⑥ UVM Sequencer：作为多个激励时序间传输流的仲裁。
⑦ UVM Sequence：作为产生激励行为的对象。

但该图太过于专业化，初学者不大容易理解。于是笔者又绘制更为简单的验证流程图，如图 2.4 所示。该图在集成电路设计中，通过激励可触发被测设计与参考模型（Reference Model，即 RM），从而达到自动化测试的流程图。

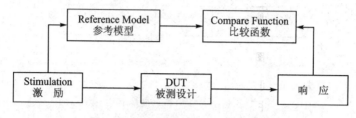

图 2.4　设计与模型比对验证流程图

前面提到的激励分为很多种，比如定向触发、随机触发等。激励的模式决定了电路验证的工作模式与开发量。定向验证根据用例规划设计，具备正常验证设计正确性的走势；而随机验证则是一系列受约束的随机激励，自动化完成待测设计的验证。而如何采用多种激励模式的组合，去更加高效且完整地完成 RTL 的验证，这就涉及到了"验证方法学"。

2.3　浅谈验证方法学

摘自 SystemVerilog 验证《测试平台编写指南》译者序中的一句话："'验证'经常被认为"简单"的仿真，这当然是一种误解，本书将告诉你其中的缘由"。验证不仅仅是简单的仿真，而是比设计更为重要的仿真。在开发中最终模块的功能出了错误，验证人员的责任可能大于设计人员。设计可根据功能定向开发，但验证却能捕捉到设计的任何一个漏洞，是一门需要认真对待且非常严谨的学问。

"验证"通常被认为是一种从根本上有别于设计的行为。这也是一种误解，且这种误解导致了出现一些专注于验证语言开发的活动，同时也使得验证和设计工程师们在原则上产生了重大分歧，甚至使他们的沟通出现了障碍。SystemVerilog 可以解决这一问题，其语言特性是两个阵营都能接受的。因此，设计与验证的工程师不用放弃赖以成功的优势，同时，设计和验证工具在语法和语意上的统一又便利了各自的沟通。

笔者认为，验证方法学是一门很深的学问，通常在 IC 设计领域，从前端设计初期模块验证，到系统级验证、网表仿真、FPGA 仿真等，验证占用了大部分的时间，远比开发的周期要长。图 2.5 描述了从 IC 设计从顶层设计→模块设计开始，到前后仿真、布局布线、FPGA 验证等流程，验证了绝大部分的流程，而时间维度上更是好几倍的时间。

验证为 IC 流片成功率提供了绝对的保证，是芯片可靠性测试成功的必经之路；同时验证效率很大程度上决定了 IC 设计流片的周期，或抢占先机或占领市场，或晚了一步难以瓜分蛋糕。如何最大程度地保证验证覆盖率来提高代码质量，同时又缩短验证的周期，减少验证工作量的策略，笔者认为这就是验证方法学的精髓所在。

如果验证组件和验证环境以不同的形式创建，在验证工具和/或地理上分散的设计环境之

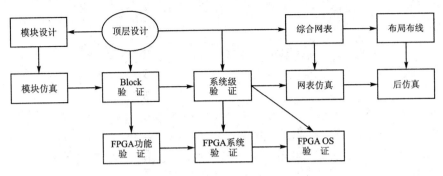

图 2.5　IC RTL 设计与验证流程

间进行开发操作,都非常耗费时间且容易出错。而 UVM 作为通用验证方法学,为验证工程师提供了统一的标准,即特定的组件、特定的架构、特定的接口组成的库(Class),使得用户有一个可以建立验证平台架构的标准。UVM 的标准化致力于改善互操作性,以及减少新项目或 EDA 工具中重复使用/编写 IP 的成本,同时也简化验证组件的使用。总的来说,UVM 的标准化致力于降低整个行业的验证成本,同时改善设计的质量。

　　开发验证一般会有明确的功能列表,因此不排除覆盖率难以达到 100% 的可能性;此外例如图像算法开发,很难在有限的时间完成所有分辨率的遍历,如何明知覆盖率达不到 100% 而以特定的方式尽可能覆盖所有边界是个问题。验证只能正向地进行功能与性能的测试,没办法主动把问题呈现出来。关于如何最大限度地发现设计中的错误,保证了设计的可靠性,是一门很深的学问,笔者认为这就是验证方法学。

三、如何加速验证的效率

FPGA 开发与 ASIC 设计最大的区别在于,FPGA 开发完成后如果出现了异常或 bug,可以通过更新一个固件来解决,无须修改板级电路;而 ASIC 一旦流片回来,就没有再次更新电路的可能性,动辄几十万、上百万甚至千万、上亿的流片费用打水漂,大部分公司都难以承受,因此 ASIC 在验证上的要求远比 FPGA 开发要严格很多,一次性流片成功基本上是 IC 设计最低的要求。

3.1 验证测试方法探讨

在小型开发尤其是采用 FPGA 设计简单电路时,一般只做定向验证,即按照规划的功能或用例,正向的设计用例来验证功能的正确性,确保所有的功能细节都可以在最终 FPGA 板卡中正常运行,这就是所谓的"定向测试"。"定向测试"具备最大的成效性,能在项目开发阶段不断看到成果,并随着定测用例的开发,逐步完整 RTL 验证的需求。定向测试如何覆盖验证计划中的每个特性,每个测试都是瞄准了一个特别的设计元素,如果有足够的时间,验证成员可以写出实现整个验证计划 100% 的覆盖率所需要的全部测试。

在大型 RTL 系统开发或大规模集成电路开发中,往往由于功能的庞大与系统的复杂,仅做"定向测试"是不够的。定向测试用例开发与验证的周期和与项目用例的规划成正比,因此要完成所有功能,包括遍历每一种可能的情况可能要耗费大量的人力与时间,给项目带来巨大的阵痛。比如图像缩放算法的验证中,4K 的目标分辨率的放大最多需要的用例数为 $4\,096 \times 2\,304 \approx 943$ 万;如果是任意分辨率缩放任意分辨率验证,则验证数量达$(943\,万)^2 \approx 8.9\,M$(兆)$(10^{12})$,如此多的验证用例如果需要达到 100% 覆盖率,这在项目周期上是完全不可能容忍的。但如果只验证典型的分辨率则由于覆盖率远远不够,项目上的风险又是巨大的。因此需要一种受约束的"随机测试",使得项目可以在有限的时间内尽可能完善验证的覆盖率(可采用 UVM 统计代码覆盖率作为参考)。

由于"随机测试"需要一定量的约束条件,包括输入限制、输出条件,激励的要求等,因此"随机测试"的验证用例开发往往会比"定向测试"慢很多。不过虽然前期准备略微漫长,但回报丰厚,因为"随机测试"能在较短的时间内根据约束条件以某种方式遍历测试每一个功能。图 3.1 为"定向测试"与"随机测试"在时间维度上与覆盖率上的进度比较。

"随机测试"可以有效地缩短验证的时间,同时又提高寻找漏洞速度,绝大部分的 bug 理论上都可以搜索到,而"定向测试"具备更明确的方向性,最后依然需"定向测试"去发现一些由于统计的代码覆盖率未达到 100% 而报出的功能测试,两者兼备,验证可以更加的完备。

笔者认为"定向测试"可以找出设计中预期的漏洞,而"随机测试"则可以找出预料不到的漏洞,但这可能还不够。其实还应该补充一个"异常测试",即通过设计激励有意让通信或配置等出错,验证模块是否具备可恢复的能力(模块不能异常挂死或崩溃),即模块的健壮性。"异常测试"是设计功能之外的,但也属于"定向测试"的一个补充。集成电路流片成本都昂贵,决

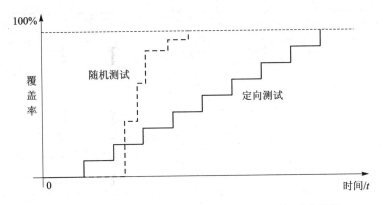

图 3.1 "定向测试"与受约束的"随机测试"的时间进度比较

定了验证必须尽可能的完善,因此尽早地做一些"异常测试",对流片回来后可能出现的系统问题,更好地提供了挽救的可能,同时也健壮了设计的性能。

3.2 验证周期加速策略探讨

3.2.1 验证周期缓慢原因分析

验证测试作为 IC 设计中最重要的环境,往往占用了整体研发周期的大部分时间。采用 UVM 方法学,缩短了开发与验证之间的鸿沟,有效地对整个项目验证工作管理,同时验证环境与 IP 的重用,加上"随机测试"的补充,相对传统验证大大缩短了测试的时间。

但即便如此,依然需要 1/2 项目周期去做 RTL 的验证,如果没有足够的时间和资源来完成怎么办?由图 3.1 可见,可能当你在时间轴上往前推进时,覆盖率可能维持不变。如果设计复杂度翻倍,那么测试就需要增加一倍的时间/人力,而这种情况是项目难以忍受,同时换来的上市时间与市场份额上的损失可能难以估量。

于是笔者绘制了一张图,如图 3.2 所示。该图表示了 ASIC 验证时受到的限制,以及目前常规验证方法的加速策略。由于 RTL 的仿真,需要分析 Verilog HDL 描述的行为级电路翻译成门级电路,同时将编译好的结果比对 RM 在同等激励下进行验证测试,这些工作完全由 CPU 实现。而一个公司或项目组的资源往往是有限的,成倍的叠加服务器资源是不可能的,因此 CPU 的线程数决定了编译的效率,即服务器的数量、带宽等也决定了验证的周期。由于规模庞大,有些用例仿真几天甚至更久没达到 100 % 而出现的异常(包括停电、关机等),更是让人崩溃。

目前可采用"定向测试"去做典型用例的验证。采用"随机测试"去完成固定约束下各种漏洞的排查,同时采用"异常测试"去逆向验证设计的健壮性。随着几十年集成电路的发展,验证本身在方法上有很大的提升,方法本身毋庸置疑。但是随着规模的与日俱增,虽然验证方法学已经事半功倍,但不排除由于规模的庞大很多用例,需要很长时间才能完成一次仿真(比如 4K 分辨率的缩放算法的验证,即便是 RTL 级仿真也需要数十分钟到数小时不等,门级仿真时间更久)。

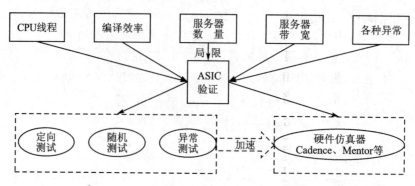

图 3.2　ASIC 验证局限及常规验证的加速策略

3.2.2　验证加速策略介绍

　　既然服务器资源在很大程度上限制了验证用例仿真的效率,那是否还有办法提升验证的效率呢? 产品市场化的速度要求日益加快,而验证效率成为 IC 研发瓶颈是难以忍受的。

　　事在人为,答案是肯定的,人类在"阿凡达"里面幻想的很多技术后面都一一实现了,只要有阻碍科学进步的障碍,就一定会被人们突破;"人之所以能,是因为他相信能"。Cadence、Mentor 等公司开发的硬件仿真器,就是专门为集成电路验证效率低下做的加速方案。这里以 Cadence 的 Palladium 硬件仿真器(加速 RTL 仿真的可重用的软硬件系统)为例,简单介绍验证的加速策略。

　　图 3.3 为在不同设计面积下,Cadence 给出的采用软件进行 RTL 电路、门级电路的仿真,以及与采用 Cadence Palladium 硬件仿真器进行仿真的性能对比图。该示意图实际指标结果应跟电路的设计复杂度有关,并不一定准确,但已形象地描述了三者之间的关系。以此图为例,可见在同等规模设计下,RTL 电路仿真的性能近乎门级电路仿真的 100 倍(10 kHz~100 Hz),并且随着设计面积的增大,仿真效率线性下降,不能容忍。但采用 Cadence 的 Palladium 硬件仿真器,在小规模电路仿真上效率是 RTL 仿真的 100 倍左右,但随着芯片设计面积的增大,其仿真性能并不受影响,与 RTL 仿真、门级仿真逐渐拉开的差距,甚至达到成千上万倍的差距,效率的提升非常可观,对项目整体验证周期的贡献巨大,是硬件加速的首选。

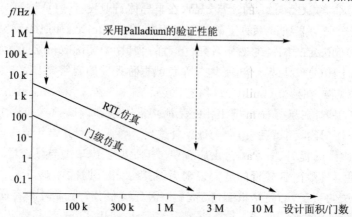

图 3.3　RTL 仿真、门级仿真以及 Palladium 硬件仿真器在不同设计面积下的验证性能

Cadence 硬件仿真器 Palladium 致力于扮演加速 RTL 仿真的可重用的软硬件系统的角色,在半导体行业中有着极其重要的作用。硬件仿真器其原理上采用 FPGA 阵列实现,但使用上与 FPGA 进行 RTL 验证有很大的区别,FPGA 最大的优势在于能进行实际场景的模拟测试,但它也有致命的短板;而 Palladium 仅要求在项目开始时按照 Palladium 的 testbench 风格编写,与软件协同程度很高,两者具体对比如表 3.1 所列。

表 3.1 FPGA 单板与 Palladium 硬件仿真器验证对比

项 目	FPGA 单板	Palladium 硬件仿真器
硬件架构	单片 FPGA 或 FPGA 级联	FPGA 阵列
工作主频(性能)	100 MHz 左右,具体看时序收敛	1～4 MHz
激励产生模式	CPU 或其他协处理器	Palladium 规范的 testbench
与 RTL 验证的兼容性	弱,需要针对 FPGA 开发一套环境	强,支持软硬协同仿真
成本分析	相对成本较低	成本高
共享程度	桌面式环境,无法共享	可实现多用户共享
功能仿真对比	仅进行功能测试,出问题抓波形分析或回归功能验证 debug。 1. 无法断点仿真 2. 无法记录波形	1. 支持无限制记录波形 2. 支持触发条件 3. 支持所有层次所有信号可见
场景测试对比(如 Sensor 采集或 HDMI 输出)	在带宽允许下能进行芯片最终应用场景的仿真,如 Video 前后端	能够支持联调,但不支持应用场景的测试
Memory 容量	很有限,即使用内存条也局限于 GB 范围	几十 GB 甚至上百 GB

从表 3.1 中可见,Palladium 虽然成本比 FPGA 单板测试高,无法进行实际硬件场景的仿真,但在 RTL 模块的验证波形 debug、内存容量、相对 CPU 的验证效率、多用户共享上具有极大的优势。也正是这些优势,Palladium 硬件仿真器在集成电路开发上的验证优势,极大地缩短了芯片验证的周期,使国内外很多芯片制造企业都采用该平台或竞品平台进行验证加速。据了解,国内的微电子公司,譬如海思、中兴微等都选择了(或曾选择)Palladium 作为其验证运算平台仿真工具,可见 Cadence 的这类产品,在半导体行业发挥了巨大的作用。

Cadence 在硬件仿真器产品系列上,先后发布了 Palladium I、III、XP、XP II,以及 2015 年 12 月最新发布的 Palladium Z1 共 5 个系列的产品。其中,Palladium Z1 作为企业级仿真平台,其仿真性能是上一代产品的 5 倍,平均工作负载据称比竞争对手高出 2.5 倍。其仿真性能提升方面,主要体现在:在建立(build)阶段,它比竞品快 3.5 至 14 倍;在分配(allocate)阶段比竞品高出 2.5 至 5.2 倍;在运行(run)阶段比竞品快 1.25 倍;在调试(debug)阶段比竞品高 5 至 20 倍。

除了性能上的大幅提升外,Palladium Z1 的外形也与上一代产品 Palladium XP 不同。Palladium Z1 采用了 IT 行业通行的服务器刀片式架构,体积缩小了 92%,功耗密度降低了 44%。Palladium Z1 可扩容,每个机架可支持 4 百万门到 5.76 亿万门的容量,最多可以扩展到 16 个机架、92 亿门,最多可支持 2 304 个用户。而且,Palladium Z1 的扩展性可在服务中进行(in-service scalability),运行中的项目不会受到任何影响。图 3.4 为 Cadence 不同时期发布的 Palladium 的产品结构。

Palladium I/II/XP　　　　Palladium Z1

图 3.4　Cadence 推出的 Palladium I/II/XP 系列与 Z1 系列产品形态

目前，行内也有公司在进行桌面式 PCIE 接口的硬件仿真器开发，用户可以直接将板卡插在 PC 主机，方便使用仿真器加速验证的效率。当然有利有弊，其优点是单板集成，使用方便，缺点是单片 FPGA，资源有限，且共享有局限。对于专业的集成电路设计而言，采用刀片式架构的硬件仿真器，在大公司内部共享使用，应该是最好的方式。而对于小公司或小团队而言，桌面式硬件仿真器也是一个不错的选择。

参考文献

[1] Samir Palnitkar. Verilog HDL A Guide to Digital Design and Synthesis 2th Edition. SunSoft Press A Prentice Hall Title 2003.

[2] Stephen Brown & Zvonko Vranesic《Fundamentals of Digital Logic with Verilog Design》2th Edition McBraw-Hill 2008.

[3] Stuart Sutherland,《Verilog 2001——A Guide to the New Features of Verilog Hardware Description Language》Kluwer Academic Publishers,1998.

[4] IEEE Standard Hardware Description Language Based on the Verilog Hardware Description Language. IEEE Computer Society,IEEE Std 1364-1995.

[5] IEEE Standard Hardware Description Language Based on the Verilog Hardware Description Language. IEEE Computer Society,IEEE Std 1364-2001.

[6] Philips Semiconductors,The I^2C-BUS SPECIFICATION Version2.1.

[7] Quick Works Version 7.1 User's Guide with SpDE Reference,1998.

[8] CADENCE Version 9502 Verilog-XL Reference,1997.

[9] Synplify-Lite Synthesis Users' Guide,1997.

[10] IEEE P1364.1 Draft Standard For Verilog Register Transfer Level Synthesis.

[11] 刘宝琴. 数字电路与系统[M]. 北京:北京清华大学出版社,1993.

[12] 夏宇闻. 复杂数字电路与系统的 Verilog HDL 设计技术[M]. 北京:北京航空航天大学出版社,1998.

[13] 夏宇闻. Verilog 数字设计教程[M]. 北京:北京航空航天大学出版社,2003.

[14] IEEE Standard Hardware Description Language Based on the Verilog® Hardware Description Language (IEEE Std 1364™-1995).

[15] IEEE Standard Verilog® Hardware Description Language (IEEE Std 1364™-2001).

[16] IEEE Standard for Verilog® Hardware Description Language (IEEE Std 1364™-2005).

[17] IEEE Standard for SystemVerilog—Unified Hardware Design,Specification,and Verification Language (IEEE Std 1800™-2005).

[18] IEEE Standard for SystemVerilog—Unified Hardware Design,Specification,and Verification Language (IEEE Std 1800™-2009).

[19] IEEE Standard for SystemVerilog—Unified Hardware Design,Specification,and Verification Language (IEEE Std 1800™-2012).

[20] IEEE Standard for Universal Verification Methodology Language Reference Manual(IEEE Std 1800.2™-2017).

[21] SystemVerilog 3.1a Language Reference Manual (Accellera's Extensions to Verilog®).

[22] Accellera_Overview_2017.pdf.

[23] SystemVerilog for Verification.pdf (2th edition).

[24] Writing Testbenches using System Verilog.pdf (Springer).

[25] System Verilog Reference.14.2.pdf (Cadence).

[26] Universal Verification Methodology(UVM) 1.2 User's Guide.

[27] UVM1.1 应用指南及源代码分析.pdf.

[28] UVM 实战(卷Ⅰ),张强.北京:机械工业出版社.

[29] SystemVerilog 验证(测试平台编写指南),[美]克里斯.斯皮尔著 张春,麦宋平,赵益新译.北京:科学出

版社.

[30] Verilog 编程艺术,魏家明. 北京:电子工业出版社.

[31] SystemVerilog 验证方法学,Janick Bergeron,Eduard Cerny,Alan Hunter,Andrew Nightingale 著,夏宇闻等译. 北京:北京航空航天大学出版社(英文原版:Verification Methodology Manual for SystemVerilog).

[32] http://www.ituring.com.cn/article/195992.

[33] http://standards.ieee.org/findstds/standard/1364-1995.html.

[34] http://standards.ieee.org/findstds/standard/1364-2001.html.

[35] http://standards.ieee.org/findstds/standard/1364-2005.html.

[36] http://standards.ieee.org/findstds/standard/1800-2005.html.

[37] http://standards.ieee.org/findstds/standard/1800-2009.html.

[38] http://standards.ieee.org/findstds/standard/1800-2012.html.

[39] http://standards.ieee.org/findstds/standard/1800.2-2017.html.

[40] http://standards.ieee.org/getieee/1800/download/1800.2-2017.pdf.

出版者的话

利用晶体管等分立元件在面包板上搭建一个与门、触发器这样一个"刀耕火种"的时代已经一去不复返了。利用硬件描述语言在计算机上编制、调试一个几万门及至几百万门以上的复杂数字电路的时代方兴未艾、蓬勃发展。夏宇闻教授编写的《Verilog 数字系统设计教程》是我国该领域出版的经典之作,许多高校已把本书作为必修课教材,广大的教师、工程人员及学生正在从这一教材中吸取营养,增长才干,将我国的数字电路设计技术提高到一个新的高度。

作者 20 世纪 60 年代毕业于清华大学自控系计算与技术专业,长期从事数字系统的教学与研究,曾作为访问学者在国外研究多年,深感国内 IC 领域的落后与学校课程设置和教学条件有关,与人才缺乏有关。为此,他于 1995 年开始筹建我国首批 EDA 实验室,经过长年的努力,使 Verilog HDL 语言得以普及,并使其设计成果广泛应用于实践。同时,还培养了一大批学生,影响了广大科研人员,在数字设计领域内,出现了不少优秀设计者;该书的出版和传播,也得到了国内外相关学者的赞许。

我们认为:信息、通信等行业都与高校教学密切相关,掌握和运用 HDL 技术犹如使用万用表一样,变得如此普遍与重要。高校和高校出版社都有责任将这一技术作为必修课固定下来,推广出去,以此来提高我国数字设计领域的水平,并缩短与发达国家的差距。

《Verilog 数字系统设计教程》第 2 版被教育部指定为国家"十一五"规划教材,同时又被评为"北京市高等教育精品教材"。本书自 2003 年出版以来,已累计印数近 15 万册。许多读者都认为,本书对 Verilog 语言的学习和利用此语言来设计数字系统极有帮助。

作为出版方,对作者为本书的出版倾注的心血和付出的精力表示衷心感谢,对在第一线授课的教师们付出辛勤劳动表示衷心感谢,同时也希望广大读者对本书内容提出建议与宝贵意见,共同推动本教材的完善与更新。

随着图书影响的扩大,曾经的学习者已成长为有关行业的领军者和带头羊。鉴于此,2017 年 3 月,本书作者夏宇闻在北航出版社等单位支持下成立了"FPGA 柏彦技术沙龙",以不定期的方式将有志于 FPGA 科研与教学的专业人士们聚集在一起,各抒己见,交流畅谈各自的收获与体会,以促进 FPGA 在国内的推广与应用。欲加入:"FPGA 柏彦技术沙龙"者,可以:(1)由沙龙成员邀请加入;(2)扫描以下二维码,关注:"北航理工图书"公众号,点击"FPGA 沙龙"。

编　辑
2017 年 8 月